中国科学院大学研究生教材系列

遥感与地理信息系统算法底层设计与实现

沈占锋　骆剑承　王浩宇　等　著

科学出版社

北　京

内 容 简 介

本书是作者根据近年来科研工作与经验总结的一本教材，主要面向遥感与地理信息系统专业研究生及科研工作者，介绍如何通过 C++或 Python 底层程序设计并实现针对遥感与地理信息系统的常用处理与分析算法。本书中的全部内容均为底层开发，不依赖于其他商业地理信息系统或遥感软件、组件或模块，自底层进行了较好的算法模块化设计与开发实现。

本书共 21 章。第 1 章介绍底层算法整体设计与实现方法，通过模块化设计与实现，使得本书中的所有章节中形成的算法模块均可以加载到软件 MHMapGIS 中并方便地进行调用；第 2~4 章介绍交互式的矢量、栅格、矢栅数据编辑中所涉及的底层算法设计与实现方法；第 5~21 章则分不同专题对不同类型的算法进行需求分析、功能设计与底层实现，并集成至 MHMapGIS 的算法工具箱中，形成一系列非交互式的算法模块。

本书重点突出了系统的模块化设计与底层设计思路，配合本书的出版，同时提供了基于网络的源代码共享，希望以此为遥感、GIS 与计算机等相关研究领域的研究人员与学生提供算法方面的帮助或启发。本书也可以作为遥感、GIS、计算机等领域的研究生选学教材或相关科研人员的参考用书。

图书在版编目(CIP)数据

遥感与地理信息系统算法底层设计与实现/沈占锋等著. —北京：科学出版社，2023.10

中国科学院大学研究生教材系列

ISBN 978-7-03-076730-1

Ⅰ. ①遥… Ⅱ. ①沈… Ⅲ. ①遥感系统–算法设计②地理信息系统–算法设计 Ⅳ. ①TP73②P208

中国国家版本馆 CIP 数据核字(2023)第 195193 号

责任编辑：彭胜潮/责任校对：郝甜甜
责任印制：赵 博/封面设计：图阅盛世

科 学 出 版 社 出版
北京东黄城根北街 16 号
邮政编码：100717
http://www.sciencep.com
涿州市般润文化传播有限公司印刷
科学出版社发行 各地新华书店经销
*
2023 年 10 月第 一 版 开本：787×1092 1/16
2024 年 1 月第二次印刷 印张：24 1/2
字数：578 000
定价：198.00 元
(如有印装质量问题，我社负责调换)

地球观测与导航技术是获得地球空间信息的重要手段，而数据获取之后的信息处理与分析精度则是决定数据能否有效应用的重要指标。我国已将高分辨率对地观测系统纳入国家重大专项及重点应用领域之列，国家发展和改革委员会也设立了产业化专项支持数据获取后的信息提取与应用，工业和信息化部、科学技术部也启动了多个项目支持相关技术的发展并实现产业示范效应，从前几个五年计划的 863 计划、973 计划、科技支撑计划类项目到如今的重点研发计划类项目，国家投入了大量经费来推动产业的发展。遥感与地理信息系统作为对地观测与导航两大学科的支撑，近年来在理论、方法、模型、应用等方面都取得了长足的进展。

GIS 底层数据模型与数据结构，是深入了解并掌握 GIS 底层设计与开发实现的必经之路。而在此基础上的 GIS 与遥感类的底层算法实现，则是 GIS 与遥感应用的灵魂与关键。针对 GIS 与遥感算法的底层开发过程，不仅需要开发者自己定义各种复杂的数据结构，同时还要考虑每一个过程的效率、稳定性与扩展性，从这一角度来说，C/C++是自底层实现遥感与 GIS 类算法的最佳语言选择。C/C++为算法的底层设计与实现带来了无限潜力，具有非常好的兼容性、面向对象、高效性、安全性、可复用性等特点，可构造出非常复杂的数据结构，并在算法的内存开辟、模块调用、功能封装等过程中发挥高效的作用。

《遥感与地理信息系统算法底层设计与实现》的作者具有多年的底层开发经验，在遥感和地理信息系统底层算法方面进行了深入的研究，将复杂的算法底层设计与实现以通俗易懂的伪代码方式呈现给读者，这使得这本书成为了一本真正意义上的学术和应用的桥梁书。另外，这本书的内容组织和结构设计合理，GIS 与遥感算法是由一系列算法工具形成的"工具集"，而这本书则是在模块化设计基础上，针对读者的不同需求，分多个章节阐述，章节间不存在严格意义上的递进关系，这使得读者可以就其关注的内容与应用案例进行选择阅读，并快速掌握常用算法的底层设计与实现过程。该书不仅能够帮助读者了解一套 GIS 底层算法的底层模块化如何实现，也能够帮助读者了解一些较为复杂的功能，如矢量数据编辑、投影变换过程、人工智能算法等。该书作者在系统分析大型遥感与 GIS 系统底层需求的基础上，从软件模块化设计、重要数据结构设计、消息通信与调用接口设计等角度进行了剖析，最后通过实际代码对底层实现过程进行了阐述，并对其中的重要代码进行了注释与解析。

对于遥感与 GIS 来说，实践是认知的根本目的，同时也是检查认知程度的一个标准，并将成为进一步推动 GIS 行业产业化应用及地理认知的重要动力。作者通过一系列遥感与 GIS 底层算法的设计与实现，引导读者逐步进入 GIS 算法底层开发的殿堂，进而增加读者对常用底层算法实现机理的认知与理解，逐步达到实践与应用的目的。对于学者和研究生来说，这本书是一本宝贵的参考书，可以帮助他们更好地理解遥感和 GIS 算法的底层设计和实现；同样，对于研发技术人员来说，这本书也是一本非常实用的工具书，可以帮助他们解决实际问题并开发出更加高效的算法。我相信，《遥感与地理信息系统算法底层设计与实现》的出版，将会对遥感与 GIS 算法的底层开发及理解、分析、计算方面的研究起到促进作用；同时，也期待作者所在的团队继续深化遥感与 GIS 领域的研究，在新时代遥感与 GIS 的"大算力、大模型、大算法"背景下取得更好的成就。

中国科学院院士
中国科学院地理科学与资源研究所研究员

《遥感与地理信息系统算法底层设计与实现》系统阐述了遥感与地理信息系统算法的底层设计原理及其技术实现，注重分析各种算法的基本原理及其在实际研发中的过程分析与实现过程，并配合源/伪代码进行分析，做到了遥感与 GIS 底层算法的原理分析、设计与实现过程的融合讲解，深入浅出，是近年来详细讲解遥感与 GIS 底层算法实现较为完备的一部专著。同时，全书所有算法均以模块化方式集成至相应的软件平台，形成了较为完整的模块化算法体系，具有以下几方面突出特点。

一是全书是技术实践与经验的总结。作者长期从事遥感与 GIS 应用与算法的底层开发，在国家 863 计划、科技支撑计划、重点研发计划等一系列项目支持下，自底层完全实现了基于 C++的 GIS 模型设计、模块研发、系统集成，并设计了一套完全开放的工具集成模式。在此基础上，自主研发了一系列遥感与 GIS 应用算法，并通过该模式集成至系统形成相关算法模型及工具，该书也通过代表性代码及注释阐明了这些算法的底层设计与实现原理、方法与过程。

二是提供了整套与书中内容对应的 C++算法底层代码。算法类代码的设计与实现不同于 GIS 的理论、方法与模型，也不同于系统平台的设计模式，要求实现的算法模块具有"统一设计、过程划分、高效实现、接口展现"等特点。该书中作者根据实际应用中常用的算法类别，分 20 余个章节对这些算法的原理、方法、关键代码与过程进行了详细设计与代码分析，解读了这些遥感与 GIS 算法背后的原理、公式与方法，以便读者进行算法研发与实现时不再仅局限于抽象的理论公式，而更注重实现方法与过程。

三是创造了一套有特色的算法实现与集成模式。一方面通过交互式方法将即时类的遥感与 GIS 算法在系统菜单上进行集成；另一方面采用工具箱的方法对非交互式的算法进行实现、集成与调用，能够开放式地接纳外部算法、模块与工具，软件系统不但可为这些算法工具自动创建合适的算法交互界面，还可为读者的算法提供一个算法测试与调试环境，使算法开发者将精力集中在自己算法的功能、精度与效率方面，并形成自己的软件界面。

难能可贵的是，《遥感与地理信息系统算法底层设计与实现》实现了代码兼容与升级的定制。书中相应的算法均由作者团队经过大量测试之后形成，读者可以根据实际需要在此基础上进行选择性集成或应用，算法的功能、性能可放心应用，不但能够对相关的算法原理与方法有所学习，还可减少读者大量代码编写/查找与调试时间，同时也可以在该套代码的基础上，进行二次开发或修改，以形成自己的软件算法模块。

《遥感与地理信息系统算法底层设计与实现》是作者长期从事遥感与 GIS 算法底层开发与实践的技术总结，章节设计与文字撰写中含有丰富的实践经验，具有较高的实用价值。

中国科学院地理科学与资源研究所研究员
资源与环境信息系统国家重点实验室主任

　　笔者在前期工作的基础上，采用 C++ 底层实现了遥感与地理信息系统显示、处理、分析等工作，并结合实际的需求，对这些工作进行了模块化的划分与软件化封装，形成了一套好用的软件系统及模块（命名为 MHMapGIS），基于此软件总结并出版了两部专著，分别是《遥感与地理信息系统 C++ 底层开发与实践（上册）——数据模型与渲染》（2019年）与《遥感与地理信息系统 C++ 底层开发与实践（下册）——功能扩展与集成》（2021 年）。这两部专著分别从数据模型、渲染方法、功能扩展与集成模式等角度对一套遥感与 GIS系统软件的底层实现进行介绍，而本书则是针对其中涉及的遥感影像数据及 GIS 空间数据的处理、分析等算法进行重点介绍。

　　不同于市面上其他的遥感、GIS 算法类相关书籍，本书紧紧围绕着"实用"的需求，结合前期在完成科技部项目、国家自然科学基金项目等中的技术经验与积累，在介绍算法原理的同时进行代码剖析，并采用已经出版的两部专著中所介绍的模块封装方法进行模块化封装，最后提供用户可参考、可运行的算法模块及源代码，以便于读者尽快了解、掌握各算法的原理与实现过程。前期两部专著中分享的途径是通过本人的新浪博客，即blog.sina.com.cn/ radishenzhanfeng 进行分享，但近期由于新浪网博客政策的调整，本人后续工作将通过科学网的博客与大家分享，即 blog.sciencenet.cn/u/radiszf。需要说明的是，本书中介绍的算法均以相对独立的模块形式存在，相应算法模块与本人的前两部专著中介绍的系统互为一体，相应的模块的封装与集成模式均符合前期两部专著中的约定（进行了一定的功能扩展），并无缝地集成进 MHMapGIS 软件中形成一套完整的应用系统，建议读者在阅读本书的同时可以参考前期的两部专著。

　　本书中介绍的遥感图像处理、地理信息系统及地图等方面的底层设计与实现过程，算法采用的开发语言主要为 C++ 语言，深度学习部分则主要为 Python 语言。同时，由于我们面临的任务主要是遥感图像（栅格数据）或地理信息系统的对象（矢量数据），我们需要实现多种矢量、栅格数据的 IO 等操作，这部分可以由 GDAL/OGR 数据模型实现（而且已几乎发展成为了业界标准），建议读者也学习相关知识。总结来说，本书中的主要代码的实现环境为：Visual Studio .NET C++ 2017（更高版本亦可），依赖的第三方库只有GDAL 库（本书采用的版本为 GDAL2.44 版本），无其他依赖环境或库。本书中所有源码均复制来源于对应的软件程序源码并进行适当缩减,增加了便于用户理解的一系列代码注释,因此本书中的所有代码均可正常编译通过,请读者放心阅读。

本书共分为 21 个章节,每个章节均为构成 MHMapGIS 软件系统中的 1 个功能相对独立的模块,本书中的所有章节所对应的模块,均可以在本人博客中分享的示例程序中运行。其中第 1 章介绍底层算法整体设计与实现的方法,通过模块化设计与实现使得本书中的所有章节中形成的算法模块均可以加载到软件 MHMapGIS 中并方便地进行调用,第 2～4 章介绍交互式的矢量、栅格、矢栅数据编辑中所涉及的底层算法设计与实现方法,第 5～21 章则分不同专题对不同类型的算法进行需求分析、功能设计与底层实现,并可集成至 MHMapGIS 的算法工具箱中,形成一系列非交互式的算法模块。本书全书由沈占锋、骆剑承构思并校稿。其中第 1～9 章、11～12 章、14～15 章由沈占锋、骆剑承负责撰写,第 10 章由吴炜负责撰写,第 13 章由吴田军负责撰写,第 16～17 章由夏列钢、李均力、沈占锋负责撰写,第 18 章由程熙负责撰写,第 19～21 章由王浩宇、寇雯齐、焦淑慧、张驰负责撰写。此外,焦淑慧、雷雅婷、寇雯齐、张依涵、张驰、马于博也参与了本书的校稿工作。

本书的出版得到了国家重点研发计划项目(2021YFC1523503)、国家自然科学基金项目(41971375)、新疆第三次科学考察项目(2021xjkk1403)、新疆重点研发计划项目(2022B03001-3)和中国科学院大学教材出版中心的资助,在此一并表示感谢。同时,也对科技部、国家基金委等前期的国家 863 计划、国家科技支撑等项目,国家自然科学基金项目及国家高分重大项目等的需求指引与资助给予衷心的感谢。另外,本书的编写过程中还得到了多位老师的悉心指导与帮助支持,包括中国科学院地理科学与资源研究所周成虎院士、苏奋振研究员、杜云艳研究员、杨晓梅研究员、葛咏研究员、裴韬研究员、马廷研究员,中国科学院空天信息创新研究院的柳钦火研究员、肖青研究员、闻建光研究员、孟瑜研究员,南京大学李满春教授、程亮教授、杜培军教授,武汉大学钟燕飞教授、邵振峰教授、黄昕教授,中山大学张清凌教授,浙江大学刘仁义教授、杜震洪教授,北京师范大学朱秀芳教授,中国科学院新疆生态与地理研究所包安明研究员、王伟胜研究员、杨辽研究员、李均力研究员、刘铁研究员,中国农业大学杨建宇教授,中国地质大学(北京)明冬萍教授,浙江工业大学吴炜博士、夏列钢博士、杨海平博士,成都理工大学程熙博士,河海大学周亚男博士,长安大学吴田军博士,山东建筑大学于新菊博士,核工业北京地质研究院的叶发旺研究员、刘洪成博士,以及本人研究团队的胡晓东博士、鄯丽静博士等,在此表示诚挚的谢意。

由于作者能力有限,书中难免存在疏漏或不足之处,殷切希望同行专家与读者及时给予批评指正与反馈(shenzf@aircas.ac.cn 或 blog.sciencenet.cn/u/radiszf),同时,作者也会尽最大努力及时地将更正之处或程序中的 Bug 修正之处通过博客等手段及时改正并发布。

最后,我们引用 Linux 的创始人 Linus Torvalds 在 2000 年的一句话:"Talk is cheap. Show me the code",所以,我们在本书中也类似,"Talk is cheap. Let me show you the code!"

作 者

2023 年 9 月 16 日

目　录

第 1 章

底层算法整体设计与实现方法

相对于前两部专著《遥感与地理信息系统 C++底层开发与实践(上册)——数据模型与渲染》(2019)与《遥感与地理信息系统 C++底层开发与实践(下册)——功能扩展与集成》(2021)(以下简称这两部专著为"已出版专著(上册)"和"已出版专著(下册)")来说,本书中介绍的内容主要是针对 MHMapGIS 中实现的"算法及算法功能插件的实现方式"。也就是说,本书中主要以遥感、GIS 的相关算法为主,这些算法能够以某种形式集成至 MHMapGIS 软件系统中并执行特定的功能。

集成到 MHMapGIS 系统中的算法从集成模式与使用方法角度来看可以分为两种:一种是即时交互性算法,这类算法一般集成至软件系统的菜单中(在 MHMapGIS 中以 Ribbon 菜单或类似的形式),其特点是可快速对用户的交互式操作进行即时性的响应,算法的运行速度很快,一般不需要用户过长时间等待即可从系统界面中交互式看到算法执行的效果;另一种则是非交互式算法,相对于前一种来说,这种算法一般运行速度"不快",且用户只需要在算法任务提交之前将参数设置好并提交算法任务,之后就不需要像第一种算法那样等待算法运行结束后的结果,系统会通过另一个新的线程或进程处理/计算提交的算法任务,并在任务完成后对用户进行通知,这类算法一般不集成到菜单中,而是以 MHMapGIS 中的算法工具箱内工具的方式进行集成。

1.1 本书中界定的底层算法

本书所指的底层算法,即算法的底层实现,主要是通过 C++等语言实现的、能够完成一定数据处理、分析等功能的独立模块体。这里对实现语言实际上不进行特殊要求,除 C++之外,还可以为其他类型的语言,如 Python、C#、JAVA 等,但本书中给出的实例主要是采用 C++语言实现(除最后 3 章的深度学习章节之外)。对于算法的实现方法来说,一般来说是程序实现者在一定的数理基础上,通过一定编程语言实现的算法模块,当然同样也可以基于已有算法源码或开源代码的基础上,进行一定的功能改进,并在实际应用过程中达到好用、易用的效果，本书中很多算法模块功能的实现就属于这一种。

图 1-1 示意了软件 MHMapGIS 整体软件系统界面。本书中针对算法模块介绍的集成方法同已出版的前两部专著中介绍的集成方法类似，其中本书中的第 2 章至第 4 章主要介绍用户交互式算法的实现，分别集成至 MHMapGIS 软件菜单或软件集成的模块中（如数据导出就集成在 MHMapTree 模块的右键菜单中）；第 5 章至第 21 章主要介绍非交互性的遥感/GIS 类算法，其主要集成模式为算法工具箱集成，即图 1-1 所示的算法工具窗口。近年来随着深度学习在遥感、GIS 领域的发展，其可以解决很多原机器学习中解决不好的问题，越来越得到人们的重视，本书中第 19 章至第 21 章主要介绍作者在实际遥感影像信息提取与分析过程中所应用到的几个深度学习模型的实例与应用方式，同大多数其他深度学习应用类似，相关的算法实现部分也是基于 Python 语言编写而成，而已出版专著（下册）在前期撰写时，并未考虑支持 Python 语言类算法，因此在本书的 1.3 节中对 MHMapGIS 中的交互式算法集成方式进行了总结，并在 1.4 节中对集成模式进行了扩展介绍，增加了 Python 语言类算法的集成调用方式，同时对相应的数据结构与集成模式也进行了扩展与更新。

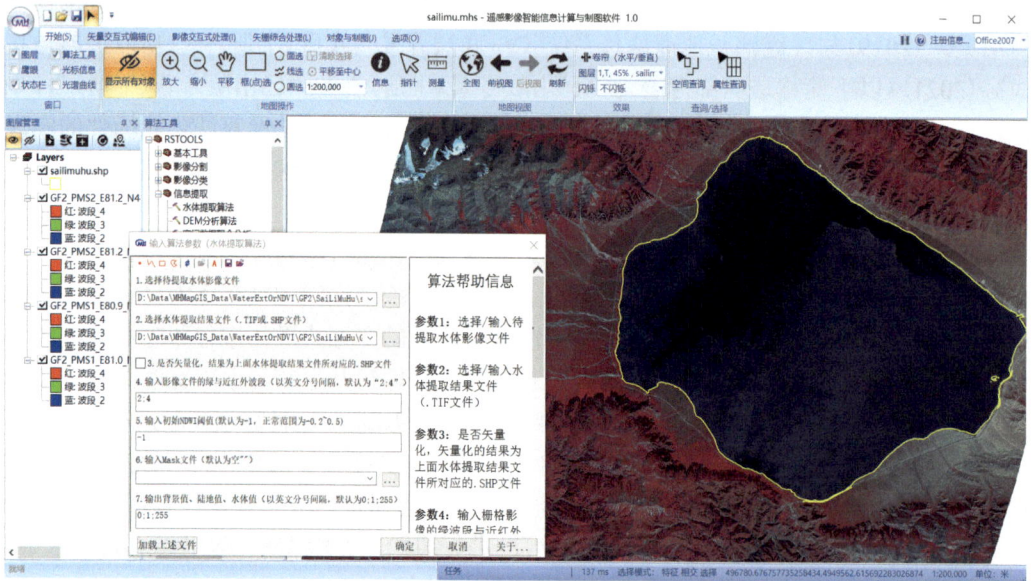

图 1-1　软件 MHMapGIS 整体软件系统界面

1.2　MHMapGIS 中的算法实现与集成

对于交互式空间数据处理算法，本书中重点介绍 3 个算法模块，分别为矢量数据编辑算法模块、栅格数据编辑算法模块与矢栅数据编辑算法模块（参见 1.3 节）。前期在专著撰写过程中，由于软件 MHMapGIS 中仅存在矢量数据编辑功能，因此命名该模块为 MHMapEdit；后期随着功能的增加，与此模块相并列又增加了专门针对栅格数据的编辑模块，因此将矢量数据模块改名为 MHMapFeaEdit（模块改名并不影响该模块的任何功能，具体参见第 2 章），同时命名与其相对应的栅格数据编辑模块为 MHMapImgEdit（具体参见第 3 章），并增加了针对矢栅数据交互式编辑的模块 MHMapSpaEdit（具体参见第 4 章）。

对于非交互式数据处理算法（亦称插件式算法），本书中结合实际工作中遇到的问题及面临的需求，分不同章节分别进行算法的原理、实现过程与集成方法的介绍（1.4），并从第 5 章至第 21 章每章分别介绍一种常用的遥感/GIS 处理分析算法模块。本书中各章之间不存在严格意义上的先后顺序，读者可根据需要选择阅读；同时，在 1.4 节中对已出版专著（下册）第 24 章的 MHMapTools 的数据结构、实现方式等进行了扩展介绍。

1.3　交互式算法实现与集成模式

交互式算法是指需要用户通过软件进行交互式操作处理并等待处理结果的过程。MHMapGIS 软件中将这些交互式算法大多集成至 Ribbon 菜单，这样便于用户按其所属的特定类别进行查找与调用，如图 1-2 所示的为 MHMapGIS 的第 2 个 Ribbon 菜单，即矢量交互式编辑中所对应的菜单，里面集成了针对矢量数据交互式编辑的多种算法。这些算法主要的表现方式为用户进行交互式选择不同的要素并进行（实时）处理的效果，如选中多个矢量要素的合并，矢量要素的删除、整形、切分、生成等，相应算法模块的具体实现方法见第 2 章。

由于矢量要素的交互式处理速度很快，几乎不需要用户有多少的等待时间即可完成，因此可以很快通过 MHMapGIS 的视图模块（参见已出版专著的 MHMapView 模块章节）查看到算法的处理效果，当用户不满意相应的处理效果时，可以通过菜单中的"撤销/重做"等功能进行撤销或重做，因此，交互式处理算法一般是通过特定的数据结构的设计（参见已出版专著 MHMapEdit 模块章节），再通过撤销与重做等按键的配合进行实现。

图 1-2　矢量交互式编辑菜单中所对应的交互式算法集成效果

在 MHMapGIS 的底层实现中，这类功能的实现过程与调用方式为：Ribbon 菜单的底层代码由 MHMapGIS 的 CMainFrame 实现，这里面再调用模块 MHMapView 中的相关函数，然后再由 MHMapView 模块再调用相应算法功能的具体实现模块，如矢量数据编辑模块的底层实现为 MHMapFeaEdit 的相应函数。这里面几乎所有的底层实现都通过模块 MHMapView 进行功能的"中转"，这样便于二次开发用户通过模块 MHMapView 实现所有底层功能/函数的调用。

类似地，本书的第 3 章将介绍针对栅格数据的交互式处理，表现在 MHMapGIS 中为第 3 个 Ribbon 菜单，如图 1-3 所示。第 4 章将介绍针对矢量、栅格数据进行协同式处理的部分算法，表现为 MHMapGIS 中的第 4 个 Ribbon 菜单，相应的界面如图 1-4 所示。

图 1-3　影像交互式处理菜单中所对应的交互式算法集成效果

图 1-4　矢栅综合处理菜单中所对应的交互式算法集成效果

1.4　插件式算法实现与集成模式

插件式算法又称为非交互式算法，这些算法相对来说使用频率不是那么高，运行速度也没有那么快，通过工具箱的方式集成、待用户需要时再进行调用的方式更符合用户使用的习惯。一般来说，任何一个功能相对独立的算法均可以独立为一个算法模块，再根据 MHMapGIS 中设定的集成规范或规则集成至算法工具箱，即可实现对这些算法功能进行调用与集成。在已出版的专著中，已经介绍了系统中算法的集成模式，既可以通过 C++暴露出的一个可被外部调用的功能接口方式进行集成，也可以对可执行文件方式的算法模块进行集成。

前文说过，为实现对 Python 类算法的调用，本章中对 MHMapTools 进行了一定的功能扩展(已出版的专著中的相应功能不受影响)，使其能够对 Python 类算法进行直接调用，为此，首先对 MHMapTools 模块的结构体 MHTOOLS 进行改造：

这里首先看一下原 MHMapTools 中定义的结构体 MHTOOLS 的数据结构。

```
typedef struct _MHTOOLS            //此数据结构描述了一个算法工具所有的信息
{
    HTREEITEM      hTreeItem;       //工具所对应的树节点
    string         sName;          //工具名称
    string         sDllName;       //记录算法动态库名字
    string         sExeName;       //记录可执行文件的名字
    string         sFolderName;    //记录算法动态库的文件夹
    string         sInterface;     //记录算法动态库的接口
    void*          pDlg;           //记录算法所弹出的对话框指针
    _MHTOOLS(){ hTreeItem = NULL;} //相当于结构体的构造函数
    bool operator == (const _MHTOOLS& right)  //两个工具相等的条件为2者源于同一个树节点
    {
```

```
        if (hTreeItem && hTreeItem == right.hTreeItem)
            return true;
        return false;
    }
}MHTOOLS;
```

其中针对算法描述较为关键的 sDllName 及 sExeName，分别指示了算法动态链接库或可执行文件的名称，以及 sFolderName（相应算法动态链接库或可执行文件的存储位置）及 sInterface（仅对动态链接库有意义，表现对外的接口）。

在对上述数据结构进行扩展时，一种方法是再增加一个针对 Python 算法运行的参数描述类信息的记录；另一种方法则是对上述信息进行合并，这种方式相对来说更为合理，且有较好的扩展性，形成如下的数据结构。

```
typedef struct _MHTOOLS
{
    HTREEITEM   hTreeItem;          //工具所对应的树节点
    string      sName;              //工具名称
    string      sDllExeBatPyName;   //记录算法名字，扩展名或为DLL，EXE，BAT，PY
    string      sFolderName;        //记录算法动态库的文件夹
    string      sInterface;         //接口或"BAT"或"EXE"、"PY"+ 环境变量
    void*       pDlg;               //记录算法所弹出的对话框指针
    _MHTOOLS(){ hTreeItem = NULL; pDlg = NULL; }
    bool operator == (const _MHTOOLS& right)
    {
        if (hTreeItem && hTreeItem == right.hTreeItem)
            return true;
        else if (sDllExeBatPyName != "" && sDllExeBatPyName == right.sDllExeBatPyName &&
            sFolderName == right.sFolderName && sInterface == right.sInterface)
            return true;
        return false;
    }
}MHTOOLS;
```

其中，将动态链接库 DLL、可执行文件 EXE、批处理文件 BAT、Python 算法的名称进行合并，形成了新的描述算法名称的变量 sDllExeBatPyName，指示了相应的算法名称，即对于动态链接库 ABCD.DLL 来说，sDllExeBatPyName = "ABCD"；对于可执行文件 BCDE.EXE 来说，sDllExeBatPyName = "BCDE"；对于批处理文件 CDEF.BAT 来说，sDllExeBatPyName = "CDEF"；对于 Python 算法 DEFG.PY 来说，sDllExeBatPyName = "DEFG"。

上述数据结构中的 sFolderName 与原来的定义相比未变，即指示了该文件位于 MHMapGIS 可执行文件下的文件夹名称。在原 MHMapTools 定义的结构体中，sInterface 主要描述了当集成算法类别为动态链接库时相应算法导出的接口，而在 EXE 时则此变量没有用途。在此次更新中，对 sInterface 所指示的字符串的功能进行了重新定义：当集成算法类别为 DLL 时，sInterface 指示的意义不变，即该动态链接库的导出接口；当集成

算法类别为 EXE 时，sInterface = "EXE"，指示当前的 sDllExeBatPyName = "BCDE"
所对应的文件类型为可执行文件类型，这样 MHMapGIS 的 MHMapTools 在解析时就会
到相应的文件夹中查找文件 "BCDE.EXE" 并进行调用；类似地，当集成算法类别为批
处理文件 BAT 时，sInterface = "BAT"；当集成算法类别为 Python 时，sInterface 的表
述方式稍有些不同，为 "PY "（注意，这里 PY 后面有一个空格）与当前活动角色的字符
的连接，如 sInterface = "PY SZF"，表述为 Python 格式，相应的活动角色为基准角色
base。相应地，MHMapGIS 在底层实现时会增加一条 Python 语句，即 "conda activate
SZF"，用以激活算法中设置的用户角色。

相应地，对原 MHMapTools.XML 也进行了相应的扩展，类似如下：

```
<岩心塑料隔板识别 foldername="RadiSZF" dllfile="MHGDALBasicAlgorithms"
interface="MHImgPlasticsIdentify">
</岩心塑料隔板识别>
<道路自动提取GPU版本 foldername="ZjutXLG_Road" exefile="roadPredictGPU">
</道路自动提取GPU版本>
<烟草矢量多边形植株中心点计算 foldername="RadiWHY" batfile="FindTobacco">
</烟草矢量多边形植株中心点计算>
<样本数据预处理 foldername="RadiWHY" pyfile="1-sample_preprocessing" activate="base">
</样本数据预处理>
```

上述 MHMapTools.XML 的部分展示了几种不同类型的算法模块的集成模式中对
应的算法描述部分的代码。其中，第 1 个算法名称为 "岩心塑料隔板识别"，其底层的
实现方式为动态链接库，因此在描述时给定了该算法的属性，即 foldername =
"RadiSZF"、dllfile = "MHGDALBasicAlgorithms" 及 interface = "MHImgPlasticsIdentify"，
指示算法的实现是由 MHMapGIS 的可执行文件所在文件夹下 RadiSZF 文件夹下的
MHGDALBasicAlgorithms.DLL 实现的，需要调用该动态链接库的 MHImg PlasticsIdentify
接口；第 2 个算法名称为 "道路自动提取 GPU 版本"，其底层的实现方式为可执行文件，
因此在描述时给定了它的属性为：foldername = "ZjutXLG_Road" 及 exefile =
"roadPredictGPU"，指示了算法的实现是由 ZjutXLG_Road 文件夹下的 roadPredictGPU.
EXE 负责完成的；第 3 个算法名称为 "烟草矢量多边形植株中心点计算"，其底层的实
现方式为批处理文件，因此在描述时给定了它的属性 foldername = "RadiWHY" 及 batfile =
"FindTobacco"，指示了算法的实现是由 RadiWHY 文件夹下的 FindTobacco.BAT 负责完
成的；第 4 个算法名称为 "样本数据预处理"，其底层的实现方式为 Python 文件，因
此在描述时给定了它的属性 foldername = "RadiWHY"、pyfile = "1-sample_
preprocessing" 及 activate = "base"，指示了算法的实现是由 RadiWHY 文件夹下的
1-sample_ preprocessing.py 负责完成的，同时还指示了 Python 的运行激活算法中的用户
角色为 base。

总结来说，采用动态链接库的算法实现模式，可采用类似如下的实现步骤。

1. 动态链接库类算法的集成方法

首先需要实现 ABCD.DLL 文件的接口 MHInterface，这里采用 C++进行示意，ABCD.h

文件的代码如下:

```
extern "C" __declspec(dllexport) char* _cdecl MHInterface(
    const char* pszInputImg,
    const char* pszOutputImg,
    const char* pszOutputImgType);
extern "C" __declspec(dllexport) char* _cdecl GetFuncParamsDesp(const char* sFuncName);
extern "C" __declspec(dllexport) char* _cdecl GetFuncAboutDesp(const char* sFuncName);
extern "C" __declspec(dllexport) char* _cdecl GetFuncHelpDesp(const char* sFuncName);
```

以上为 C++定义类的头文件(ABCD.h 文件),其中指示了主要接口 MHInterface 为导出 C 兼容接口,其有 3 个 const char*类型的参数,在所对应的 ABCD.cpp 文件的实现中,需要针对输入的 3 个参数所对应的意义进行本接口的功能实现,并返回 char*类型的返回值;同时,在相应的头文件中还定义了其他 3 个用于 MHMapGIS 软件算法集成的 3 个接口,具体意义可参见已出版专著。

相应地,抽象出动态链接库类的算法在 MHMapTools.XML 中的算法描述方法为:

```
<DLL算法名称 foldername="RadiSZF" dllfile="ABCD" interface="MHInterface">
</DLL算法名称>
```

2. 可执行文件类算法的集成方法

采用某种编程语言实现可执行文件 BCDE.EXE 的编译并测试通过后,该可执行文件能够对其附带的若干个参数进行操作并得到用户期望的结果,通过 DOS 提取符下可以执行类似如下的命令行:

C:\WINDOWS\system32\cmd.exe

D:\>BCDE.EXE param1 param2 param3 ...

为描述可执行文件 BCDE.EXE 可处理的参数个数、类型及在 MHMapGIS 中集成所需表达的实际意义,还同时需要一个针对此可执行文件的描述文件,因为我们无法要求可执行文件也像动态链接库那样通过导出 3 个接口的方式提供,因此我们定义采用一个与可执行文件名相同的 XML 文件对相应的信息进行描述,即在 BCDE.EXE 的相同文件夹下应该存在 BCDE.XML,其格式类似如下。

```
<?xml version="1.0" encoding="GB2312"?>
<TOOL name="BCDE">
  <FuncParamsDesp>
    1. 参数1的意义(FILE),
    2. 参数2的意义(FILE),
    3. 参数3的意义(EDIT:5)
  </FuncParamsDesp>
  <FuncAboutDesp>BCDE_CopyRight.htm</FuncAboutDesp>
  <FuncHelpDesp>BCDE_Help.htm</FuncHelpDesp>
</TOOL>
```

除要求此 XML 的文件名需要与可执行文件名称相同之外，还要求 XML 文件内的 TOOL 节点的属性 name 也与可执行文件相同，之后有 3 个节点：FuncParamsDesp、FuncAboutDesp 及 FuncHelpDesp，分别描述相应算法用户交互界面中的提示性语言、算法的关于信息及算法的帮助信息(对应于动态链接库中需要的 3 个接口)，具体可参见已出版的专著。

针对此 BCDE.EXE 在 MHMapTools.XML 的算法描述与注册，可抽象为下面 XML 片断：

```
<EXE算法名称  foldername="RadiSZF" exefile="BCDE">
</EXE算法名称>
```

即其中需要描述出此可执行文件的位置及可执行文件的名称。

3. 批处理文件类算法的集成方法

对于 BAT 文件，其各方面实现与可执行文件的集成方式类似，如 CDEF.BAT 代码示意为：

```
@echo off
python D:\shenzf\program\MHMapGIS\bin\x64\Release\FindSingleTree.py %1 %2 %3
process %4 256
```

此批处理文件实际上是采用 Python 文件处理参数 1、参数 2 与参数 3，再通过一个可执行文件处理参数 4 的一个过程。与可执行文件的集成方式类似，批处理文件也同样需要一个同名的 XML 文件对此批处理文件所能够处理的参数及其意义进行描述，即 BCDE.XML，其相关规定也同前文介绍的 CDEF.XML 类似，此处略。

将此批处理文件集成至 MHMapGIS 系统中所需的 MHMapTools.XML 的算法描述与注册的 XML 片段如下。

```
<BAT算法名称  foldername="RadiSZF" batfile="CDEF">
</BAT算法名称>
```

4. Python 文件类算法的集成方法

Python 文件的集成方法同可执行文件也比较类似，需要在 Python 文件中对需要处理的文件以参数的形式进行抽象，并在 Python 中对相应的参数进行处理，对应的 DEFG.PY 示例代码如下。

```
import sys
if len(sys.argv) > 2:
    param1 = sys.argv[1]  # 参数1
    param2 = sys.argv[2]  # 参数2
    param3 = sys.argv[3]  # 参数3
'''以下为程序的主体部分，针对算法模块的输入参数1，参数2，…，参数n进行处理分析并返回处理结果，略'''
```

代码中通过 sys.argv 找出所有的字符型参数，如果需要更改参数类型，可以再通过其他语句进行数据类型转换(如 param4 = int(sys.argv[4]))，然后再对这些参数进行处理与分析并得到处理结果。

相应用于描述此 DEFG.PY 文件的 XML 文件也同可执行文件的规范类似，只是将此 Python 文件进行 MHMapGIS 注册，与描述的 MHMapTools.XML 文件稍有不同，需要在指定 pyfile 属性之余再增加一个 activate 属性，指示用于 Python 文件运行所需要激活的用户角色。

```
<Python算法名称  foldername="RadiSZF" pyfile="DEFG" activate="SZF">
</Python算法名称>
```

最后，在 MHMapTools 模块中负责解析的 MHMapTools.XML 的代码中，需要根据以上增加的规则对 XML 文件进行解析，并在 MHMapTools 模块中增加针对 Python 文件调用、运行的支持，其实现原理为通过 C++先申请一个新的进程或线程，再在此新的进程或线程上提交待运行的一个或一系列命令(需要根据XML的配置中通过字符串组合而成)，最后将运行结果返回给用户。

1.5　小　　结

本章简单介绍了本书准备介绍的两类算法，即交互性算法与插件式算法，其中交互式算法主要集成至 MHMapGIS 的 Ribbon 式菜单中，插件式算法则主要通过 XML 的配置集成至 MHMapGIS 的算法工具箱中。由于本书增加了对 Python 语言的支持，因此对原 MHMapTools 模块的数据结构 MHTOOLS 进行了更改/扩展。在此基础上，本章介绍了在增加对 Python 语言算法支持的情况下的实现原理与过程。

本章的介绍中没有过多地呈现针对 XML 文件的解析代码，也没有展现解析后的信息赋值给 MHTOOLS 数据结构的过程，相应的实现过程其实并不复杂，只需要在原 MHMapTools 模块及 MHMapAlgorithms 模块的基础上进行一定程度的扩展、更新即可，具体的实现过程可参见已出版的专著的相关章节。

第 2 章

矢量数据编辑算法模块 MHMapFeaEdit 的实现

　　矢量数据编辑功能分为交互式编辑与非交互式编辑两种，两者的区别是交互式编辑是由用户或操作人员提交任务，并等待系统反馈结果的过程，两者之间存在交互作用的一种信息处理方式；而非交互式则是由用户或操作人员提交任务进行数据处理的过程，不需要等待系统的结果反馈。由于很多算法需要及时给出计算结果，但用户等待系统的结果反馈过程中并不能够进行本软件的其他操作，因此要求交互式算法的计算过程速度要"足够快"，否则用户等待时间过长会影响软件的交互性，而速度较慢的算法一般集成并形成非交互式算法(即集成至 MHMapGIS 的算法工具箱中)。本章介绍的算法均是集成至 MHMapGIS 中 Ribbon 菜单的交互式算法，相应的功能已经在已出版专著(下册)的第 21 章"矢量数据编辑模块 MHMapEdit 的实现"中进行了部分功能介绍，本章将对已有功能进行一定的梳理，并对矢量数据编辑的一些其他功能进行完善补充。

　　在 MHMapGIS 中，模块 MHMapFeaEdit 的前期命名为 MHMapEdit，在后期增加栅格数据编辑模块后将此模块重新命名为 MHMapFeaEdit，同时增加栅格数据的交互式编辑模块 MHMapImgEdit，以及矢栅数据交互式编辑模块 MHMapSpaEdit。在已出版专著(上册)中，对矢量数据编辑功能中常用的矢量要素合并、切割、整形、移动、删除、修剪等进行了原理及代码的介绍，同时介绍了复杂要素与岛的各种操作，并构建对应的数据模型，用以支持与实现矢量要素编辑功能的撤销与重做。本章将在介绍这些功能的基础上，对矢量数据交互式操作的数据模型与调用流程进行抽象，并增加几项常用的矢量数据交互编辑功能。

2.1　模块 MHMapFeaEdit 功能需求设计

　　模块 MHMapFeaEdit 负责实现软件 MHMapGIS 的交互式矢量数据编辑功能，其功能首先需要实现 MHMapGIS 中的各种交互式矢量数据编辑功能，同时，本章还增加了在实际应用中较为常用的 2 项功能,即平行多边形(定义见 2.3 节)要素生成以及删除多边形或其内岛,这 2 项功能在实际遥感信息提取分析及后处理中应用较多。另外，模块中还需要实现对矢量数据编辑过程中的各种选项，以便配合并更好地完成对应的矢量要素编辑功能。

在 MHMapGIS 中的矢量数据操作算法中，一部分功能需要通过用户的键盘或鼠标操作实现矢量数据的编辑并实现即时的效果展现，这一部分的矢量数据编辑需要采用交互式编辑的方法实现，即矢量数据编辑菜单下的不同菜单项来实现。

在已出版专著(下册)的第 21 章"矢量数据编辑模块 MHMapEdit 的实现"中，已经对用于编辑的数据结构及数据模型进行了抽象，即：

$$FID: x_1, x_2, \cdots, x_m \rightarrow a_1, a_2, \cdots, a_n$$

也就是说，所有的矢量要素编辑操作均可抽象为由 m 个要素经过一定的编辑处理之后，并生成新的 n 个要素的过程，而这一抽象模型奠定了矢量数据交互式编辑的撤销/重做功能的基础。在此基础上，对 GDAL 底层功能进行了功能扩展(见该专著 21.2 节及 21.3 节)，其主要目的是能够支持对所有矢量数据操作过程的记录及实现编辑之后的撤销与重做功能。由于前一专著中对矢量要素的合并、切割、整形、移动、删除、修剪、岛操作等进行了代码介绍，本部分将不再赘述。

2.2　要素交互式编辑功能的实现原理

矢量要素编辑功能包括较常用的矢量要素合并、切割、整形、移动、删除、修剪等功能，相应的功能实现已经在专著《遥感与地理信息系统 C++底层开发与实践》(上、下册)中进行了介绍，这里只介绍对应各功能的实现调用原理与过程，具体的代码将不再赘述，相应的功能实现可参考该专著的第 21 章。

1. 要素的选择过程

对于要素的编辑过程来说，一般主要是通过键盘与鼠标或快捷键的操作来实现矢量要素的编辑功能。其中，一些操作的过程是选中对应的要素，再选择一定的矢量要素编辑功能进行编辑，而另一些操作则不需要事先选中要素，直接选择对应的编辑工具即可。

其中，要素的选择过程可表达为图 2-1 所示的过程。

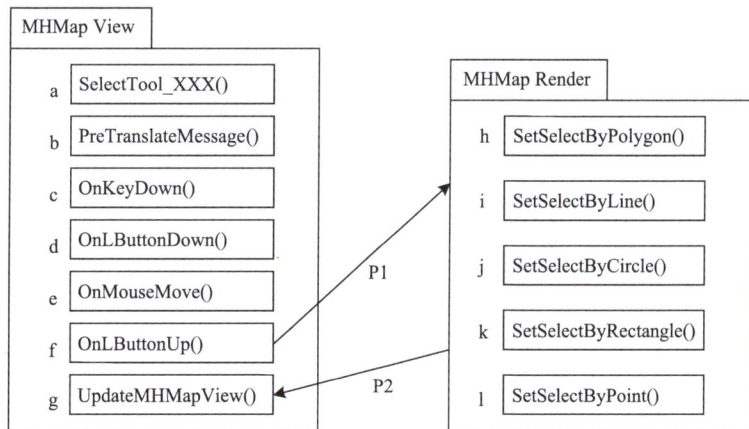

图 2-1　主视图上进行要素选择的过程模型

图 2-1 中，矢量要素的选择过程可描述为如下过程。

首先在主视图模块 MHMapView 中，通过图 2-1 中左侧的步骤 a 选择不同的工具，如最常用的点选或框选工具 SelectTool_SelectByRect()，以及其他选择工具如圆选工具 SelectTool_SelectByCircle()，多边形选择工具 SelectTool_SelectByPolygon()，线选工具 SelectTool_SelectByLine() 等；或者通过图 2-1 中左侧的步骤 b 所示的函数 PreTranslateMessage() 或 c 的 OnKeyDown() 实现的快捷键的实现函数，此时实际上就是某个指示变量变为 TRUE，而此时在主视图上进行 e 的鼠标移动时，对应的光标已经变成了选中工具所对应的光标。当显示此光标的鼠标左键按下并执行步骤 d 时，记录对应的屏幕坐标位置，当鼠标在某位置抬起（步骤 f）时，通过图中的 P1 过程调用模块 MHMapRender 对应的具体矢量要素选择函数并更新选择集，再调用图中的 P2 步骤对主视图进行更新，完成矢量要素的选择过程。图 2-1 中右侧为模块 MHMapRender 的矢量要素选择接口，包括 h 所示的多边形选择、i 所示的线选择、j 所示的圆选择、k 所示的矩形选择、l 所示的点选。

以下我们将常用的矢量要素编辑过程在 MHMapGIS 中的实现方式，与过程针对模块间的接口调用过程进行总结，相应的调用过程如图 2-2 所示。

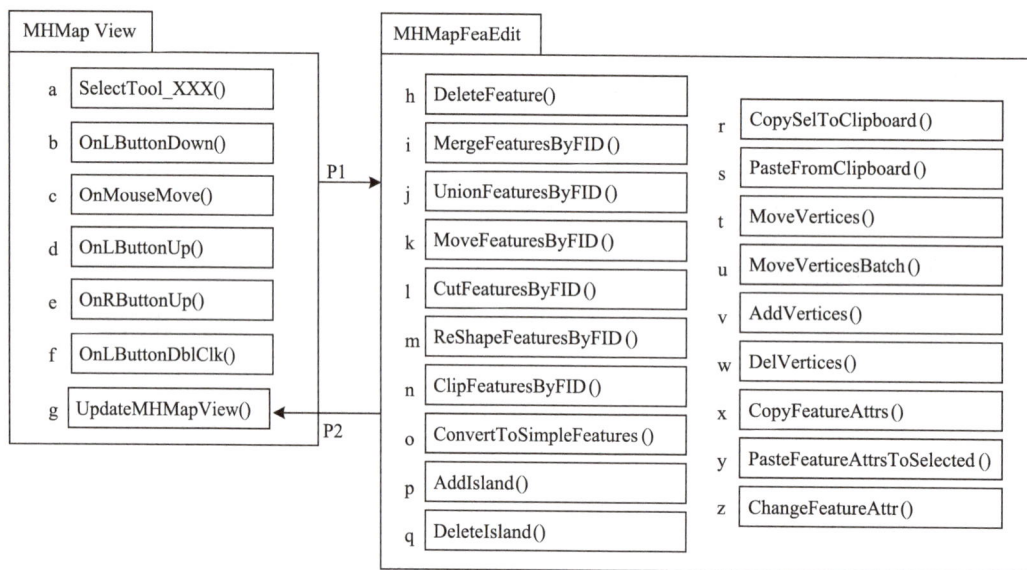

图 2-2 矢量要素的编辑在模块之间的接口调用过程

2. 要素的删除过程

要素的删除过程是所有要素编辑中相对较简单的一个，要素删除的过程可以表达为：

$$FID: x_1, x_2, \cdots, x_m \rightarrow \square$$

即删除前共 m 个要素，删除后 $\square$ 代表没有新生成的要素，因此这一过程对应的逆过程为恢复删除的 m 个要素，即此步骤的"撤销"过程。如图 2-2 所示，当进行要素删除时，首先需要选中待删除的要素，其过程可描述为如图 2-1 所示的要素选择过程，之后再通过菜单项或快捷键选中删除命令，即图中的步骤 a，其所对应的为模块 MHMapView 中的接口 SelectTool_DeleteFeatures()，而该函数再进一步调用模块 MHMapFeaEdit 中的接口 DeleteFeature() 完成要素的删除(图中的 P1 过程)，完成后再通过 P2 所示过程调用 MHMapView 的更新视图接口 UpdateMHMapView() 实现视图的更新。

要素的删除过程还有一种调用方式，即通过快捷键方式调用，具体的模块及接口调用流程类似，只是在上述过程中未通过菜单项选择图中的步骤 a，而是通过按下键盘上的 Del 键，其实现过程是通过模块 MHMapView 的接口 PreTranslateMessage() 或 OnKeyDown()，而这 2 个函数内部实际上也是调用了函数 SelectTool_DeleteFeatures()。

3. 要素的复制粘贴过程

要素的复制与粘贴功能是进行选定要素的复制并将要素信息(空间信息、属性信息)存储起来；当进行要素粘贴时，根据存储的信息再重新生成一个新的要素并处于选中状态，因此，要素的复制、粘贴过程实际上未经过 Windows 的剪粘板进行操作。

如图 2-2 所示，当进行要素的复制时，首先进行图 2-1 所示的要素选择过程，然后再进行步骤 a 所示的模块 MHMapView 的接口 OnCopyFeatures() 实现要素的复制(此过程也同样可以快捷键实现，即接口 PreTranslateMessage() 或 OnKeyDown()，下同)，此接口再调用模块 MHMapRender 的 CopySelToClipboard() 完成要素的复制，此时要素的粘贴功能将变为可用；当进行粘贴时，对应的步骤 a 所对应的接口为模块 MHMapView 的接口 OnPasteFeatures()(或快捷键实现)，该功能再调用模块 MHMapRender 的 PasteFromClipboard() 完成要素的粘贴过程。

4. 属性编辑与属性格式刷

属性格式刷是指复制选中的一个要素的部分或全部属性到新的要素上的过程，具体过程是首先选中需要复制属性的要素，再点击属性格式刷工具，并根据需要选择复制哪些属性(默认为所有属性)，此时光标变成格式刷样式并可以进行拉框选择，选中的要素如果有字段与源要素中的选中字段相同者，将源要素中的对应字段上的值复制到选中要素上。实际上，这一过程就是要素属性值复制的过程。

如图 2-2 所示，当进行要素的属性编辑与属性格式刷时，首先进行图 2-1 所示的要素选择过程，然后再进行步骤 a 所示的模块 MHMapView 的接口 SelectTool_AttrPainter() 或 CopyFeatureAttrs() 实现要素的属性格式刷或属性复制，此接口再调用模块 MHMapRender 的 CopyFeatureAttrs() 完成要素属性的复制，此时当用户再在模块 MHMapView 上分别执行步骤 b、c、d 的鼠标左键按下，移动与抬起时，首先同样调用前文所说的进行要素选择，再调用模块 MHMapRender 的 PasteFeatureAttrsToSelected() 实现复制的属性信息粘贴到选中的要素上，最后通过 P2 所示过程调用 MHMapView 的更新视图接口 UpdateMHMapView() 实现视图的更新。

5. 要素的合并过程

要素合并有两种结果，即同一图层上的要素合并 Merge 及跨图层的要素合并 Union，两者的实现过程类似，但结果有所差别。

如图 2-2 所示，当进行要素的合并时有两种使用方法：一种是首先选择 2 个或 2 个以上的要素再选择要素合并工具进行要素合并；另一种则是在没有要素选中状态下直接选中要素合并工具(此时仅限于 Merge)，再在视图上拖动鼠标进行选中要素合并。这一过程中，拖动鼠标进行要素选择的过程按图 2-1 所示的要素选择过程，而合并则是通过图中步骤 a 所示的模块 MHMapView 的接口 SelectTool_MergeFeatureByFID() 或 SelectTool_UnionFeatureByFID()，而这 2 个函数再通过图中 P1 过程调用模块 MHMapRender 的 MergeFeatureByFID() 或 UnionFeatureByFID() 实现要素的具体合并过程，之后通过 P2 所示过程调用 MHMapView 的更新视图接口 UpdateMHMapView() 实现视图的更新。这一过程中，先进行选择再进行合并，或先选择合并工具再拉框选择，只是工具使用顺序方面的不同，所执行的代码相同。

6. 要素的切割过程

要素切割是用户通过鼠标将选中要素进行切割的过程。如图 2-2 所示，类似于要素的合并过程，切割工具也有两种使用方法：一种是首先选择要素再进行要素切割；另一种则是在没有要素选中状态下直接选中要素切割工具，再在视图上拖动鼠标进行选中要素切割。其中，拖动鼠标进行要素选择的过程按图 2-1 所示的要素选择过程，而切割过程则是通过图中步骤 a 所示的模块 MHMapView 的接口 SelectTool_CutFeature()，这个函数再通过图中 P1 过程调用模块 MHMapRender 的 CutFeatureByFID() 实现要素的具体切割过程，最后通过 P2 所示过程调用 MHMapView 的更新视图接口 UpdateMHMapView() 实现视图的更新。

7. 要素的整形过程

要素整形是用户通过鼠标将选中要素进行整形的过程。如图 2-2 所示，类似于要素的合并过程，整形工具也有两种使用方法：一种是首先选择要素再进行要素整形；另一种则是在没有要素选中状态下直接选中要素整形工具，再在视图上拖动鼠标进行选中要素整形。其中，拖动鼠标进行要素选择的过程按图 2-1 所示的要素选择过程，而整形过程则是通过图中步骤 a 所示的模块 MHMapView 的接口 SelectTool_ReShapeFeature()，这个函数再通过图中 P1 过程调用模块 MHMapRender 的 ReShapeFeatureByFID() 实现要素的具体切割过程，最后通过 P2 所示过程调用 MHMapView 的更新视图接口 UpdateMHMapView() 实现视图的更新。

8. 生成新要素过程

要素生成是指在指定图层上生成新的对应类型的要素，包括点、线、面(多边形与矩形)类型。如图 2-2 所示，此过程首先执行步骤 a 所示的生成要素的函数接口，可能为生成点的函数 SelectTool_CreatePointFeature()、生成线的函数 SelectTool_CreateLineFeature()、生成多边形的函数 SelectTool_CreatePolygonFeature()、生成矩形的函数 SelectTool_CreateRectangleFeature() 等。之后，再调用图 2-2 中的步骤 b、c、d 并在主视图上进行鼠标操作实现新要素的生成过程，其中生成点的函数 SelectTool_CreatePointFeature()在步骤 b 的 OnLButtonDown()函数调用模块 MHMapRender 的 CreatePointFeature()，生成线的函数 SelectTool_CreateLineFeature()在步骤 e 或 f 的 OnRButtonUp()或 OnLButtonDblClk()函数实现中调用模块 MHMapRender 的 CreateLineFeature()，生成面的函数 SelectTool_CreatePolygonFeature()同样在步骤 e 或 f 的实现体中调用模块 MHMapRender 的 CreatePolygonFeature()。同样，最后通过 P2 所示过程调用 MHMapView 的更新视图接口 UpdateMHMapView()实现视图的更新。

9. 要素的修剪及保留过程

要素修剪(Clip)与保留(Intersect)是指用选中要素对当前视图内其他可见要素的修剪或保留过程，两者均是对当前可见且非选中面状要素进行的操作：其中修剪是将与选中要素相交的要素进行 Clip 操作，并保证该要素与选中要素没有公共区域，保留则是将与选中要素相交的要素进行 Clip 操作并保留选中要素内部的区域。从工具的使用方法角度来看，这 2 个过程都是首先执行图 2-1 所示的要素选择过程，然后执行图 2-2 步骤 a 所示的生成要素的函数接口，再执行最后的要素修剪或保留过程。从工具的实现角度来看，该操作对应着修剪函数 SelectTool_ClipFeatures()或保留函数 SelectTool_IntersectionFeatures()，其实现体中再调用模块 MHMapRender 的 ClipFeaturesByFID()，最后通过 P2 所示过程调用 MHMapView 的更新视图接口 UpdateMHMapView()实现视图的更新。其中函数 SelectTool_IntersectionFeatures()内部直接调用函数 ClipFeatures(FALSE)，而函数 SelectTool_ClipFeatures()则直接调用函数 ClipFeatures(TRUE)。

其中，要素修剪过程的具体实现方法及代码可参见已出版专著(下册)的 21.4 节，由于其中没有对要素的保留过程进行阐述。因此，此处我们对要素的保留过程实现方法进行简要介绍。

对于要素的保留实现过程，首先在 MHMapGIS 的主视图模块 MHMapView 上通过工具选择一些要素(具体的要素选择过程可以通过属性表选择，也可以通过在主视图上的 OnLButtonDown()、OnMouseMove()、OnLButtonUp()等函数配合完成，相应的代码略，可参考上部专著)。

当选择了一定的要素之后，再点击菜单中的要素保留按钮，即激活了主视图的要素保留函数 ClipFeatures()。这里可以看到，要素保留与要素修剪函数均为 ClipFeatures()，区别就是里面的参数的不同，当参数 bKeepOutside 为 TRUE 时，保留其他要素同选中要素剪切结果中外部的区域，即这里据说的"修剪"功能；当参数 bKeepOutside 为 FALSE 时，保留其他要素同选中要素剪切结果中选中要素内部的区域，即这里据说的"保留"功能。该函数对应的主体代码如下：

```
void CMHMapView::ClipFeatures(BOOL bKeepOutside)// bKeepOutside = TRUE 时为Clip，FALSE
时为Intersection
{
    if (!m_pMHMapFeaEditPtr)
        m_pMHMapFeaEditPtr = new CMHMapFeaEdit;
    CMHMapFeaEdit* pMHMapFeaEdit = (CMHMapFeaEdit*)m_pMHMapFeaEditPtr; //矢量编辑模块的
```

指针

```
vector<EDITFEATURE> vEF;
MSLayerObj* pCurLayer = m_pMapObj->GetFirstValidLayer();
while (pCurLayer) //遍历所有有效图层，找到哪些可见图层上选中了要素
{
    if (!pCurLayer->GetVisible() || pCurLayer->GetLayerType() != MS_LAYER_POLYGON)
    {
        pCurLayer = m_pMapObj->GetNextValidLayer();
        continue;
    }
    int *nFID = NULL, nCount = 0;
    GetSelectedFIDs(pCurLayer, nFID, nCount); //获取对应图层上选中要素的信息
    if (nCount > 0)
    {
        EDITFEATURE ef;
        ef.pLayerObj = pCurLayer;
        ef.nFIDs = nFID;
        ef.nCount = nCount;
        vEF.push_back(ef); //如果有选中要素，加入对应的数据结构并进行记录
    }
    pCurLayer = m_pMapObj->GetNextValidLayer();
}
if (vEF.size() == 1 && vEF.at(0).nCount >= 1) //如果可见图层中仅有一层选中了要素，
且选中要素>=1
{
    BOOL bSuc = pMHMapFeaEdit->ClipFeaturesByFID(vEF, -1, true, bKeepOutside); //
调用编辑模块功能
    if (bSuc)
        //更新视图，略
}
//后处理，略
}
```

对应代码中，同模块 MHMapFeaEdit 中的其他要素编辑操作类似，通过数据结构 EDITFEATURE 记录当前视图中所有选中的要素，再在符合条件下调用矢量数据编辑模块 MHMapFeaEdit 中的具体功能实现函数 ClipFeaturesByFID()，该函数较上部专著中修改了对应的参数 bKeepOutside 的实现方式，对应的底层实现代码为：

```
if(bKeepOutside) // bKeepOutside = TRUE 时为Clip
    pNewGeometry= pGeometry->Difference(pSrcGeometry);
else // FALSE时为Intersection
    pNewGeometry = pGeometry->Intersection(pSrcGeometry);
```

也就是说，在通过一些函数实现其他一些辅助功能之外，最终的底层会根据参数 bKeepOutside 具体调用 GDAL/OGR 的底层空间操作函数 Difference() 或 Intersection() 来执行修剪或保留功能。

10. 要素的移动过程

要素移动功能是通过鼠标(或指定距离)将选中要素移动一定的距离,此过程首先执行图 2-1 所示的要素选择过程,然后执行图 2-2 步骤 a 所示的移动要素的函数接口,该操作对应着移动函数 MoveSelectedFeature(),其实现体中再调用模块 MHMapRender 的 MoveFeaturesByFID(),最后通过 P2 所示过程调用 MHMapView 的更新视图接口 UpdateMHMapView()实现视图的更新。

11. 多边形岛操作

多边形岛操作包括在多边形中增加岛,删除内岛、按条件批量删除图层内岛等操作。岛操作同样也有两种使用方法:一种是首先选择要素再进行岛操作;另一种则是在没有要素选中状态下直接选中岛操作工具,再在视图上拖动鼠标进行岛操作。这一过程中,拖动鼠标进行要素选择的过程按图 2-1 所示的要素选择过程,而岛操作则是通过图中步骤 a 所示的模块 MHMapView 的接口,包括加岛 SelectTool_AddIsland()、删除岛与切岛 SelectTool_DeleteIsland(),而这 2 个函数再调用模块 MHMapRender 的函数 AddIsland() 及 DeleteIsland(),最后通过 P2 所示过程调用 MHMapView 的更新视图接口 UpdateMHMapView()实现视图的更新。

12. 复杂要素转为简单要素

复杂要素转为简单要素的操作方法是将选定要素变成简单要素的过程,其中选定要素通过执行图 2-1 所示的要素选择过程,然后执行图 2-2 步骤 a 所示的复杂要素变成简单要素的函数接口,即 SelectTool_ConvertToSimpleFeatures(),其实现体中再调用模块 MHMapRender 的 ConvertToSimpleFeatures(),最后通过 P2 所示过程调用 MHMapView 的更新视图接口 UpdateMHMapView()实现视图的更新。

13. 编辑节点

编辑节点相对比较复杂,包括构成线或面的节点(或线段,即线段的 2 个节点同步移动)位置移动、增加节点、删除节点等操作。对应的执行过程为:按图 2-1 所示的过程分别进行要素选择与节点(或线段)选择,再执行图 2-2 步骤 a 所示的节点的函数接口,即选择节点(包括线段)函数 SelectVerticesForEditSketch()、移动节点(包括线段)函数 MoveVerticesForEditSketch()以及删除节点函数 DelVerticesForEditSketch()等。这些函数的实现方法是再调用模块 MHMapRender 的 AddVertices()、DelVertices()、MoveVertices() 及 MoveVerticesBatch()等,最后通过 P2 所示过程调用 MHMapView 的更新视图接口 UpdateMHMapView()实现视图的更新。

2.3　平行多边形要素生成

严格意义上来说,不存在"平行多边形"的概念。本书中所定义的平行多边形,就是指的多边形的 2 条主要的边是平行或几乎平行的，且这 2 条边中相依的 3 个点所形成的角度为钝角，由这样 2 条平行边所对应的点，按顺序首尾连接所构成的多边形，形成一个近似等宽的多边形形状（图形类似于图 2-4）。这种形状在实际中应用需求很多，其中表现最多的就是道路（等宽），当进行交互式道路数字化时，就可以采用此工具快速实现。除道路之外，其他还有些地物同样可以应用此工具，如某些等宽河流、建筑物、规则地块等，应用此工具可以较大程度地提高数字化的效率。同时，此工具也可以用于自动提取之后的人工交互式结果的修改过程。

此工具的设计原理实际上也比较简单，那就是当用户通过交互式编辑形成平等多边形的一条边时，通过计算此平行多边形的另一条平行边（平行线），再以它们之间的宽度（距离）作为间隔自动生成另一条平行线，再将这 2 条平行线上的所有点按顺序连接起来形成多边形的几何形状（OGRGeometry*）。

从使用方法角度来说，针对常用的一些多边形矢量化或数字化方法，对本算法工具进行设计如下：首先在视图上选择"增加平行多边形"工具，此时当鼠标在视图上移动时将显示绘制多边形的图标，依次按下鼠标左键并形成平行多边形的一条边，直到平行多边形的一个边的顶点，此时沿平行多边形宽度方向移动鼠标并在距离为宽度时按下鼠标右键，算法将在按下右键后在右键位置自动生成一条与前面已生成的线相平行的线，并将它们遍历连通形成新的多边形，完成平行多边形的绘制操作过程。

平行多边形生成在数据模型抽象方面非常简单，类似于要素生成的模型，即原来没有要素，在生成过程中增加了一个多边形，即：

$$FID: \square \rightarrow a_1$$

生成之前□代表没有要素，生成之后生成了一个 FID 为 a_1 的要素，此 a_1 为当前编辑图层中所有要素个数+1，即最后一个要素，因此在需要撤销时，需要删除这个新生成的要素，而当撤销之后再重做时，则需要恢复在撤销时删除的要素。

从实现代码角度来看，当用户在界面上选择绘制平行多边形工具时，实现上是执行主视图模块 MHMapView 的接口 SelectTool_CreateParallelPolygonFeature()，对应的伪代码为：

```
void CMHMapView::SelectTool_CreateParallelPolygonFeature()//生成 by Parallel Polygon
{
    m_bShowEditDrawParallelPolygonCursor = true; //指示变量
    m_hCursor = SetCursor(LoadCursor(AfxGetInstanceHandle(),
MAKEINTRESOURCE(IDC_CURSOR_EDITDRAWPARALLELPOLYGON))); //光标
}
```

当视图中仅存在一个可见面状图层时，新生成的平行多边形将生成在此可见多边形图层上；当视图中存在多个可见面状图层时，选择此工具后将会弹出如图 2-3 所示的选择平行多边形的目标图层对话框，其中目标图层将会列出当前可用于接纳平行多边形的图层。

同其他矢量要素编辑功能类似，生成平行多边形算法工具同样需要模块 MHMapView 与模块 MHMapFeaEdit 配合完成。首先是视图模块 MHMapView，当选择此工具之后，就可以在视图中依次按下鼠标左键进行平行多边形的绘制，鼠标左键按下所执行的代码片段为：

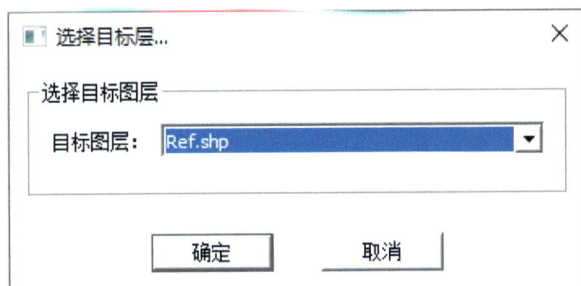

图 2-3 选择平行多边形的目标图层对话框界面

```
void CMHMapView::OnLButtonDown(UINT nFlags, CPoint point)
{
    if (m_bShowEditDrawParallelPolygonCursor) //判断指示变量，证明选择的为此工具
    {
        MSLayerObj* pLayer = m_pEditTargetLayer;
        m_bStartEditCreateFeatureByParallelPolygon = true; //指示变量，说明已经开始此
工具
        MSPointDouble pt; //X、Y均为double类型的数据结构
        ConvertScreenCoorToGeoCoor(m_oldPoint.x, m_oldPoint.y, pt.x, pt.y); //屏幕坐标
➡地理坐标
        if (find(m_pointSeries_GeoCoor.begin(), m_pointSeries_GeoCoor.end(), pt) ==
                m_pointSeries_GeoCoor.end())//如果容器中未曾记录过则记录，防止重复记录
        {
            CBrush brush, *pOldBrush; //采用GDI在新加点上绘制小方形
            brush.CreateSolidBrush(RGB(0, 0, 250));
            CClientDC dc(this);
            int nOff = 3;
            pOldBrush = dc.SelectObject(&brush); //并在点击处绘制小方形
            dc.Rectangle(point.x - nOff, point.y - nOff, point.x + nOff, point.y + nOff);
            dc.SelectObject(pOldBrush);
            m_pointSeries_GeoCoor.push_back(pt); //将此坐标增加进容器
        }
    }
}
```

上述代码的左键按下时，通过指示变量 m_bShowEditDrawParallelPolygonCursor 判断当前是否已经选择了绘制平行多边形的工具，并新增加另一指示变量 m_bStartEditCreateFeatureByParallelPolygon，用以指示是否已经开始此绘制平行多边形工具；同时，采用容器 m_pointSeries_GeoCoor 对所有左键按下的点进行存储，并在按下点处绘制一个小的方形。以后再判断是否已经选中/开始此工具时，将主要根据指示变量 m_bStartEditCreateFeatureByParallelPolygon 来进行判断，其中鼠标移动的主要伪代码为：

```
void CMHMapView::OnMouseMove(UINT nFlags, CPoint point)
{
```

```
    if (m_bStartEditCreateFeatureByParallelPolygon) //判断指示变量，说明已经开始了此工具
    {
        dc.SetROP2(R2_NOTXORPEN); //设定异或的屏幕颜色模式
        if (m_pointSeries_GeoCoor.size() > 0)
        {
            long nLastCanvasX, nLastCanvasY;
            MSPointDouble ptGeo =
m_pointSeries_GeoCoor.at(m_pointSeries_GeoCoor.size() - 1);
            ConvertGeoCoorToScreenCoor(ptGeo.x, ptGeo.y, nLastCanvasX, nLastCanvasY);
//坐标转换
            dc.MoveTo(nLastCanvasX, nLastCanvasY); //绘制从上一个点至新点之间的橡皮筋线
            dc.LineTo(m_pointMove.x, m_pointMove.y);
            dc.MoveTo(nLastCanvasX, nLastCanvasY);
            dc.LineTo( point.x, point.y);
        }
        m_pointMove = point; //更新起点坐标
    }
}
```

也就是说，当已经确定选中此工具并逐一进行鼠标左键按下时，容器 m_pointSeries_GeoCoor 将逐一记录对应的地理坐标，并在鼠标移动时通过橡皮筋绘制对应的线，直到最后用户进行双击、按下 F2 键或鼠标右键时结束绘制橡皮筋及对应的平行多边形。以其中的鼠标右键按下的代码为例。

```
void CMHMapView::OnRButtonUp(UINT nFlags, CPoint point)
{
    EndDBClickOrRButtonDownOrF2();//调用工具结束绘制的函数
}
```

即当已经开始了绘制平行多边形后，鼠标双击、按下 F2 键或鼠标右键时，将执行绘制结束函数 EndDBClickOrRButtonDownOrF2()，而该函数的主要代码为：

```
bool CMHMapView::EndDBClickOrRButtonDownOrF2()
{
    if (m_bStartEditCreateFeatureByParallelPolygon) //判断如果已经开始此工具
    {
        EndEditCreateFeatureByParallelPolygon();//调用结束绘制平行多边形函数
        return true;
    }
    return false;
}
```

对应的结束绘制平行多边形的函数 EndEditCreateFeatureByParallelPolygon() 的代码为：

```
void CMHMapView::EndEditCreateFeatureByParallelPolygon()
{
    MSLayerObj* pLayer = m_pEditTargetLayer;
    if (!m_pMHMapFeaEditPtr)
```

```
        m_pMHMapFeaEditPtr = new CMHMapFeaEdit; //模块MHMapFeaEdit的主体功能实现类
    CMHMapFeaEdit* pMHMapFeaEdit = (CMHMapFeaEdit*)m_pMHMapFeaEditPtr;
    pMHMapFeaEdit->SetFrmViewDocMapPtrs(m_pMHMapFrm, m_pMHMapView, m_pMHMapDoc, m_
pMapObj);
        int nNumPoint = m_pointSeries_GeoCoor.size();//最后一个点是平行距离
        double* geoX = new double[nNumPoint];
        double* geoY = new double[nNumPoint];
        for (int i = 0; i < nNumPoint; i++)//复制所有坐标
        {
            MSPointDouble pt = m_pointSeries_GeoCoor.at(i);
            geoX[i] = pt.x;
            geoY[i] = pt.y;
        }
        pMHMapFeaEdit->CreateParallelPolygonFeature(pLayer, geoX, geoY, nNumPoint); //生成
平行多边形函数
        //释放内存，更新视图，略
        m_bStartEditCreateFeatureByParallelPolygon = false; //恢复变量值
        m_pointSeries_GeoCoor.clear();//清理
}
```

也就是说，模块 MHMapView 中鼠标按下右键之后，通过一系列函数之间的调用，最终调用了矢量数据编辑模块 MHMapFeaEdit 的绘制平行多边形函数 CreateParallelPolygonFeature()并更新视图，其对应的主要伪代码为：

```
BOOL CMHMapFeaEdit::CreateParallelPolygonFeature(MSLayerObj* pLayer, double* dX, double*
dY, int nNumPoint)
{
    int nNewNumPoint = (nNumPoint - 1) * 2; //需要容纳下所有的节点，需要在现有节点个数
上乘以2
    double* dNewX = new double[nNewNumPoint]; //开辟内存
    double* dNewY = new double[nNewNumPoint];
    double dBaseX = dX[0], dBaseY = dY[0]; //先记录第1点并作为后续基准
    for (int i = 0; i < nNumPoint; i++)//以第一个点为基准点，计算所有点相对于基准点的坐
标变化值
    {
        dX[i] = dX[i] - dBaseX;
        dY[i] = dY[i] - dBaseY;
    }
    for (int i = 0; i < nNumPoint - 1; i++)//复制前nNumPoint-1个坐标
    {
        dNewX[i] = dX[i];
        dNewY[i] = dY[i];
    }
    PointDouble ptLast, ptLast1, ptLast2, ptLast3;
    ptLast.X = dX[nNumPoint - 1];
    ptLast.Y = dY[nNumPoint - 1];
```

```
        ptLast1.X = dX[nNumPoint - 2];
        ptLast1.Y = dY[nNumPoint - 2];
        ptLast2.X = dX[nNumPoint - 3];
        ptLast2.Y = dY[nNumPoint - 3];
        double dDis = GetDistance(ptLast, ptLast1, ptLast2); //计算最后一个点到前一个线段的
距离 dDis
        linestring_parallel lp;        //平行线的类, 其定义及实现在DataModel中
        GTLineString gs;    //线串的类, 其定义及实现在类DataModel中
        for (int i = 0; i < nNumPoint-1; i++)
            gs.addPoint(dX[i], dY[i]);
        double offset = dDis;
        GTLineString gs1;
        int nSide = offset > 0 ? 1 : -1;
        lp.parallel_line(&gs, offset, offset, 0.001, nSide, 0, 0, 0, 1e-2, &gs1); //线串gs
生成平行线gs1
        int nC = gs1.getPointCount();
        int nCur = nNumPoint - 1;
        for (int i = nC - 1; i >= 0; i--)//将新生成的平行线gs1上所有的点坐标复制到数组对应
的位置上
        {
            OGRRawPoint* pRP = gs1.getPointPtrAt(i);
            dNewX[nCur] = pRP->x;
            dNewY[nCur] = pRP->y;
            nCur++;
        }
        for (int i = 0; i < nCur; i++)//再恢复的点的坐标, 即所有点坐标加上开始记录的基准点
坐标
        {
            dNewX[i] += dBaseX;
            dNewY[i] += dBaseY;
        }
        BOOL bSuc = CreatePolygonFeature(pLayer, dNewX, dNewY, nCur); //按记录的节点生成新
的多边形
        delete dNewX; delete dNewY;
        return bSuc;
}
```

上述代码中, 类 linestring_parallel 及类 GTLineString 均位于模块 DataModel 中(内部对应的类定义及实现代码略), 分别用于进行平行线及线串的定义与实现, 函数 parallel_line()负责具体的实现过程, 对应的原理就是通过一系列几何计算将上述代码中的线串 gs 输入, 以及 2 条平行线之间的距离 dDis, 再通过此函数得到其平行线串 gs1 的一系列坐标, 将对应的坐标点重组形成所有的坐标点串, 最后再调用函数 CreatePolygonFeature()实现平行多边形的构建过程, 其代码为:

```
BOOL CMHMapFeaEdit::CreatePolygonFeature(MSLayerObj* pLayer, double* dX, double* dY, int
nNumPoint, bool bRecordHistory/* = true*/, bool bAddIsland/* = false*/)
{
    OGRLinearRing olr; //首先初始化线串对象
    for (int i = 0; i < nNumPoint; i++)
        olr.addPoint(dX[i], dY[i]); //线串中增加对应的点
    olr.closeRings();//首尾闭合
    OGRPolygon op; //然后再初始化多边形对象
    OGRErr er = op.addRing(&olr); //多边形中增加线串
    OGRFeature* pNewFeature = (OGRFeature*)OGR_F_Create(pOGRLayer->GetLayerDefn());//
生成要素
    er = pNewFeature->SetGeometry((OGRGeometry*)&op); //要素的几何形状指定到多边形对象
    CopyFeatureAttrs(pOGRLayer, pFeature , pNewFeature); //复制要素的属性
    er = pOGRLayer->CreateFeature(pNewFeature); //在对应的矢量图层中生成要素
    OGRFeature::DestroyFeature(pNewFeature); //删除中间要素
    return TRUE;
}
```

上述代码完成了在视图上绘制平行多边形的最后过程，对应的数据存储在当前视图内的唯一面状图层或由图 2-3 对话框选定的面状图层内，而整个过程的步骤如图 2-4 左图所示，对应的效果如右图所示。

图 2-4　绘制平行多边形的步骤及效果

图 2-4 中，在用户选定绘制平行多边形工具之后，鼠标左键依次按下 1、2、3、4、5、6、7 等 7 个点，再在位置 8 处按下鼠标右键(或者在此位置鼠标双击，或者按下 F2 键)，完成平行多边形的绘制过程。

2.4　删除多边形或其内岛

在实际针对面状多边形的编辑操作中，有一个比较常用的针对面状矢量多边形图层的功能需求，尤其是在基于遥感影像进行信息提取与分析之后的矢量化并形成与信息提取相对应的矢量化面状图层之后，针对这一面状图层进行要素的编辑、选择与删除工作，包括针对此面状图层的细小、破碎多边形的去除，以及一些含岛多边形的去除内岛(可以进行条件限制)编辑过程。

从使用方法角度来看，由于此操作是针对一个面状图层，而不是针对某图层上的选中或部分要素，因此实际上此操作的对象是面状多边形图层或已经加载的一个 Shp 文件。为了完成这一编辑过程，实际上在 MHMapGIS 中可以有两种工具的实现模式：一种就

是在软件菜单中增加此项功能，实际加载图层的交互式删除多边形或多边形内岛，即本节中需要介绍的内容；另一种则是采用系统工具箱中加载工具的方式，工具中需要的参数与此处类似，两者的区别是待处理的对象不同：本节中待处理的对象为某个矢量图层，而第 6 章中待处理的对象则是 Shp 文件。算法实现方面，两种模式的原理及具体代码都比较类似，只是在交互界面与操作模式方面有所差别，因此本节将不对其具体的实现原理与方法进行介绍，具体的实现过程可参见 6.3 所示的模块 MHFeaPolygonOrIslandRemove 的具体实现过程。

图 2-5 示意了交互式删除多边形或多边形内岛的对话框界面。其中有两个选项，可以删除多边形或多边形内岛，或者两者同时进行。在删除条件上，可以限制条件为面积大于某个设定值或小于某个设定值，也可以同时进行设置。当图 2-5 中的面积编辑框（即图中"小于"右侧的输入框或"大于"右侧的输入框）处于焦点时，其右侧的按钮"视图选择面积"将变为可用，此时可以选择此按钮并在主视图窗口（MHMapView）中绘制矩形，算法会自动计算所绘制矩形的面积并充填至焦点的对话框中，通过用户在视图上的绘制来代替用户的输入过程。

图 2-5 交互式删除多边形或多边形内岛的对话框界面

需要说明的是，本节由于是交互式删除多边形或多边形内岛，因此需要能够支持矢量数据编辑过程中要求的"撤销/重做"功能，而第 6 章中尽管实现代码及功能与本节中类似，但那里不需要支持撤销与重做功能，因此在这里需要简单介绍支持这一功能的方法。

交互式删除多边形或删除多边形内岛在数据模型抽象方面也比较简单，其中删除多边形的过程可以表达为：

$$\text{FID: } x_1, x_2, \cdots, x_n \rightarrow \square$$

这里的 x_i, $i=1, \ldots, m$ 为通过面积限制查找符合条件的一系列多边形要素，再删除这些要素（生成之后 □ 代表没有新要素生成），其代码实现过程与删除多边形类似。

删除多边形的内岛的过程可以表达为：

FID: $x_1, x_2, \cdots, x_m \to a_1, a_2, \cdots, a_m$

上述表达中，删除内岛之前共有 m 个要素，在删除之后还应该有 m 个要素；也就是说，对于删除多边形内岛来说，输入 m 个要素，无论该要素中的内岛是否符合删除条件，都应该有一个对应的输出要素，或者对该要素进行了删除内岛操作，或者没有任何操作而保留原要素不变。

在交互式删除多边形与删除多边形内岛操作中，由于这两项操作的上述数据模型并不相同，而且希望尽量保留各自的撤销/重做功能，因此此项操作如果同时选择了删除多边形与多边形内岛，则在撤销时将需要分两步撤销：第一步为撤销删除多边形；第二步则为撤销删除多边形内岛，重做过程也类似。

在代码实现方面，本工具对应的主视图模块 MHMapView 中的响应函数 DeletePolygonOrInnerIsland()，其对应的主体实现代码为：

```
void CMHMapView::DeletePolygonOrInnerIsland(MSLayerObj* pLayer, double dAreaLT/* = 0*/,
double dAreaGT/* = 0*/, BOOL bDelPolygon/* = FALSE*/, BOOL bDelInnerIsland/* = FALSE*/)
{
    if (!m_pMHMapFeaEditPtr)
        m_pMHMapFeaEditPtr = new CMHMapFeaEdit;
    CMHMapFeaEdit* pMHMapFeaEdit = (CMHMapFeaEdit*)m_pMHMapFeaEditPtr; //模块
CMHMapFeaEdit的指针
    pMHMapFeaEdit->SetFrmViewDocMapPtrs(m_pMHMapFrm, m_pMHMapView, m_pMHMapDoc,
m_pMapObj);
    if (bDelPolygon && bDelInnerIsland) //如果用户选择了2项工具之一，弹出对话框
        AfxMessageBox("选择了个工具：删除多边形与删除多边形内岛，因此在撤销时需要撤销
至少 2 步才能回到最初，如果有复杂多边形则需要更多步骤", MB_OK | MB_ICONINFORMATION |
MB_SYSTEMMODAL);
    BOOL bSuc = pMHMapFeaEdit->DeletePolygonOrInnerIsland(pLayer, dAreaLT, dAreaGT,
bDelPolygon, bDelInnerIsland); //调用模块MHMapFeaEdit的具体矢量编辑功能
    if (bSuc)
        //清除本图层内的选择，更新视图及其他信息，略
}
```

因为本工具的处理对象为面状矢量数据文件，或 MHMapGIS 中的一个面状图层（本质上还是一个面状矢量文件），而其他工具的处理对象为选中要素，因此当在 MHMapGIS 的菜单栏上选择此工具时，将会直接激活模块 MHMapView 的响应函数。上述代码同样将此工具的具体实现任务转交给了模块 MHMapFeaEdit，并调用该模块的函数 DeletePolygonOrInnerIsland() 进行符合条件的多边形或多边形内岛删除，并在删除后进行视图更新。

由于此处的交互式多边形或其内岛删除的算法，同第 6 章的非交互式的多边形或其内岛删除算法原理与代码均比较类似，因此本节将不再介绍，具体的实现代码可参见 6.3 节中的函数 DeletePolygonOrInnerIsland() 及其关联实现函数。同时，本节交互式算法还需要支持编辑过程中的撤销/重做功能，其实现原理同其他矢量数据编辑功能类似，需要采用数据结构 EditHistory 记录此次处理过程中影响的要素 FID，记录相应的数据结构、

生成新的变量并加入记录地图编辑过程的容器 m_vFeaEditHistory 中，具体的支持撤销与重做的数据模型的代码此处略。

2.5 编辑功能的选项设计与实现

在矢量要素编辑过程中，可能有一些针对矢量数据编辑过程的选项功能，这些选项本身并不直接产生额外功能，而仅是一些"是"或"否"的选项，但这些选项能够与其他矢量要素编辑功能结合，并形成一些新的功能或效果。这些选项包括：是否允许视图编辑，是否允许要素移动，是否在编辑过程中维持前期已有拓扑，是否在编辑过程允许节点吸附功能，是否在要素合并过程中弹出允许用户选择保留属性的对话框等。这些选项功能的实现原理就是在主视图模块 MHMapView 中设定对应的指示变量（BOOL 类型），再根据对应的指示变量的真/假情况进一步对对应的功能决定是否屏蔽，这是因为几乎所有的用户矢量要素编辑操作的主入口均为模块 MHMapView 的某个接口[可参考已出版专著（上册）的第 7 章]，而在此模块中设定相应的指示变量，有利于直接通过指示变量的更改/判断来实现对应功能的"开关"。

1. 是否允许编辑

主视图是否编辑是 MHMapGIS 的主视图模块 MHMapView 对外功能表现及二次开发支持的一个重要开关。对于 MHMapGIS 来说，其最重要的一个与用户打交道的模块为主视图模块 MHMapView，因为其支持二次开发的主要对外表现接口的模块就是 MHMapView。对于二次开发来说，有些时候仅希望主视图模块 MHMapView 支持对空间数据的显示功能，而不希望其支持空间数据的编辑功能，包括前文所阐述的矢量数据移动、删除、修改等操作，以及第 3 章将要介绍的针对栅格数据的编辑操作，因此需要采用一种机制实现这一功能的配置，并能够在不同的二次开发版本中有不同的配置功能。

对于此项需求，MHMapGIS 中同样采用指示变量的方法进行实现，如下面代码所示：

```
class MHMAPVIEWOPRIMPL CMHMapView : public CMHMapViewBase
{
    BOOL m_bPermitEditFeaLayer; //是否允许编辑矢量数据的指示变量
    BOOL m_bPermitEditImgLayer; //是否允许编辑栅格数据的指示变量
};
```

其中，指示变量 m_bPermitEditFeaLayer 用于指示当前视图内是否允许矢量数据的各种编辑功能，指示变量 m_bPermitEditImgLayer 用于指示当前视图内是否允许栅格数据的各种编辑功能，而在 MHMapGIS 的选项上是否允许编辑功能的实现原理与代码中，将更改这 2 个指示变量，代码如下：

```
void CMHMapView::SetPermitEditLayer(BOOL bPermit) //设定是否允许编辑，同时更改下面2个指示变量
{
    m_bPermitEditFeaLayer = bPermit;
    m_bPermitEditImgLayer = bPermit;
```

}

　　在主视图模块的具体代码实现中,很多涉及矢量、栅格数据编辑的功能之前都需要判断这 2 个指示变量,如果对应的指示变量为 FALSE,则不允许执行后续的具体实现代码,例如在快捷键的具体实现函数 PreTranslateMessage() 中,需要先判断对应的指示变量,再来指定不同的快捷键所对应的不同功能,对应的代码类似如下。

```
BOOL CMHMapView::PreTranslateMessage(MSG* pMsg)
{
    if (m_bPermitEditFeaLayer)//矢量数据编辑类
        //矢量数据编辑类具体功能实现,略
    if (m_bPermitEditImgLayer)//栅格数据编辑类
        //栅格数据编辑类具体功能实现,略
}
```

　　同样地,具体的功能实现时也需要判断对应的指示变量,如矢量要素的移动功能:

```
void CMHMapView::MoveSelectedFeature(string sDirection, BOOL bBigStep/* = TRUE*/)
{
    if (!m_bPermitEditFeaLayer) //是否允许矢量数据编辑
        return;
    //要素移动的具体实现代码,略
}
```

　　或栅格数据的交互式水体提取功能实现代码:

```
void CMHMapView::SelectTool_WaterExtraction()
{
    if (!m_bPermitEditImgLayer) //是否允许栅格数据编辑
        return;
    //交互式水体提取的具体实现代码,略
}
```

　　类似地,其他所有相关功能的实现体的前面,包括函数 SelectTool_MergeFeatures()、MergeSelectedFeatures()、SelectTool_UnionFeatures()、SelectTool_CutFeature()、SelectTool_DeleteFeatures(),也均有上述代码中的判断,即如果对应的指示变量为 FALSE 时,直接返回,不再执行后续的具体代码与功能。

2. 是否允许要素移动

　　是否允许要素移动是针对矢量编辑中是否允许移动的一项专门限制,这项需求在进行影像数字化、数据编辑等应用中常用到,特别当进行遥感影像数字化时,一般是基于底图进行交互式面状地物的提取,而此时若不希望对已经存在的面状要素进行移动,就可以关闭此项开关,避免因为用户选择后对要素进行移动,因为“选择与移动”本来说是一个工具里面的 2 项功能,而且在要素选中状态下,移动 4 个方向箭头也可以移动要素,关闭此项开关就可以避免此类的误操作。

　　实现代码方面与是否允许编辑的方法类似,也是在主视图 MHMapView 中设定指示变量作为是否允许移动的开关,代码如下。

```
class MHMAPVIEWOPRIMPL CMHMapView : public CMHMapViewBase
```

```
{
    BOOL m_bPermitEditMove; //是否允许要素移动的指示变量
};
```

此项开关将主要影响工具"选择与移动"。正常来说，此工具对应处于未选择状态的要素具有"选择"功能，类似于正常的矩形选择等工具，而对于处于选择状态的要素来说，则具有"移动"功能，而此时鼠标的光标将变为移动光标，而当前要素是否处于"被移动"状态也正是通过判断鼠标的光标来进行的，因此，是否允许要素移动取决于鼠标光标是否变为"移动"光标，对应的实现代码为：

```
void CMHMapView::OnMouseMove(UINT nFlags, CPoint point)
{
    if (m_bShowEditSelectCursor || m_bShowEditMoveCursor) //如果当前为矢量要素选择状态
    {
        if (m_bAltKeyPressed || m_bShiftKeyPressed || m_bChangeCurTool)//仍保留选择状态，不允许移动
        {
            m_bShowEditSelectCursor = true; //要素选择工具
            m_bStartAdsorption = false; //此时不允许吸附功能
            m_bShowEditMoveCursor = false; //非要素移动工具
            m_hCursor = SetCursor(LoadCursor(AfxGetInstanceHandle(), MAKEINTRESOURCE
(IDC_CURSOR_EDITSELECT))); //仍为选择状态的光标，如图2-6右图
        }
        else
        {
            double dGeoX, dGeoY, dGeoXTmp, dGeoYTmp;
            ConvertScreenCoorToGeoCoor(point.x, point.y, dGeoX, dGeoY);
            ConvertScreenCoorToGeoCoor(point.x+5, point.y+5, dGeoXTmp, dGeoYTmp);
            bool bIn = pMapRender->IsPointInSelLayerEnvelop(dGeoX, dGeoY, fabs
(dGeoXTmp-dGeoX));
            if (m_bPermitEditMove && (bIn || m_bStartEditMoveFeature))//判断鼠标是否
在要素内部
            {
                m_bShowEditSelectCursor = false; //非选择工具
                m_bShowEditMoveCursor = true; //移动工具
                m_hCursor = SetCursor(LoadCursor(AfxGetInstanceHandle(), MAKEINTRESOURCE
(IDC_CURSOR_EDITMOVE))); //变为移动光标
            }
            else//不允许移动，或不在内部，则为选择光标
            {
                m_bShowEditSelectCursor = true; //要素选择工具
                m_bStartAdsorption = false; //不允许吸附
                m_bShowEditMoveCursor = false; //要素移动工具
                m_hCursor = SetCursor(LoadCursor(AfxGetInstanceHandle(), MAKEINTRESOURCE
(IDC_CURSOR_EDITSELECT)));
```

```
                }
            }
        }
}
```

上述代码对应了图 2-6 显示的几何状态，当鼠标位于非选择状态下的要素上时，鼠标为正常的选择状态光标，如左图；如果鼠标处于已经选择状态的要素内部时，且此时未按下 Shift、Alt 键时，则光标变为移动光标，如中图；如果光标位于选中要素内部且按下 Shift、Alt 键中的某个键时，则鼠标仍改回选择状态，此时变为新的功能：当按下 Shift 键时的选择为保留原来选择要素基础上的新选择，即增加选择功能，当按下 Alt 键时的选择为从原来的选择集中去除新的选择，即减少选择功能，此项功能类似于 PhotoShop 中的功能。

图 2-6　几种状态下鼠标光标的形状

同样地，移动要素代码片段中也增加对此项指示变量的判断，类似如下。

```
void CMHMapView::MoveSelectedFeature(string sDirection, BOOL bBigStep/* = TRUE*/)
{
    if (!m_bPermitEditFeaLayer) //是否允许矢量数据编辑
        return;
    //要素移动的具体实现代码，略
}
```

3. 是否维持已有拓扑

是否维持已有拓扑也是数字化或其他编辑过程中一个常用的功能，主要适用于面状图层的编辑选项。当进行矢量要素编辑过程中，如增加多边形、移动多边形、编辑节点等，可以选中此选项，以此保证新的面状要素与已有可见多边形的拓扑关系。也就是说，在此过程中，仅保证新生成的要素符合与可见要素之间的拓扑关系，但并不保证与"非可见"要素之间的拓扑关系，也不保证已经存在的可见要素之间的拓扑关系。

实现代码方面与其他选项的实现方法类似，也是在主视图 MHMapView 中设定指示变量作为是否允许维持已有拓扑的开关，代码如下。

```
class MHMAPVIEWOPRIMPL CMHMapView : public CMHMapViewBase
{
    BOOL m_bKeepTopology; //是否允许维持已有拓扑的指示变量
```

```
};
```

即在主视图模块 MHMapView 的主体功能实现类 CMHMapView 中定义指示变量 m_bKeepTopology 对系统是否维持已有拓扑关系进行判断，判断的代码为：

```
void CMHMapView::SetKeepTopology(BOOL bKeep/* = TRUE*/)
{
    m_bKeepTopology = bKeep;
    if (bKeep)
        AfxMessageBox("注意，维持拓扑是指默认为当前视图内所有可见的面状图层已经保持了
相互之间的拓扑关系(即不再检查非编辑要素间的拓扑关系)，而再采用这些已经保持了拓扑关系的
面状要素对当前正在编辑的要素进行裁切的过程，允许跨图层进行拓扑检查，将可能影响面状要素
的移动、生成、整形等操作！");
    if (!m_pMHMapFeaEditPtr)
        m_pMHMapFeaEditPtr = new CMHMapFeaEdit;
    CMHMapFeaEdit* pMHMapFeaEdit = (CMHMapFeaEdit*)m_pMHMapFeaEditPtr;
    pMHMapFeaEdit->SetKeepTopology(bKeep); //将是否保持拓扑选项指示变量传递给矢量编辑
模块
}
```

在将是否维持已有拓扑的指示变量传递给矢量数据编辑模块 MHMapFeaEdit 之后，该模块就可以根据该指示变量进行后续操作，其原理就是：如果设定了需要维持已有拓扑，就需要判断当前可见面状图层中的要素与新生成的要素之间的拓扑关系，具体实现方法类似如下。

```
void        CMHMapFeaEdit::MovePolygon(MSLayerObj* pDstLayer, void* pSrcP, void*& hNP,
double dXOffset, double dYOffset, MSLayerObj* pSrcLayer, int nSrcFID, bool bCopy)
{
    //分析多边形pSrcP的外环与内环，复制此多边形到生成新的多边形pNewPolygon, 代码略
    void* pG = (OGRGeometry*)pNewPolygon;      //是否需要保持拓扑？
    if (m_bKeepTopology) //如果需要保持已有拓扑，需要检查已有多边形同新生成多边形的相交
关系
    {
        if (!bCopy)     //如果是复制就不需要考虑保持拓扑，否则需要判断拓扑关系
        {
            CheckFeatureTopology(pG, pSrcLayer, nSrcFID); //调用拓扑检查功能
            hNP = pG; //返回的新生成的多边形
        }
    }
}
```

也就是说，在模块 MHMapFeaEdit 的要素移动时，如果已经设定了需要维持已有拓扑，则需要判断所有可见面状要素与移动后新生成的要素之间的拓扑关系，即上述代码中函数 CheckFeatureTopology() 的功能，对应的代码类似如下。

```
void CMHMapFeaEdit::CheckFeatureTopology(void*& pLastGeometry, MSLayerObj* pLayerSkip/* =
NULL*/, int nFIDSkip/* = -1*/)
{
    OGRGeometry* pLastG = (OGRGeometry*)pLastGeometry; //最后生成的面状几何要素
```

```
OGREnvelope envLast;
pLastG->getEnvelope(&envLast);
MSLayerObj* pLayer = m_pMapObj->GetFirstValidLayer();//遍历当前地图内所有图层
while (pLayer)
{
    if (pLayer->GetVisible() && pLayer->IsPolygonLayer())//如果图层可见即是面状图层
    {
        OGRLayer* pOGRLayer = (OGRLayer*)pLayer->m_pOGRLayerPtrOrGDALDatasetPtr;
        pOGRLayer->ResetReading();
        OGRFeature* pFeature = NULL; //采用新生成的要素的外接矩形对此图层进行空间过滤
        pOGRLayer->SetSpatialFilterRect(envLast.MinX, envLast.MinY, envLast.MaxX,
envLast.MaxY);
        while ((pFeature = pOGRLayer->GetNextFeature()) != NULL)
        {
            if (pLayerSkip && pLayerSkip == pLayer && pFeature->GetFID() ==
nFIDSkip) //需要忽略
            {
                pOGRLayer->SetSpatialFilter(NULL); //恢复空间过滤
                continue;
            }
            OGRGeometry* pGeometry = pFeature->GetGeometryRef();
            ClipGeometry(pGeometry, pLastGeometry); //正式进行Clip操作，保证拓扑
关系，代码略
            OGRGeometry* pLastG = (OGRGeometry*)pLastGeometry;
            if (!pLastGeometry)
            {
                pOGRLayer->SetSpatialFilter(NULL); //恢复空间过滤
                break;
            }
            pLastG->getEnvelope(&envLast);
        }
        pOGRLayer->SetSpatialFilter(NULL); //恢复空间过滤
        if (!pLastGeometry)
            break;
    }
    pLayer = m_pMapObj->GetNextValidLayer();//下一有效图层
}
}
```

上述代码是实现保持已有拓扑的主要代码，其实现原理为遍历当前地图内所有可见面状图层，再对该图层内的所有要素进行基于此新生成要素外接矩形空间范围的空间过滤(SetSpatialFilter())，找到可能与此多边形相交的多边形，并采用该多边形对新生成的多边形进行裁切(Clip)。循环此过程并更新此要素的外接矩形，直到所有要素均与此新生成的多边形不相交；如果此时此多边形仍有效(不为 NULL)，则生成此多边形，否则

新生成的多边形则无效。

上述过程可描述为图 2-7 所示的过程。

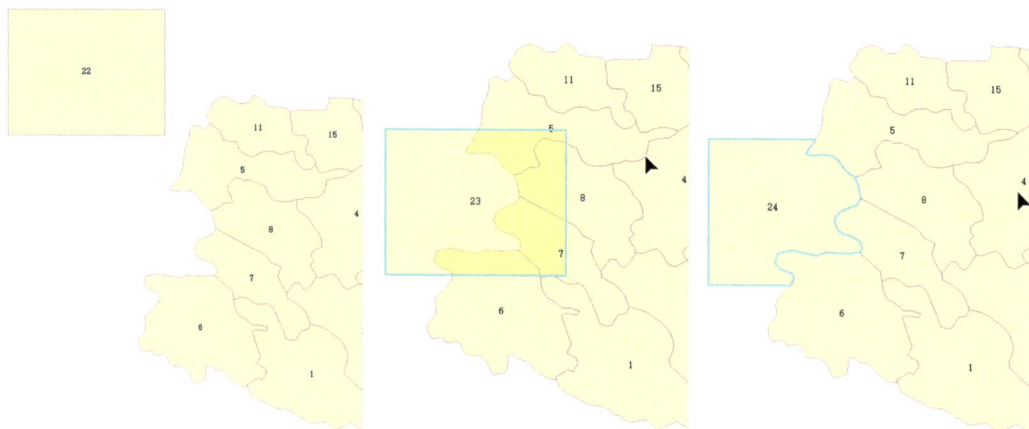

图 2-7　是否维持已有拓扑对要素移动效果的影响

图 2-7 中示意了一系列多边形，并采用各自的 FID 进行标记。其中最左侧的图中标记为 22 的为待移动的多边形（矩形），其他多边形为本图层或其他图层中已有存在的多边形。正常移动（未维持已有拓扑）多边形时效果为图中中间的效果，即将 FID 为 22 的矩形移动并新生成了一个新的 FID 为 23 的矩形（同时删除了原来 FID 为 22 的矩形）；而如果增加了此选项之后，效果为图中最右侧展示的情况，此效果实际上是图中中间效果基础上，再进一步通过 FID 分别为 5、6、7、8 的多边形对新的 FID 为 23 的矩形进行依次裁切（Clip），最后生成 FID 为 24 的最终多边形。

类似地，在其他要素编辑的代码中，如整形工具 ReShapeFeature()、生成多边形工具 CreatePolygonFeature()、生成矩形工具 CreateRectangleFeature()、节点移动工具 MoveVertices() 与 MoveVerticesBatch()、节点增加工具 AddVertices()、节点删除工具 DelVertices() 等，这些函数也需要在各自函数内部的具体实现代码后增加一段针对生成多边形的拓扑检查，其主要实现思路也类似：对将当前视图内已经存在的其他可见多边形对新生成的多边形进行裁切（Clip）并生成新的多边形，如果新生成的多边形为空（NULL），则直接返回，否则采用其结果作为新生成的要素。

4. 是否允许节点吸附

节点吸附功能是进行精准矢量编辑中一个常用的功能，它是指在矢量编辑过程中，能够精准捕获已经存在的要素的顶点或边的功能，即当鼠标移动到某要素的顶点或边的附近时，鼠标会自动捕获到对应的点并以某种形式通知用户，此时如果按下鼠标左键，获取的点的信息将不采用实际鼠标点的位置，而是采用通知给用户的信息所对应的实际的点的坐标，类似于常用软件如 Visio、AutoCAD 等。在 MHMapGIS 中，采用粉色大方框显示顶点的吸附，采用蓝色小方框显示边上的吸附。

进行节点吸附后的效果如图 2-8 所示。

图 2-8 显示了 FID 为 19 的多边形及其节点吸附效果。为方便起见，图 2-8 左侧展现了该多边形的所有节点（采用 **MHMapGIS** 中的节点编辑工具即可达到此效果）。当选择允许节点吸附功能之后，此时选择生成多边形或生成矩形等工具在此多边形附近移动鼠标时，会出现图中中间及右侧的效果图。其中中间的图为当鼠标移动到节点附近后的效果，右侧图为鼠标移动到边上的效果图。

当出现图 2-8 中间或右侧效果时，此时如果按下鼠标左键进行点信息获取时，假设鼠标的实际坐标为 (x, y)，但由于吸附功能，新增加的点并不采用此坐标所对应的点，而是采用对应的节点的坐标，或对应于线上的坐标进行代替。

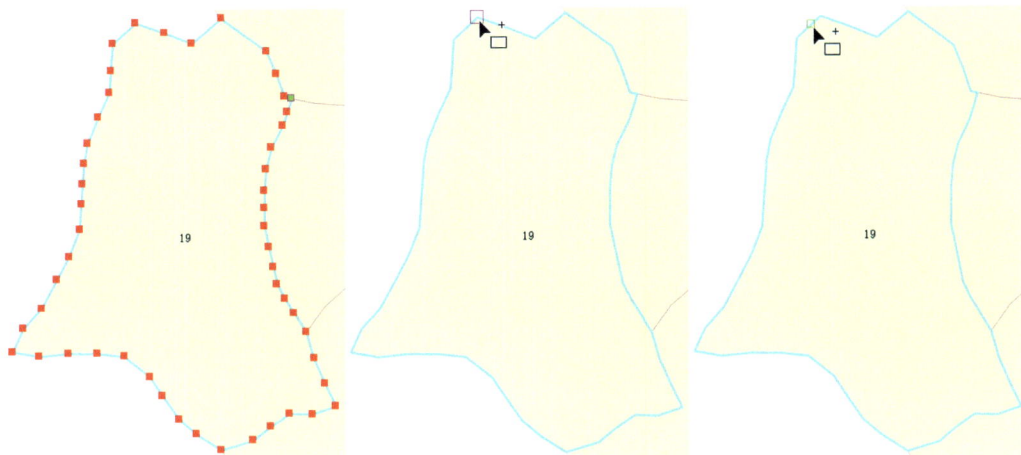

图 2-8　进行节点吸附对后续矢量编辑的影像及效果

对应的代码实现原理同样是采用指示变量进行实现，对应代码为：

```
class MHMAPVIEWOPRIMPL CMHMapView : public CMHMapViewBase
{
    BOOL m_bPermitAbsorption; //是否允许进行节点吸附的指示变量
};
```

而该指示变量所起的作用主要表现为，当鼠标在不同位置移动时，系统采用的点的坐标为对应的吸附点的坐标，而非鼠标处实际坐标，如下例。

```
void CMHMapView::OnMouseMove(UINT nFlags, CPoint point)
{
    m_dXVertix_Adsorption = m_dYVertix_Adsorption = -1; //吸附点坐标，默认为-1时，不采用此坐标
    if (m_bPermitAbsorption && m_bStartAdsorption) //允许吸附，并且已经开始吸附
    {
        m_nX1_Adsorption = m_nY1_Adsorption = m_nX2_Adsorption = m_nY2_Adsorption = -1;
        int nOff = m_nOffset_EditSketch; //屏幕允许偏移范围，默认为3个像素
        double dCurX, dCurY, dGeoX1, dGeoY1, dGeoX2, dGeoY2;
        ConvertScreenCoorToGeoCoor(point.x, point.y, dCurX, dCurY); //屏幕坐标转至地理坐标
```

```
            ConvertScreenCoorToGeoCoor(point. x - nOff, point. y - nOff, dGeoX1, dGeoY1);
            ConvertScreenCoorToGeoCoor(point. x + nOff, point. y + nOff, dGeoX2, dGeoY2);
            bool bIn = pMapRenderGDIPlus->HasVertixInEnvelop(dCurX, dCurY, dGeoX2-dCurX,
dGeoX1, dGeoY2, dGeoX2, dGeoY1, m_dXVertix_Adsorption, m_dYVertix_Adsorption,
m_bIsVertix); //是否有顶点位于之内
            if (bIn)        //在顶点的某范围偏移范围之内
            {
                long nX, nY;
                ConvertGeoCoorToScreenCoor(m_dXVertix_Adsorption, m_dYVertix_Adsorption,
nX, nY);
                m_nX1_Adsorption = nX - nOff; //采用新的坐标代替原来的-1，后续会应用此坐
标值代替
                m_nY1_Adsorption = nY - nOff; //实际的坐标，达到吸附的功能/效果，下同
                m_nX2_Adsorption = nX + nOff;
                m_nY2_Adsorption = nY + nOff;
                m_nX1_Adsorption_Old = m_nX1_Adsorption;
                m_nX2_Adsorption_Old = m_nX2_Adsorption;
                m_nY1_Adsorption_Old = m_nY1_Adsorption;
                m_nY2_Adsorption_Old = m_nY2_Adsorption;
                CRect rect(m_nX1_Adsorption - nOff, m_nY1_Adsorption - nOff,
m_nX2_Adsorption + nOff, m_nY2_Adsorption + nOff);
                InvalidateRect(rect, FALSE); //绘制对应的小方框
                m_bHasRefreshOld = false;
            }
            else//如果不在之内，则删除上面绘制的小方框
            {
                if (!m_bHasRefreshOld)
                {
                    m_bHasRefreshOld = true;
                    CRect rect(m_nX1_Adsorption_Old - nOff, m_nY1_Adsorption_Old - nOff,
m_nX2_Adsorption_Old + nOff, m_nY2_Adsorption_Old + nOff);
                    InvalidateRect(rect, FALSE); //刷新对应的小区域，即去除对应的小方框
                }
            }
        }
    }
```

默认情况下，类内的 2 个变量 m_dXVertix_Adsorption 及 m_dYVertix_Adsorption 均为-1，而此时获取点的坐标就是正常的坐标。上述代码中，当允许吸附后，通过模块 MHMapRender 的函数 HasVertixInEnvelop()来判断是否有节点处于吸附状态，如果有则将上述 2 个变量周围绘制对应的小方框(或删除上次绘制的小方框)，从而达到鼠标在不同位置移动时展现的粉色大方框与蓝色小方框的效果(如图 2-8)。其中，函数 HasVertixInEnvelop()的原型为：

```
bool HasVertixInEnvelop(double dCurX, double  dCurY, double disLimit, double dGeoX1,
```

double　dGeoY1, double dGeoX2, double　dGeoY2, double& dXVertix, double& dYVertix, bool& bIsVertix);

也就是说，最后的 3 个参数在此函数中得到赋值，当此函数返回为真时，将最后的 3 个参数：dXVertix 赋值为对应的吸附点的 X 坐标，dYVertix 赋值为对应的吸附点的 Y 坐标，bIsVertix 赋值为对应的吸附点是否为顶点(true 为顶点，false 则为边上的点)。

当出现方框时，此时按下左键所取得的坐标将不以鼠标光标处的坐标来取值，而是以上面的坐标(dXVertix, dYVertix)来代替真实的坐标，类似如下。

```
void CMHMapView::OnLButtonDown(UINT nFlags, CPoint point)
{
    MSPointDouble pt;
    ConvertScreenCoorToGeoCoor(point.x, point.y, pt.x, pt.y);　//将point点转换为地理坐标pt
    if (m_dXVertix_Adsorption != -1 && m_dYVertix_Adsorption != -1)　//如果二者不为-1,
pt采用新值代替
    {
        pt.x = m_dXVertix_Adsorption;
        pt.y = m_dYVertix_Adsorption;
    }
    //后续应用坐标点pt进行绘制或其他工作，略
}
```

也就是说，如果 m_dXVertix_Adsorption 没有被更改而为-1，则直接应用鼠标位置 point 所对应的地理坐标，如果已经更改(在前面 OnMouseMove()中通过函数 HasVertixInEnvelop()更改的)，则应用此新的地理坐标值代替，真正实现了吸附过程中显示了对应的方框，也更改了对应的坐标值。

5. 合并后是否弹框

合并后是否弹框是专门针对矢量要素的快速合并需求而设计的一个选项。当在某个矢量图层上选定一系列要素之后，此选项决定了进行要素合并(Merge)之后是否弹出新要素的属性选择框。注意，同一图层内的要素合并(Merge)有两种方式：一种是先选择后选择合并工具(合并后的结果处于选择状态)，此选项将影响到这种方式；另一种是在图层无选中要素下选择此工具，然后再在视图中通过鼠标左右键进行快速合并(合并后的结果不处于选择状态)，此选项将不会影响这种方式。

如图 2-9 所示，左侧为选中其中 FID 为 3、4、8、13 的几个要素的状态，当此选项为 TRUE 时，即允许合并后弹框，则会出现图中中间的效果，弹出对话框并允许用户选择新生成的要素的属性基于合并前的哪个要素，当用户点击确定之后，新生成的要素所有属性由选中要素直接进行复制，如果此选项为 FALSE 时，则直接进行要素合并，不弹出任何对话框，新生成的要素属性来源于所有合并要素中 FID 最小的要素。

图2-9　要素合并后是否弹框的界面与效果

　　这一主要过程的实现原理同样采用在主视图模块 **MHMapView** 中定义指示变量的方法进行，代码片段如下：

```
class MHMAPVIEWOPRIMPL CMHMapView : public CMHMapViewBase
{
    BOOL m_bPermitPopupAttrSelDlg; //是否允许进行节点吸附的指示变量
};
```

　　其中的变量 m_bPermitPopupAttrSelDlg 用于指示是否允许弹出属性选择对话框。当主视图中已经选中要素并选择要素合并（Merge）工具时，依照此指示变量进行判断，伪代码为：

```
void CMHMapView::SelectTool_MergeFeatures()            //要素合并
{
    if (vEF.size() == 1 && vEF.at(0).nCount > 1) //仅有一个图层上有多个要素被选中
    {
        CString strSel = "SZF_No_Sel";
        if (m_bPermitPopupAttrSelDlg) //如果允许弹出对话框
        {
            MSLayerObj* pLayer = vEF.at(0).pLayerObj;
            CMHMapDlgAttrShow das(m_pMHMapFrm, m_pMHMapView, m_pMHMapDoc, m_pMapObj,
pLayer);
            CString strItems;
            CMHMapGDAL gdal; //模块MHMapGDAL的主体功能实现类
            gdal.SetFrmViewDocMapPtrs(m_pMHMapFrm, m_pMHMapView, m_pMHMapDoc, m_pMapObj);
            int nField = gdal.GetFieldIDByName(pLayer, "name");//调用MHMapGDAL功能
            CString strLN(pLayer->GetName().c_str());
            for (int i = 0; i < vSelFIDs.size(); i++)//所有要素的信息以供对话框内选择
            {
                string sName;
                if (nField >= 0)
                    sName = gdal.GetFeatureValueAsStringByFIDAndField(pLayer,
vSelFIDs.at(i),nField);
```

```
            char cTmp[255];
            itoa(vSelFIDs.at(i), cTmp, 10);
            strItems += CString(cTmp) + " (FID) ";
            if (sName != "")
                strItems += "," + CString(sName.c_str()) + " (Name) ";
            strItems += " (" + strLN + ");";
        }
        strItems = strItems.Left(strItems.GetLength() - 1);
        if (das.ShowAttrSelectFeatureMode(strItems, strSel) != IDOK) //弹出对话框
允许用户选择要素
        {
            delete vEF.at(0).nFIDs;
            return;
        }
    }
    int nSel = atoi(strSel);
    if (strSel == "SZF_No_Sel") nSel = -1;
    BOOL bSuc = pMHMapFeaEdit->MergeFeaturesByFID(vEF, nSel); //基于选中要素进行要
素属性复制
    if (bSuc)
        //更新，重新选择，略
    }
}
```

上述代码中的类 CMHMapDlgAttrShow 是模块 MHMapDlgAttr 中针对要素选择的主体功能实现类，通过其函数 ShowAttrSelectFeatureMode() 激活其模式对话框并允许用户选择，当点击确定之后，会返回选中的要素的字符串 strSel，再根据此字符串得到选中的需要属性复制的要素，后续要素属性复制过程略。

2.6　交互式矢量数据导出功能

交互式矢量数据导出功能本身不属于模块 MHMapFeaEdit（未归到此模块中），但其功能从相似性角度来看，也属于矢量数据交互式处理中的一个环节，在已出版专著（下册）的第 29 章，已经对软件 MHMapGIS 中的矢量图层导出功能进行了非常简单的介绍，在后期代码完善与功能扩展过程中，又对该模块的相关功能进行实用化扩展，这里将对其中的实现原理及方法进行较为具体的介绍。

交互式矢量数据导出功能是当用户选定某矢量图层时，在该图层上按下右键并从弹出的菜单中选择数据导出功能，如图 2-10 所示。

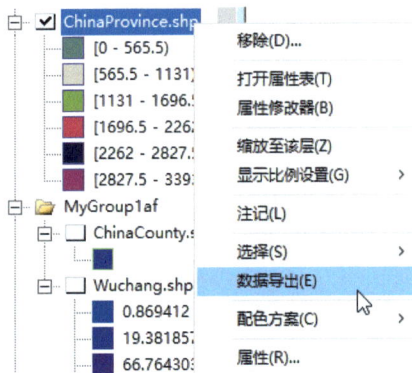

图 2-10　矢量图层上右键弹出菜单

图 2-10 示意了模块 MHMapTree 上矢量图层按下右键所弹出的菜单上选择数据导出菜单项时的界面，对应于该界面的代码位于模块 MHMapTree 上的主体功能实现类 CMHMapTOATreeCtrl 的鼠标右键按下函数 OnRButtonDown()，对应的伪代码为：

```
void CMHMapTOATreeCtrl::OnRButtonDown(UINT nFlags, CPoint point)
{
    CMenu* pMenu = menu.GetSubMenu(2); //获取针对矢量图层的右键菜单
    MSLayerObj* pL = GetMSLayerObjByHtreeitem(GetFirstSelectedItem());//转换选择项到图层
指针
    if (pL->IsFeatureLayer())//如果是矢量图层，则弹出此菜单
        nSel =
pMenu->TrackPopupMenu(TPM_LEFTALIGN| TPM_RIGHTBUTTON| TPM_RETURNCMD, point.x, point.y, this);
    switch (nSel)
    {
        case ID_P_EXPORTDATA: //如果菜单上的选择项为导出图层
            ExportData(pL); //调用导出图层的函数
            break;
        //其他菜单项，略
    }
}
```

上述代码中的菜单项menu是在项目资源中针对矢量数据的弹出菜单的第三项（见代码中的 GetSubMenu(2)），实际上第一项是针对根目录上弹出的菜单，第二项是针对文件夹的弹出菜单，第四项是针对影像的弹出菜单，第五项是针对影像上的波段的弹出菜单。

上述代码中，当右键弹出菜单上的选项为 ID_P_EXPORTDATA 时，将执行模块中的导出数据函数 ExportData()，其对应的伪代码为：

```
void CMHMapTOATreeCtrl::ExportData(MSLayerObj* pLayer)
{
#ifdef _SZF_LINKER_MHMAPDLGEXPORT_IN_MAHMAPTREE //如果定义了允许链接MHMapDlgExport，则
执行下述代码
    CMHMapDlgExportShow dlgDES(m_pMHMapFrm, m_pMHMapView, m_pMHMapDoc, m_pMapObj);
    double dXLT = m_pMHMapView->m_dScreenXMin;
    double dYLT = m_pMHMapView->m_dScreenYMax;
    double dXRB = m_pMHMapView->m_dScreenXMax;
    double dYRB = m_pMHMapView->m_dScreenYMin;
    INT_PTR nReturn = 0;
    if (pLayer->IsFeatureLayer())//如果是矢量图层，调用对应的模式对话框实现矢量图层导出
        nReturn = dlgDES.ShowExportShpMode(pLayer, dXLT, dYLT, dXRB, dYRB);
#endif
}
```

其中，类 CMHMapDlgExportShow 为模块 MHMapDlgExport 的主体功能实现类，也是矢量数据导出的具体代码承载者，在计算得到当前屏幕的范围后，会弹出如图 2-11 所示的矢量数据导出对话框。

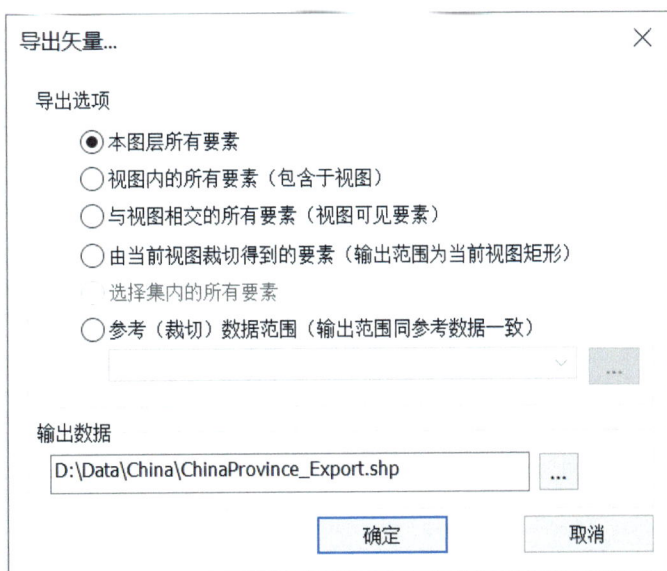

导出矢量...

导出选项

◉ 本图层所有要素

◯ 视图内的所有要素（包含于视图）

◯ 与视图相交的所有要素（视图可见要素）

◯ 由当前视图裁切得到的要素（输出范围为当前视图矩形）

选择集内的所有要素

◯ 参考（裁切）数据范围（输出范围同参考数据一致）

输出数据

D:\Data\China\ChinaProvince_Export.shp

确定　　　　取消

图 2-11　矢量数据图层导出时弹出的对话框

图 2-11 示意了针对矢量数据图层导出的一系列选项，图中 4 个选项分别为导出图层内所有要素、包含于当前视图内部的要素、与当前视图范围有交集的要素，以及当前图层中所有选中的要素。其中，第二个选项与第三个选项的实现方法与原理类似，都是采用当前视图范围对数据范围进行分析并过滤（具体的实现由 OGR 的函数 SetSpatialFilter() 实现），但选项 2 所选中的要素数量一般要小于或等于选项 3 的结果。

当在图 2-11 的对话框上点击确定之后，将会执行模块 MHMapDlgExport 上的矢量数据导出的主体功能实现类 CMHMapDlgExportShp 的函数 OnBnClickedOk()，其所对应的伪代码为：

```
void CMHMapDlgExportShp::OnBnClickedOk()
{
    UpdateData(TRUE); //更新所有变量，包括下面的变量m_nExportScope
    OGRRegisterAll();
    GDALDriver* poDriverShp =
OGRSFDriverRegistrar::GetRegistrar()->GetDriverByName("ESRI Shapefile");
    GDALDataset * pDstDS = (GDALDataset
*)OGR_Dr_CreateDataSource((OGRSFDriverH)poDriverShp, m_strFileName, NULL); //生成设定文
件名的矢量文件
    OGRDataSource* pSrcDS = (OGRDataSource*)m_pLayerObj->m_pOGRDatasourcePtr;
    OGRLayer* pSrcOGRLayer = (OGRLayer*)m_pLayerObj->m_pOGRLayerPtrOrGDALDatasetPtr;
    OGRSpatialReference* pSrcSR = pSrcOGRLayer->GetSpatialRef();
    OGRwkbGeometryType type = pSrcOGRLayer->GetGeomType();
    OGRLayer* pDstDS_Layer = pDstDS->CreateLayer("Layer", pSrcSR, type, NULL);
    int nFieldCount = pSrcOGRLayer->GetLayerDefn()->GetFieldCount();
    for (int i = 0; i < nFieldCount; i++)//复制所有字段
```

```
    {
        OGRFieldDefn* pFiledDefn = pSrcOGRLayer->GetLayerDefn()->GetFieldDefn(i);
        pDstDS_Layer->CreateField(pFiledDefn);
    }
    pSrcOGRLayer->ResetReading();//重置读取指针
    OGRFeature* pFeature = NULL;
    if (m_nExportScope == 0)      //全部要素，如图2-11最上面的选项
    {
        while ((pFeature = pSrcOGRLayer->GetNextFeature()) != NULL) //直接复制所有要素
            pDstDS_Layer->CreateFeature(pFeature);
    }
    else if (m_nExportScope == 1)//视图内，如图2-11第2个的选项
    {
        pSrcOGRLayer->SetSpatialFilterRect(m_dXLT, m_dYLT, m_dXRB, m_dYRB); //首先用视
图范围进行限制
        while ((pFeature = pSrcOGRLayer->GetNextFeature()) != NULL)
        {
            OGRGeometry* pGeometry = pFeature->GetGeometryRef();
            OGREnvelope env;
            pGeometry->getEnvelope(&env); //再逐一判断每一要素是否完全在视图内
            if (env.MinX >= m_dXLT && env.MaxX <= m_dXRB && env.MinY >= m_dYLT && env.MaxY
<= m_dYRB)
                    pDstDS_Layer->CreateFeature(pFeature);
        }
        pSrcOGRLayer->SetSpatialFilter(NULL);
    }
    else if (m_nExportScope == 2)//视图相交，如图2-11第3个的选项
    {
        pSrcOGRLayer->SetSpatialFilterRect(m_dXLT, m_dYLT, m_dXRB, m_dYRB); //用视图范
围进行限制
        while ((pFeature = pSrcOGRLayer->GetNextFeature()) != NULL)
            pDstDS_Layer->CreateFeature(pFeature);
        pSrcOGRLayer->SetSpatialFilter(NULL);
    }
    else if (m_nExportScope == 3)//视图裁切，如图2-11第4个的选项
        //与上类似，结果由视图范围进行裁切形成矩形，代码略
    else if (m_nExportScope == 4)//选择集，如图2-11第5个的选项
    {
        CMHMapView* pMHMapView = (CMHMapView*)m_pMHMapView;
        int* nFIDs = NULL, nCount = 0;
        pMHMapView->GetSelectedFIDs(m_pLayerObj, nFIDs, nCount); //获取选择的要素
        for (int i = 0; i < nCount; i++)
        {
            pFeature = pSrcOGRLayer->GetFeature(nFIDs[i]);
```

```
                pDstDS_Layer->CreateFeature(pFeature); //复制选择的要素
        }
        delete nFIDs;
    }
    else if (m_nExportScope == 5)
        //参考文件，需要读取参考文件类型及空间范围，再按此空间范围进行导出，代码略
    GDALClose(pDstDS); //关闭连接，保存
    CDialog::OnOK();
    int nAns = MessageBox("加入导出的图层？", 0, MB_YESNO | MB_ICONQUESTION);
    if (nAns == IDYES)
    {
        CMHMapView* pMHMapView = (CMHMapView*)m_pMHMapView; //调用模块MHMapView的功能
        pMHMapView->AddFile(string(m_strFileName)); //增加新生成的文件为图层
    }
}
```

　　上述代码比较详细地展现了基于 OGR 实现要素空间限制下的查询、复制以及字段、属性的复制过程，并构成了矢量数据导出的主要实现代码。其中针对选择集中的要素进行导出时，需要调用主视图的函数 GetSelectedFIDs()实现矢量数据选择集中要素查询，而该函数实现的原理仍是调用模块 MHMapRender 中相应的函数并返回选中要素至整数数组 nFIDs 中，对应的代码略。

2.7　小　　结

　　本章介绍了矢量数据交互式编辑的一系列算法，其中包含要素移动、整形、合并、删除等，大部分算法均已经在已出版专著中进行介绍，本章仅对后期增加的几个常用工具及其他工具的原理及实现方法进行了解释说明，其中平行多边形的生成与按条件批量删除多边形或其内岛的功能，在实际遥感影像信息提取的后期处理中应用较多。同时，本章还介绍了矢量数据编辑过程中几个选项的应用条件、实现原理与方法，这些选项能够辅助相应的矢量数据编辑功能，并提高软件的易用性与好用性。

第 3 章

栅格数据编辑算法模块 MHMapImgEdit 的实现

栅格数据编辑模块 MHMapImgEdit 是与矢量数据编辑模块 MHMapFeaEdit 并列的一个模块，其主要功能是实现栅格数据的交互式编辑功能。类似于矢量数据的编辑功能，栅格数据的交互式编辑功能同样具有以下几个特点：首先是交互式，因此此处的算法响应速度"较快"，否则会因等待时间过长而影响用户的交互感，因此需要耗时较长的影像算法一般不放到交互式处理菜单项上，而应该统一放到算法工具箱中，即类似于第 5 章以后所介绍的一系列集成于工具箱中的算法模块；其次是要求对应的操作支持历史记录记忆与可撤销/重做功能，而在对应的工具箱中则不要求此项功能(对应地，这些工具箱中的算法一般均以文件作为输入输出，因此新生成的数据如果不符合用户需求，可以调整参数后，再重新生成一个新的文件，这一过程一般并不改变原始数据文件，因而不要求进行撤销)。

本章中将引入"选区"的概念，如果存在选区，则栅格数据的交互式编辑将均在选区中进行实现，并引入类似于矢量数据编辑的数据模型，构建可用于进行栅格编辑过程"撤销/重做"的数据模型。

3.1 模块 MHMapImgEdit 功能需求设计

模块 MHMapImgEdit 负责实现软件 MHMapGIS 的交互式栅格数据编辑功能，其功能首先需要实现在 MHMapGIS 中的各种交互式栅格数据编辑功能，同时还应支持类似于矢量数据编辑模块类似的编辑记录记忆功能，以便在需要时能够快速实现编辑过程的撤销/重做功能，这就需要此模块中构建能够支持此功能所对应的底层数据模型；在基于本模块实现遥感影像交互式信息提取时，效仿其他类似软件的功能，本模块中还需要实现"选区"的概念与功能支持，并基于此实现选区的充填功能，能够实现遥感影像分类后的人工交互式处理和分类信息更正等需求。同时，模块 **MHMapImgEdit** 的功能还应该包括交互式的半自动信息提取功能，如水体、植被、道路等功能，这些功能需要实现提取的"半自动"，一方面需要能够提供方便的人工交互式功能；另一方面也需要在相应的算法中实现基于人工交互之后的自动搜索等功能，通过两者的结合共同完成对应的信息提取功能。

3.2　栅格数据编辑的概念模型与数据结构

首先对矢量数据中针对数据编辑后的撤销/重做功能支持的概念模型进行总结：对于矢量数据来说，其编辑过程实际上是以"要素"作为其基本编辑单元的；也就是说，矢量数据的所有编辑过程都是针对一定数量要素而言的。因此，矢量数据的编辑概念模型就是针对要素而进行设计的，通过数据库的支持(如与 **Shp** 文件相配套的 **Dbf** 文件)快速实现要素的"删除"与"恢复"(实际上是通过要素某一位置的标记完成的)，从而实现要素编辑过程的可撤销。

栅格数据模型采用的概念模型也类似，如图 3-1 示意了一个宽为 W、高为 H 的栅格数据。当对栅格数据的某些要素进行编辑之后，该部分要素可表达为如下模型：

$$P(i,j) \rightarrow Q(i,j)\big(i \in (L,R), j \in (T,B)\big)$$

该模型中的区域 $P(i,j)$ 在经过栅格数据编辑过程之后变为 $Q(i,j)$，则我们可以如下设计此概念模型：首先找出对应于此区域的外接矩形，对应于图中的 $(L,T)\sim(R,B)$ 区域，而如果我们记录了对应于该矩形区域的原始数据 $Data_{src}$ 与新的数据 $Data_{new}$，则可以对这些参数进行记录，当需要进行撤销时，再将对应于特定波段的范围在 $(L,T)\sim(R,B)$ 的区域数据用原始数据 $Data_{src}$ 进行替换；而如果在已经撤销之后还需要重做的话，则再把这一区域的数据由 $Data_{new}$ 替换即可。

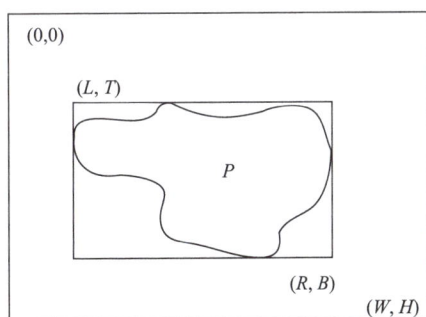

图 3-1　栅格数据交互式编辑数据表达模型示意图

总结矢量数据数据结构的构建过程与使用方法(具体参见已出版的专著的 21.2 节)，我们用类似的方法构建用于支持栅格数据编辑的数据结构。根据图 3-1 所示的栅格数据在编辑前后的变化及其参数，先构造针对单一波段的数据结构：

```
typedef struct _EDITBANDHISTORY  //针对波段编辑的数据结构
```

```
{
    void*     pBand;          //GDALRasterBand* pBand
    int       nLeft;          //左上角X
    int       nTop;           //左上角Y
    int       nWidth;         //宽
    int       nHeight;        //高
    void*     pBufferOld;     //原始数据〖Data〗_src
    void*     pBufferNew;     //新数据〖Data〗_new
}EDITBANDHISTORY;
```

其中，**void* pBand** 用于指示波段的 GDALRasterBand*的指针，但为便于进行数据结构定义，而且在类或结构体的头文件中不需要引用 GDAL 的相关文件，因此这里采用了对应的 void*，待需要时再将对应的指针强行转化为 GDALRasterBand*的指针即可。同时，还应该记录数据的范围及数据编辑的前后数据。

以上数据结构是仅针对单个波段的数据进行的记录，由于影像可能存在多个波段，而其中的每个波段均需要记录这些信息，所以还需要针对上述数据结构进行扩展并记录整个影像的编辑信息，因此在上面数据结构的基础上再构建数据结构：

```
typedef struct _EDITHISTORY        //针对栅格数据编辑的数据结构
{
    int nIndex;                    //0, 1, ……
    string    sEditOprName;        //操作名称，
    string    sEditChange;         //操作英文名称
    string    sInfo;               //操作中对应的信息, 可为空, 如在此可表达不同的阈值
    vector<EDITBANDHISTORY*>       vEditBand; //波段编辑数据结构的容器
}EDITHISTORY;
```

上述代码中通过一个容器来存储多个波段的相应信息，另外还记录了对应的编辑次序索引，对应的操作中、英文名称以及其他辅助信息 sInfo。这里需要说明的是，其他信息均可以以字符串的形式记录于 sInfo 中，例如对应于不同的阈值可能会获得不同的分割结果时，如果需要存储对应的阈值，则可以将相应的信息存储于此。

最后，再建立一个上述数据结构的容器，辅助以一个当前此容器的整形游标，就可以实现栅格数据编辑过程的记录了，对应于模块 MHMapImgEdit 的主体功能实现类 CMHMapImgEdit 内的代码为：

```
vector<EDITHISTORY*> m_vImgEditHistory;    //用于记录所有栅格数据编辑的容器
int m_nCurEditOprIndex;                    //记录此容器当前位置的整形变量游标
```

也就是说，通过类内容器变量 m_vImgEditHistory 能够存储多个索引值及对应的影像编辑数据(容器)，而对应的影像编辑数据(容器)实际上包含了多个波段的编辑过程。通过游标 m_nCurEditOprIndex 的记录过程，可以得到当前编辑的位置以及其前、后信息，并以此判断是否可以进行编辑过程的撤销或重做。模块 MHMapImgEdit 判断是否可以撤销/重做的代码为：

```
BOOL CMHMapImgEdit::CanUndo()//是否可以撤销
{
    return (m_nCurEditOprIndex >= 0);
```

```
}
BOOL CMHMapImgEdit::CanRedo()//是否可以重做
{
    return m_nCurEditOprIndex < m_vImgEditHistory.size() - 1;
}
```

当需要基于以上数据结构实现栅格数据的撤销操作时，由于每进行一次操作之后都进行游标加 1，因此需要基于以上数据结构分析出游标位置处的信息并将其内部的所有波段数据进行恢复，对应的代码为：

```
void CMHMapImgEdit::Undo(string& sInfo)
{
    if (m_nCurEditOprIndex >= 0) //可以撤销
    {
        EDITHISTORY* pEH = m_vImgEditHistory.at(m_nCurEditOprIndex); //当前位置对应的
数据结构
        vector<EDITBANDHISTORY*>* pEBH = &(pEH->vEditBand); //转换为指针
        for (int i = 0; i < pEBH->size(); i++)//遍历所有波段记录
        {
            EDITBANDHISTORY* pEBHSSS = pEBH->at(i); //栅格编辑数据结构
            GDALRasterBand* pBand = (GDALRasterBand*)pEBHSSS->pBand; //上次编辑的波段
            int nL = pEBHSSS->nLeft; //编辑区域的4个角点
            int nT = pEBHSSS->nTop;
            int nW = pEBHSSS->nWidth;
            int nH = pEBHSSS->nHeight;
            GDALDataType type = pBand->GetRasterDataType();//恢复原来的数据Buffer
            pBand->RasterIO(GF_Write, nL, nT, nW, nH, pEBHSSS->pBufferOld, nW, nH, type,
0, 0, 0);
        }
        if (m_nCurEditOprIndex > 0) //恢复原来的sInfo
        {
            EDITHISTORY* pEH = m_vImgEditHistory.at(m_nCurEditOprIndex - 1);
            sInfo = pEH->sInfo;
        }
        else
            sInfo = ";";
        m_nCurEditOprIndex--;//当前游标位置前移一位
    }
}
```

类似地，当撤销后还需要重做时，与上述代码的实现类似，即将对应的游标后移一位，并将数据结构中存储的新的数据 BufferNew 重新复制到对应的区域：

```
void CMHMapImgEdit::Redo(string& sInfo)
{
    if (m_nCurEditOprIndex < int(m_vImgEditHistory.size() - 1)) //可以重做
    {
```

```
m_nCurEditOprIndex++;//游标先增加1
EDITHISTORY* pEH = m_vImgEditHistory.at(m_nCurEditOprIndex);
vector<EDITBANDHISTORY*>* pEBH = &(pEH->vEditBand); //转换为指针
for (int i = 0; i < pEBH->size(); i++)//遍历所有波段记录
{
    EDITBANDHISTORY* pEBHSSS = pEBH->at(i); //栅格编辑数据结构
    GDALRasterBand* pBand = (GDALRasterBand*)pEBHSSS->pBand; //上次编辑的波段
    int nL = pEBHSSS->nLeft; //编辑区域的4个角点
    int nT = pEBHSSS->nTop;
    int nW = pEBHSSS->nWidth;
    int nH = pEBHSSS->nHeight;
    GDALDataType type = pBand->GetRasterDataType();//重新指定为新的数据Buffer
    pBand->RasterIO(GF_Write, nL, nT, nW, nH, pEBHSSS->pBufferNew, nW, nH, type,
0, 0, 0);
    }
    sInfo = pEH->sInfo; //重新指定sInfo
}
}
```

3.3　栅格数据选区的设计与实现

"选区"是栅格数据编辑中一个特殊的区域,类似于 PhotoShop 中的套索形成的区域,在 MHMapGIS 中定义如下:在栅格数据编辑过程中,如果不存在选区(即未定义选区范围),则默认为整幅影像均为可能编辑的区域;如果此时存在选区,则所有的编辑数据编辑范围均被限制在此选区范围之内。例如,在采用某个阈值进行影像指数分割时,如果设定了选区,则只在选区范围之内判断对应的指数波段是否符合设定的阈值条件,而选区范围之外即使满足对应的条件也不进行处理。

从实现原理角度来看,在软件主视图上创建/增加选区的过程实际上就是在视图上增加一个矢量多边形的过程,日常应用中一般采用矩形或多点连接的多边形来创建选区,也可以增加其他类型的选区工具,如圆形、椭圆形、平行四边形、平行多边形等。

图 3-2 示意了 2 种不同形态的选区效果。其中左图示意了采用矩形作为选区的效果,右图示意了采用任意多边形作为选区的效果。其中右图中有 2 个区域作为选区,也就是说当进行栅格数据编辑时,这 2 个区域内的像素均有可能被更改;从操作方法来看,右图中可以首先绘制一个多边形选区,在此基础上一直按下 Shift 键再绘制第二个选区,直到完成多边形选区绘制之后再松开 Shift 键即可。

从具体的实现代码角度来看,实际上前文已经阐明,对应的选区实现上可能为 1 个或多个多边形区域组成的一个 MultiPolygon,因此需要在主体功能实现类中声明对应的变量:

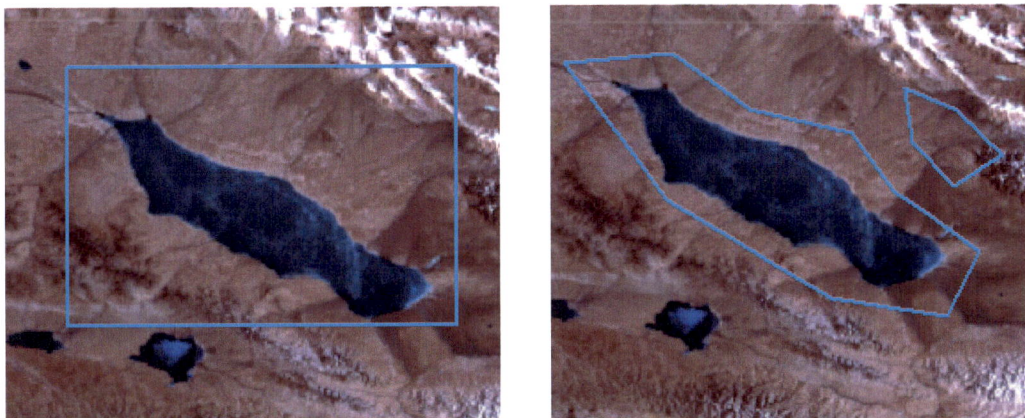

图 3-2　栅格数据编辑过程中的不同选区表达形式

```
class MHMAPDOCOPRIMPL CMHMapImgEdit
{
    void*     m_pSelRegion_Raster_MultiPolygon; //用于栅格图层的选区，其类型为
OGRMultiPolygon*
    vector<vector<MSPointDouble>>    m_vPointSeries_SetSelRaster; //用于记录栅格选区的
所有点(同上对应)
};
```

而在实际选区改变时，将会调用主视图中的结束栅格选区的函数：

```
void CMHMapView::EndSetSelRasterByPolygon()
{
    if (!m_pMHMapImgEditPtr)
        m_pMHMapImgEditPtr = new CMHMapImgEdit;
    CMHMapImgEdit* pMHMapImgEdit = (CMHMapImgEdit*)m_pMHMapImgEditPtr;
    pMHMapImgEdit->ProcessSelRegion(m_vPointSeries_SetSelRaster.at(m_vPointSeries_SetSel
Raster.size() - 1), m_bShiftKeyPressed, m_bAltKeyPressed); //处理形成新的选区，里面实际上
多边形的矢量操作
    m_vPointSeries_SetSelRaster = pMHMapImgEdit->GetSelRegionPointSeries();//更新，获取所
有点
    Invalidate(FALSE);
}
```

上述代码是主视图中结束栅格选区的主要实现代码，其中模块 MHMapImgEdit 的 ProcessSelRegion()函数是主要进行点信息的处理并更新该模块中指针 m_pSelRegion_ Raster_MultiPolygon 的过程，而函数 GetSelRegionPointSeries()则是再从该模块中取回对应于该变量内部所含所有点信息的过程。其中，变量 m_pSelRegion_Raster_MultiPolygon 是一个二维容器，存储了此 MultiPolygon*有多少个 Part，以及每个 Part 内部的所有点信息。

由于选区的生成、修改过程比较重要，因此这里比较详细地介绍一下选区的操作实现，代码如下：

```cpp
void CMHMapImgEdit::ProcessSelRegion(vector<MSPointDouble> pPointSeries, bool bShift,
bool bAlt)
{
    if (!m_pSelRegion_Raster_MultiPolygon) //如果没有初始化，则新生成一个MultiPolygon*
        m_pSelRegion_Raster_MultiPolygon = OGR_G_CreateGeometry(wkbMultiPolygon);
    OGRMultiPolygon* pMultiPolygon =
(OGRMultiPolygon*)m_pSelRegion_Raster_MultiPolygon;
    OGRErr er;
    if (bShift) //如果按下了Shift，则相当于在原有选区的基础上再次增加新的Polygon区域
    {
        OGRPolygon op; //新选区Polygon
        OGRLinearRing olr;
        for (int j = 0; j < pPointSeries.size(); j++)
            olr.addPoint(pPointSeries.at(j).x, pPointSeries.at(j).y); //将坐标加入环
        olr.closeRings();
        er = op.addRing(&olr); //将环加入Polygon
        er = pMultiPolygon->addGeometry(&op); //作为一个新的Part加入
        int num = pMultiPolygon->getNumGeometries();
        if (num > 1) //如果多个，则进行内部多个多边形合并，并判断合并后结果
        {
            OGRGeometry* pNewGeometry = (OGRMultiPolygon*)pMultiPolygon->Union
Cascaded();//内部取并
            OGRwkbGeometryType type = wkbFlatten(pNewGeometry->getGeometryType());
            if (type == wkbPolygon)
            {
                for (int k = pMultiPolygon->getNumGeometries() - 1; k >= 0; k--)
                    pMultiPolygon->removeGeometry(k);
                pMultiPolygon->addGeometry(pNewGeometry);
                m_pSelRegion_Raster_MultiPolygon = pMultiPolygon;
            }
            else if (type == wkbMultiPolygon)
            {
                OGR_G_DestroyGeometry((OGRMultiPolygon*)m_pSelRegion_Raster_ Multi
Polygon); //删除
                m_pSelRegion_Raster_MultiPolygon = pNewGeometry;
                pMultiPolygon = (OGRMultiPolygon*)m_pSelRegion_Raster_MultiPolygon;
            }
        }
    }
    else if (bAlt) //如果按下了Alt，则相当于在原有选区的基础上再次减少新的Polygon区域
    {
        OGRPolygon op;
        OGRLinearRing olr;
        for (int j = 0; j < pPointSeries.size(); j++)
```

```
            olr.addPoint(pPointSeries.at(j).x, pPointSeries.at(j).y);
        olr.closeRings();
        op.addRing(&olr);
        OGRGeometry* pNewGeometry = (OGRMultiPolygon*)pMultiPolygon->Difference(&op);
        OGRwkbGeometryType type = wkbFlatten(pNewGeometry->getGeometryType());
        if (type == wkbPolygon)
        {
            for (int k = pMultiPolygon->getNumGeometries() - 1; k >= 0; k--)
                pMultiPolygon->removeGeometry(k);
            pMultiPolygon->addGeometry(pNewGeometry);
            m_pSelRegion_Raster_MultiPolygon = pMultiPolygon;
        }
        else if (type == wkbMultiPolygon)
        {
            OGR_G_DestroyGeometry((OGRMultiPolygon*)m_pSelRegion_Raster_MultiPolygon);
            m_pSelRegion_Raster_MultiPolygon = pNewGeometry;
            pMultiPolygon = (OGRMultiPolygon*)m_pSelRegion_Raster_MultiPolygon;
        }
    }
    else //清除了原来的，重新设定选区
    {
        OGRPolygon op;
        OGRLinearRing olr;
        for (int j = 0; j < pPointSeries.size(); j++)
            olr.addPoint(pPointSeries.at(j).x, pPointSeries.at(j).y);
        olr.closeRings();
        er = op.addRing(&olr);
        er = pMultiPolygon->addGeometry(&op);
        for (int k = pMultiPolygon->getNumGeometries() - 1; k >= 0; k--)
            pMultiPolygon->removeGeometry(k);
        pMultiPolygon->addGeometry(&op);
    }
}
```

上述代码相当于在模块 MHMapImgEdit 中通过 OGR 进行 OGRMultiPolygon 内不同 Part 的操作来实现选区操作的功能。当按下 Shift 键完成新多边形生成时，实际上此函数会在原有选区的多体多边形指针内 (OGRMultiPolygon*) 新增加一个多边形 Part (实际上在内部进行 Union，避免多个 Part 间相交)，从而实现选区增加新区域的功能；类似地，当按下 Alt 键完成新多边形生成时，此函数相当于用新生成的多边形 Clip 原有选区，从而达到从原选区中删除新选区域的效果；当既未按下 Shift 也未按下 Alt 时，则正常生成选区，即如果原来存在选区，则需要首先删除原来的选区并生成新的选区。

3.4　栅格数据充填功能实现

栅格数据充填是在选区的基础上进行的一项常用操作，就是将当前选区采用设定的数值进行充填，操作时的对话框界面如图 3-3 所示。

图 3-3　栅格数据充填对话框界面

图 3-3 对话框界面显示了栅格数据充填的一系列可调整参数，其中可选择待充填的栅格图层，以及该栅格数据的波段及充填值。除在主界面菜单上激活此栅格数据充填对话框外，还可以采用快捷键的方式激活栅格数据对话框，即当在主视图上具有选区之后，可以直接按下键盘上的删除键(Del 键)激活选择区域充填功能；同时，兼容 PhotoShop 的此项功能快捷键，当按下 Shift+F5 时也同样可以激活此功能。

当选定图层中具有多个波段时，图中波段的选项默认为所有波段，即对选定影像所有影像均采用统一值进行充填；当需要对不同波段采用不同数值充填时，则只能逐个波段分别进行充填。

对应于此对话框，当点击对话框上的确定按钮之后，将执行主视图模块 MHMapView 的 RemoveSelRegion()函数，其对应的伪代码为：

```
void CMHMapView::RemoveSelRegion()
{
    MSLayerObj* pSelLayer = NULL; //充填的图层指针
    int nSelBand = -1; //对应图层的波段
    double dFillValue = -1; //充填值
    if (pMHMapDlgLightShow->ShowRasterFillMode() == IDOK) //模块MHMapDlgLight的主体功能
实现类的指针
    {
        pMHMapDlgLightShow->GetFillParams(pSelLayer, nSelBand, dFillValue); //获取图层、
```

波段与充填值

```
        BOOL bSuc = pMHMapImgEdit->FillSelRegion(pSelLayer, nSelBand, dValue); //调用
模块的函数充填
        if (bSuc) //更新视图，略
    }
}
```

也就是说，主视图上需要首先调用模块 MHMapDlgLight 的主体功能实现类 CMHMapDlgLightShow，并激活图 3-3 所示数据充填对话框，点击确定之后获得用户设定的图层、波段与充填值的参数，然后再将这些值作为参数来调用模块 MHMapImgEdit 的主体功能实现类 CMHMapImgEdit 的数据充填函数 FillSelRegion()，对应的代码类似如下。

```
BOOL CMHMapImgEdit::FillSelRegion(MSLayerObj* pSelLayer, int nSelBand, double dValue)
{
    OGRMultiPolygon* pMultiPolygon = (OGRMultiPolygon*)m_pSelRegion_Raster_MultiPolygon;
    GDALDataset* pDataset = (GDALDataset*)pSelLayer->m_pOGRLayerPtrOrGDALDatasetPtr;
    int nXSize = pDataset->GetRasterXSize();
    int nYSize = pDataset->GetRasterYSize();
    double padfTransform[6];
    CPLErr er = pDataset->GetGeoTransform(padfTransform);
    if (er != CE_None)//证明没有投影
        padfTransform[5] = -1;
    m_nCurEditOprIndex++;//以下开始记录栅格数据编辑信息，注意其中的数据结构
    BOOL bSuc = UpdateStatusAndReleaseMemory();//从当前点后面的东西都删除，并且释放内存
    EDITHISTORY* pEditHistoryToAdd = new EDITHISTORY; //new出新的历史记录指针
    pEditHistoryToAdd->nIndex = m_nCurEditOprIndex;
    pEditHistoryToAdd->sEditOprName = "区域填充";
    pEditHistoryToAdd->sEditChange = "FillSelRegion";
    OGREnvelope envSelRegionRaster;
    pMultiPolygon->getEnvelope(&envSelRegionRaster); //选区的外接矩形
    int nX1 = (envSelRegionRaster.MinX - padfTransform[0]) / padfTransform[1];
    int nX2 = ceil((envSelRegionRaster.MaxX - padfTransform[0]) / padfTransform[1]);
    int nY1 = (envSelRegionRaster.MaxY - padfTransform[3]) / padfTransform[5];
    int nY2 = ceil((envSelRegionRaster.MinY - padfTransform[3]) / padfTransform[5]);
    int nWidth = nX2 - nX1;
    int nHeight = nY2 - nY1;
    int nBandCount = pDataset->GetRasterCount();//波段个数
    int nBandFrom, nBandTo;
    if (nSelBand == nBandCount) //如果是用户选定所有波段，则范围为0~波段数-1
    {
        nBandFrom = 0;
        nBandTo = nBandCount;
    }
    else//否则波段范围为设定~设定+1
```

```
    {
        nBandFrom = nSelBand;
        nBandTo = nSelBand + 1;
    }
    vector<void*> pBands; //存储设定波段的容器
    GDALDataType gdalDataType = pDataset->GetRasterBand(1)->GetRasterDataType();
    for (int band = nBandFrom; band < nBandTo; band++)
    {
        GDALRasterBand* pBand = pDataset->GetRasterBand(band + 1);
        pBands.push_back(pBand);
    }
    if (gdalDataType == GDT_Byte) //调用具体的函数实现波段充填功能
        ProcessRegion<unsigned char>(pBands, nX1, nY1, nWidth, nHeight, dValue,
padfTransform, pEditHistoryToAdd);
    else if (gdalDataType == GDT_Int16, GDT_UInt16, GDT_Int32, GDT_UInt32, GDT_Float32,
GDT_Float64)
        ProcessRegion<***>(···); //伪代码，处理不同数据类型
    m_vImgEditHistory.push_back(pEditHistoryToAdd); //加入历史记录
    return TRUE;
}
```

注意上述代码中的变量 pEditHistoryToAdd，它是数据结构 EDITHISTORY 的指针，记录了针对栅格数据编辑的信息，在将对话框上显示的信息获取并转换成对应变量之后，再调用 ProcessRegion() 函数实现具体的栅格数据充填功能。注意，对于栅格数据来说，一方面需要注意可能有多个波段需要充填，需要遍历所有设置的波段；另一方面还需要特别注意栅格数据格式，由于栅格数据底层存储可能为 Byte（Unsigned Char）、Int16（Short）、UInt16（UShort）、Int32（Int）、UInt32（UInt）、Float32（Float）、Float64（Double）等类型，因此代码中采用模板类实现不同数据类型的数据处理。同时，在函数 ProcessRegion() 的参数中，除波段信息、空间范围、新值、仿射变换参数（函数内部需要用）之外，还有一个参数，那就是记录历史信息的 pEditHistoryToAdd，这个参数传进去之后，将在该函数体之内完善对应的编辑历史记录信息。

对应于该函数的主要实现代码为：

```
template<class T> void CMHMapImgEdit::ProcessRegion(vector<void*> pRasterBands, int nX1,
int nY1, int nWidth, int nHeight, double dValue, double* padfTransform, EDITHISTORY*
pEditHistoryToAdd/* = NULL*/)
{
    for (int band = 0; band < pRasterBands.size(); band++)//遍历所有设置的波段
    {
        GDALRasterBand* pBand = (GDALRasterBand*)pRasterBands.at(band);
        EDITBANDHISTORY* pebh = new EDITBANDHISTORY;    //记录编辑过程
        pebh->pBand = pBand; //记录波段信息
        pebh->nLeft = nX1; //记录左上角X
        pebh->nTop = nY1; //记录左上角Y
```

```
        pebh->nWidth - nWidth; //记录更改栅格数据宽度
        pebh->nHeight = nHeight; //记录更改栅格数据高度
        int nBufSize = nWidth*nHeight;
        T* pBufferOld = new T[nBufSize]; //原始数据
        T* pBufferNew = new T[nBufSize]; //新的数据
        pBand->RasterIO(GF_Read, nX1, nY1, nWidth, nHeight, pBufferOld, nWidth, nHeight,
pBand->GetRasterDataType(), 0, 0); //读出待更改数据外接矩形内所有原始数据
        memcpy(pBufferNew, pBufferOld, nBufSize*sizeof(T)); //复制给新的数据
        OGRMultiPolygon* pMultiPolygon =
(OGRMultiPolygon*)m_pSelRegion_Raster_MultiPolygon; //选区
        OGRMultiPolygon pNewMultiPolygon; //构造一个临时多边形，用于管理非矩形选区
        int nNumPolygon = pMultiPolygon->getNumGeometries();//选区多边形的个数
        bool bAdd = false;
        for (int q = 0; q < nNumPolygon; q++)
        {
            OGRPolygon* pPolygon = (OGRPolygon*)pMultiPolygon->getGeometryRef(q);
            int nNumPoints_ExteriorRing = pPolygon->getExteriorRing()->getNumPoints();
//外环点数
            OGRRawPoint *pt = new OGRRawPoint[nNumPoints_ExteriorRing];
            pPolygon->getExteriorRing()->getPoints(pt); //获取所有点
            OGRRawPoint ptLT, ptRB;
            bool bIsRect = false;
            if (nNumPoints_ExteriorRing == 5) //判断是否为矩形选区
                if (pt[0].x==pt[3].x &&pt[0].y==pt[1].y && pt[1].x==pt[2].x && pt[2].
y==pt[3].y)
                {
                    ptLT = pt[0];
                    ptRB = pt[2];
                    bIsRect = true;
                }
            delete pt;
            if (bIsRect) //如果是矩形，直接根据矩形的4个角点判断，效率很高
            {
                int nX1_Cur = (ptLT.x - padfTransform[0]) / padfTransform[1];
                int nX2_Cur = (ptRB.x - padfTransform[0]) / padfTransform[1]/* + 0.99*/;
                int nY1_Cur = (ptLT.y - padfTransform[3]) / padfTransform[5];
                int nY2_Cur = (ptRB.y - padfTransform[3]) / padfTransform[5] /*+ 0.99*/;
                for (int i = nYMin; i <= nYMax; i++)
                    for (int j = nXMin; j <= nXMax; j++)
                        pBufferNew[i*nWidth + j] = dValue;
            }
            else
            {
                pNewMultiPolygon.addGeometry(pPolygon); //否则加入前面建立的临时多边形
```

```
                        bAdd = true;
                    }
                }
        if (bAdd) //如果加入过，应用临时多边形判断点是否位于该多边形内部，如果是则用新
值替换
            for (int i = 0; i < nHeight; i++)
                for (int j = 0; j < nWidth; j++)
                    if (IsInSelRegion(j + nX1, i + nY1, padfTransform, &pNewMulti
Polygon))
                        pBufferNew[i*nWidth + j] = dValue;
        pBand->RasterIO(GF_Write, nX1, nY1, nWidth, nHeight, pBufferNew, nWidth, nHeight,
pBand->GetRasterDataType(), 0, 0); //最后用所有的新值替代旧值
        pebh->pBufferOld = pBufferOld;          //记录编辑过程
        pebh->pBufferNew = pBufferNew;
        pEditHistoryToAdd->vEditBand.push_back(pebh);
    }
}
```

　　上述代码很详细地说明了处理选区的过程，其实现思想就是判断栅格数据的更改区域的坐标，基于其建立用于存储旧值与新值的 Buffer，将原始栅格数据对应的波段读出的 Buffer 存储至 pBufferOld 中，并将其复制一份给 pBufferNew，以便后续的更改；遍历所有的选区，如果选区为矩形选区，则按矩形的 4 个角点对点是否位于选区进行判断，并将位于选区的像素值更改为新值，如果选区不为矩形，则新建一个临时的多边形（MulitPolygon*），将各个非矩形子选区加入此临时多边形，再判断像素点所对应的区域是否位于此选区内（由于是矢量数据空间判断，即上述代码中的 IsInSelRegion()，函数效率要比矩形选区低，其代码略）。通过遍历对应的像素将选区内的旧值更改为新值后，再将对应更改区域 RasterIO 回到栅格数据中去，记录对应的更改信息，函数执行完毕。

　　需要说明的是，上述方法中判断像素是否位于多边形选区内还有另外一个方法，那就是首先将对应的多边形选区（或所有选区）进行与此栅格信息相同（包括空间范围、分辨率、仿射变换参数等）的栅格化并形成临时的 Mask 文件，再判断像素值的方法；相对于前文方法来说，这种方法在代码量上更大，但效率会更高（特别是当多边形选区较多、区域较大时），其实现原理类似于 5.3 节的矢量数据栅格化过程。

　　同时，还应该注意一点，软件 MHMapGIS 中由于采用了影像数据金字塔实现栅格数据的快速导入与展现，但在数据编辑过程中没有（也不会）及时更新金字塔，因此会造成 RasterIO() 后的影像数据不能及时更新的问题。为解决这一问题，在需要栅格数据编辑的图层中建议不采用金字塔，这样影像数据载入过程可能会稍慢，但在数据编辑过程中则能及时对用户的编辑过程进行展现。实际上，包括 PhotoShop、ENVI 等软件不使用金字塔也与其在数据编辑过程中不能及时反映编辑效果有关。MHMapGIS 在栅格数据编辑后，也会临时抛弃栅格数据的金字塔，而直接应用原始数据文件。

　　栅格数据充填功能还可用于分类后交互式栅格编辑需求，如图 3-4 所示，图中 A 图为原始影像数据，B 图为对应的分类结果，我们可以看出其中一部分暗色的房屋建筑并

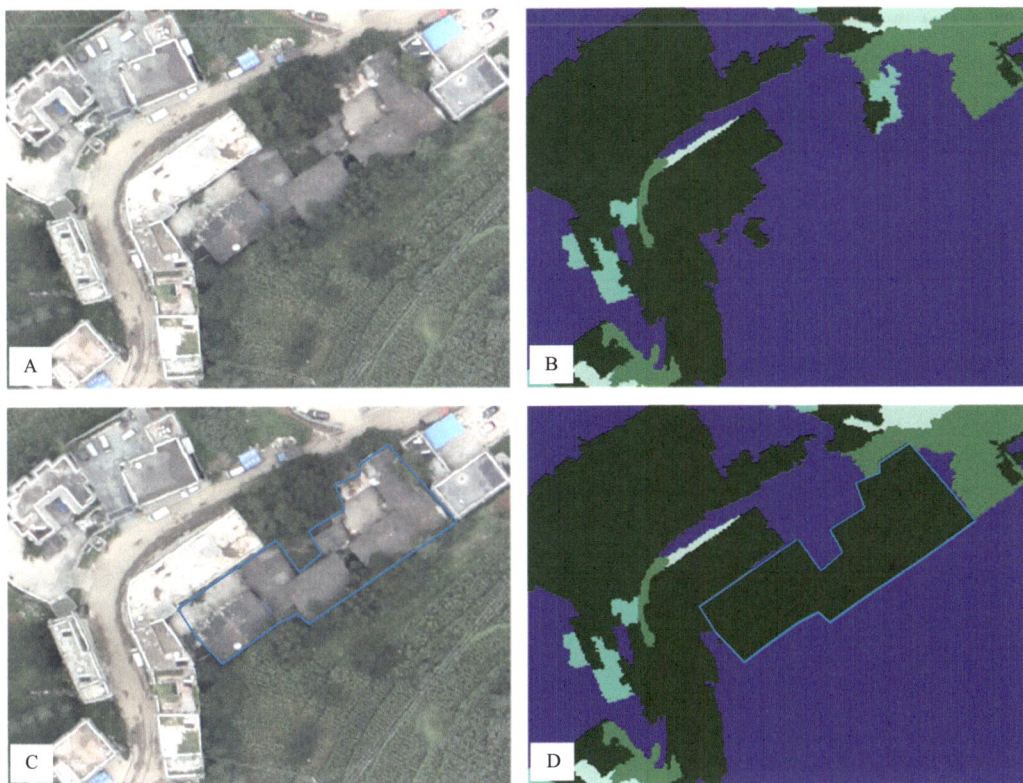

图 3-4　栅格数据充填效果示意图

没有被很好地分出(原因可能是因为样本未被很好地选取)。此时如果没有办法在算法或样本方面进行改进,则可以直接对分类结果进行编辑,如图中 C 所示,对缺失区域进行设置选区,再通过填充区域的方式将选区充填为 4(即房屋区域分类的数值),最后就可以得到图中的 D 的结果。

可以对栅格数据充填功能进行更加易用化的处理,包括如进行前景色、背景色、黑色、白色、灰色等的填充;同时还可以进一步扩展,例如在图 3-3 中的充填值允许针对不同的分类类别的充填(即针对不同原 DN 值的充填)等。

3.5　水体交互式提取功能实现

交互式水体提取是对本书中的第 17 章的全自动水体提取结果的一个有力补充,关于水体自动提取的原理、方法与实现过程可参见第 17 章。实际上,对于水体提取来说,应用第 17 章中的水体全自动提取算法,基本上可以实现大多数水体的精确提取,而对于非常少量的水体漏提等现象,可以采用本节中的水体交互式提取的功能,两者的主要区别是:第 17 章的算法是输入影像并进行自动的计算过程,基本不需要用户交互即可得到水体提取的结果,而本节的交互式提取则是需要由用户通过鼠标进行交互式点击(水体的种子点),这样提取更具针对性,其适用性也更强些,但相对来说,其效率则较低,因此一般在第 17 章提取结果的基础上有针对性地选择应用。

对于交互式水体提取，其原理与第 17 章的有一部分类似，那就是两者都是在计算水体指数基础上进行阈值分割并形成的水体区域，区别是自动水体提取方法中阈值的确定方法为自动确定，而本节中的交互式水体提取则是允许人工调节的方法进行。

归一化水体指数（一般简称为水体指数，normalized difference water index, NDWI），是指用遥感影像的特定波段进行归一化差值处理，以凸显影像中的水体信息。对此指数不同人有不同的定义，本书中的定义采用的是 Mcfeeters 在 1996 年提出的归一化差异水体指数（NDWI）。其表达式为

$$\text{NDWI} = \frac{\rho_{\text{Green}} - \rho_{\text{NIR}}}{\rho_{\text{Green}} + \rho_{\text{NIR}}}$$

NDWI 是基于绿波段与近红外波段的归一化比值指数。该 NDWI 一般用来提取影像中的水体信息，效果较好，但该方法也有一定的局限性：用 NDWI 来提取有较多建筑物背景的水体，如城市中的水体，其效果会较差。为了解决这一问题，MHMapGIS 中允许用户交互式进行 NDWI 的调整，以分离出不同大小的水体区域，MHMapGIS 软件中设计水体提取的流程如下。

首先在 MHMapGIS 中，当首次激活此任务时，需要弹出如图 3-5 所示的对话框并收集信息，这里需要至少有原始文件（至少有绿与近红外波段，可以以此计算对应的 NDWI 文件）或对应于该文件的 NDWI 文件两者之一。如果用户指定了原始影像文件，则可以指定一个新的 NDWI 文件，如果此水体指数文件不存在，则会新建一个并计算其 NDWI，对应的算法实现原理与过程可参见第 12 章的 12.3。

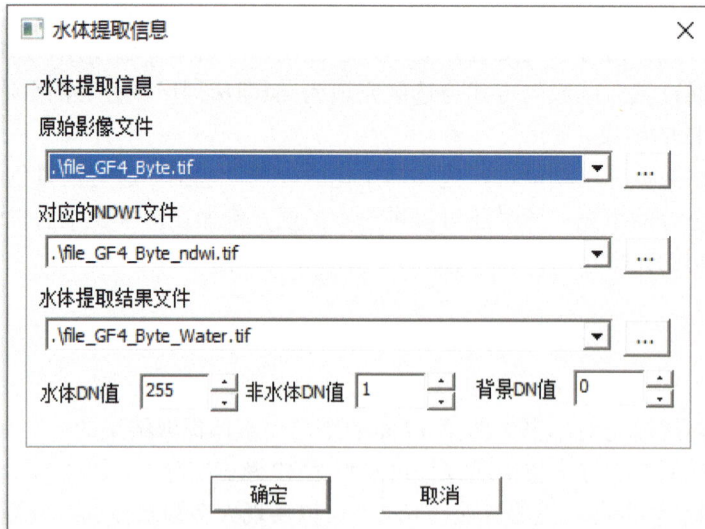

图 3-5　交互式水体提取信息对话框界面

　　同时，还需要指定一个水体提取结果文件。在 MHMapGIS 中默认定义提取的结果中，水体 DN 值采用 255，非水体 DN 值为 1，背景 DN 值为 0，这些参数与水体自动提取算法相兼容，可参见第 17 章，系统的参数设定界面如图 3-5 所示。

　　当按图 3-5 所示的对话框指定对应的信息并按下确定按钮之后，鼠标将转换为类似于划线的光标，对应的代码如下。

```
void CMHMapView::SelectTool_WaterExtraction()
{
    if ((!m_pSrcExtLayer && !m_pNDWILayer) || !m_pWaterLayer) //如果事先没有指定过对应指针
    {
        CMHMapDlgLightShow dlgLS; //调用模块并生成图3-5所示的对话框
        if (dlgLS.ShowWaterExtInfoMode() == IDOK) //如果按下确定
            dlgLS.GetWaterInfo(m_pSrcExtLayer, m_pNDWILayer, m_pWaterLayer, m_nWaterDNValue, m_nNonWaterDNValue, m_nNoDataDNValue); //获取对话框上用户设定的信息
    }
    SetEditableTargetLayer(m_pWaterLayer); //设定水体结果图层可编辑
    InitAllTools();//初始化所有的工具
    m_bShowWaterExtractionCursor = true; //设定交互式水体提取的指示变量为true
    m_hCursor = SetCursor(LoadCursor(AfxGetInstanceHandle(),
MAKEINTRESOURCE(IDC_CURSOR_EDITDRAWLINE))); //加载画线光标
}
```

　　在主视图模块 MHMapView 中，当用户选择了进行水体交互式提取的任务，则会调用上面所示的函数 SelectTool_WaterExtraction()，该函数会在用户首次调用时弹出图 3-5 所示的信息对话框，并指定用于指示水体交互式提取的变量 m_bShowWaterExtractionCursor 为真。

　　此时，鼠标光标已经变成画线的形状，图 3-6 示意了应用此工具实现水体交互式水体提取的效果。

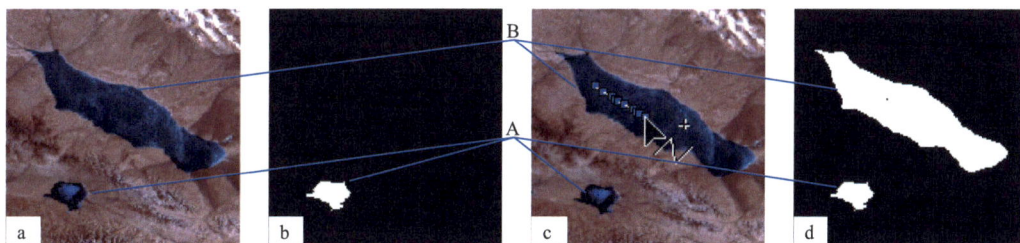

图 3-6　交互式水体提取效果示意图

　　图 3-6 中的图 a 为原始遥感影像数据，图 b 为对应于图 a 水体自动提取的结果。对比两图可以得知，图中有 2 个湖泊，分别表示为湖泊 A 与湖泊 B，其中湖泊 A 的提取效果较好，而且提取的轮廓也很好，但湖泊 B 因为某些原因未被提取出来。此时选择此工具后，在弹出类似于图 3-5 所示的信息对话框并点击确定按钮之后，鼠标光标将变为图

中 c 图所示的画线光标，此时一直按着鼠标左键在湖泊 B 内部画一条短线，则为自动进行水体提取，并形成图中 d 所示的水体提取效果，经检验水体提取的效果与原始影像数据中的湖泊吻合程度很高。注意，如果图 c 中仅在水体中间点一个点也是可以的，只是相对于划一条线来说，获取的点数较少，最后可能会对选取的初始种子点的 NDWI 阈值有一定影响，但对水体提取效果却未必有较大的影响。

　　简单分析一下上述过程的实现原理：当选择水体提取的交互式提取工具之后，会弹出图 3-5 所示的对话框，并"告诉"了算法 NDWI 的图层与水体提取结果图层，当用户拖动鼠标在主视图上划线完毕鼠标抬起之后，将会在函数 OnLButtonUp() 中调用水体提取函数 EndWaterExtraction()，其对应代码为：

```
void CMHMapView::EndWaterExtraction()
{
    m_pointSeries_ImageAnalysis.clear();//记录用户鼠标所接收的点集
    for (int i = 0; i < m_pointSeries_GeoCoor.size(); i++)//从鼠标点集中复制
        m_pointSeries_ImageAnalysis.push_back(m_pointSeries_GeoCoor.at(i));
    m_pointSeries_GeoCoor.clear();//鼠标点集清空
    if (!m_pMHMapImgEditPtr) //如果未定义栅格编辑对象的指针，则new出
        m_pMHMapImgEditPtr = new CMHMapImgEdit;
    CMHMapImgEdit* pMHMapImgOpr = (CMHMapImgEdit*)m_pMHMapImgEditPtr;
    pMHMapImgOpr->SetWaterExtPtrs(m_pSrcExtLayer, m_pNDWILayer, m_pWaterLayer);//将参数
传递进去
    pMHMapImgOpr->SetWaterDNValues(m_nWaterDNValue); //设置水体提取结果的DN值，默认为
255
    bool bSuc = pMHMapImgOpr->DoWaterExtraction(m_pointSeries_ImageAnalysis, m_sInfo);
//具体执行提取
    if (bSuc) //更新视图，代码略
}
```

在水体提取响应函数中，首先复制对应的鼠标坐标信息至模块 MHMapImgEdit 中具体功能实现函数 DoWaterExtraction() 的数据结构 m_pointSeries_ImageAnalysis 中，再以此为参数调用栅格数据交互式编辑模块 MHMapImgEdit 的水体提取函数 DoWaterExtraction()，对应代码为：

```
bool CMHMapImgEdit::DoWaterExtraction(vector<MSPointDouble> vPoints, string& sInfo)
{
    GDALDataset* pWaterDataset =
(GDALDataset*)m_pWaterLayer->m_pOGRLayerPtrOrGDALDatasetPtr;
    GDALDataset* pNDWIDataset = NULL; //NDWI文件的数据集指针
    int nWidth = pNDWIDataset->GetRasterXSize();//宽
    int nHeight = pNDWIDataset->GetRasterYSize();//高
    if (!m_pBuffer_NDWI)
        m_pBuffer_NDWI = new float[nWidth*nHeight]; //new出对应的buffer
    CPLErr er = pNDWIDataset->GetRasterBand(1)->RasterIO(GF_Read, 0, 0, nWidth, nHeight,
m_pBuffer_NDWI, nWidth, nHeight, GDT_Float32, 0, 0); //先从NDWI读出所有的NDWI
    if (!m_pBuffer_Water) //水体提取结果文件的数据集指针
```

```
    m_pBuffer_Water = new unsigned char[nWidth*nHeight]; //new出对应的buffer
pWaterDataset->GetRasterBand(1)->RasterIO(GF_Read, 0, 0, nWidth, nHeight, m_pBuffer_
Water, nWidth, nHeight, GDT_Byte, 0, 0); //再从水体提取结果文件中读出，包含已经为水体的
区域
    double padfTransform[6]; //仿射变换参数
    er = pNDWIDataset->GetGeoTransform(padfTransform);
    if (er != CE_None)//证明没有投影
        padfTransform[5] = -1;
    m_fInitMinNDWI = 1; //初始化的NDWI阈值
    int nPos = 0; //对应于最小初始化NDWI阈值的位置，将二维位置转化为一维
    int *pX = new int[vPoints.size()];
    int *pY = new int[vPoints.size()];
    for (int i = 0; i < vPoints.size(); i++)//转为影像坐标
    {
        double dX = vPoints.at(i).x;
        double dY = vPoints.at(i).y;
        int nX = (dX - padfTransform[0]) / padfTransform[1];
        int nY = (dY - padfTransform[3]) / padfTransform[5];
        pX[i] = nX;
        pY[i] = nY;
        float dCur = m_pBuffer_NDWI[nX + nY*nWidth]; //NDWI在对应位置的NDWI值
        if (dCur < m_fInitMinNDWI) //取所有初始点中NDWI最小的位置
        {
            m_fInitMinNDWI = dCur;
            m_nInitPos = pX[i] + pY[i] * nWidth;
        }
    }
    delete pX;
    delete pY;
    if (m_fInitMinNDWI > 0)
        m_fInitMinNDWI *= 0.8;//如果NDWI大于0，*0.8使得初始NDWI变小，找到更多的水体
    else
        m_fInitMinNDWI *= 1.25;//如果NDWI小于0，*1.25同样是变小
    return DoWaterExtraction(m_fInitMinNDWI, sInfo);
}
```

上述代码显示了栅格数据编辑模块 MHMapImgEdit 的水体提取函数 DoWaterExtraction()的主要实现功能与代码，根据用户在图 3-5 所设定的信息，这里面获取对应的 NDWI 文件及水体提取结果文件所对应的数据集指针（GDALDataset*），在新出对应的数据集编辑区域数据 buffer 之后，先分别从对应的区域读出数据到对应的 buffer，再从鼠标前期已经获取点数中找到其中对应于 NDWI 文件中数值最小的 NDWI 数值，再将此数值缩小一定比例（这样可以找到更大范围的水体），然后再根据最终确定下来的初始种子点及最小 NDWI 值，进行进一步的水体提取工作，并调用多态函数 DoWaterExtraction()。

```
bool CMHMapImgEdit::DoWaterExtraction(float dThrethold, string& sInfo)
{
    bool bSucc = Add4Neighbours(dThrethold); //四领域搜索
    m_nCurEditOprIndex++;//记录编辑过程
    BOOL bSuc = UpdateStatusAndReleaseMemory();//从当前点后面的东西都删除，并且释放内存
    EDITHISTORY* pEditHistoryToAdd = new EDITHISTORY;
    pEditHistoryToAdd->nIndex = m_nCurEditOprIndex;
    pEditHistoryToAdd->sEditOprName = "水体提取";
    pEditHistoryToAdd->sEditChange = "WaterExtraction";
    pEditHistoryToAdd->sInfo = sInfo;
    EDITBANDHISTORY* pebh = new EDITBANDHISTORY;    //记录编辑过程的数据结构
    pebh->pBand = pBand; //赋值对应的数据结构
    pebh->nLeft = nLeft_Tmp;
    pebh->nTop = nTop_Tmp;
    pebh->nWidth = nWidth_Tmp;
    pebh->nHeight = nHeight_Tmp;
    pebh->pBufferOld = pBufferOld;    //记录编辑过程
    pebh->pBufferNew = pBufferNew;
    pEditHistoryToAdd->vEditBand.push_back(pebh);
    m_vImgEditHistory.push_back(pEditHistoryToAdd); //加入历史编辑窗口队列中
    return true;
}
```

上述代码中最重要的一个实现体就是函数 **Add4Neighbours()**，其原理与实现过程为：通过该初始种子点及对应的最小 NDWI 值进行 4 邻域搜索与分析，并在后续的 **EDITBANDHISTORY** 数据结构中进行赋值，并加入到栅格数据编辑序列中。其中负责 4 邻域搜索与分析的主要实现函数 **Add4Neighbours()** 的主要代码为：

```
bool CMHMapImgEdit::Add4Neighbours(float dMinNDWI)
{
    //根据是否有选区判断遍历空间范围，略
    static int nDx[] = { -1, 0, 1, 0 };    //开始做领域检查
    static int nDy[] = { 0, -1, 0, 1 };//定义四领域数组
    int nXMin = 99999, nYMin = 99999, nXMax = 0, nYMax = 0;
    unsigned int * pnGrowQueX = new unsigned int[nWidth*nHeight];    // 定义堆栈，存储坐标
    unsigned int * pnGrowQueY = new unsigned int[nWidth*nHeight];
    pnGrowQueX[0] = nInitX;
    pnGrowQueY[0] = nInitY;
    int nCurNum = 0, nAllNum = 1;
    int nWaterValue = m_nWaterDNValue;
    if (m_pBuffer_Water[nInitY*nWidth + nInitX] == m_nWaterDNValue)
        nWaterValue = m_nWaterDNValue_BAK;
    do
    {
```

```
            int nCurrX = pnGrowQueX[nCurNum];
            int nCurrY = pnGrowQueY[nCurNum];
            for (int k = 0; k < 4; k++)//4邻域
            {
                int xx = nCurrX + nDx[k];
                int yy = nCurrY + nDy[k];
                if (pValidSelRegion)//多边形有效，则当前有效选区为该多边形
                {
                    if (!IsInSelRegion(xx, yy, padfTransform, pValidSelRegion))
                        continue;
                }
                else//当前有效选区为矩形，用矩形的四个角点
                {
                    if (xx < rect_SelRange.left || yy < rect_SelRange.top || xx >= rect_
SelRange.right || yy >= rect_SelRange.bottom)//不超限，如果确定了范围，只在范围内搜索
                        continue;
                }
                int nPos = yy*nWidth + xx;
                if (m_pBuffer_Water[nPos] != nWaterValue && m_pBuffer_NDWI[nPos] >= dMinNDWI)
                {
                    m_pBuffer_Water[nPos] = nWaterValue; //255 water   1 non-water   0
background
                    if (xx < nXMin)nXMin = xx;
                    if (xx > nXMax)nXMax = xx;
                    if (yy < nYMin)nYMin = yy;
                    if (yy > nYMax)nYMax = yy;
                    pnGrowQueX[nAllNum] = xx;
                    pnGrowQueY[nAllNum] = yy;
                    nAllNum++;
                }
            }
            nCurNum++;
        } while (nCurNum != nAllNum);
        //后处理，略
        return true;
}
```

上述代码仅列出了针对初始种子点进行 4 邻域搜索与分析的核心代码，其原理就是在种子点基础上进行 4 邻域分析，并标记好哪些点已经做过分析向外搜索，直到所有符合小于设定阈值(NDWI)的像素都被找到。当然在判断之前，还需要决定对应的像素是否位于选区范围之内，如果不属于选区范围，则直接略过。

至此，对应的代码就已经完成了水体交互式提取的对应功能。上述函数中还有一个参数，字符串 sInfo，用来指示当前的 NDWI 阈值。由于不同时候的取值不同，因此需要在界面上进行显示，并允许用户根据实际影像的不同对其进行调节，字符串 sInfo 内

部存储的阈值表现如图 3-7 所示。

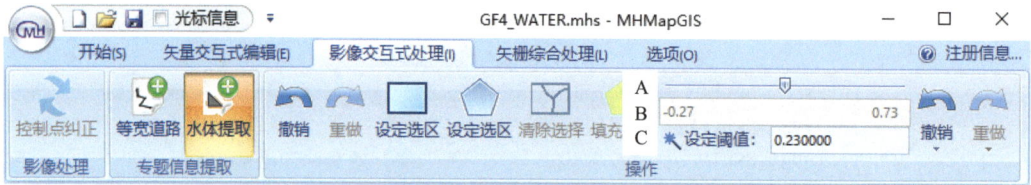

图 3-7　MHMapGIS 中影像交互式处理菜单中阈值信息界面

图 3-7 中，在右侧的图中标记 A、B、C 处为进行水体提取之后的人工交互式参数调整的界面。其中 A 为一个滑动条工具，在水体交互式水体提取工具中可进行左右调节并改变阈值，从而形成不同的水体提取效果；图中 B 示意了左右指示标签，对应于图中 A 左右两侧的阈值，当图中滑块 A 向左侧调整时，对应的阈值将会变小，当滑块向右侧调整时，对应的阈值将会变大；图中 C 示意了设定阈值的具体数值（通过字符串 sInfo 传递出来），也可以在此直接通过修改此数值来设定本次阈值分割的阈值，对应的效果如图 3-8 所示。

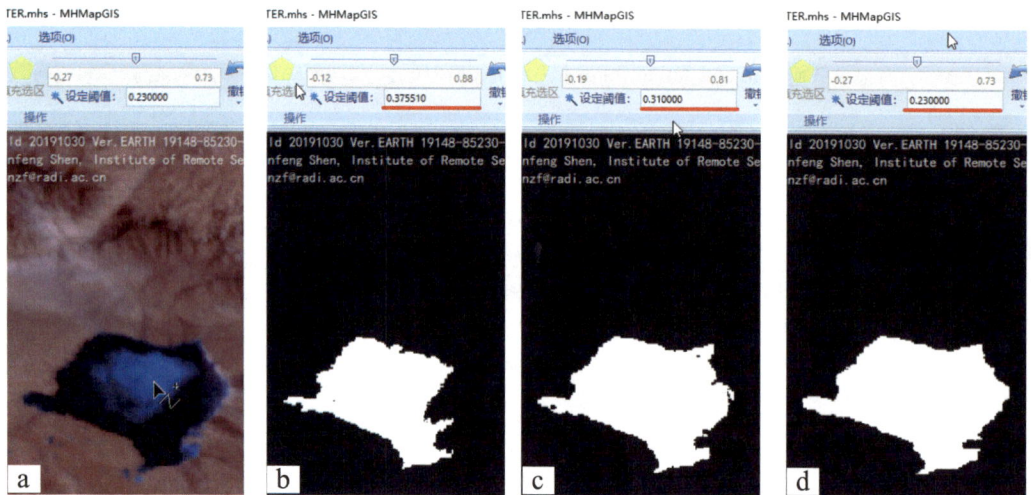

图 3-8　不同阈值设定下所对应的水体提取效果

图 3-8 中，a 图为原始待水体提取的影像，从中可以看出本次提取的水体内部相对并不均匀，呈现中间部分较蓝、边缘部分较黑的特点，当选择此工具在水体中间点击之后，将会执行水体提取对应的代码。图中 b 图为点击后的水体提取效果，b 图顶部标记红线上部指示了当前使用的阈值是 0.3751。由于水体并不均匀，实际上我们肉眼可以看出提取出来的水体区域较实际的水体区域有一定差距，有一部分水体尚未被提取出来，在此基础上我们在图 b 提取的基础上将滑块向左侧移动一小段距离，形成图 c 所示的效果，可以看出图 c 水体较图 b 有所扩大，更加符合实际的情况，而此时的水体指数分割阈值为 0.31，进一步地逼近实际水体，我们再将阈值减小，如图 d，当阈值设定为 0.23

或附近时，可以看出得到的水体范围与实际的水体范围几乎一致，达到了我们希望的效果。在此过程中，如果我们某次阈值移动幅度过大而导致提取水体过多时，我们可以点击撤销按钮再重新设定希望的阈值。

3.6　功能扩展设计

实际上，3.5 节中的水体交互式提取的原理是在水体指数 NDWI 计算的基础上，通过交互式阈值确定实现其二值化的(并分离出其中的水体部分)；进一步可以对该功能进行扩展，除水体指数 NDWI 之外，还可以适用于其他大量数据计算与交互式提取，如植被指数 NDVI 计算及在此基础上的植被区域提取、干旱指数 PDSI 计算及在此基础上的干旱区提取、耕地盐渍化指数 SRSI 计算及在此基础上的盐渍化区域提取……

以上提及的这些扩展功能在发布的 MHMapGIS 版本中并没有实现，但实际上其实现方法也比较简单，对应的实现思路为：首先实现选定栅格数据的指数计算(对应的实现方法可参考第 12 章)，然后再采用类似于上面进行水体指数阈值分割的方法实现选区范围内或全局范围内对应的指数分割(水体提取对应代码可重用)，得到对应的影像区域外接矩形，记录编辑前后区域的取值(用于实现撤销与重做)，再将新的区域及新值 RasterIO 到对应的影像范围中，处理完毕。

对应的实现流程如图 3-9 所示。

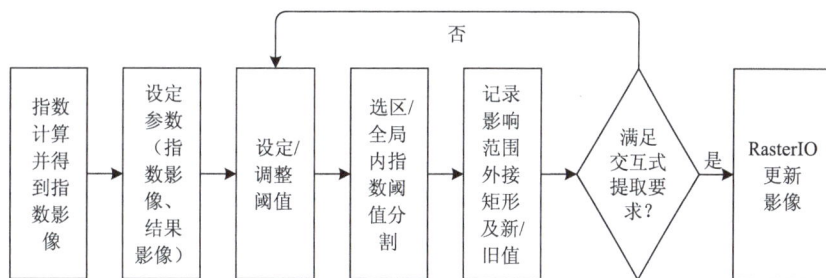

图 3-9　基于指数计算的栅格数据交互式提取流程图

实际上，图 3-9 所示的指数计算流程也同样适用于本章实现的水体交互式提取过程。

3.7　交互式栅格数据导出功能

交互式栅格数据导出功能本身也不属于模块 MHMapImgEdit(未归到此模块中)，但其功能从相似性角度来看，也属于矢量数据交互式处理中的一个环节，在已出版的专著第 29 章，已经对软件 MHMapGIS 中的栅格图层导出功能进行了非常简单的介绍，在后期代码完善与功能扩展过程中，又对该模块的相关功能进行了实用化扩展，这里将对其中的实现原理及方法进行较为具体的介绍。

交互式栅格数据导出功能是当用户选定某栅格图层时，在该图层上按下右键并弹出的菜单中选择数据导出功能，如图 3-10 所示。

图 3-10　模块 MHMapTree 上进行栅格数据导出的菜单示意图

图 3-10 示意了模块 MHMapTree 上栅格图层按下右键所弹出的菜单上选择数据导出
菜单项时的界面，对应于该界面的代码位于模块 MHMapTree 上的主体功能实现类
CMHMapTOATreeCtrl 的鼠标右键按下函数 OnRButtonDown()，同矢量数据图层导出函
数调用流程类似，该函数再进一步调用数据导出函数 ExportData()，对应的代码为：

```
void CMHMapTOATreeCtrl::ExportData(MSLayerObj* pLayer)
{
    CMHMapDlgExportShow dlgDES(m_pMHMapFrm, m_pMHMapView, m_pMHMapDoc, m_pMapObj);
    double dXLT = m_pMHMapView->m_dScreenXMin;
    double dYLT = m_pMHMapView->m_dScreenYMax;
    double dXRB = m_pMHMapView->m_dScreenXMax;
    double dYRB = m_pMHMapView->m_dScreenYMin;
    INT_PTR nReturn = 0;
    if (pLayer->IsImageLayer())//如果是栅格图层，调用对应的模式对话框实现栅格图层导出
        nReturn = dlgDES.ShowExportImgMode(pLayer, dXLT, dYLT, dXRB, dYRB);
}
```

其中，类 CMHMapDlgExportShow 为模块 MHMapDlgExport 的主体功能实现类，也
是栅格数据导出的具体代码实现者，其对应的模式对话框会弹出如图 3-11 所示的影像数
据导出对话框。

图 3-11 示意了针对栅格数据图层导出的一系列选项，图中左上角允许用户选择导出
栅格数据的 3 种范围选项，分别为整个数据范围、当前视图内的范围与参考数据的范围，
右上角允许用户对输出栅格数据的大小进行调整。当改变左上角数据范围时，会自动计
算基于用户选项所能够得到的数据输出大小，并更新右上角的宽高信息，用户也可以在
此基础上对输出数据的宽、高进行更改，更改时实际上只影响输出数据的宽与高，不影
响输出数据左上角的坐标位置。

当选择参考数据范围时，则需要指定一个参考数据。如果指定的参考数据为一个栅
格数据，则直接采用此栅格数据的空间范围来限定数据。

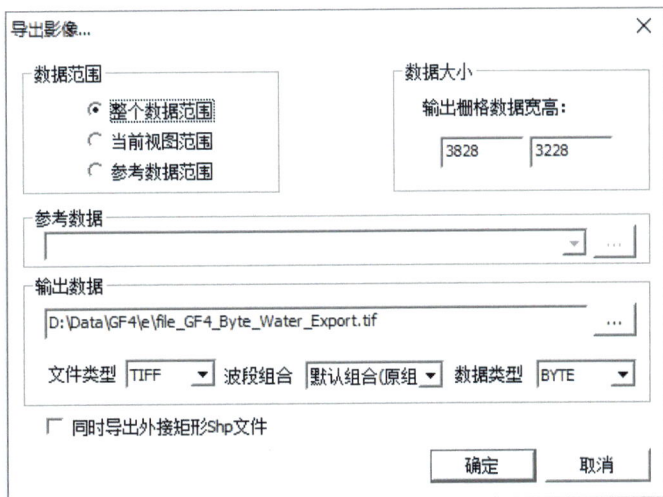

图 3-11　影像导出对话框界面图

当在图 3-11 的对话框上点击确定之后，将会执行模块 MHMapDlgExport 上的矢量数据导出的主体功能实现类 CMHMapDlgExportShp 的函数 OnBnClickedOk()，其所对应的代码相对于矢量数据的导出功能来说则更为复杂些，其中，对于第 1 个选项——整个数据范围的导出来说，实际上这种配置最为简单，其原理就是根据用户选择的文件类型获取对应的 GDALDriver* 并生成新的对应的文件，再根据用户设定的波段组合逐个从源文件中读取各行数值，再按新的设定类型写入新文件的过程。其间主要是基于 GDAL 实现的文件 IO，应用的主要函数就是 GDAL 的 RasterIO()，其实现过程略。

对于第二个选项——当前视图范围来说，相对于第一种情况来说差距较小，就是需要根据视图范围的坐标及影像的仿射变换参数计算出视图范围实际上对应于影像的数据范围，再将对应的范围导出的过程，数据导出的具体过程同第一种的方法类似。

对于第三个选项——参考数据范围，当输入的参考数据为栅格数据时，或者输入的参考数据为点、线状的矢量数据时，这几种情况都是根据输入的参考数据的外接矩形范围，再计算该范围在本图层上的实际范围，并以此范围进行数据输出，方法也类似。当输入的参考数据为面状矢量数据时，情况就要复杂得多，我们采用如图 3-12 所示的策略。

图 3-12 示意了本发明的主要实现思路。图 3-12 所示的流程图从整体上描述了 MHMapGIS 中对应的数据处理技术流程，实际实现时，由图 3-11 类似的参数输入对话框完成对应于图 3-12 中的空间限制数据 A 与待裁切影像数据 B 的信息输入。

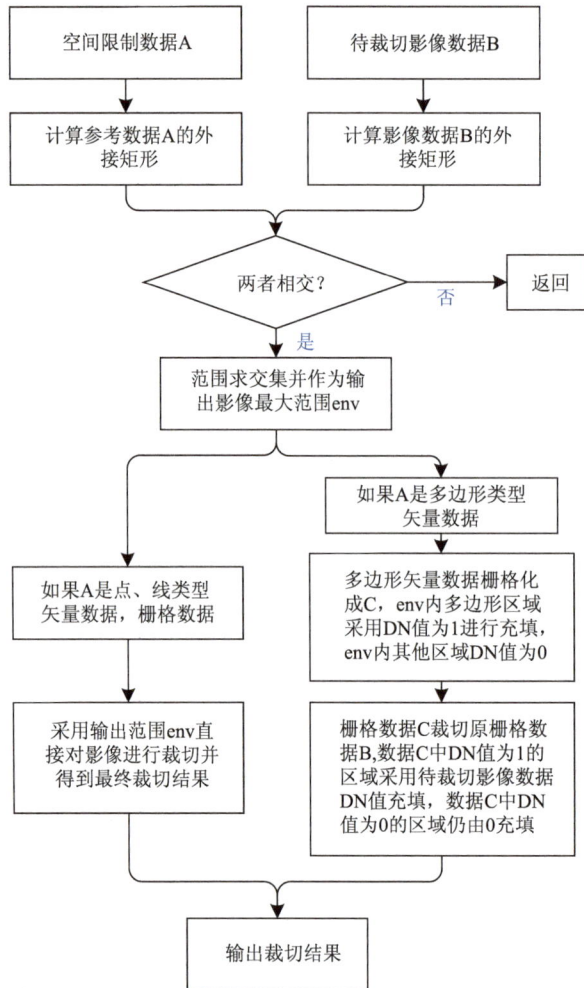

图 3-12　基于空间数据限制下的栅格数据导出主要实现方法流程图

如果数据 A 的数据类型为点/多点（Point/ MulitPoint）、线/多线（LineString/ MultiLineString）或栅格数据时，则在计算数据 A 的空间范围 env 的基础上直接进行栅格数据的裁切，对应的 C++伪代码及思想（采用代码中注释方式）为：

```cpp
int nXMin = 0, nXMax = nXSize; //分别对应着栅格的上下左右
int nYMin = 0, nYMax = nYSize;
pDS_Ref = (OGRDataSource*)OGROpen(pszRefFile, FALSE, NULL); //矢量
GDALDataset* pDataset_Ref = NULL;
if (!pDS_Ref)
    pDataset_Ref = (GDALDataset*)GDALOpen(pszRefFile, GA_ReadOnly); //栅格
OGREnvelope env;
if (pDS_Ref)
    OGRErr err = pDS_Ref->GetLayer(0)->GetExtent(&env); //获取外接矩形
else if (pDataset_Ref)//栅格
{
```

```
        double dTr[6];
        CPLErr err = pDataset->GetGeoTransform(dTr); //获取仿射变换参数
        env.MinX = dTr[0];
        env.MaxX = dTr[0] + dTr[1] * pDataset->GetRasterXSize();
        env.MaxY = dTr[3];
        env.MinY = dTr[3] + dTr[5] * pDataset->GetRasterYSize();
    }
    double dXRasterMin = (env.MinX*dTransform[5] - dTransform[0] * dTransform[5] -
env.MinY* dTransform[2] + dTransform[3] * dTransform[2])/ (dTransform[1] * dTransform[5]
- dTransform[4] * dTransform[2]); //通过仿射变换参数计算新的栅格位于原栅格中的位置
    double dXRasterMax = (env.MaxX*dTransform[5] - dTransform[0] * dTransform[5] -
env.MaxY* dTransform[2] + dTransform[3] * dTransform[2])/ (dTransform[1] * dTransform[5]
- dTransform[4] * dTransform[2]);
    double dYRasterMin = (env.MaxY - dTransform[3] - dXRasterMax * dTransform[4]) /
dTransform[5];
    double dYRasterMax = (env.MinY - dTransform[3] - dXRasterMin * dTransform[4]) /
dTransform[5];
    nXMin = dXRasterMin; //最终对应于原栅格数据的左上角X
    nYMin = min(dYRasterMin, dYRasterMax); //左上角Y
    nXMax = dXRasterMax; //右下角X
    nYMax = max(dYRasterMin, dYRasterMax); //右下角Y
```

上述伪代码的主要目的是根据输入的参考数据 A 计算其外接矩形 env，再由 env 及待裁切的数据 B 的仿射变换参数计算其实际对应于数据中的行列起始、终止范围，最后再根据这些范围直接输出栅格数据，对应的伪代码及思想(采用代码中注释方式)类似如下。

```
    nXSize = nXMax - nXMin; //宽
    nYSize = nYMax - nYMin; //高
    char **papszOptions = NULL;
    papszOptions = CSLSetNameValue(papszOptions, "COMPRESS", "NONE");
    papszOptions = CSLSetNameValue(papszOptions, "SPARSE_OK", "false");
    GDALDataset* pDatasetOut = (GDALDataset*)GDALCreate(pDriver, pszOutputImg, nXSize,
nYSize, nNumBands, type, papszOptions); //生成新的栅格数据集
    pDatasetOut->SetProjection(pszReference); //复制投影信息
    dTransform[0] += nXMin*dTransform[1]; //计算新影像的仿射变换参数
    dTransform[3] += nYMin*dTransform[5]; //计算新影像的仿射变换参数
    er = pDatasetOut->SetGeoTransform(dTransform); //设定对应的仿射变换参数
    int nNum = 1;
    for (int j = 0; j < vBands.size(); j++)//设定的波段，逐个波段复制!
    {
        GDALRasterBand* pBand = pDataset->GetRasterBand(vBands.at(j));
        GDALRasterBand* pBandOut = pDatasetOut->GetRasterBand(nNum++);
        void* pBuffer = new unsigned char[nXSize*GDALGetDataTypeSize(type) / 8]; //一
行数据
```

```
        for (int k = nYMin; k < nYSize + nYMin; k++)//所有行
    {//复制数据
        pBand->RasterIO(GF_Read, nXMin, k, nXSize, 1, pBuffer, nXSize, 1, type, 0, 0);
        pBandOut->RasterIO(GF_Write, 0, k-nYMin, nXSize, 1, pBuffer, nXSize, 1,
type, 0, 0);
    }
}
```

通过上述两段伪代码就能够实现基于给定参考数据，计算其对应的空间范围 env，再由此进行栅格数据的裁切并将栅格数据复制到新生成的栅格数据的过程。这里需要注意，需要同时复制原影像的投影参考信息，并根据新的位置计算新的仿射变换参数，并增加至新的数据集中。

上述伪代码完成了基于点/多点、线/多线矢量类型，以及栅格类型的限制数据 A 实现待子集提取数据集 B 的影像裁切情况。这也是其中最简单的一种情况。对于多边形（polygon）/多多边形（multipolygon）的矢量类型时，情况则要复杂得多。

以图 3-13 示意的多边形裁切对应的影像为例，其中参考数据中只有一个多边形，该多边形与对应的影像有部分相交，根据图 3-12 右侧所示的技术流程，需要首先对参考数据中的多边形进行栅格化并生成 Mask 文件。

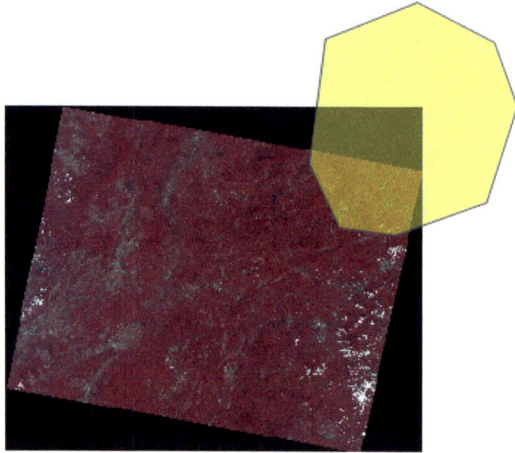

图 3-13　多边形对栅格数据的裁切前效果示意图

在栅格化策略中，需要首先根据计算的 env 同原栅格数据进行判断并计算出需要的区域，再在矢量数据栅格化之前临时增加一个整数字段_TMP_DEL，并将所有要素在此字段上的值均赋值为 1，以此字段作为矢量数据栅格化的 DN 值取值字段，对应的矢量数据处理及栅格化的伪代码及思想（采用代码中注释方式）类似如下。

```
//用原始栅格的外接矩形生成对应的限制矢量shp文件，生成临时Shp文件sTmpShpFile与栅格文件sTmpOutTif，略
OGRFeature* pFeature;
pDS_Ref->GetLayer(0)->ResetReading();
while ((pFeature = pDS_Ref->GetLayer(0)->GetNextFeature()) != NULL)
```

```
{
    OGRGeometry* pGeometry = pFeature->GetGeometryRef();
    pGeometry = pGeometry->Intersection(&op);
    if (!pGeometry)continue; //如果不相交，继续
    OGRErr er = pFeature->SetGeometry(pGeometry);
    pFeature->SetField(cTmp_Field_Name, 1); //要素的对应字段属性值设为1
    int aa = pFeature->GetFieldAsInteger(cTmp_Field_Name);
    pOGRLayerRef->SetFeature(pFeature); //更新要素
    pOGRLayerRef->CreateFeature(pFeature); //复制对应的要素
}
OGREnvelope env; //图层范围
pOGRLayerRef->GetExtent(&env);
GDALClose(pDSRef);
OGRDataSource::DestroyDataSource(pDS_Ref);
sprintf(tmp, "%.15lg", dTransform[1]);
string sResolution(tmp);
char* cSuc = MHRasterizeShp(sTmpShpFile.c_str(), sTmpOutTif.c_str(),
    "", sResolution.c_str(), "", cTmp_Field_Name, ""); //栅格化
//由于进行了剪切，所以范围可以已经变了，更新xMin, nYMin, nXMax, nYMax, 略
```

其中，矢量数据栅格化函数 **MHRasterizeShp()** 为调用 GDAL 的矢量数据栅格化的函数，其实现的核心代码为：

```
char **papszOptions = NULL;
papszOptions = CSLSetNameValue(papszOptions, "CHUNKSIZE", "1");
papszOptions = CSLSetNameValue(papszOptions, "ATTRIBUTE", pszField);
papszOptions = CSLSetNameValue(papszOptions, "ALL_TOUCHED", "TRUE");
void * m_hGenTransformArg = GDALCreateGenImgProjTransformer(NULL,
pPrj, (GDALDatasetH)poNewDS,
    poNewDS->GetProjectionRef(), false, 1000.0, 3); //生成变换参数函数
void * pTransformArg = GDALCreateApproxTransformer(GDALGenImgProjTransform,
m_hGenTransformArg, 0.125); //变换参数
GDALRasterizeLayers((GDALDatasetH)poNewDS, 1, pnbandlist, 1, player,
GDALGenImgProjTransform,
m_hGenTransformArg,dburnValues,papszOptions,GDALTermProgress,"vector2raster");//具体的
栅格化实现
    //后处理，释放资源，略
```

经过上述代码处理，对应于图 3-13 的矢量要素将处理成中间文件如图 3-14 左图所示的灰色多边形，其中右上部分因为没有与栅格数据相交，因此相当于做一个 Intersection() 的操作；同时，其字段也增加了一个 "_TMP_DEL" 的整形字段，且对应的要素，该字段值为 1。

将该临时矢量进行栅格化，并生成类似于图 3-14 中所示的栅格数据。其中采用红蓝渲染的方式进行栅格数据的渲染，其中红色部分为 DN 值为 1 的数据，蓝色部分为 DN 值为 0 的部分。

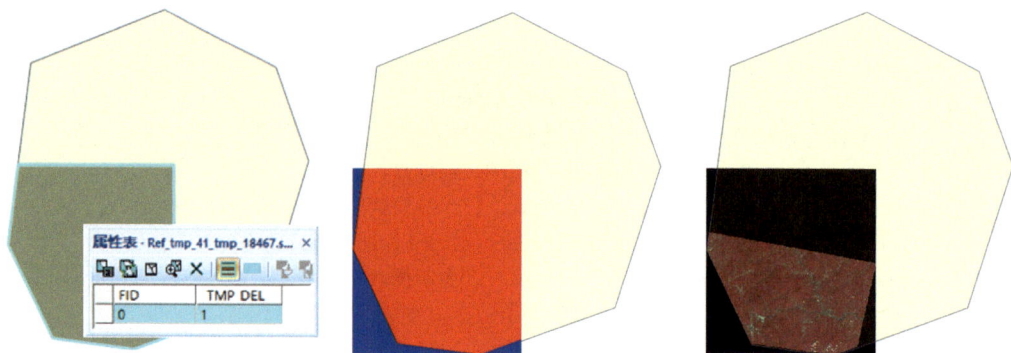

图 3-14　为实现矢量数据栅格化而对图 3-13 中的矢量数据变换的结果

在图 3-14 基础上，对原影像中上述代码中的第 nXMin 至第 nXMax 列、第 nYMin 至第 nYMax 行的数据进行判断，当图 3-14 中对应行列号为 1 时进行 DN 值的复制，当对应行列号为 0 时则以 0 值充填，对应的矢量数据处理及栅格化的伪代码及思想（采用代码中注释方式）类似如下。

```cpp
void* pBuffer = new unsigned char[nXSize*GDALGetDataTypeSize(type) / 8]; //数据大小
for (int k = nYMin; k < nYSize + nYMin; k++)
{
    er = pBand->RasterIO(GF_Read, nXMin, k, nXSize, 1, pBuffer, nXSize, 1, type, 0, 0);
//读取出来
    if (pDataset_temp) //如果存在Mask文件，还需要从Mask文件中读取并判断对应位置的值是否为0
    {
        unsigned char* pBuffer_Ref = new unsigned char[nXSize]; //用于Mask文件的Buffer
        er = pDataset_temp->GetRasterBand(1)->RasterIO(GF_Read, 0, k - nYMin, nXSize, 1,
pBuffer_Ref, nXSize, 1, GDT_Byte, 0, 0); //读取Mask其中的数据
        for (int x = 0; x < nXSize; x++)
        {
            if (pBuffer_Ref[x] == 0) //如果为0，将原来读取的数据对应位置置为0，原理见
图3-14
            {
                if (type == GDT_Byte)
                    ((unsigned char*)pBuffer)[x] = 0;//pBand->GetNoDataValue();
                //其他数据类型，略
            }
        }
        delete pBuffer_Ref;
    }//数据处理完毕，最后将数据写入最终的结果
    er = pBandOut->RasterIO(GF_Write, 0, k-nYMin, nXSize, 1, pBuffer, nXSize, 1, type, 0,
0);
}
```

最终，图 3-13 的裁切后可得到类似于图 3-14 右图的裁切结果（参考图 3-13）。类似地，当多边形矢量数据位于如图 3-15 左图所示的位置时，将会对该矢量数据栅格化成图

中中间所示的形状，其中红色区域为 1，蓝色区域为 0。进一步地，再按此区域进行栅格裁切并判断该 Mask 中的值，得到图中右侧所示的最终结果，其中黑色区域为 0。

图 3-15　另一种针对多边形裁切栅格数据的示例及其结果

3.8　小　　结

本章介绍了栅格数据交互式编辑的一系列算法，包含针对栅格数据编辑过程可撤销/重做的概念模型与数据结构，以及在栅格数据编辑过程中的选区概念及其实现原理与方法。选区在栅格数据编辑中应用较多，配合其充填功能可以快速、方便地实现分类后结果的编辑与后处理。本章详细介绍了水体交互式提取的实现原理、方法与过程，该方法为水体全自动提取方法的后续有效补充，能够为全自动水体提取中未有效提取出的水体部分提供有效的方法补充。最后，本章还介绍了交互式栅格数据的导出功能，这项需求在基于给定多边形限制下的数据导出非常常用，可以方便地实现影像的按需导出，这些功能能够较好地提高软件的易用性与好用性。

第 4 章

矢栅数据交互编辑算法模块 MHMapSpaEdit 的实现

　　矢栅数据交互式编辑与矢量数据编辑、栅格数据编辑相类似，是指在编辑过程中需要同时对矢量数据与栅格数据同时交互式编辑（协同编辑）的过程。实际上，很多交互式编辑过程中都是同时对矢量数据及栅格数据编辑的过程，只是有所侧重或是某种编辑占主导而已。

　　本章中主要以遥感影像合成这一需求对矢栅数据编辑过程进行介绍。所谓遥感影像的合成过程，是指针对一个研究区多幅遥感影像进行合成及拼接的过程，其实现方法是需要首先在各幅栅格影像的基础上建立与之对应的矢量图层，通过编辑矢量图层数据的区域来指示/标定栅格数据范围。完成矢量数据的编辑过程后，通过矢量数据合成的过程形成覆盖研究区的矢量拼接结果，再采用研究区的矢量数据对此拼接结果进行裁切，最后再对研究区的各矢量数据所对应的影像数据进行标记、合成或拼接，完成影像的拼接过程。此过程涉及多次矢量、影像数据的交互式编辑过程，因此将其归为矢栅数据的交互式编辑过程。

　　这里需要强调一下，遥感影像合成并不完全等同于影像拼接，因为影像拼接主要侧重于设定影像间的拼接线并基于此进行数据的拼接过程，而影像合成则侧重于针对影像所对应的矢量多边形的编辑（更多的是多边形的岛编辑以去除无效区域），并基于矢栅的对应关系进行影像的拼接，同时记录拼接结果与矢量多边形的对应关系。从这个角度来说，两者在后期的拼接算法方面是相通的，对应的拼接算法也可以相互通用。

4.1　模块 MHMapSpaEdit 的影像合成功能需求

　　模块 MHMapSpaEdit 在软件 MHMapGIS 中同第 2 章介绍的模块 MHMapFeaEdit 以及第 3 章介绍的模块 MHMapImgEdit 相并列，其功能是实现矢栅数据的交互式编辑。本章中将主要以遥感影像合成为例，介绍模块 MHMapSpaEdit 的功能设计与代码实现。

　　影像合成是影像拼接的一个重要步骤或前提。影像拼接是指将相互之间具有一定重叠区域的多幅正射影像拼接成一幅更大范围的正射影像，是测绘产品生产的必要环节。伴随着国产陆地资源卫星事业的进步，卫星重访周期不断变小，影像分辨率和幅宽不断提高，信息冗余现象普遍存在，研发针对卫星影像的自动、快速、效果最优的影像合成方法，具有重要意义。然而，卫星影像常被云层覆盖，在处理大面积含云影像时，会面临两个问题：①自动镶嵌无法保证接缝线自动绕过云层并选择无云影像，从而导致合成影像含云量大、云层覆盖区域地面信息缺失；②云层的存在会造成影像辐射特征整体异常，对融合、匀色(调色)等环节造成影响，损坏晴空区域影像的质量。另外，即使是晴空影像，也会因曝光效果、大气环境以及前期处理的辐射失真等因素，造成不同影像之间存在辐射质量上的差异。

基于这一需求，需要实现基于人工交互的遥感影像合成过程。为了从符合区域、时间要求的影像集合中合成全区覆盖(云量最小、一致度最高)的影像集合，我们除了需要输入影像集合之外，还需要输入与之配合的一些其他空间数据，如每个影像的有效范围、待合成区域的多边形矢量数据等，输出覆盖整个合成区的多边形集合，并在多边形集成的字段上标识出与之对应的影像数据名称，最终根据实际需要输出研究区的镶嵌影像。

4.2　影像合成功能流程设计

1. 影像合成技术流程

从功能实现角度来看，影像合成需要以下一些步骤需求，如图 4-1 所示。

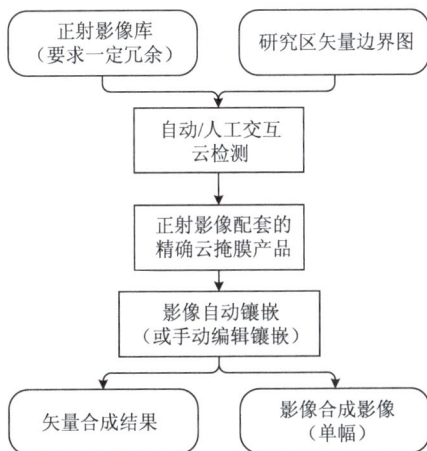

图 4-1　影像合成流程设计图

具体步骤包括：

(1) 自动或人工选择覆盖区域的影像集，通过交互式调整不同影像图层之间的顺序，确定影像之间的最佳叠置顺序，并最终确定最优影像选择(最后的选择项中可能有些输入的影像未能够用到)。

(2) 人工划定，或在自动生成的基础上人工修改覆盖全区的影像间的镶嵌线，最终形成一系列矢量多边形，每个矢量多边形对应着一景遥感影像，并指示相应影像的有效范围；此步骤中可能会涉及按需修改镶嵌线，以及自动检测或人工修改影像对应的云影覆盖区(尽量规避云影及关键地物)，并影响最终生成的矢量多边形。

(3)根据当前镶嵌框叠加显示影像叠加(每个多边形区域显示相应影像内容)。

(4)形成全区合成矢量图。

(5)根据合成的矢量图所设定的字段属性最终进行影像镶嵌。

2. 软件表现与操作流程

根据前述的影像合成技术流程，需要在软件表现与操作方面进行设计以符合用户及MHMapGIS 软件的操作习惯，因此，结合软件的特点对其进行以下 4 个步骤的设计。

1)数据准备阶段

就是依赖 MHMapGIS 实现影像合成过程的前期数据准备阶段。在已经准备好了研究区矢量轮廓数据与影像数据集之后，就可以采用本软件实现其他准备工作，包括影像之间叠加/压盖顺序的调整与确定，增加矢量图层并进行矢量多边形的编辑，调整并确定矢量图层与影像图层之间的对应关系，存储研究区工程文件等，这些工作都可以采用MHMapGIS 的各种基本功能，以及前文在第 2 章、第 3 章中已经介绍的矢量数据交互式编辑、影像数据交互式编辑等功能辅助实现。

2)生成关联/删除关联

在确定影像有效区域并标定云影或其他无效区域时，MHMapGIS 中采用矢量多边形的方式进行标记，再通过图层之间的关系来确定不同矢量多边形与影像之间的配对过程。这里定义对应的配对过程为"关联关系"，因此当完成了一景遥感影像同其上面矢量多边形的编辑之后，就可以通过生成两者之间的关联关系进行确定，也可以删除两者之间的关联关系来解决矢量多边形对影像的影响过程，这一过程能够实现"所见即所得"的影像有效区域确定。

3)矢量合成

当完成了研究区域所有矢量数据编辑并建立/生成关联关系之后，就可以基于已有的矢量多边形来进行矢量合成过程。矢量合成是影像合成过程的一个必备过程，其输入为前期已经确定下来的一系列矢量多边形图层，输出为一个矢量多边形图层，里面具有多个多边形要素，并通过一个特定字段指示该多边形所对应的遥感影像名称，以此能够为进一步的影像合成过程提供指导。需要注意的是，矢量合成过程的结果也是影像合成的结果之一，以此同样可以进行/指导影像其他辅助数据的合成过程(如影像所对应的 NDVI的合成过程)。

4)影像合成

根据矢量合成的 Shp 结果中各要素在特定字段上的属性值，调用 MHMapGIS 的影像拼接功能实现影像的拼接与合成，形成最终的合成结果。具体的矢量合成结果进行影像合成过程中，在矢量多边形内部的区域采用对应的影像上的像素进行充填，未在多边形内部的区域则采用 NoData 进行充填（一般设为 0）。

在软件 MHMapGIS 上的表现形式，同矢量数据交互式编辑、栅格数据交互式编辑类似，栅格数据交互式编辑也有一个独立的菜单，目前其主要功能除在已出版专著（下册）中已经介绍了的瓦片生成之外（参见第 27 章），主要为本章介绍的矢栅数据的交互式编辑，其界面如图 4-2 所示。

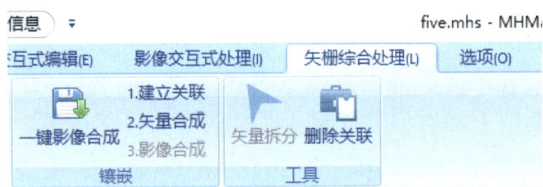

图 4-2　MHMapGIS 中矢栅综合处理菜单影像合成流程设计图

其中，如果各项工作均已经准备完毕，可以按下菜单项"一键影像合成"实现全自动的影像合成过程，也可以分项完成对应的工作，即其内的"1. 建立关联""2. 矢量合成""3. 影像合成"，在此过程中，同样提供矢量拆分与删除关联的功能。

为方便用户操作，在模块 MHMapTree 上的鼠标右键按下栅格数据图层并弹出的菜单上，同样增加了"生成关联关系"与"删除关联关系"菜单项（如图 4-3），其中生成关联关系的前提是该栅格图层的上一有效图层为矢量多边形图层，建立关联关系之后，会基于矢量多边形的有效区域来限定栅格有效区域，并采用透明色（不可见）进行非有效区域的渲染，其效果就是仅保留视图中的有效区域。已经生成关联关系之后，对应于菜单项上的删除关联关系将变为可用。

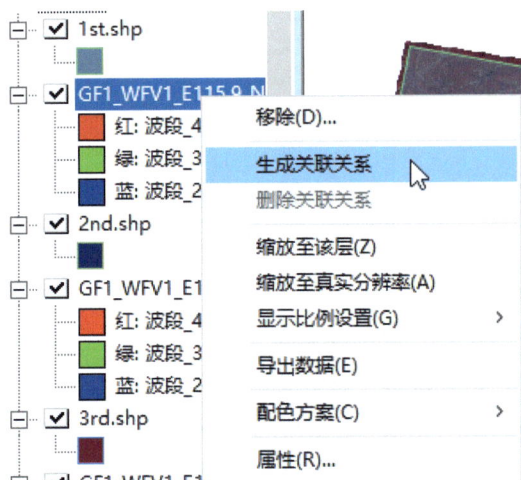

图 4-3　在 MHMapTree 影像图层上按下右键弹出的菜单

4.3 交互式影像合成功能的实现

1. 数据准备与预处理

在 MHMapGIS 中加载研究区矢量多边形数据及准备好的多期遥感影像数据，调整栅格图层之间的压盖顺序，叠加效果如图 4-4 所示。在调整栅格图层间的顺序时，其原则就是首先确定影像之间的"标准色调"，再将与此色调相近的、含云量少的影像图层尽可能地调整到前面，即在结果中优选这些图层上的部分，而色调差异较大、含云量大的图层则尽可能调整到后面，只是作为前面图层的必要补充。

从数据准备角度来看，需要确保影像范围涵盖整个研究区范围，同时确保含有较明显云影的区域在其他图层上都有候补区域。针对影像的云区域检测，可以采用第 10 章的云掩膜算法工具，或在此工具的基础上，再在 MHMapGIS 中进行人工交互式修改，MHMapGIS 中常用的与此相关的工具包括整形、增加多边形、挖岛等。

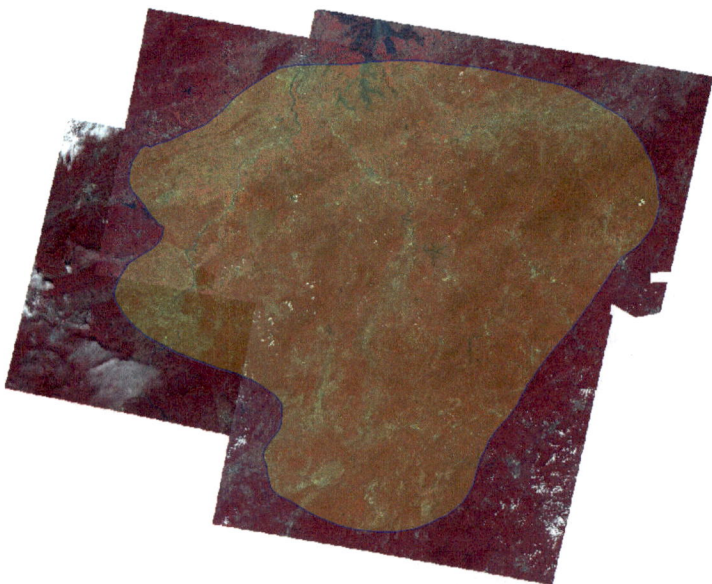

图 4-4　研究区矢量边界与多景影像叠加效果图

2. 矢栅图层建立关联关系

在完成数据准备之后，第一个步骤就是需要建立矢栅数据图层之间的关联关系。首先在 MHMapGIS 上建立面状图层，调整面状图层到影像图层上面，再在新建的矢量图层上增加多边形，如图 4-5 左图所示。可应用软件中的整形工具对新生成的多边形的形状进行修改，使其涵盖所希望保留的遥感影像部分；对于中间的云影区域，可以采用岛操作实现中间区域的去除，编辑矢量图层，如图 4-5 左图所示。

此时，在影像图层上按下右键并选择生成关联关系(如图 4-3 所示)，之后软件图层中的栅格图层将变为图 4-5 右图所示的效果，即栅格图层已经严格按照矢量图层的范围被"裁切"出来。

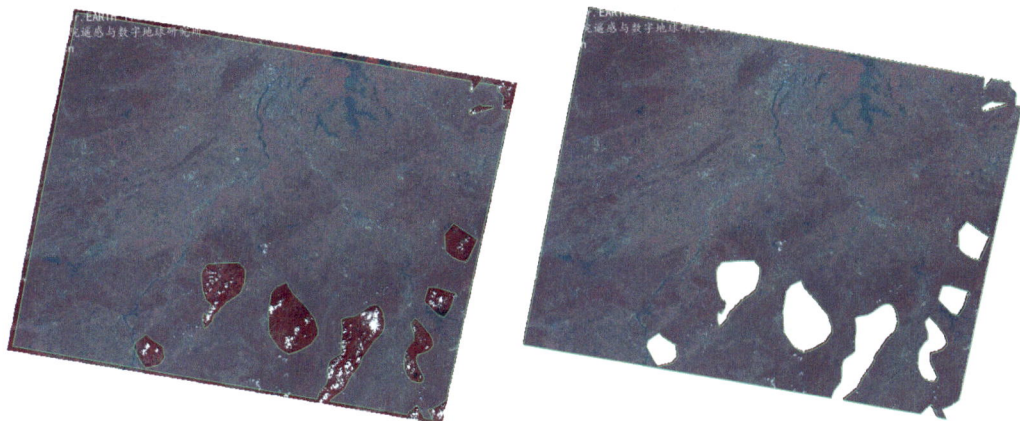

图 4-5　建立关联关系前后矢量与影像的叠加效果

　　对应于鼠标右键上点击建立关联关系这一过程的主要实现代码为：

```
void CMHMapTOATreeCtrl::BuildLayerCorrelation(MSLayerObj* pLayer)
{
    if (!m_pMHMapSpaEditPtr) //如果未激活过矢栅处理模块，则new出，
        m_pMHMapSpaEditPtr = new CMHMapSpaEdit;
    CMHMapSpaEdit* pMHMapSpaEditPtr = (CMHMapSpaEdit*)m_pMHMapSpaEditPtr;
    pMHMapSpaEditPtr->BuildLayerCorrelation(pLayer); //调用本模块的建立关联关系函数
    m_pMHMapView->UpdateMHMapViewAndOverview();//更新视图
}
```

　　其中模块 MHMapTree 的建立关联关系的主要函数由本模块的函数 BuildLayerCorrelation() 负责实现，其主要伪代码为：

```
bool CMHMapSpaEdit::BuildLayerCorrelation(MSLayerObj* pLayer)
{
    if (!pLayer)  //如果在根上按右键，由建立所有栅格图层与之上面矢量图层的关联
    {
        MSLayerObj* pLayer = m_pMapObj->GetFirstValidImageLayer();//遍历所有
        while (pLayer)
        {
            BuildCorRasterLayer(pLayer);     //调用函数具体建立关联
            pLayer = m_pMapObj->GetNextValidImageLayer();//下一栅格图层
        }
    }
    else
    {
        MSLayerType layerType = pLayer->GetLayerType();
        if (pLayer->IsGroupLayer())
```

```
                //如果为文件夹图层，需要遍历其内所有栅格图层建立关联，略
        else if (pLayer->IsImageLayer())//如果为影像图层
            BuildCorRasterLayer(pLayer); //调用函数具体建立关联
    }
    return true;
}
```

上述代码会判断用户在模块 **MHMapTree** 上哪个位置上按下右键、弹出菜单并建立影像关联的，如果在根节点上，则会遍历所有的影像图层并建立其关联；如果在文件夹图层上，则会遍历该文件夹下所有影像图层并建立其关联；如果在影像图层上，则只建立此影像图层的关联。建立关联的具体功能由函数 **BuildCorRasterLayer**()实现，代码主体为：

```
bool CMHMapSpaEdit::BuildCorRasterLayer(MSLayerObj* pSrcRasterLayer)
{
    string sLayerName = pSrcRasterLayer->GetDataSrcObj()->GetDataSrc();//影像文件名
    string sCorFileName = sLayerName + "_cor_tif";//影像辅助文件名
    const char *pszFormat = "GTiff";
    GDALDriver *poDriver = GetGDALDriverManager()->GetDriverByName(pszFormat);
    GDALDataset* pDataset = (GDALDataset*)pSrcRasterLayer->m_pOGRLayerPtrOrGDALDatasetPtr;
    int nXsize = pDataset->GetRasterXSize();//宽
    int nYsize = pDataset->GetRasterYSize();//高
    GDALDataset* pCorDataset =
poDriver->Create(sCorFileName.c_str(),nXsize,nYsize,1,GDT_Byte,NULL);
    OGRLayer* pOGRLayer = (OGRLayer*)pSrcPolygonLayer->m_pOGRLayerPtrOrGDALDatasetPtr;
//参考矢量
    //复制原影像的空间参考、仿射变换等信息到辅助文件上，略
    void* pNewDatasetVoid = pCorDataset;
    bool bSuc = RasterizePolygon(pDataset, pOGRLayer, pNewDatasetVoid); //矢量数据栅格化
    // pNewDatasetVoid建立金字塔，略
    return true;
}
```

上述代码中的函数 RasterizePolygon()主要是进行矢量数据的栅格化过程。

```
bool CMHMapSpaEdit::RasterizePolygon(void* pRefDataset, void* pOGRLayer, void*&
pOutputDataset)
{
    OGRLayer* pOL = (OGRLayer*)pOGRLayer;
    int nIndex = pOL->GetLayerDefn()->GetFieldIndex("szf_cor");//判断是否有这个字段
    if (nIndex < 0) //如果没有此字段，增加！
    {
        OGRFieldDefn* pFieldCor = (OGRFieldDefn*)OGR_Fld_Create("szf_cor", OFTInteger);
        OGRErr err = pOL->CreateField(pFieldCor);
    }
    OGRFeature* pF;
    while ((pF = pOL->GetNextFeature()) != NULL) //遍历所有要素，设置其字段szf_cor的值为1
```

```
    {
        pF->SetField("szf_cor", "1");
        pOL->SetFeature(pF);
    }
    OGRLayerH layerList[1]; layerList[0] = hoLayer;
    int bandList[1];    bandList[0] = 1;
    const char* pszProjection = GDALGetProjectionRef(pRefDataset); //投影信息
    double padfGeoTransform[6]; //仿射变换
    GDALGetGeoTransform(pRefDataset, padfGeoTransform);
    GDALTransformerFunc pfnTransformer = GDALGenImgProjTransform; //GDAL的投影变换函数
    GDALProgressFunc pfnProgress = GDALTermProgress;
    char* pszProj = NULL;
    OGRSpatialReference *poSpatial; //OGR空间参考类
    poSpatial = (OGRSpatialReference*)OGR_L_GetSpatialRef(hoLayer); //获取图层的空间参考
    if (poSpatial)
        poSpatial->exportToWkt(&pszProj); //导出到WKT字符串
    char **papszOptions = NULL;
    papszOptions = CSLSetNameValue(papszOptions, "ATTRIBUTE", "szf_cor"); //以此字段进
行栅格化
    papszOptions = CSLSetNameValue(papszOptions, "ALL_TOUCHED", "TRUE");
    papszOptions = CSLSetNameValue(papszOptions, "CHUNKYSIZE", "15000");
    void* pTransformArg = GDALCreateGenImgProjTransformer3(pszProj, NULL, //生成变换参数
        pszProjection, padfGeoTransform);
    er = GDALRasterizeLayers(hDS, 1, bandList, 1, layerList, //调用GDAL的函数具体实施栅格化
        pfnTransformer, pTransformArg, 0, papszOptions, pfnProgress, NULL);
    return true;
}
```

也就是说，建立关联的实现原理就是在影像同一文件夹下新建一个单波段的 Byte 类型的同大小的 Tiff 辅助文件，然后再将对应的矢量多边形（即影像图层的上一有效矢量多边形图层）进行栅格化至此辅助文件，因此，此辅助文件实际上就是对应影像文件的"Mask 文件"。

在模块 MHMapRender 中，在显示一个影像文件时，需要判断是否有该影像文件的对应辅助文件（符合规则：文件名+_cor_tif），如果有该文件，则读取相应的文件并作为 Mask 文件，数据为 0 的区域作为透明色渲染，因此在 MHMapGIS 中显示类似于图 4-5 右图所示的影像完全符合对应矢量的效果（包括其内部的空洞）。

3. 矢量合成

严格意义上来说，4.3.2 节中建立的矢栅图层关联实际上是为了辅助用户进行交互式编辑与拼接线确定而设计与实现的，该功能能够辅助/帮助用户确定不同图层之间的拼接线，并进而辅助用户更准确地实现矢量多边形的编辑与修改，但其本身并未真正开始进行合成。当用户完成对所有图层所对应的矢量多边形的编辑工作时，就可以在图 4-2 中点击按钮进行矢量合成工作，合成后的结果如图 4-6 所示。

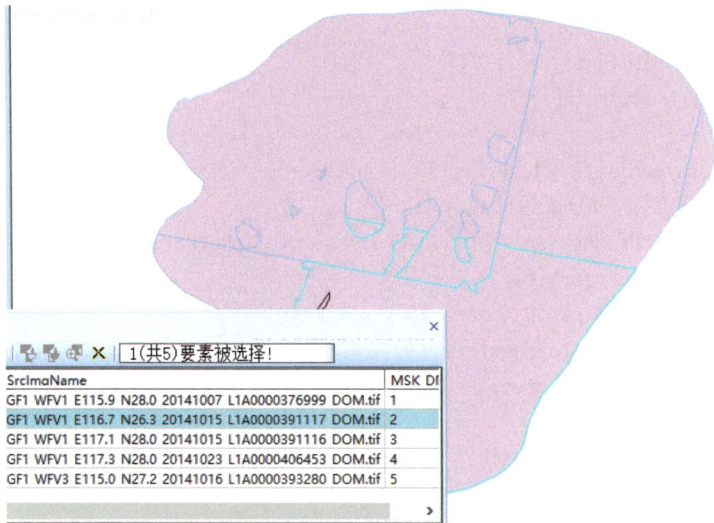

图 4-6　研究区矢量合成结果

　　从图 4-6 可以看出，对应于研究区矢量边界，研究区已经被"分为"若干个部分，选择其中一个要素并查看其属性表，能够看到其对应于字段 SrcImgName 上不同要素具有不同的属性，该属性指示了本要素对应的多边形区域实际上来源于哪个影像（影像名），进一步地，我们就可以根据这些矢量数据区域及其对应的影像进行影像合成了。

　　图 4-6 来源于用户对各景影像的编辑结果之后的矢量拼接，其原理就是自上而下的所有矢量图层进行裁切（clip），并保证各矢量图层间不存在重叠，再将所有的矢量图层进行 Union 到一个图层，即可得到类似于图 4-6 的结果。矢量拼接的原理与方法具体由函数 BuildPolygonOverlay（）负责实现其主体功能，对应的主要代码为：

```
void CMHMapView::BuildPolygonOverlay()
{
    CFileDialog dlg(FALSE, "shp", NULL, OFN_HIDEREADONLY | OFN_OVERWRITEPROMPT |
OFN_ENABLESIZING, "(*.shp)|*.shp||");//弹出对话框询问矢量合成的结果文件名
    if (dlg.DoModal() == IDOK)
        strShp = dlg.GetPathName();
    bool bSuc = ImageOverlay_PolygonClip();//结果面图层中矢量Feature数据修剪，分别按FID
判断并修剪
    for (int i = 0; i < m_pMapObj->GetRootLayerCount(); i++)//隐藏现有图层
        m_pMapObj->GetRootLayer(i)->SetVisible(false);
    MSLayerObj* pDstLayer = ImageOverlay_CreateResultShp(strShp);// 建立新的矢量多边形
文件
    bSuc = ImageOverlay_CopyFeatureToResultShp(pDstLayer);//将所有的Feature复制到结果面
图层中
    QuitEdit();//QuitEdit, 为了保持原来的各矢量图层有效范围不变
    UpdateMHMapTOA();
    UpdateMHMapViewFromMsg();
}
```

　　上述代码是实现矢量合成的几个步骤。在通过对话框询问矢量合成后的文件名之后，再通过三个主要步骤实现合成过程：第一个过程就通过函数 ImageOverlay_PolygonClip（）进行矢量图层之间的裁切，使得各矢量图层的各要素之间在空间上没有重叠；第二个过程通过函数 ImageOverlay_CreateResultShp（）建立新的矢量多边形文件，并将新建的多边形文件加入到地图 Map 中；第三个过程再将已经处理过的各图层上的多边形要素复制至此图层，最后通过函数 QuitEdit（）放弃所有的编辑过程，而实际上此过程只是影响交互式的矢量编辑过程，对已经生成的文件没有任何影响，影响的只是刚才第一个过程中的各图层之间多边形 Clip 操作撤销，因此不影响用户原始的文件。

　　其中，第一个过程 ImageOverlay_PolygonClip（）的主要代码就是调用本章矢量数据交互式编辑模块 MHMapFeaEdit 的函数 PolygonClipSeq（）实现所有矢量图层各要素之间的裁切（clip），其对应的代码为：

```
BOOL CMHMapFeaEdit::PolygonClipSeq()
{
    vector<MSLayerObj*> vPolygonLayers; //承载所有多边形图层的容器
    MSLayerObj* pLayer = m_pMapObj->GetFirstValidLayer();
    while (pLayer)
    {
        if (pLayer->IsPolygonLayer())//如果是多边形图层，加入
            vPolygonLayers.push_back(pLayer);
        pLayer = m_pMapObj->GetNextValidLayer();
    }
    for (int i = 0; i < vPolygonLayers.size()-1; i++)//遍历容器的所有图层
    {
        MSLayerObj* pSrcLayer = vPolygonLayers.at(i); //第i图层
        pSrcOGRLayer->ResetReading();
        while ((pSrcFeature = pSrcOGRLayer->GetNextFeature()) != NULL) //遍历第i图层内
所有要素
        {
            pSrcGeometry = pSrcFeature->GetGeometryRef();
            for (int j = i + 1; j < vPolygonLayers.size(); j++)//遍历其他图层
            {
                MSLayerObj* pDstLayer = vPolygonLayers.at(j);
                OGRLayer* pDstOGRLayer = (OGRLayer*)pDstLayer->m_pOGRLayerPtr
OrGDALDatasetPtr;
                pDstOGRLayer->ResetReading();
                vector<int> nAffactFIDs; //影响到的要素的FID的整形容器
                while ((pDstFeature = pDstOGRLayer->GetNextFeature()) != NULL) //其他
图层的所有要素
                {
                    nDstFID = pDstFeature->GetFID();
                    pDstGeometry = pDstFeature->GetGeometryRef();
                    OGRBoolean bIntersects = pSrcGeometry->Intersects(pDstGeometry);
```

```
//是否相交
                    OGRBoolean bTouchs = pSrcGeometry->Touches(pDstGeometry); //是否
接触

                    if (bIntersects && !bTouchs)
                        nAffactFIDs.push_back(nDstFID);
                    OGRFeature::DestroyFeature(pDstFeature);
                }
                for (int k = 0; k < nAffactFIDs.size(); k++)//遍历所有影像到的FID, 统
一进行Clip
                {
                    int nCurFID = nAffactFIDs.at(k);
                    OGRFeature* pSF = pDstOGRLayer->GetFeature(nCurFID);
                    int nNewFID = ClipFeature(pDstLayer, pSrcFeature, pSF);
                }
                //记录历史信息, 略
            }
        }
    }
    return TRUE;
}
```

上述代码的主要思想就是建立一个容器,并加入所有的矢量多边形图层,再遍历此容器内各图层的各要素,逐个判断第一个要素是否同其他要素有空间上的相交,如果有,则将这些要素加入到一个容器中,再统一调用函数 ClipFeature() 对这些要素进行裁切,再判断第二个要素,……,依此类推,直到所有要素之间都没有公共区域。

之所以将些函数的实现部分仍放于模块 MHMapFeaEdit 中,是因为这里同样需要记录编辑的历史记录,最后再通过 QuitEdit() 函数实现所有这些 Clip() 操作的撤销,不影响用户的编辑操作,允许用户在查看结果之后再次进行矢量多边形编辑工作。

第二个过程为建立新的矢量多边形文件的过程,这一过程在模块 MHMapGDAL 中已有实现,我们直接调用该模块的 CreateNewFeatureLayer() 函数即可,对应的代码在已出版专著的第 11 章已有介绍,此处略。

第三个过程为将第一过程形成的所有多边形要素复制至第二过程所新建的图层,并复制对应的属性的过程,对应代码略。

4. 影像合成

根据图 4-6 所示的矢量合成结果中的各要素在字段 SrcImgName 上的属性,可以得到各矢量多边形所对应的原始影像文件名。此时,可以根据各要素的字段 SrcImgName 的属性值所对应的遥感影像,以及此矢量多边形的范围生成如图 4-7 所示的影像合成结果。

图 4-7　研究区影像合成结果

此过程由主视图模块 MHMapView 的函数 BuildImageOverlayBatch()负责实现，其主体代码为：

```
void CMHMapView::BuildImageOverlayBatch()
{
    MSLayerObj* pLayer = m_pMapObj->GetFirstValidFeatureLayer();//获取第一个有效矢量图层
    while (pLayer)
    {
        if (!pLayer->GetVisible() || pLayer->GetLayerType() != MS_LAYER_POLYGON)
        {
            pLayer = m_pMapObj->GetNextValidFeatureLayer();
            continue;
        }
        sLayerName = pLayer->GetDataSrcObj()->GetDataSrc();//文件名
        strShp = CString(sLayerName.c_str());
        pLayer = m_pMapObj->GetNextValidFeatureLayer();//下一有效矢量图层
    }
    bool bSuc = ImageOverlay_ImageMosaic(strShp, strTif); //调用函数具体进行影像拼接
    AddFile(string(strTif.GetString()), NULL, Build); //当前地图加入新生成的影像图层
    UpdateMHMapViewAndOverview();//更新视图
}
```

也就是说，模块中的函数在遍历当前有效、可见的矢量多边形图层后，再调用函数 ImageOverlay_ImageMosaic()具体执行影像的拼接过程，该函数的主要原理是：首先获取对应矢量数据的空间范围与原始影像的分辨率等信息，再根据这些信息建立新的影像合成结果文件；通过将对应的各图层的矢量图层栅格化及其结果的 Mask 文件能够得知各像素是否位于原多边形中，如果位于原多边形中则从对应的影像中提取到对应的像素

并放置于新文件的对应位置中，如果不在原多边形中则直接将对应的位置置为 0（实际代码中不直接赋值即可，因为事先在文件生成时已将所有像素值置为 0）。函数的主要实现体是基于 GDAL 的栅格数据操作，对应的后续代码略，其主要实现步骤与思想可参照第 11 章。

4.4 小　　结

本章以影像合成为例介绍了矢栅数据交互式编辑的需求、方法设计与实现过程，实际应用中与之相关或相似的应用较多，实现的方法也比较类似，均可以在本章相关原理与算法的基础上进行扩展。图 4-2 中还有两个可能用到的工具：一个是矢量拆分，其功能是针对矢量合成之后的结果文件，将此文件内的要素按其字段 SrcImgName 拆分成不同的矢量多边形文件，形成针对不同栅格数据所对应的原始用户可编辑矢量多边形文件，此过程相当于矢量合成的逆过程；另一个是删除关联，即当一组矢栅图层建立关联之后，栅格的显示将严格按矢量范围进行显示而不显示影像数据的原始状态，此时如果需要显示或恢复其正常显示状态，可以按下这一按钮，删除两者之间的关联，其实现原理就是删除对应的_cor_tif 文件，再调用模块 MHMapRender 更新视图即可，对应的代码略。

第 5 章

空间数据基本操作模块 MHGDALBasicAlgorithms 的实现

GDAL(包含 OGR 库)是在地理信息系统与遥感数据处理、分析与计算中常用的一个开源空间数据转换库,它利用抽象数据模型来表达所支持的多种文件格式,同时还有一系列命令行工具来进行数据转换和处理。有很多著名的 GIS 类产品都使用了 GDAL/OGR 库,包括 ESRI 的 ARCGIS、Google Earth 和跨平台的 GRASS GIS 等系统。

GDAL 在构造数据模型并支持多种数据格式的同时,还随着版本的升级提供了越来越多的空间数据处理与分析算法,其中有很多算法是我们日常数据处理与分析中应用较多的算法,或者我们可以基于这些基础性算法构造更多适合我们需求的算法。GDAL 除提供基础的空间矢栅数据的格式支持外,还提供了如栅格图像重采样、裁切/镶嵌、坐标转换与重投影校正、DEM 地形分析、格网插值等多种算法,本章就是结合 GDAL 提供的一些基础矢栅数据处理算法进行“组装”,来完成一系列常用的空间数据基本操作的功能。因此,从这个角度来说,也可以将本章理解为“面向空间数据操作的 GDAL 库的二次开发/应用”。

5.1　模块 MHGDALBasicAlgorithms 功能需求设计

顾名思义,模块 MHGDALBasicAlgorithms 主要是在 GDAL 提供的一些基础算法基础上,结合 MHMapGIS 在矢量数据、栅格数据处理中的一些需求,通过对 GDAL/OGR 提供的基础性的算法组合而实现的一些功能。这些功能可能作为一个独立的功能提供服务,也可能作为其他功能的一个子功能/模块,或是由这些功能共同组合完成一项强大的功能。

例如在 MHMapGIS 中,需要提供的一些矢量与栅格数据的导出功能,其底层算法实际上就是对应的 GDAL/OGR 针对空间数据子集的提取、存储算法,而这些都是 GDAL

提供的一些基础性功能；再如，本书第 2 章的矢量数据交互式编辑、第 3 章的栅格数据交互式编辑，以及第 4 章的矢栅数据交互式数据编辑功能，其底层的实现实际上都可以追踪至 GDAL/OGR 提供的一些基础性的算法功能。

区别于 MHMapGIS 中的其他模块，本章模块主要是通过对 GDAL/OGR 的一些常用基础性功能的封装，实现在 MHMapGIS 中的一系列算法封装，并形成好用、易用的MHMapGIS 工具箱中的一系列工具。类似地，我们还可以随着需求的不同及 GDAL 功能的扩展，按照本章中的一系列算法的方法逐渐封装并增加 MHMapGIS 的矢栅数据处理与分析功能。

本章介绍的算法包括栅格数据矢量化、矢量数据栅格化、面状矢量数据转线状矢量数据、线状矢量数据转面状数据、栅格数据生成/删除金字塔、多波段影像合成、影像子集提取、格式转换、基于种子点的影像子集批量提取等。

区别于第 2 章至第 4 章的交互式数据编辑算法，本章及以后的模块均为与软件MHMapGIS 界面不相关的一系列算法模块，这些算法模块的抽象数据模型可概括为以下声明：

```
extern "C" __declspec(dllexport)  char* _cdecl MHAlgorithm(//导出接口
    const char* pszInput_1, //参数1
    const char* pszInput_2, //参数2
    ......,
    const char* pszInput_n,); //参数n
```

上述代码实际上几乎可以概括 MHMapGIS 中所有以动态链接库插件形式插入/注册至 MHMapGIS 的工具箱内的算法，其中的 extern "C" 表示本函数 MHAlgorithm 对外以C 的形式导出接口，这样符合 MHMapGIS 算法工具箱模块 MHMapTools 及算法对话框模块 MHMapDlgAlgorithms 的接口接入规则；其中的 __declspec(dllexport) 表示本函数对外导出；其中的函数所有参数均定义为 const char* 类型，这是一种简单通用的数据类型，其他类型的参数均可以通过简单的变换与此字符串类型的数据进行转换，且符合算法工具箱模块 MHMapTools 的算法调用规则；函数的返回类型定义为 char*，同样也可以通过类型变换转到其他类型。一般 MHMapGIS 中类似的算法执行正确返回"true"，错误返回"false"或类似的错误信息。参数个数不定，可以 0 个至多个，但 MHMapGIS 中限制其个数为 20 个，这对于一般的算法来说已经足够。

5.2　栅格数据矢量化功能实现

栅格数据矢量化与矢量数据栅格化都是日常进行矢栅数据转换中最为常用的算法之一，同时也是其他算法模块中常用到的算法模块之一。栅格数据矢量化的功能是基于给定栅格数据的某一波段进行矢量化的过程，其原理就是对像素值相同的一块区域进行"边缘追踪"，并形成一个对应的矢量多边形的过程，因此栅格数据矢量化的结果均为面状的矢量多边形，一般主要是对整形（INT16、UINT16、INT32、UINT32）波段进行矢量化。

GDAL 中提供了栅格数据矢量化的基础算法，很多其他应用的相关算法也是调用

GDAL 的对应算法实现的。在 MHMapGIS 中提供了栅格数据矢量化的最基础性算法，其接口定义为：

```
extern "C" __declspec(dllexport) char* _cdecl MHPolygonizeImage(//栅格矢量化
    const char* pszInputImg, //输入的栅格影像数据
    const char* pszOutputShp, //输出的矢量化结果
    const char* pszInputBandNum); //输入影像数据的波段数，自1开始
```

根据上面的接口定义，栅格数据矢量化的输入参数有 3 个，分别为输入的影像文件、输出的结果文件及用于矢量化的波段数(即哪个波段进行矢量化)，对应于这 3 个参数在界面上的表示如图 5-1 所示。

图 5-1 栅格数据矢量化算法弹出对话框界面

对应于图 5-1 中的算法对话框，实际上是由 MHMapGIS 的工具箱模块 MHMapTools 调用其对话框生成模块 MHMapDlgAlgorithms 生成的，因此对应于图中的确定按钮的代码响应实际上也是位于该模块中，而其代码实际上是通过 LoadLibrary() 函数装载对应的算法模块动态库，再通过其暴露的接口调用其具体功能。栅格数据矢量化算法模块所暴露的接口 MHPolygonizeImage() 所对应的代码为：

```
char* MHPolygonizeImage(const char* pszInputImg, const char* pszOutputShp, const char*
pszInputBandNum)
{
    int nBand = atoi(pszInputBandNum); //转换为整形
    int nSuc = rasterToPolyShp(pszInputImg, strShp.c_str(), nBand); //调用具体实现函数
    if(nSuc == 1)
        return "true";
    return "false";
}
```

也就是说，当用户点击图 5-1 中的确定按钮之后，模块 MHMapDlgAlgorithms 将会直接加载接口 MHPolygonizeImage() 内的代码并实现矢量数据栅格化功能。上述代码中的具体功能由函数 rasterToPolyShp() 负责实现，其对应的代码为：

```
int rasterToPolyShp( const char* pszInputImgDir, const char* pszOutputShpDir, int nBand)
{
    GDALAllRegister();//初始化GDAL
```

```
OGRRegisterAll();//初始化OGR
CPLSetConfigOption("GDAL_FILENAME_IS_UTF8","NO");//设置环境变量
CPLSetConfigOption("SHAPE_ENCODING","");//设置环境变量
char exeDir[256];
CPLGetExecPath(exeDir,256);
string strExe = exeDir;
string strExeDir = strExe.substr(0,strExe.rfind('\\'));
string strDataDir = strExeDir + "\\data\\";
CPLSetConfigOption( "GDAL_DATA", strDataDir.c_str() ); //设置环境变量
GDALDriver* poDriver = OGRSFDriverRegistrar::GetRegistrar()->GetDriverByName("ESRI
Shapefile");
GDALDataset* poDstDS = poDriver->Create(pszOutputShpDir,0,0,0,GDT_Unknown,NULL); //
生成Shp
GDALDatasetH segDS = GDALOpen(pszInputImgDir, GA_Update); //影像数据集指针(句柄)
GDALRasterBandH band = GDALGetRasterBand(segDS, nBand); //影像波段指针(句柄)
double padfGeoTransform[6];
GDALGetGeoTransform(segDS,padfGeoTransform); //仿射变换参数
const char* pszProjection = GDALGetProjectionRef(segDS); //获取投影参数
OGRSpatialReferenceH hSpatial = OSRNewSpatialReference(pszProjection); //新建投影仿
射变换参数
OGRLayer* poLayer = poDstDS->CreateLayer("", (OGRSpatialReference*)hSpatial,
wkbPolygon, NULL);
GDALProgressFunc pfnProgress = GDALTermProgress;
char **papszOptions = CSLSetNameValue( papszOptions, "8CONNECTED", "0");
GDALPolygonize(band, band, (OGRLayerH)poLayer, 0, papszOptions, pfnProgress, NULL);
//矢量化
    //后处理,关闭所有数据集,略
    return 1;
}
```

具体的栅格数据矢量化算法实现代码中，首先调用 Shp 文件的 Driver 生成一个新的 Shp 文件，并基于栅格数据的空间参考生成新图层（OGRLayer*），最后再调用 GDAL 提供的函数 GDALPolygonize()完成给定波段的矢量化过程。

5.3 矢量数据栅格化功能实现

矢量数据栅格化的功能是对给定矢量数据进行栅格化的过程，其原理就是对所有矢量要素按设定的栅格空间分辨率进行栅格化，而栅格后的 DN 值则采用设定的字段在对应不同要素上的属性值作为其 DN 值。在 MHMapGIS 中，我们对矢量数据栅格化功能进行扩展，增加了参数"输出范围参考文件"，这一参数在实际应用中用途较多，实际上就是应用一个输入的空间数据对输出结果进行限制。整体来说，矢量数据栅格化算法的参数较多，其接口定义为：

```
extern "C" __declspec(dllexport) char* _cdecl MHRasterizeShp(//矢量栅格化
```

```
const char* pszInputShp,    //1输入的矢量
const char* pszOutputTif,   //2输出的栅格
const char* pszInputRefFile,//3输出范围所参考文件，输出范围严格按此范围，为空时输出
标准范围
const char* pszResolution,  //4输出栅格的分辨率
const char* pszWidth,       //5输出栅格的宽（像素）
const char* pszField,       //6栅格化所需要的字段
const char* pbNotFillInner);//7是否不充填
```

　　根据上面的接口定义，栅格数据矢量化的输入参数有 7 个，分别为输入的矢量数据文件、输出的栅格化结果文件、参考空间数据文件、输出的栅格空间分辨率、输出的栅格宽度、DN 值取值字段以及是否进行矢量化充填等。

　　上述参数中，参数 3 为输出范围参考文件，可以为空；如果不为空，则需要按此输入的空间数据文件的范围，对栅格输出 DN 值做如下限制：当输入的范围限制数据为点、线类型的矢量数据时，或者为栅格数据时，则以输入空间限制数据的外接矩形作为限制；如果输入的范围限制数据为面类型的矢量数据时，则以输入所有面状要素所对应的范围作为限制（即不在多边形内部的像素统一为 0）。参数 4 与参数 5 仅输入 1 个参数即可，两者可以相互转换，如果输入了参数 4 则自动忽略参数 5；参数 6 为选择可用于 DN 值的字段，需要为数值型，一般为整形或浮点型；参数 7 指示是否进行充填，默认情况下为充填，即输出的栅格区域内部均采用统一的要素对应字段的值进行充填，如果选择不充填，则仅栅格化矢量边界，其实现原理相当于先把待栅格化的所有面状矢量转换为线，再进行栅格化。

　　MHMapGIS 中这 7 个参数在对应的算法激活对话框界面上的表示如图 5-2 所示。

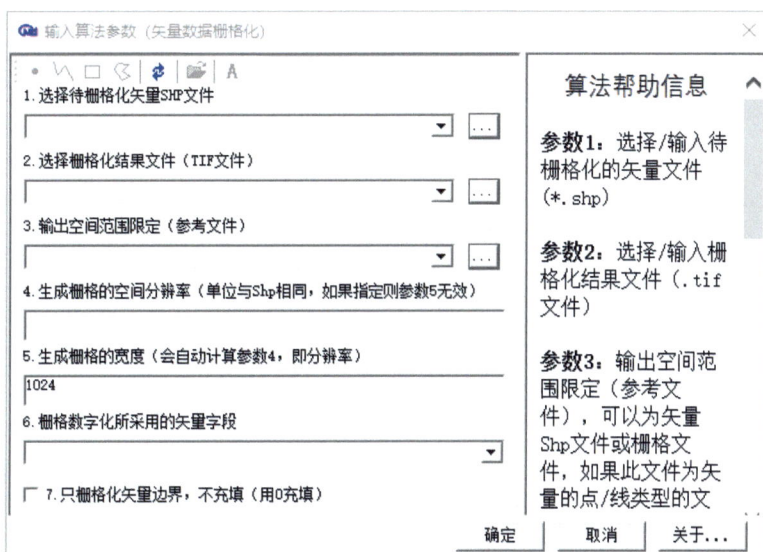

图 5-2　矢量数据栅格化算法弹出对话框界面

对应于图 5-2 中的算法对话框实际上是当 MHMapGIS 分析 MHMapTools.XML 文件并获得矢量数据栅格化的接口配置为 **MHRasterizeShp**()时，由对话框再直接调用此接口所对应的代码来完成其功能调用的。对应于 MHMapTools.XML 中针对矢量数据栅格化算法的 XML 定义片段如下。

```
<矢量数据栅格化  foldername="RadiSZF" dllfile="MHGDALBasicAlgorithms"
interface="MHRasterizeShp">
</矢量数据栅格化>
```

即此工具位于 RadiSZF 文件夹下的 MHGDALBasicAlgorithms.DLL 文件中的接口 **MHRasterizeShp**，该接口的实现代码为：

```cpp
char* MHRasterizeShp(const char* pszInputShp, const char* pszOutputTif, const char*
pszInputRefFile, const char* pszResolution, const char* pszWidth, const char* pszField, const
char* pbNotFillInner)
{
    //初始化环境及各种变量，略
    OGRMultiPolygon* pMPValid = NULL; //用于存储空间限定所对应的矢量面状文件
    if (sRefFile != "")//如果指定了参考文件
        //按矢栅方式分别试着打开文件sRefFile，如果为点、线类型的矢量或栅格文件，则计算
此文件的外接矩形并加入到pMPValid；如果为面则加入此面到pMPValid，如果为多面则将所有子面
加入到pMPValid，代码略
    string sInputShp1(pszInputShp), sInputShp2(pszInputShp), sInputShp3(pszInputShp);//
可能用到的文件名
    OGRGeometry* pGeometry_ToRasterize = NULL;
    string sFillInner(pbNotFillInner); //变成string
    transform(sFillInner.begin(), sFillInner.end(), sFillInner.begin(), toupper); //变
成大写
    if (sFillInner == "TRUE" || sFillInner == "1")//不充填内部，需要把面变成线，再矢量化
        MHPolygon2Line(sInputShp1.c_str(), sInputShp2.c_str());//文件1面转文件2线，见5.4
    //用OGR生成文件2与文件3，获取对应的GDALDataset*指针与OGRLayer*指针，同时复制所有字
段，略
    while ((pFeature2 = pOGRLayer2->GetNextFeature()) != NULL) //遍历文件2的所有要素，
被pMPValid裁切
    {
        if (pMPValid) //如果存在，即输入了范围参考文件
        {
            OGRGeometry* pGeometry2 = pFeature2->GetGeometryRef();
            pGeometry2 = pGeometry2->Intersection(pMPValid);    //还是应该用pMPValid
剪切
            if (!pGeometry2) //证明对应的要素未在范围限制之内，continue直接抛弃掉
                continue;
            pFeature2->SetGeometry(pGeometry2);
        }
        pOGRLayer3->CreateFeature(pFeature2);//文件3生成对应的要素，最后将文件3所有要
素栅格化
```

```
        }
        if (pMPValid || pGeometryOther)
        {
                OGRFeature* pNF = (OGRFeature*)OGR_F_Create(pOGRLayer3->GetLayerDefn());
                pNF->SetGeometry(pGeometryOther);// 生成对应的要素，所有字段属性均为0或空，不
设定属性值
                pOGRLayer3->CreateFeature(pNF);//生成这个多边形，确保生成的栅格就是这个区域
        }
        vectorToRasterTif(sInputShp3.c_str(), pszOutputTif, pszResolution, pszWidth,
pszField); //具体实现
        //后处理，关闭所有数据集，略
        return "true";
}
```

上述代码中定义了可能用到的 3 个文件名 sInputShp1、sInputShp2、sInputShp3，并将 3 个文件名均赋值成原始文件名。如果定义了参数 7(即仅栅格化矢量边界，则此时认定给定的数据为面状矢量数据)，则首先调用 5.4 节的面转线的功能将待栅格化的面状矢量 sInputShp1 转换成为线状类型 sInputShp2，且后续所有工作都是基于此线状矢量文件 sInputShp2；如果定义了参数 3(即空间范围限制文件)，则将对应的限制范围 pMPValid 对待栅格化的文件 sInputShp2 进行裁切，并将其所有裁切的结果要素复制给文件 sInputShp3；最后再调用函数 vectorToRasterTif() 对生成的 sInputShp3 进行具体的栅格化过程。其对应的代码为：

```
int vectorToRasterTif(const char* pszInputShp, const char* pszOutputTif,    const char*
pszResolution,
        const char* pszWidth,    const char* pszField)
{
        //初始化，获取设定的字段类型typeDst，根据设定的分辨率确定栅格化后的宽与高，调用GDAL
生成新数据集，
        //计算仿射变换参数，复制投影参考，略
        char **papszOptions = NULL;
        papszOptions = CSLSetNameValue(papszOptions, "CHUNKSIZE", "1");
        papszOptions = CSLSetNameValue(papszOptions, "ATTRIBUTE", pszField);
        papszOptions = CSLSetNameValue(papszOptions, "ALL_TOUCHED", "TRUE");
        void * pTransformArg = NULL;
        void * m_hGenTransformArg = NULL;
        m_hGenTransformArg = GDALCreateGenImgProjTransformer(NULL, pPrj, (GDALDatasetH)
poNewDS,
                poNewDS->GetProjectionRef(), false, 1000.0, 3); //调用GDAL的相关函数计算生成新
的影像的信息
        pTransformArg =
GDALCreateApproxTransformer(GDALGenImgProjTransform, m_hGenTransformArg, 0.125);
        GDALRasterizeLayers(poNewDS, 1, pnbandlist, 1, player, GDALGenImgProjTransform,
m_hGenTransformArg,
                dburnValues, papszOptions, GDALTermProgress, "vector2raster");
```

```
GDALDestroyGenImgProjTransformer(m_hGenTransformArg);
GDALDestroyApproxTransformer(pTransformArg);
//后处理，关闭所有数据集，略
return 0;
}
```

具体的矢量数据栅格化代码相对于栅格数据矢量化复杂一些，主要是通过 GDAL 的 GDALRasterizeLayers()函数负责实现，同时需要定义其函数的几个相关参数，对应的栅格化参数中一个较重要的参数为上述代码中设置的字段对应的 papszOptions 参数，以及对应的变换算法等。

5.4　面状矢量数据转线状功能实现

面状多边形矢量数据转换为线状矢量数据，在数据处理中同样也应用较多，例如 5.3 节中的参数 7 实际上的实现原理就是将输入的面状矢量数据先转化为线状数据而再进行后续处理工作的，因此这个算法功能也常作为一个较大任务中的一个子任务或步骤。面状多边形矢量数据转换为线状数据从对外表现的接口较为简单，其接口定义为：

```
extern "C" __declspec(dllexport) char* _cdecl MHPolygon2Line(//矢量转化：面状转线状
    const char* pszInputPolygonShp, //输入待转换的面状多边形矢量数据
    const char* pszOutputLineShp); //转换之后的线状矢量结果
```

根据上面的接口定义，面状矢量数据转线状功能的输入参数仅有 2 个，即输入的待转换为线状数据的面状矢量数据，以及转换后的输出结果，对应的算法界面如图 5-3 所示。

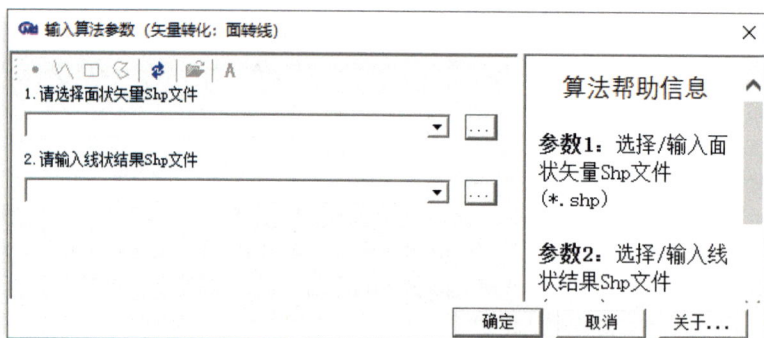

图 5-3　面状数据转线状算法弹出对话框界面

当用户按下图 5-3 中的算法对话框确定按钮时，实际上运行的是本算法主要对外表现接口 MHPolygon2Line()，其对应的主要伪代码为：

```
char* _cdecl MHPolygon2Line(const char* pszInputPolygonShp, const char*
pszOutputLineShp)
{
    //初始化，调用OGR生成输出文件，复制及投影参考及字段，略
    OGRFeature* pFeature;
```

```
    while ((pFeature = pSrcLayer->GetNextFeature()) != NULL)
    {
        OGRGeometry* pGeometry = pFeature->GetGeometryRef();
        OGRwkbGeometryType type = pGeometry->getGeometryType();
        if (type == wkbPolygon) //单体多边形
        {
            CopyPolygonAndCreateLine(pFeature, pGeometry, pSrcLayer, pDstLayer);
        }
        else if (type == wkbMultiPolygon) //多体多边形
        {
            OGRMultiPolygon* pMP = (OGRMultiPolygon*)pGeometry;
            int nNumsG = pMP->getNumGeometries();
            for (int j = 0; j < nNumsG; j++)
            {
                OGRGeometry* pGeometry = pMP->getGeometryRef(j); //里面的单体多边形
                CopyPolygonAndCreateLine(pFeature, pGeometry, pSrcLayer, pDstLayer);
            }
        }
    }
    //后处理，关闭所有数据集，略
    return "true";
}
```

对应用于面状多边形转换为线状要素的算法来说,其主体代码就是遍历所有的要素,判断要素是单体多边形(OGRPolygon*)还是多体多边形(OGRMultiPolygon*),再遍历所有的单体多边形,并调用 CopyPolygonAndCreateLine()执行具体的将此单体多边形转换为线的过程,代码如下。

```
char* CopyPolygonAndCreateLine(OGRFeature* pFeature, OGRGeometry* pGeometry, OGRLayer*
pSrcLayer, OGRLayer* pDstLayer) //具体的将多边形面状要素转换为线状要素
{
    OGRPolygon* pPolygon = (OGRPolygon*)pGeometry;
    OGRLinearRing* pExtLineRing = pPolygon->getExteriorRing();//外环
    OGRFeature* pNewFeature = (OGRFeature*)OGR_F_Create(pDstLayer->GetLayerDefn());//
生成一个新要素
    pNewFeature->SetGeometry(pExtLineRing); //要素连接外环
    BOOL bSuc = CopyFeatureAttrs(pSrcLayer, pFeature, pNewFeature); //复制所有属性
    pDstLayer->CreateFeature(pNewFeature); //生成外环
    int nNums = pPolygon->getNumInteriorRings();//原来几何形状所具有的内环(岛)的个数
    for (int i = 0; i < nNums; i++)//所有内环
    {
        OGRLinearRing* pInrLineRing = pPolygon->getInteriorRing(i);
        OGRFeature* pNewFeature = (OGRFeature*)OGR_F_Create(pDstLayer->GetLayerDefn());
//生成新要素
        pNewFeature->SetGeometry(pInrLineRing); //要素连接此内环
```

```
        CopyFeatureAttrs(pSrcLayer, pFeature, pNewFeature); //复制所有属性
        pDstLayer->CreateFeature(pNewFeature); //生成所有内环
    }
    return "true";
}
```

具体的代码也比较简单，就是将一个面状要素分解成为一个或一个以上的线状要素，即分别采用面状要素所对应的几何形状的一个外环与 n 个内环（$n \geqslant 0$）在目标图层（OGRLayer*）上生成新要素，同时复制原要素的属性即可。

5.5　线状矢量数据转面状功能实现

线状多边形转换为面状数据是 5.4 节中算法的逆过程，其实现过程与 5.4 节的过程也很类似。在实现过程中，需要判断输入线状矢量数据中的每一要素的首尾是否相连（坐标相同），如果坐标不同，则需要增加一个节点并将第一个节点的坐标复制到最后新增的节点中（或通过 closeRings()函数实现）。同样地实现过程：在新生成的面状数据中新建要素，其几何形状连接到由每个首尾连接的线状要素构成的有效多边形，再复制对应的属性即可。

线状矢量数据在生成过程中并未判断与已经存在的多边形之间的关系，因此无从知晓新生成的面状要素同已有要素之间的包含关系，也无法建立多边形的内岛。此算法的具体实现代码略。

5.6　矢量数据缓冲区分析功能实现

矢量数据缓冲区分析是矢量数据分析的一种非常常用的算法，如本书中第 9 章的最大内圆查找算法在完成后，当需要对最大内圆的结果进行 MHMapGIS 渲染时，就需要针对找到的最大内圆的点图层进行缓冲区分析，并设定该图层的 Radius 字段作为建立缓冲区的距离参数进行缓冲区分析，最后对相应的结果进行渲染并验证算法的有效性。

此算法主要包含 5 个参数，MHMapGIS 中对缓冲区分析算法的接口定义为：

```
extern "C" __declspec(dllexport)  char* _cdecl MHFeatureBuffer(
    const char* pszInputShp,    //1输入矢量数据
    const char* pszOutputResult,//2输出矢量数据的Buffer文件
    const char* pszDistance,    //3缓冲区Buffer的距离
    const char* pszField,       //4缓冲区Buffer所采用Shp文件中的字段
    const char* pszAccuracy);   //5输出结果精确程度，低，中，高
```

其中，除输入、输出之外，其他 3 个参数分别是缓冲区距离参数、设定的字段参数及缓冲区结果精确程度参数，见图 5-4。其中，如果设定了参数 3，则参数 4 无效，否则使用参数 4 设定的字段所对应的值分别进行不同要素缓冲区分析。

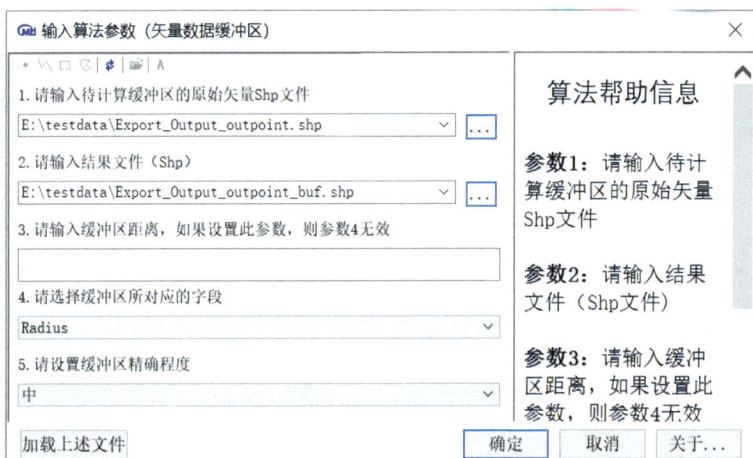

图 5-4 矢量数据缓冲区分析算法弹出对话框界面

缓冲区算法可以直接应用 **GDAL** 中针对空间几何体的类 **OGRGeometry** 的函数 Buffer()进行实现，算法的核心实现代码如下。

```cpp
extern "C" __declspec(dllexport)  char* _cdecl MHFeatureBuffer(const char* pszInputShp,
    const char*  pszOutputResult, const char* pszDistance, const char* pszField, const
char* pszAccuracy)
{
    //初始化GDAL与OGR，略
    string sParam3(pszDistance);      //参数3、距离参数
    string sParam4(pszField);         //参数4、字段参数
    string sParam5(pszAccuracy);      //参数5、精度参数
    int nQuadSegs = 30;
    if (sParam5 == "低")//将参数5转为实际的参数数值
        nQuadSegs = 20;
    else if (sParam5 == "高")
        nQuadSegs = 60;
    double dfDist = atof(sParam3.c_str());
    GDALDataset* pDS_In = (GDALDataset*)GDALOpenEx(pszInputShp, GDAL_OF_VECTOR, NULL,
NULL, NULL);
    if (!pDS_In)return "false";//打开矢量数据
    GDALDataset* pDS_Out = (GDALDataset*)poDriver->Create(pszOutputResult, 0, 0, 0,
GDT_Unknown, NULL);
    if (!pDS_Out) //生成新的结果文件Shp
        return "false: can't create the output file, error!";
    OGRLayer* pOGRLayer_In = pDS_In->GetLayer(0);
    OGRSpatialReference* sr = pOGRLayer_In->GetSpatialRef();
    OGRLayer* pOGRLayer_Out = pDS_Out->CreateLayer("", sr, wkbPolygon);//buffer的结果是
面状
    //将原矢量数据的所有字段复制过来
```

```cpp
int nFieldCount = pOGRLayer_In->GetLayerDefn()->GetFieldCount();
for (int i = 0; i < nFieldCount; i++)
{
    OGRFieldDefn* pFieldDefn = pOGRLayer_In->GetLayerDefn()->GetFieldDefn(i);
    pOGRLayer_Out->CreateField(pFieldDefn);
}
//在此基础上，再新增4个字段
OGRFieldDefn oFieldDefn1("BUFF_DIST", OFTReal);
pOGRLayer_Out->CreateField(&oFieldDefn1);
OGRFieldDefn oFieldDefn2("ORIG_FID", OFTInteger);
pOGRLayer_Out->CreateField(&oFieldDefn2);
OGRFieldDefn oFieldDefn3("Shape_Length", OFTReal);
pOGRLayer_Out->CreateField(&oFieldDefn3);
OGRFieldDefn oFieldDefn4("Shape_Area", OFTReal);
pOGRLayer_Out->CreateField(&oFieldDefn4);
OGRFeature* pFeature, *pFeature_New;
while ((pFeature = pOGRLayer_In->GetNextFeature()) != NULL) //遍历所有要素，逐要素
进行缓冲区分析
{
    OGRGeometry* pGeometry = pFeature->GetGeometryRef();//要素所对应的几何体
    pFeature_New = (OGRFeature*)OGR_F_Create(pOGRLayer_Out->GetLayerDefn());//生成
新要素
    //判断参数3没有设置，则使用参数4，参数4是否有意义
    if (fabs(dfDist) < 1e-8 && sParam4 != "")
    {
        int nField_Index = pOGRLayer_In->GetLayerDefn()->GetFieldIndex(pszField);
        if (nField_Index >= 0)
        {
            OGRFieldDefn* pFieldDefn =
pOGRLayer_In->GetLayerDefn()->GetFieldDefn(nField_Index);
            const char* cName = pFieldDefn->GetNameRef();
            dfDist = pFeature->GetFieldAsDouble(cName);//应用设置的字段的距离作为
Buffer的半径
        }
    }
    OGRGeometry* pGeometry_New = pGeometry->Buffer(dfDist, nQuadSegs); //调用函数
进行缓冲区分析
    OGRPolygon* pPolygon_New = (OGRPolygon*)pGeometry_New;
    OGRLinearRing* pLS_New = pPolygon_New->getExteriorRing();//结果的外部线环，用
于计算后面的长度
    //复制属性值
    for (int i = 0; i < nFieldCount; i++)
    {
        OGRFieldDefn* pFieldDefn = pOGRLayer_In->GetLayerDefn()->GetFieldDefn(i);
```

```
        const char* cName = pFieldDefn->GetNameRef();
        if (strcmp(cName, "BUFF_DIST") == 0) //设置缓冲区距离参数的值
            pFeature_New->SetField(cName, dfDist);
        else if (strcmp(cName, "ORIG_FID") == 0) //设置缓冲区FID参数的值
            pFeature_New->SetField(cName, pFeature->GetFID());
        else if (strcmp(cName, "Shape_Length") == 0) //设置缓冲区结果的长度参数的值
            pFeature_New->SetField(cName, pLS_New->get_Length());
        else if (strcmp(cName, "Shape_Area") == 0) //设置缓冲区结果的面积参数的值
            pFeature_New->SetField(cName, pPolygon_New->get_Area());
        else  //设置要素的其他参数,由原要素的属性值复制过来
        {
            OGRFieldType type = pFieldDefn->GetType();
            if (type == OFTInteger)
            {
                int nValue = pFeature->GetFieldAsInteger(cName);
                pFeature_New->SetField(cName, nValue);
            }
            else if (type == OFTInteger64)
                //同上类似,略,其他类型的也类似,略
        }
    }
    pFeature_New->SetGeometry(pGeometry_New); //更新新生成要素的几何形状
    pOGRLayer_Out->CreateFeature(pFeature_New); //在结果Shp中真正生成新要素
    OGRFeature::DestroyFeature(pFeature);
    OGRFeature::DestroyFeature(pFeature_New);
    }
    GDALClose(pDS_In);
    GDALClose(pDS_Out);
    return "true";
}
```

5.7 栅格数据生成/删除金字塔功能实现

栅格数据生成金字塔的功能也是 GDAL 提供众多算法中一个很简单的算法,在 MHMapGIS 中,需要加载一个较大栅格数据文件时,如果不存在金字塔,则一般建议用户对数据建立影像金字塔,以便在后续的显示与操作中能够较快地响应用户的操作;另外,也可以由用户指定一个文件或文件夹,来统一生成对应的金字塔,例如在 5.3 节中的矢量数据栅格化后需要加载新生成的栅格文件时,则需要自动建立新生成栅格数据的金字塔。

MHMapGIS 中对栅格数据生成金字塔的接口定义为:

```
extern "C" __declspec(dllexport)  char* _cdecl MHGenImgPyramid(//生成金字塔
    const char* pszInputImg, //输入栅格影像
```

```
const char* pszInputDir, //输入文件夹
const char* pszCount, //金字塔层个数
const char* pszLevels, //各层金字塔比例
const char* pszResampling); //采样方法
```

根据上面的接口定义，栅格数据矢量化的输入参数有 5 个，分别为输入的影像文件或文件夹，以及生成金字塔的参数(包括层的个数，各层比例及采样方法)。用户可以指定文件或文件夹中的一个，而生成金字塔的几个参数均可以不指定，一般情况下采用默认的参数设置即可。如果指定，则参数 3 与参数 4 需要一致，即参数 4 应该为参数所对应的数值个整形数组，由于一般均采用以 2 的倍数进行构建金字塔，因此如果不指定对应的值，则默认参数 4 为以 2 为倍数的一系列值。对应于以上参数在界面上的表示如图 5-5 所示。

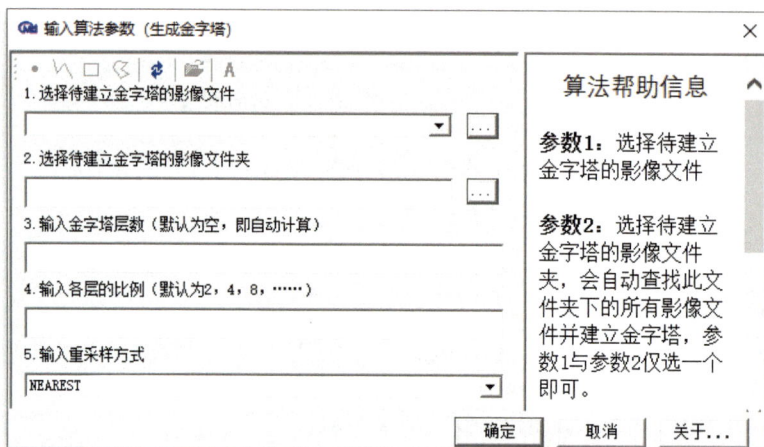

图 5-5　生成影像金字塔算法弹出对话框界面

图 5-5 对话框中对应的接口 MHGenImgPyramid()的主要实现伪代码为：

```
char* MHGenImgPyramid( const char* pszInputImg,    const char* pszInputDir,    const char* pszCount,
    const char* pszLevels, const char* pszResampling)
{
    //判断输入的为文件名pszInputImg还是文件夹pszInputDir，如果是文件夹，遍历其内部所有文件并加入容器
    //再遍历此容器并采用GDAL试图打开其内部文件，逐一进行建立金字塔，遍历过程略
    nLevelCount = atoi(pszCount);
    string sTmp = string(pszLevels);
    for (int i = 0; i < nLevelCount-1; i++)
    {
        int nFind = sTmp.find(",");
        anLevels[i] = atoi(sTmp.substr(0,nFind).c_str());//金字塔各级相对于第1级差的倍数
        sTmp = sTmp.substr(nFind + 1);
    }
```

```
anLevels[nLevelCount-1] = atoi(sTmp.c_str());//最后一级
if (strcmp(pszResampling, "") == 0)
    pszResampling = "nearest"; //默认的采样方式
if (nLevelCount > 0 && GDALBuildOverviews(hDataset, pszResampling, nLevelCount,
anLevels,
        0, NULL, NULL, NULL) != CE_None) //调用GDAL正式建立金字塔
    return "false";
return "true";
}
```

上述代码中省略了当用户指定参数 3 与参数 4 时的情况，对于这种情况，一般采用的策略为判断如果文件的宽乘以高大于某个设定值时，则采用循环得到金字塔的层数及各层所对应的数组，伪代码如下：

```
do    //计算金字塔级数，从第二级到顶层
{
    anLevels[nLevelCount] = static_cast<int>(pow(2.0, nLevelCount + 2)); //2的倍数
    nLevelCount++;//金字塔层数+1
    iCurNum /= 4; //长、宽均除以2, 即除以4
} while (iCurNum > iTopNum); //大于设定值
```

最后，通过调用 GDAL 提供的函数 GDALBuildOverviews() 进行具体的金字塔生成任务。GDAL 默认生成的金字塔文件为.OVR 文件。如果希望生成 Erdas 所兼容的 RRD 文件，则需要在代码中进行如下方式的设定：

```
if (sExt == "RRD")
    CPLSetConfigOption("USE_RRD", "YES");    //创建Erdas格式的字塔文件
```

当需要删除影像的金字塔时，其原理是同样调用 GDAL 的函数 GDALBuildOverviews()，只是参数 3 与参数 4 均设为 0 即可，类似如下：

```
GDALBuildOverviews(hDataset, "nearest", 0, NULL, 0, NULL, NULL, NULL); //删除已存在的金字塔
```

5.8　多波段影像合成功能实现

多波段影像合成在处理 Landsat 系统影像中较为常用，是将性质相同的多个单波段影像合成一个多波段影像的过程。Landsat 在发布时一般采用每个波段都对应一个 Tiff 文件进行发布，用户根据自己的实际需要，再各自进行影像合成工作。由于我们不确定影像合成前输入的单波段影像的个数，因此我们在影像合成的接口中将输入的这些文件名作为一个统一的大字符串进行封装，中间采用分号进行分隔，对应的算法接口如下。

```
extern "C" __declspec(dllexport) char* _cdecl MHLayerStack(//单波段影像合成一个多波
段影像 Layer stack
    const char* pszInputImgList, //输入的多个影像序列，以分号分隔
    const char* pszOutputImg); //输出的合成后结果
```

对应于此类型的参数，在算法参数自我描述中定义为：

```
if (strcmp(sFuncName, "MHLayerStack") == 0)
```

```
                    return
"1.选择待进行波段合并的影像文件(FILELIST),\
 2.选择输出的影像结果文件(FILE)(OUT)";
```

其中参数1的关键词为"(FILELIST)",因此在自动生成的对话框中会生成一个List控件及右侧的4个按钮,用于增加、调整顺序及删除待定文件等功能。对应的自动生成的对话框如图5-6所示。

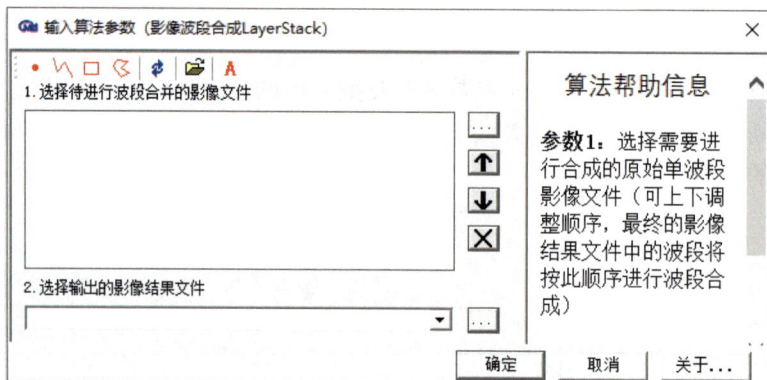

图5-6　影像波段合成算法弹出对话框界面

图5-6中自动生成一系列控件的功能均已经自动生成,如图中参数1右侧的4个按钮,增加文件、调整文件(波段)顺序以及删除选定文件等功能,这些按钮的响应函数及代码,均不需要我们在算法中进行实现,只需要对本算法的对外暴露接口函数MHLayerStack()的代码进行实现。

```
char* _cdecl MHLayerStack(const char* pszInputImgList, const char* pszOutputImg)
{
    //建立容器并装载所有待合成的文件,判断这些文件是否符合大小相同、空间参考/仿射变换参数一致,
    //若不一致则返回错误,代码略
    GDALDataset* pDatasetOut = NULL;
    vector<GDALRasterBand*> vBand; //建立波段容器存储所有待合成影像的波段指针
    //依次用GDAL打开所有影像,读取宽nXSize、高nYSize、数据类型type等,并将波段指针加入vBand中,略
    if (!pDatasetOut) //生成合成结果的数据集,复制对应的空间参考及仿射变换信息
    {
        pDatasetOut = GDALCreate(pDriver, pszOutputImg, nXSize, nYSize, nNumBands, type,
papszOptions);
        pDatasetOut->SetProjection(pszReference);
        pDatasetOut->SetGeoTransform(dTransform);
    }
    for (int j = 0; j < vBand.size(); j++)//逐波段复制数据
    {
        GDALRasterBand* pBand = vBand.at(j);
```

```
GDALRasterBand* pBandOut = pDatasetOut->GetRasterBand(j + 1);
void* pBuffer = new unsigned char[nXSize*GDALGetDataTypeSize(type) / 8];
for (int k = 0; k < nYSize; k++)//逐行复制
{
    pBand->RasterIO(GF_Read, 0, k, nXSize, 1, pBuffer, nXSize, 1, type, 0, 0);
    pBandOut->RasterIO(GF_Write, 0, k, nXSize, 1, pBuffer, nXSize, 1, type, 0, 0);
}
}
//关闭所有数据集，略
return "true";
}
```

实际上影像合成的代码非常简单，就是在判断所有输入影像文件信息正确的情况下（宽、高、投影、仿射变换等信息一致），读取其中一个文件的信息；并基于此新建一个合成文件数据集，再逐一读取设定的各波段影像的数据值并写入此新文件中即可。

5.9 影像子集提取功能实现

影像子集的提取，是指对给定影像的某部分进行提取成新的影像的过程，一般是输入一个参考空间数据，并输出与参考空间数据一致的影像。由于输入的参考空间数据不一定完全位于原影像内部，因此可能有一部分未位于原影像范围内，这一部分一般采用 NoData 或 0 进行充填。同时，此工具还提供进行波段重组的功能，例如原始影像有 4 个波段，可以仅提取其中的 3 个波段，也可以对原来 4 个波段进行重新排序，等等。

此工具实现上同 3.7 节的基于参考空间数据的影像导出功能类似，实现原理也大体相同，对应于此工具的接口为：

```
extern "C" __declspec(dllexport) char* _cdecl MHImgSubset(//影像子集 subset
    const char* pszInputImg,    //输入影像
    const char* pszOutputImg,   //输出影像
    const char* pszRefFile,     //参考数据
    const char* pszSpatialScope,//输入的空间范围
    const char* pszBandsSeq);   //波段次序
```

算法中具有 5 个参数，分别为输入影像和输出的提取子集结果，以及参考空间数据、输入的空间范围、波段次序。对应于以上参数的自动生成的对话框如图 5-7 所示。

图 5-7 中的参数 3 为空间参考数据，可以为矢量类型或栅格类型；参数 4 为采用此对话框顶部的绘制点、线、矩形或多边形工具在主视图绘制之后形成的一个类似于 WKT 方式描述的字符串，实际上其功能类似于参数 3 指定了一个空间参考数据，只是参数 4 更加灵活，这 2 个参数指定 1 个即可，如果 1 个也不指定，则默认输出整幅影像范围。参数 5 为允许用户进行波段重新排序，如果当前影像有 4 个波段，而用户输入了 "3;2;1;4~" 的话，则实际分别选取原影像的第 3、第 2、第 1、第 4~最后 1 个波段进行组合输出。

对应于此算法的代码略，详细原理与方法可参见 3.7 节。

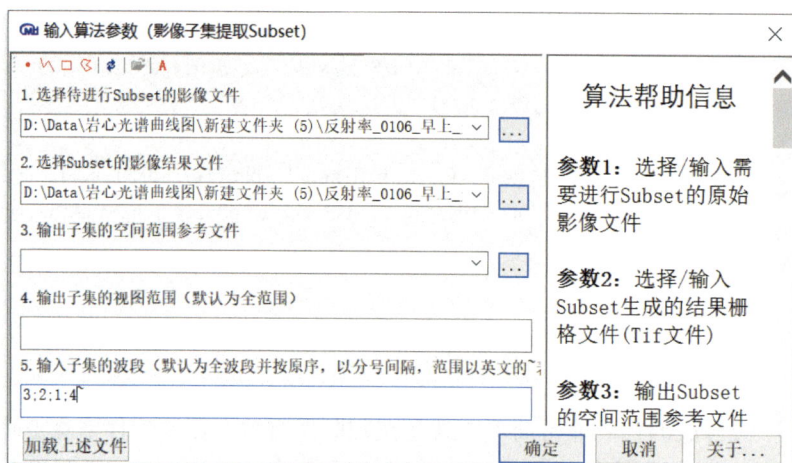

图 5-7　影像子集提取算法弹出对话框界面

5.10　影像格式转换功能实现

影像格式转换，也是影像处理中的一项常用的小功能，是将输入的栅格数据进行格式转换的过程。相对于其他功能，此项功能的实现原理与方法都比较简单，就是通过 GDAL 的不同 driver 创建不同格式的文件，再将源文件的空间参考、仿射变换信息及各波段数据复制至目标文件的过程。此工具的接口为：

```
extern "C" __declspec(dllexport) char* _cdecl MHImgChangeFormat(//影像格式转换
    const char* pszInputImg, //输入影像文件
    const char* pszOutputImg, //输出结果文件
    const char* pszOutputImgType); //输出结果类型
```

该接口所对应的实现伪代码片段为：

```
char* MHImgChangeFormat(const char* pszInputImg, const char* pszOutputImg, const char*
szOutputImgType)
{
    //初始化，打开源文件读取宽、高、波段等信息，略
    GDALDriver* pDriver = NULL;
    if (strcmp(pszOutputImgType,"GeoTiff") == 0)
        pDriver = (GDALDriver*)GDALGetDriverByName("GTiff");
    else if (strcmp(pszOutputImgType, "Erdas Image") == 0)
        pDriver = (GDALDriver*)GDALGetDriverByName("HFA");
    else if (strcmp(pszOutputImgType, "ENVI file") == 0)
        pDriver = (GDALDriver*)GDALGetDriverByName("ENVI");
    else if (strcmp(pszOutputImgType, "Bitmap file") == 0)
        pDriver = (GDALDriver*)GDALGetDriverByName("BMP");
    else if (strcmp(pszOutputImgType, "JPEG file") == 0)
        pDriver = (GDALDriver*)GDALGetDriverByName("JPEG");
```

```
    else if (strcmp(pszOutputImgType, "PNG file") == 0)
        pDriver = (GDALDriver*)GDALGetDriverByName("PNG");
    GDALDataset* pDatasetOut = (GDALDataset*)GDALCreate(pDriver, pszOutputImg, nXSize,
nYSize, nNumBands, type, papszOptions); //生成目标格式的栅格数据文件
    pDatasetOut->SetProjection(pszReference); //复制投影信息
    pDatasetOut->SetGeoTransform(dTransform); //复制仿射变换信息
    //遍历各设定的波段,复制波段数据,代码类似5.8中复制各波段数据的代码,后处理,略
    return "true";
}
```

其中在生成新的目标数据集时,需要根据用户选定的不同数据格式,选择不同的 driver,再根据选择的 driver 生成新的数据集,复制对应的投影信息与仿射变换信息,后续的具体数据复制过程略,可参见 5.8 节中的代码部分。

5.11   基于种子点的影像子集批量提取功能实现

基于种子点的影像子集批量提取是一种特殊形式的影像子集提取功能,主要用于在深度学习前期的样本制作过程中,由于需要在研究区制作大小一致的一系列样本,因此可以采用此工具先在准备制作样本之前先在对应影像上点击选点,再批量生成对应的大小一致的样本影像,即本算法批量生成的一系列影像子集。本功能在深度学习进行建筑物提取、道路提取、农业地块提取等应用较多,其接口为:

```
extern "C" __declspec(dllexport)  char* _cdecl MHImgBatchSubset(//影像批量提取子集
subset
    const char* pszInputShp,//点状矢量数据
    const char* pszInputImg,//影像数据
    const char* pszWidth,//导出的宽与高
    const char* pbExportShp); //是否导出外接矢量, 1/0或TRUE/FALSE
```

接口中需要指定点状矢量数据,算法将围绕文件中所有有效点要素生成对应的影像子集,同时需要指定原始影像及子集的宽与高,最后一个参数指示了是否导出对应影像子集的外接矩形。对应于此接口的算法对话框界面如图 5-8 所示。

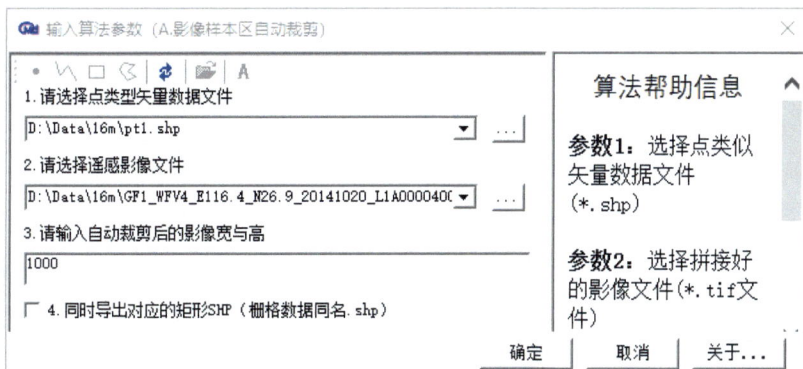

图 5-8   基于种子点的影像子集批量提取算法弹出对话框界面

图 5-9 示意了对应于此算法的效果示意图。其中左图为影像底图及在此基础上选择的一系列点，并将这些点生成在了点状矢量数据文件 pt1.shp 中，调用此算法并按图 5-8 选择各参数后点击确定按钮，算法的原理是首先将此矢量数据文件中的各点要素的坐标点转换为影像上的像素坐标(基于影像的仿射变换参数计算)，再基于这些坐标提取用户设定大小的子集，提取算法可直接调用 5.9 节中的算法函数，提取之后将点状数据同提取出的各影像子集文件叠加效果如图 5-9 中的右图所示。

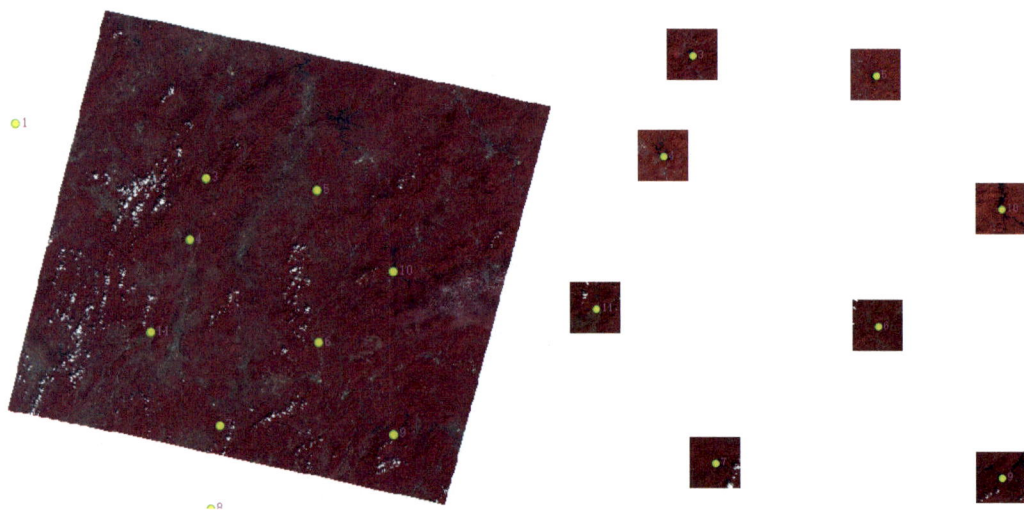

图 5-9　基于种子点的影像子集批量提取前后效果图

5.12　等值线与等值面生成功能实现

等值线与等值面生成算法在日常栅格数据分析，特别是在对 DEM 分析中应用较多，当进行 DEM 分析并生成等高线矢量图时应用的就是栅格数据的等值线生成算法；而当需要对等值线采用面状不同颜色充填时，则可以将等值线生成等值面再进行充填。

等值线的生成算法比较简单，GDAL 栅格数据分析算法中给我们提供了函数 **GDALContourGenerate**()，能够将给定栅格数据波段进行分析并生成等值线，我们可以在此函数的基础上，进行功能扩展并形成等值面生成算法，最后再依据 **MHMapGIS** 的算法集成规范进行集成，对应的函数接口声明为：

```
extern "C" __declspec(dllexport)  char* _cdecl MHImgGenContourLineOrPolygon(//等值线/面
生成算法
    const char* pszInputImg, //输入栅格数据
    const char* pszOutputShp, //Shp结果文件
    const char* pszInputBand, //输入栅格数据所用的波段, 以1开始
    const char* pszContourInterval, //等高线间隔
    const char* pszContourBase,  //等高线起始高度
    const char* pszFixedLevels, //固定高度值, 如果为非空值, ContourInterval与ContourBase
```

将不起作用

```
const char* pbUseNoData,//是否使用无效值 true使用
const char* pbGenContourPolygon); //是否生成等值面
```

上述参数中，参数 1 与参数 2 分别为输入的栅格数据及输出的等值线或等值面 Shp 结果，参数 3 为输入栅格数据生成等值线/等值面所依赖的波段，参数 4～参数 7 均为等值线生成过程中的参数，其中参数 4 与参数 5 即可推算出生成的等值线，如果给定了参数 6，则直接应用参数 6 给定的一系列数值生成对应的等值线，此时忽略参数 4 与参数 5。参数 7 是指是否考虑 NoData 值，参数 8 是指生成等值线还是生成等值面。

基于上述接口，在 MHMapGIS 中对应于此算法的界面如图 5-10 所示。

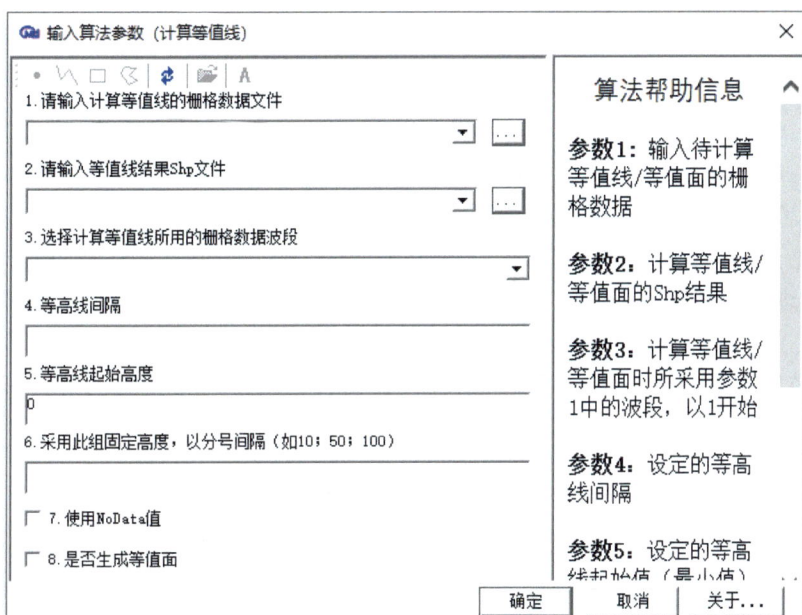

图 5-10　基于种子点的影像子集批量提取前后效果图

1. 等值线生成算法实现

实际上，等值线的生成过程非常简单，只需要在调用 GDAL 算法中的函数 GDALContourGenerate（）之间将相应的参数完善即可，对应于本算法的函数 MHImgGenContourLineOrPolygon（）的主要实现代码为：

```
char* _cdecl MHImgGenContourLineOrPolygon(…)
{
    //GDAL、OGR初始化，打开栅格数据集，分析参数并将参数转换为正常格式，创建线状图层，生成Elv字段，略
    if (bGenContourPolygon)//生成等值面，所以下面函数先生成等值线到图层 poLayer_Line 中
    {
        er = GDALContourGenerate(pInRasterBand, dfContourInterval, dfContourBase,
nFixedLevelCount, padfFixedLevels, bUseNoData, fNoData, (OGRLayerH)poLayer_Line, -1, 0,
```

```
NULL, NULL); //先生成等值线
        CMHContourGenerate oCG; //生成等值面的类
        oCG.ConstructPolygon((OGRDataSource*)poDS_Tmp, (OGRDataSource*)poDS_Polygon,
&sElvValues);
    }
    else//生成等值线
    {
        er = GDALContourGenerate(pInRasterBand, dfContourInterval, dfContourBase,
nFixedLevelCount, padfFixedLevels, bUseNoData, fNoData, (OGRLayerH)player_Line, -1, 0,
NULL, NULL);
    }
    //后处理，关闭所有数据集，略
    if (er == CE_None)
        return "true";
    return "false";
}
```

上述代码中省略了大量初始化及矢量生成的代码，其主要思路为：

对于生成等值线需求来说，需要调用 GDAL 提供的算法中函数 GDALContour Generate()进行实现，程序中需要将图 5-10 界面中的参数转换为本函数中的参数调用即可。在此之前，需要调用 OGR 的生成新的线状矢量数据集与对应图层，再生成对应的 OFTReal 类型的字段"Elv"，然后，在调用此函数时指定对应的高程充填到第 1 个字段中即可（即上述代码中函数的第 10 个参数）。

2. 等值面生成算法实现

相对于等值线生成来说，等值面的生成过程则要复杂的多，GDAL 也没有给我们提供现成可调用的函数，因此我们只能采用一定策略在等值线生成的基础上通过跟踪同一高程的线来实现等值面的构造。

等值面可视为由一条或多条等值线构成的一个闭合区域，该区域能够采用某种填充方案进行填充，用以表示在某个等值线区间(这里的等值线的值可以指高程值，也可以指温度、水深、气压等其他用来生成等值面的值，这里以高程值为例，其他类似)的区域范围。图 5-11 示意了基于等值线追踪等值面的主要流程图，并进一步实现了等值面间的拓扑关系分析及等值面的属性递推。

由图 5-11 可知，等值线的追踪步骤为：首先，在等值线生成算法基础上，由已经输入的等值线属性值生成等值面的高程属性值序列，相应的等值面高程值序列采用 string 类型表示；然后，遍历所有等值线的端点，记录所有的端点并构造数据结构，并判断该等值线的首尾是否相交，如果相交，证明此等值线为一闭合曲线，直接生成等值面集合中的一个岛；如果不自相交，则该等值线一定与待生成等值面的矩形区域边界有交点；最后，根据这些交点信息逆时针进行等值线追踪并生成闭合曲面，并判断闭合曲面同已经生成的岛的邻接关系，更新其高程属性。

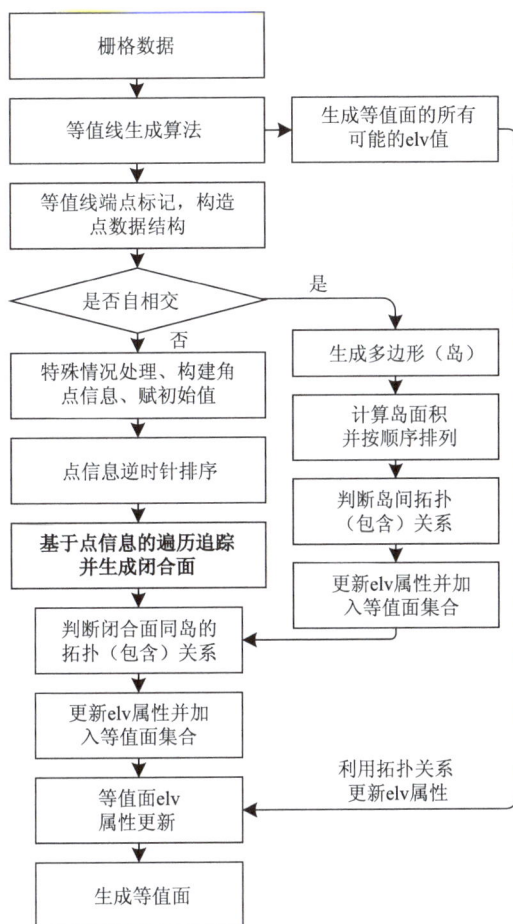

图 5-11　等值线追踪与等值面生成流程图

1) 等值线端点信息处理

　　区域内等值点的顺序连接所形成的曲线即为等值线，一条等值线可能与区域边界相交并形成 2 个端点，也可能不与边界相交，据此我们可以判断该等值线对应的等值面是否为岛。因此，在等值线的追踪过程中，需先对构造等值线的端点信息进行存储，并基于这些端点信息进行闭合曲面追踪及岛信息判断。图 5-12 列举了基于几种常见的等值线追踪生成等值面的情形。

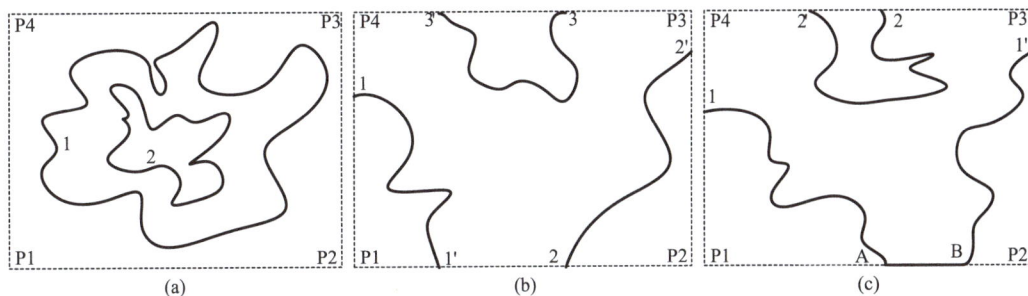

图 5-12　几种常见的等值线图

在理想情况下，基于栅格数据生成的等值线均为封闭的闭合曲线，并由此能够构造对应的等值面，如图 5-12(a)。然而，由于研究区域有限，不可能生成一个无限大的等值线/面图，因此等值线很多时候将会被研究区域的边界分割为一系列具有高程属性的线，如图 5-12(b)所示。对于图 5-12(a)的情况而言，可以根据其生成的岛及各个岛间的空间关系进行拓扑判断，并完成区域的等值面生成，但是对于一个区域内仅有 1 个 Elv 属性值的情况而言(如图 5-12(a)中的 2 条等值线的 Elv 值均为 9)，则无法对等值面间的关系进行判断，也无法确定各等值面的属性值，还需要辅助一个非等值线上的点，这可以从原始栅格数据中取一个边界角点辅助判断。对于图 5-12(b)的情况而言，则需要将区域内各部分进行连接构成区域内的等值面，再根据各等值面间的拓扑关系进行其 Elv 属性的推理。同样地，如果图 5-12(b)中的几条等值线具有相同的 Elv 属性，此时也需要辅助另外一个非等值线上的点实现等值面 Elv 属性的推理。对于图 5-12(c)所示的特殊情况而言，当 1 条等值线同研究区域的交点多于 2 个时，则需要对这种特殊的情况进行处理，即将该等值线进行拆分，将图 5-12(c)的等值线($\overline{11'}$)拆分为等值线($\overline{1A}$)及($\overline{B1'}$)，并去掉线 $\overline{AB}$，再采用与图 5-12(b)相同的等值线追踪方法来实现等值面的追踪。

等值线的端点信息存储，是判断等值线是否为岛及等值线追踪的基础，其数据结构定义的信息量将直接决定等值线追踪算法的效率，因此，需要对构成区域内等值线的端点信息进行记录。相应的数据结构定义如下。

```cpp
typedef struct _PointInfo        //端点信息数据结构
{
    OGRPoint        point;      //被标记的点
    double          elv;        //该Feature的值
    int*            times;      //应用次数
    _PointInfo*     theOther;   //该Feature的另一端点
    OGRLineString*  lineString; //该Feature对应的线
    OGRFeature*     firstFeature; //该Feature相邻的第一等值面
    OGRFeature*     secondFeature;//该Feature相信的第二等值面
    bool operator < (const _PointInfo& right) //用于排序
    {
        if (fabs(this->point.getY() - right.point.getY()) < 1e-6 &&
            this->point.getX() < right.point.getX())
            return true;
        if (fabs(this->point.getX() - right.point.getX()) < 1e-6 &&
            this->point.getY() < right.point.getY())
            return true;
        return false;
    }
}PointInfo;
```

在此数据结构中，需要记录该端点的高程、计数器、另一个端点、相邻的 2 个等值面等信息。其中，point 变量记录了该点的坐标信息，高程 elv 变量记录了其高程值，计数器变量 times 则用于记录该点对应的等值面追踪次数的指针，变量 theOther 指向了与该端点对应的等值线的另一个端点(如果其坐标与此点相同则说明此等值线对应的多边形为岛)。同时，采用变量 firstFeature、secondFeature 分别记录该端点两侧的等值面，并通过此 2 个等值面的 *elv* 高程值来推断新构造的等值面的高程值 *elv*。

2) 岛的生成与处理

当等值线的端点与边界不相交时，该等值线(一定为闭合曲线)自身可以形成闭合曲面，形成该区域等值面中的一个岛。对于图 5-12(a)而言，该区域的等值面将由外区域 $\overline{P1P2P3P4} \sim \overline{1}$、岛 $\overline{1} \sim \overline{2}$、及岛 $\overline{2}$ 等三部分构成(这里的~符号表示去除)。当某等值线的首尾端点相同时，则可对等值线上的点序列直接调用多边形生成函数 OGRPolygon::addRing()来生成岛多边形。为了进一步判断不同岛的拓扑关系，需要构造岛的数据结构，可采用以下数据结构进行实现。

```
struct ISLAND
{
    OGRPolygon*        polygon; //岛所对应的多边形
    double             area;    //岛的面积
    double             elv;     //岛的外环高程值
    OGREnvelope        env;     //岛的外接矩形
    OGRPolygon*        pParent; //岛的父多边形
    vector<OGRPolygon*>* pChilds;//岛的子多边形
    bool operator < (ISLAND& right) //重载小于操作符,用于进行此数据结构的比较、排序
    {
        if (area < right.area)
            return true;
        return false;
    }
};
```

采用第 1 小节中所述数据结构对当前范围内的所有等值线的端点信息进行存储，并根据等值线的起点与终点是否相同来判断该等值线所对应的等值面是否为岛，如果是岛则赋予上述数据结构信息。根据上述数据结构，一个岛的信息应该包含构成该岛的多边形、面积、高程值、外接矩形、父多边形(1 个)、子多边形(0 或多个)等，同时岛间需要能够实现根据面积的快速排序(可通过 STL 的 sort()函数实现)以便于岛间包含关系判断。根据图 5-11，对岛的处理流程为：首先，采用 OGR 提供的 OGRPolygon::get_Area() 函数进行多边形面积的快速计算,然后调用此数据结构中的排序函数进行面积排序(可降序排列)，最后对排序好的岛间拓扑(包含)关系进行判断，如果岛内还存在岛，则需要将岛内的岛进行排除并更新岛的面积属性。对应于岛生成的伪代码为：

```
vector<ISLAND*> islands; //存储所有的岛的容器,用于后面进行Difference操作
while ((pFeature = pVectorLayer->GetNextFeature()) != NULL) //遍历所有等值线要素
{
    OGRGeometry* pGeometry = pFeature->GetGeometryRef();
    OGRLineString* pLineString = (OGRLineString*)pGeometry;
    int nPointCount = pLineString->getNumPoints();
    OGRPoint ptFirst, ptLast;
```

```
        pLineString->getPoint(0, &ptFirst); //线的第1个节点
        pLineString->getPoint(nPointCount - 1, &ptLast); //线的最后一个节点
        double elvValue = pFeature->GetFieldAsDouble("Elv");
        if (ptFirst.Equals(&ptLast))//如果第1个节点与最后1个节点重复，说明是岛，直接加入
        {
            OGRPolygon* polygon = (OGRPolygon*)OGRGeometryFactory::createGeometry
(wkbPolygon);
            OGRLinearRing lr; //线环
            lr.addSubLineString(pLineString);
            lr.closeRings();
            polygon->addRing(&lr); //加入此线环
            double dArea = polygon->get_Area();
            ISLAND *isl = new ISLAND; //将信息赋值给数据结构并加入岛容器
            isl->polygon = polygon;
            isl->area = dArea;
            isl->elv = elvValue;
            isl->pParent = NULL;
            isl->pChilds = NULL;
            polygon->getEnvelope(&isl->env);
            islands.push_back(isl);
        }
        //根据PointInfo数据结构，将2个节点加入此数据结构并放置到容器allPoints中，略
    }
    sort(islands.begin(), islands.end(), CompareISLANDPtr); //所有岛面积从小到大排列
    for (int i = 0; i < islands.size() - 1; i++)//遍历所有岛
        //判断岛间包含关系，采用OGRGeometry::Contains()函数实现，略
    for (int i = 0; i < islands.size(); i++)  //先加入所有的岛
    {
        ISLAND* isl = islands.at(i);
        OGRPolygon* pCur = isl->polygon;
        if (isl->pChilds)
        {
            for (int j = 0; j < isl->pChilds->size(); j++)
            {
                OGRPolygon* islChild = isl->pChilds->at(j);
                pCur = (OGRPolygon*)pCur->Difference(islChild); //保证所有岛之间不重叠
            }
        }
        OGRFeature *pNewFeature = OGRFeature::CreateFeature(pOutVectorLayer->
GetLayerDefn());
        OGRErr er = pNewFeature->SetGeometry(pCur);
        //通过OGRGeometry::get_Area()计算岛的面积，更新岛的字段属性信息，略
        pOutVectorLayer->CreateFeature(pNewFeature); //生成要素
    }
```

图 5-13 为对不同的岛间关系判断的结果示意图。当完成图中多个岛的识别之后，需要判断面积较大的多边形是否包含面积较小的多边形（首先判断它们的外接矩形，即上面数据结构中的 *env*；再进一步判断不同几何对象间的关系），并在此数据结构中记录相应的父子关系。根据图 5-13，在完成①、②所指示的 2 个岛的多边形构造之后，进一步判断出岛②包含了岛①，因此，需要将岛①所对应的区域从岛②中去除（可以采用 OGR 提供的函数 OGRGeometry::Difference() 进行实现）并更新其面积属性，而图 5-13 中的岛③与其他的岛没有包含关系。最终记录各岛间的包含关系并加入生成的等值面集合中。

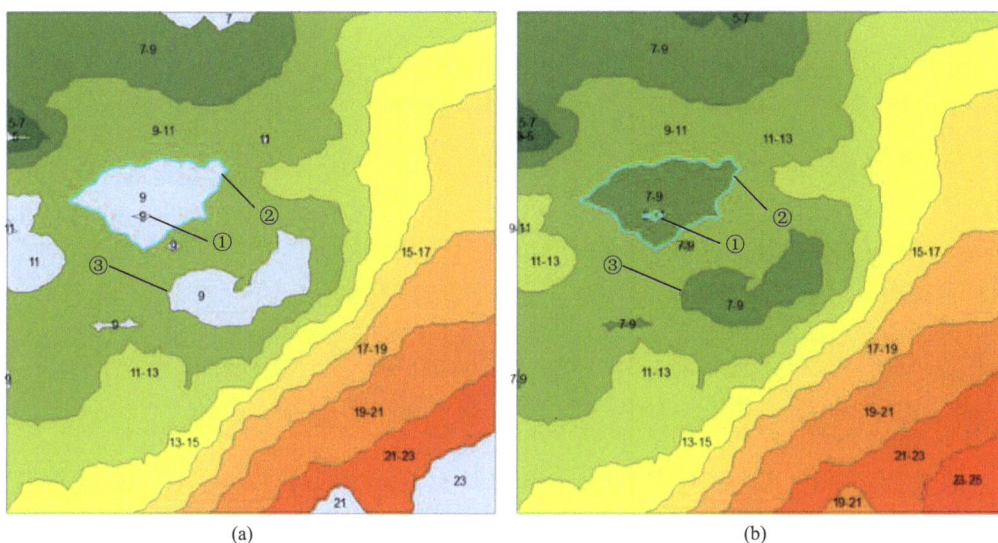

(a)　　　　　　　　　　　　　　　　(b)

图 5-13　岛间拓扑关系判断

3）等值线追踪策略

对于图 5-12 (b) 所示的非岛等值线而言（实际上，图 5-12 (c) 也可通过前期处理转化成为图 5-12 (b) 的样式），首先采用第 1 小节中的数据结构对与边界相交的端点信息进行记录，再对相应的端点进行排序，然后基于这些边界点信息，进行区域闭合多边形的追踪，形成相应的闭合曲面，最后再判断这些闭合曲面同已经生成的岛的包含关系确定各岛的父多边形，并更新相应的高程 Elv 属性，从而完成等值面的生成过程。

图 5-14 示意了栅格数据生成等值线及等值线追踪形成等值面的过程。其中，图 5-14 (a) 为原始栅格数据，图 5-14 (b) 为生成的等值线，图 5-14 (c) 为去除其中的岛后而进行的等值线编号。对于生成的等值线而言，需先对相应的等值线中的所有线（Feature）的 2 个端点进行编号，如图 5-14 (c) 所示。编号的规则是从左上角开始，依次向左下角、右下角、右上角、左上角的方向进行遍历，编号自 1 开始。同时，将被标记的点所在 Feature 的另一个端点标记为 1'，每个标号的端点信息采用 1）中定义的数据结构来实现。

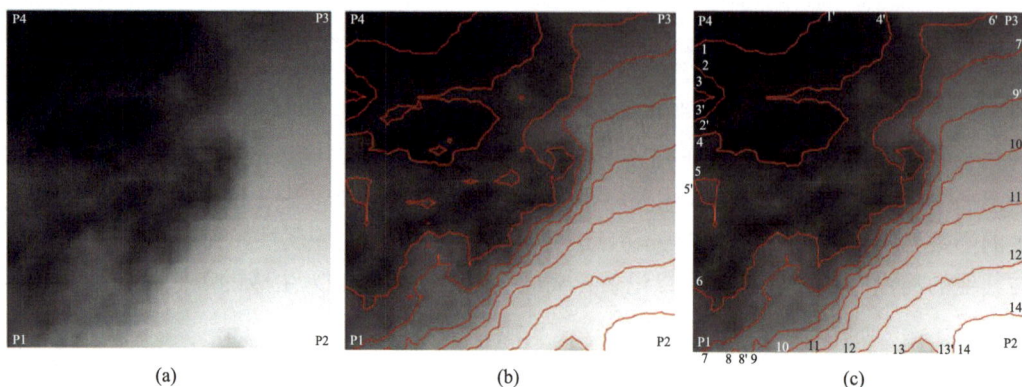

图 5-14　等值线追踪过程中的端点编号

　　根据上述数据结构，可以记录该端点的各种信息，并按照一定的规则进行追踪形成闭合面(等值面)。相应的追踪过程中，需要基于图 5-14(c) 所示的所有 Feature 的端点构造一个有向链表或数组，结构类似如下。

```
vector<PointInfo> LU_LB; //左上角点到左下角点段上的交点信息
vector<PointInfo> LB_RB; //左下角点到右下角点段上的交点信息
vector<PointInfo> RB_RU; //右下角点到右上角点段上的交点信息
vector<PointInfo> RU_LU; //右上角点到左下角点段上的交点信息
vector<PointInfo*> allPoints_Seq; //所有交点信息
```

　　其中，LU_LB、LB_RB、RB_RU、RU_LU 分别记录的是与左、下、右、上边相交的点的信息，且按逆时针的方向对相应的点进行排序；而在结构 *allPoints_Seq* 中则按顺序记录了 LU_LB、P1、LB_RB、P2、RB_RU、P3、RU_LU、P4 等点信息的指针，即结构 *allPoints_Seq* 中的点是按照逆时针进行组织的。其中，4 个角点的 P1、P2、P3、P4 的 PointInfo 结构体中仅有 OGRPoint *point* 及 int *times* 等 2 个有效属性，其他的属性均可赋值为 NULL，且其 *times* 的属性的初始值为 1(即非特殊情况下角点处仅位于一个等值面中)。等值面的搜索算法伪代码为：

```
for (int i = 0; i < allPoints.size(); i++)//接上一部分，判断四个角点并加入4个容器
{
    PointInfo* pi = allPoints.at(i);
    if (fabs(pi->point.getX() - env.MinX) < 1e-6)
        LU_LB.push_back(*pi);
    //其他3个角点判断，方法类似，略
}
sort(LU_LB.begin(), LU_LB.end());
//4个容器排序，其他3个方法同上，略
for (int i = 0; i < LU_LB.size(); i++)//加入4个角点，反着插入，就是从 LU ==> LB，Y 逐
渐变小
    {
    PointInfo* pi = &LU_LB.at(LU_LB.size() - 1 - i);
    allPoints_Seq.push_back(pi);
```

```
    }
    allPoints_Seq.push_back(&piLB);                    //左下角点
    //其他3个角点处理，方法类似，略
    for (int i = 0; i < (int)allPoints_Seq.size(); i++)
    {
        OGRPolygon* polygon = (OGRPolygon*)OGRGeometryFactory::createGeometry
(wkbPolygon);
        vector<PointInfo*> invalidID;
        OGRLinearRing lr;
        PointInfo* pi = allPoints_Seq.at(i);
        if (*(pi->times) == 2)//如果为角点，只需要1即可，但原来已经赋值为1了，所以这里
也是2
            continue;
        OGRFeature *pNewFeature = OGRFeature::CreateFeature(pOutVectorLayer->
GetLayerDefn());
        if (pi->lineString == NULL) //遍历对应的线，判断是应该加入角点还是对应的链
            //为角点，加入角点，略
        else
            //加入链，略
        //生成对应的要素，判断要素是否包含岛，如果包含则要去除，计算对应面积，略
    }
```

对于 allPoints_Seq，沿其存储的点信息数据向下搜索，如图 5-14 (c)所示，先从左上角沿左边开始搜索，当搜索到一个点后(本例中为点 1)，再根据上述数据结构快速找到该点对应的另一点(即数据结构中的 theOther，本例中为点 1′)，再沿点 1′继续搜索，得到左上角点 P4，再重回点 1，形成左上角的闭环(等值面)$\overline{11'P41}$，搜索结束后，更新相应的点 1、点 1′、P4 的相应的信息(*times 在原有基础上增加 1，并将闭合曲面加入生成的等值面集合中)。继续搜索下一个点，并判断该点的*times 的值是否为 2，如果为 2 则继续下一点进行搜索，直到 allPoints_Seq 中的所有点的 times 均为 2。对于此例来说，沿点 1 向下搜索，得到点 2，根据点 2 的 PointInfo*结构体得到该环的另一端点 2′，继续搜索，得到点 4、4′、1′、1，搜索结束并得到闭合面$\overline{122'44'1'1}$。按此方法，分别得到闭合面$\overline{233'2'2}$、闭合面$\overline{33'3}$、闭合面$\overline{455'66'4'4}$、闭合面$\overline{55'5}$、$\overline{6P177'P36'6}$……，直到完成所有闭合面的搜索过程。

4) 等值面拓扑信息更新

等值面拓扑信息更新包括等值面中岛间关系的确定，以及不同闭合面及岛间的拓扑关系的确定，并以此更新相应等值面的高程属性值。其中，岛间关系的确定已在第 2 小节有所说明，需要进一步地分析追踪形成的闭合面同岛的包含关系，并对岛进行有效性标记，其实现方法是对等值面与岛的空间关系进行判定(可以采用 OGRGeometry::Contains()函数分别对 2 个多边形的外接矩形及其多边形进行分别判定实现)，并进一步更新等值面的高程、面积等属性，完成基于栅格数据的等值面的构造过程，对应的伪代码为：

```
bool bHaveUpdateAllElvAttribute = false;   //开始准备更新 Elv 属性
int nFC = pOutVectorLayer->GetFeatureCount();
vector<OGRFeature* > allFeatures; //用户存储所有要素的容器，此时要素已经为面要素
long lID = 0;
while ((pFeature = pOutVectorLayer->GetNextFeature()) != NULL)
    allFeatures.push_back(pFeature);
while (!bHaveUpdateAllElvAttribute && pElvValues) //更新属性，将属性变成 "<*" "*-*"
">*" 形式
{
    bHaveUpdateAllElvAttribute = true;
    for (int i = 0; i < allFeatures.size(); i++)//遍历所有要素，直到所有要素符合设
定格式
    {
        OGRFeature* pFeature = allFeatures.at(i);
        const char* elvValue = pFeature->GetFieldAsString("Elv");
        string sValue(elvValue);
        if (sValue.find("-") == string::npos &&sValue.find(">") == string::npos &&
            sValue.find("<") == string::npos) //如果不是设定格式，推理并更改
            //判断各要素为 "<*"、"*-*"、">*" 可能的情况，进行推理并排除，直到
最终确定，略
        }
    }
```

图 5-15(a)示意了采用第 2 小节策略实现的研究区域中岛信息的提取，图 5-15(b)示意了采用第 3 小节的等值线追踪策略实现等值面信息的追踪，图 5-15(c)则对图 5-15(b)中新生成的等值面与图 5-15(a)中已经生成的岛间的空间关系判断，并去除其中岛的区域，图 5-15(d)是最终完成的等值面图。对比图 5-15 中标记为①、②的区域可知，在图 5-15(a)完成岛的识别之后，图 5-15(b)通过等值线追踪实现了其他非岛区域的等值面生成，在经过图 5-15(c)的空间拓扑关系分析后实现了岛同非岛区域的区分，直到图 5-15(d)完成了相应的高程信息 elv 的更新(可对比图中的标注信息，即 elv 高程值)。图 5-13 中的①②等处也同样示意了等值面拓扑更新(岛间拓扑确立)前后的颜色变化(并应用不同颜色进行充填)。

在图 5-15(c)至图 5-15(d)的属性更新过程中，需要对相应的各等值面多边形的属性进行赋值(见图 5-11)，即对各个 Polygon 的高程值(Elv 字段)进行赋值。赋值方法分两种情况：一种是该等值面由 2 个不同高程值的等值线经追踪而成(即 2 条等值线的 PointInfo 结构体中的 elv 变量值不同)，这时该 Polygon 的 elv 属性值即是由这 2 条等值线的 elv 值所构成的区间组成，如某个 Polygon 的高程值为"9-11"；另一种则是该等值面只由单一 elv 的等值线构成，如与区域边界相交的多边形区域或一些孤立的岛等，这些等值面的高程值需要根据其相邻的等值面的高程值进行拓扑关系递推得出。为提高算法效率，需判断 2 个多边形是否为邻接关系：首先判断 2 个多边形的外接矩形是否相交(根据数据结构中的 env 变量)，再应用 OGRGeometry::Touches()函数进行判断。标记完后就可以应用该属性值对等值面进行不同颜色设色，效果如图 5-15 所示，直到所有的等值面的高

程值均符合一定的规则为止，如本例中的所有等值面的 Elv 字段中均会带有"–""<"">"。

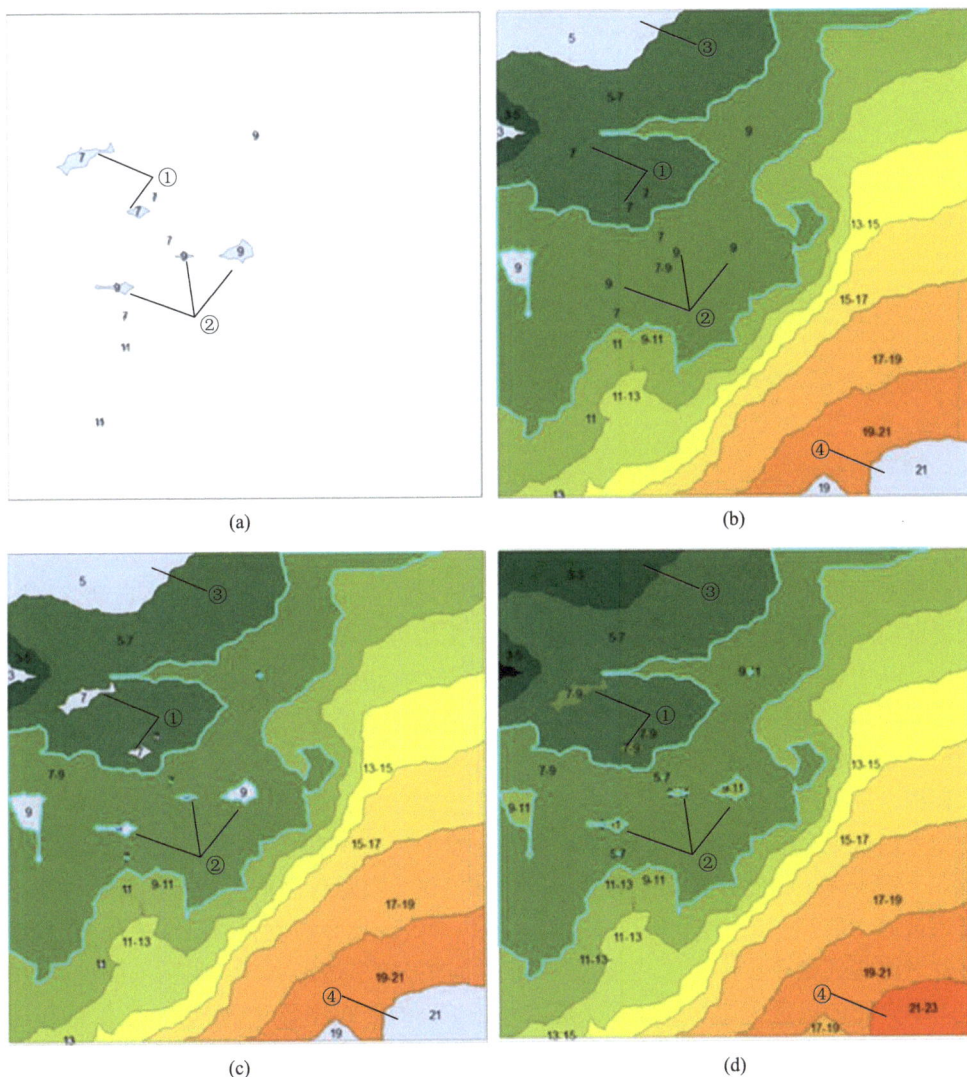

图 5-15　基于等值线追踪原理的等值面生成过程

5.13　小　　结

本章主要是基于 GDAL 提供的一些算法为基础，结合实际 GIS、遥感中的一些常用需求，"组装"成一些 MHMapGIS 工具箱中的一些工具，这些工具在日常数据处理与分析过程中能够提供一些方便、适用的功能。随着需求的增加及 GDAL 版本的增加，可以参照本章中给出的算法实现方法，从 GDAL 中提取出更多方便、适用性的功能，注册到并可作为 MHMapGIS 工具箱中的工具。

第 6 章

矢量多边形或其内岛批量删除模块
MHFeaPolygonOrIslandRemove 的实现

在遥感影像处理或信息提取过程中，很多时候需要采用某些自动或半自动信息提取算法提取出遥感影像中用户感兴趣的区域，并采用矢量多边形的方式来表达提取出的区域范围，其中最常见的就是遥感影像的分类问题。在进行分类结果的表达时，一方面可以通过分类后的栅格影像通过不同渲染方案来展现分类结果；另一方面，更多地是在结果表达时通过将此分类结果进行矢量化后进行表达。

在栅格数据进行矢量化后，很多时候由于前期处理、分类效果的原因，会导致分类后的结果出现很多的椒盐效应，即使进行了一定的后处理(如形态学处理)，椒盐效应一般也在一定程度上仍然存在。此时对相应的栅格进行矢量化之后，对应的矢量化结果也存在大量的"破碎多边形"，同时很多较大多边形内部也存在大量"破碎内岛"，本算法能够针对这些矢量多边形文件，自动去除文件中的破碎多边形或多边形内部的破碎内岛。

本章介绍的矢量多边形处理算法是以算法工具的形式注册到 **MHMapGIS** 的算法，并以算法工具箱中的一个算法的形式体现，实际上 2.4 节中的矢量数据交互式编辑中也有此工具。不同的是，交互式编辑中的本工具需要提供撤销/重做的功能，因此需要在代码中增加符合交互式矢量数据编辑的记录编辑历史的代码段；而本工具主要是以工具的形式展现，不需要实现撤销/重做的功能，而是以新生成文件的形式展现结果(如果对结果不满意，可以重新生成新的结果文件)。

6.1　模块 MHFeaPolygonOrIslandRemove 需求设计与原理

模块 MHFeaPolygonOrIslandRemove 主要是针对多边形类型的矢量数据文件进行批量删除其中的破碎多边形或多边形内岛而设计的。在删除时，采用了设定条件限制，即删除符合某一设定条件的多边形或多边形的内岛。这里采用的条件一般是通过多边形的面积进行限制，可以删除面积小于某个设定阈值的所有小的多边形(即破碎多边形)，或大于某个设定阈值的多边形，同时还可以删除面积小于某个设定阈值的所有内岛。

模块 MHMapFeaPolygonOrIslandRemove 的功能与参数均与图 2-5 类似，MHFeaPolygonOrIslandRemove 模块的对外表现接口为：

```
extern "C" __declspec(dllexport) char* _cdecl MHFeaPolygonProcess(
    const char* pszInput,
    const char* pszInputShp,          //输入的Shp
    const char* pszOutputShp,         //输出的Shp结果
    const char* pszbDelPolygon,       //是否删除多边形，0或1
    const char* pszbDelInnerIsland,   //是否删除多边形内岛，0或1
    const char* pszbDelRepetPolygon,  //是否删除重复的多边形，0或1
    const char* pszbAreaGT1,          //是大于还是小于，0表示小于，1表示大于
    const char* pszdArea1,            //设定的面积1
    const char* pszbAreaGT2,          //是大于还是小于，0表示小于，1表示大于
    const char* pszdArea2);           //设定的面积2
```

与此接口相对应的算法界面如图 6-1 所示。

图 6-1　删除多边形或其内岛算法对话框界面

图 6-1 示意了本算法在实现多边形文件删除多边形或多边形内岛时对应于MHMapGIS 算法工具箱中弹出的算法对话框界面。这里需要说明的是，图 6-1 中示意的算法同图 2-5 中示意的交互式删除多边形或其内岛的原理与方法类似，只是针对交互式编辑与工具箱的两种不同表现形式，而本章的算法实现同样适用于 2.4 节中的交互式实

现多边形或其内岛的删除。

比较上述对外接口同 2.4 节中的用户需求可以得知，采用工具箱对外提供服务时，在参数 6、参数 7 采用的组合为一组条件，参数 8、参数 9 的组合为另一组条件，而图 2-5 中则通过 2 个复选框允许用户同时选择小于某值或大于某值，两者表现形式不同，但均可实现面积按要求进行设定的目的。

6.2　模块 MHFeaPolygonOrIslandRemove 的功能描述

模块 MHFeaPolygonOrIslandRemove 的主要功能，是实现给定面状矢量的批量删除符合面积限定条件的多边形或内岛，效果如图 6-2 所示。

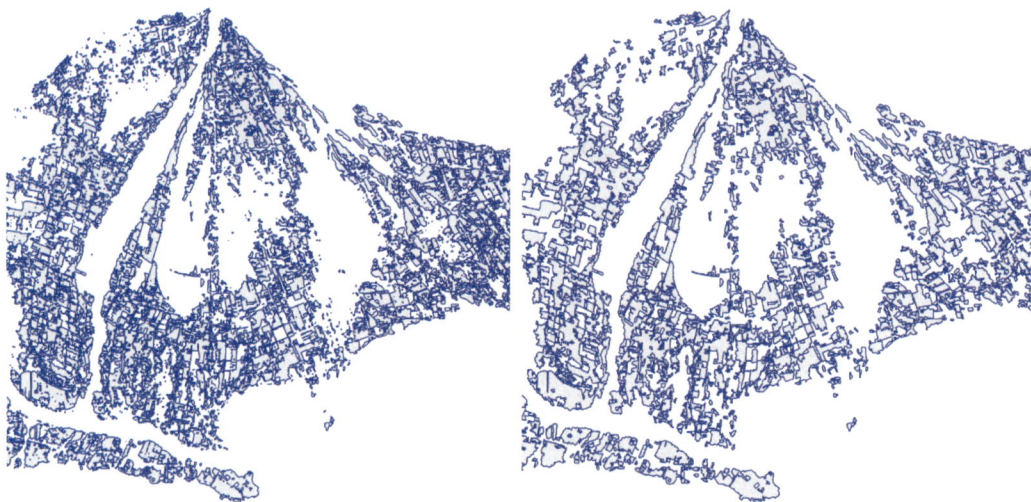

图 6-2　删除多边形及其内岛的效果

图 6-2 是进行某地区建筑物自动提取并矢量化之后的效果。其中左图是数据处理之前的效果，按图 6-1 的方式激活对话框并进行删除多边形及多边形内岛，采用的是面积小于 10000 的限制条件。这里需要说明的是，此处的面积设定的阈值 10000 的单位同当前视图的单位一致，也就是说，如果当前地图的单位为米，则此处的 10000 的单位则为平方米。这几个参数与图 2-5 中的几个参数设置方法完全一致。

从使用方法的角度比较，图 6-1 与图 2-5 的不同之处还在于，图 2-5 中的界面中，在输入面积的编辑框右侧有一个按钮，当按下此按钮之后，能够从当前主视图中通过绘制一个矩形并自动计算对应的面积，再将此面积值填充至编辑框中；相比来说，图 6-1 中由于无法知道 10000 在实际地图中代表多大一个矩形，因此对此功能进行扩展，即当此输入编辑框处于焦点时，点击图中顶部的绘制矩形工具或多边形工具，再在主视图上绘制一个进行限制的面积的大小，则此编辑框会出现类似于"Rectangle:(106.319593168602, 29.3452387248602;106.319718710296,29.3451228402194)"或"Polygon:(106.263253919053, 29.3371493331269;106.265957894006, 29.3402395902157;106.269434433231, 29.3395957866555;

106.269691954655,29.3367630509909;106.267116740414,29.3354754438706;106.26518532
9734,29.3354754438706;106.263253919053,29.3371493331269)"的样子,算法中会根据
这个输入的矩形或多边形矢量自动计算其实际的面积并采用之。

对图 6-2 中的部分进行放大并进行对比,可以得到图 6-3 所示的对比效果图。

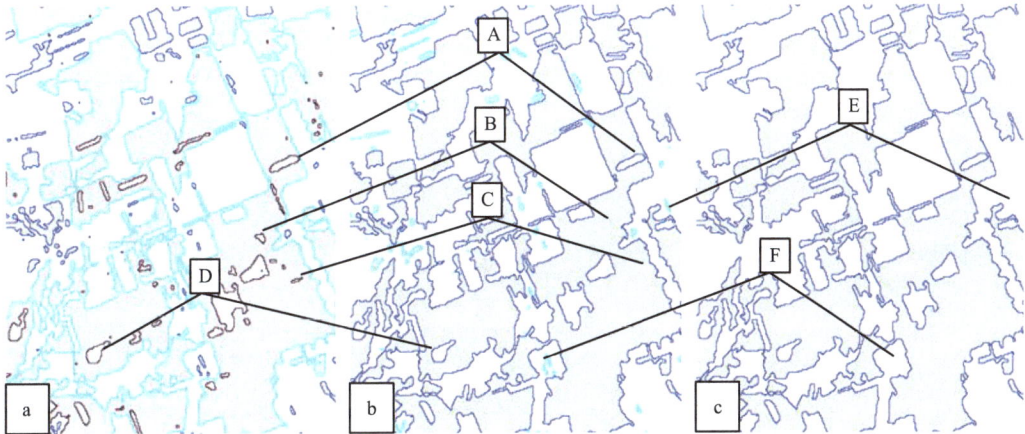

图 6-3　删除多边形及其内岛效果对比图

图 6-3 中的图 a 为原始矢量多边形数据,图 b 为经过第一步,即删除多边形内岛的
效果(限制条件为内岛面积小于 10000)。仔细比较图 a 与图 b 可以看出,图中标记 A、D
两处的多边形内岛由于面积较大而未被删除,图中 B、C 两处由于内岛面积较小而被删
除。进一步比较图 b 与图 c,这实际上是此算法的第二步,即删除多边形的效果(限制条
件为多边形面积小于 10000),图中标记为 E、F 等处的面积较小的破碎多边形在此步骤
被删除。比较最开始的图 a 与最终的图 c,可以看出,本算法达到了我们删除破碎多边
形及其内岛的效果。

6.3　模块 MHFeaPolygonOrIslandRemove 的功能实现

基于以上功能需求与描述分析,我们采用代码对上述接口定义进行实现。对应于接
口 **MHPolygonOrIslandRemove**()的主要代码为:

```
char* _cdecl MHPolygonOrIslandRemove(const char* pszInputShp, const char* pszbDelPolygon,
    const char* pszbDelInnerIsland, const char* pszbAreaGT, const char* pszdArea)
{
    //初始化,生成结果Shp文件,略
    double dAreaLT = 0, dAreaGT = 0; //初始化面积大于的值与面积小于的值
    int nAreaGT = atoi(pszbAreaGT); //如果面积值处填充的是数值
    if (nAreaGT)
        dAreaGT = atof(pszdArea);
    else
        dAreaLT = atof(pszdArea);
```

```
    if (sArea.length() > 11 && sArea.substr(0, 11) == "Rectangle:(")
        //如果输入的是矩形区域，则计算矩形面积再指定给dAreaGT或dAreaLT，略
    else if (sArea.length() > 9 && sArea.substr(0, 9) == "Polygon:(")
        //如果输入的是多边形区域，则重构此多边形，再通过OGR计算多边形面积再指定给
dAreaGT或dAreaLT，略
    bool bDelInnerIsland = (atoi(pszbDelInnerIsland)!= 0); //是否删除内岛
    bool bDelPolygon = (atoi(pszbDelPolygon)!= 0); //是否删除多边形
    DeletePolygonOrInnerIsland(pSrcOGRLayer, dAreaLT, dAreaGT, bDelInnerIsland,
bDelPolygon); //删除
    OGRFeatureDefn *pFeatureDefn = pSrcOGRLayer->GetLayerDefn();
    string strLayerName = pFeatureDefn->GetName();
    string sPack = "REPACK "+ strLayerName;
    pSrcOGRLayer = pSrcDS->ExecuteSQL(sPack.c_str(), NULL, "");//保存编辑结果
    OGRDataSource::DestroyDataSource(pSrcDS); //释放数据集
    return "true";
}
```

上述代码中省略了当用户在面积编辑框处输入矩形或多边形的代码，其原理是判断用户输入的字符串是否为以"Rectangle:("或"Polygon:("，如果以这 2 个字符串开头，证明用户输入了一个矩形或多边形，则需要在代码中计算输入矩形或多边形的面积，其原理就是根据用户输入字符串还原到对应的坐标点信息，再基于这些坐标点信息重构对应的矩形或多边形，再基于矩形坐标或多边形的 OGRPolygon*计算其面积（OGRGeometry*提供了计算面积的函数）。

通过调用具体删除多边形或其内岛的函数 DeletePolygonOrInnerIsland()实现具体的删除过程，最后再在对应的 GDALDataset*（即低版本的 OGRDatasource*）数据集上执行 SQL 语句"REPACK（layername）"来执行紧缩功能，实现删除要素的彻底删除。其中具体执行删除的函数代码为：

```
BOOL DeletePolygonOrInnerIsland(OGRLayer* pOGRLayer, double dAreaLT/* = 0*/, double
dAreaGT/* = 0*/, bool bDelInnerIsland, bool bDelPolygon)
{
    if (bDelInnerIsland) //如果删除内岛，则调用删除内岛函数，直到删除内岛个数为0
    {
        do
        {
            nSuc = GetDelInnerIslandCount(pOGRLayer, dAreaLT, dAreaGT);
        } while (nSuc != 0);
    }
    if (bDelPolygon) //如果删除多边形，则调用删除多边形函数，直到删除多边形个数为0
    {
        do
        {
            nSuc = GetDelPolygonCount(pOGRLayer, dAreaLT, dAreaGT);
        } while (nSuc != 0);
```

```
    }
    return TRUE;
}
```

上述代码非常简单，就是判断用户是否删除内岛；如果删除内岛，则调用删除内岛函数，直到删除内岛个数为 0 为止；同样地，如果用户选择了删除多边形，则调用对应函数直到删除的多边形个数为 0 为止。区别于常规的直接调用对应的删除函数，上述函数采用了循环调用对应函数并直到删除个数为 0 为止，这主要是针对一些复杂的多边形来说的：一般来说，对于一个复杂多边形，仅存在单体多边形(OGRPolygon*)与多体多边形(OGRMultiPolygon*)两种，而多体多边形内部的所有子多边形均为单体多边形。但偶尔也有存在更为复杂的多边形，即多体多边形内部的子多边形仍存在多体多边形，甚至其内部的多体多边形仍可能存在多体多边形……。对于这种情况，则采用上述循环方法更为可靠。

首先看一下删除多边形的函数 GetDelPolygonCount()的代码。

```
int GetDelPolygonCount(OGRLayer* pOGRLayer, double dAreaLT/* = 0*/, double dAreaGT/* = 0*/)
{
    OGRFeature* pFeature = NULL;
    pOGRLayer->ResetReading();
    vector<int> vNeedJudge; //最后统一删除的容器
    while ((pFeature = pOGRLayer->GetNextFeature()) != NULL)
        vNeedJudge.push_back(pFeature->GetFID());//加入所有要素的FID
    bool bHaveDelete = false; //指示是否删除的变量
    vector<int> vnDeleteInterPolygon; //用于承载需要删除的多边形FID的容器
    int nProcessCount = 0; //最后需要返回的处理的多边形个数
    for (int i = 0; i < vNeedJudge.size(); i++)
    {
        int nFID = vNeedJudge.at(i);
        pFeature = pOGRLayer->GetFeature(nFID);
        OGRGeometry* pGeometry = pFeature->GetGeometryRef();
        if (!pGeometry)continue;
        OGRwkbGeometryType type = wkbFlatten(pGeometry->getGeometryType());
        if (type == wkbPolygon) //如果是单体多边形，直接判断其面积是否符合条件
        {
            OGRPolygon* pPolygon = (OGRPolygon*)pGeometry;
            double dArea = pPolygon->get_Area();
            if (dAreaLT != 0 && dArea < dAreaLT || dAreaGT != 0 && dArea > dAreaGT)
            {
                vnDeleteInterPolygon.push_back(nFID); //如果符合，加入到待处理的容器，
最后统一处理
                bHaveDelete = true;
            }
        }
        else if (type == wkbMultiPolygon) //如果是多体多边形，逐一判断每个子多边形是否
```

符合

```
    {
            OGRMultiPolygon* pMultiPolygon = (OGRMultiPolygon*)pGeometry;
            vector<int> vDeletePart;
            for (int jk = 0; jk < pMultiPolygon->getNumGeometries(); jk++)
            {
                    OGRPolygon* pChildPolygon =
(OGRPolygon*)pMultiPolygon->getGeometryRef(jk);
                    double dArea = pChildPolygon->get_Area();
                    if (dAreaLT != 0 && dArea < dAreaLT || dAreaGT != 0 && dArea > dAreaGT)
                    {
                            vDeletePart.push_back(jk); //如果符合，加入到标记的容器，统一处理
                            bHaveDelete = true;
                    }
            }
            if (vDeletePart.size() > 0) //如果有需要处理的某多体多边形的Part
            {
                    bool bHaveGeometry = false;
                    OGRMultiPolygon newMultiPolygon; //构造临时多体多边形
                    for (int jk = 0; jk < pMultiPolygon->getNumGeometries(); jk++)
                    {
                            if (find(vDeletePart.begin(), vDeletePart.end(), jk) ==
vDeletePart.end())
                            {
                                    newMultiPolygon.addGeometry(pMultiPolygon->getGeometryRef(jk));
                                    bHaveGeometry = true; //如果未标记则加入，略过标记的子多边形
                            }
                    }
                    if (bHaveGeometry) //有加入到临时多边形中的子多边形
                    {
                            OGRFeature* pNewFeature =
(OGRFeature*)OGR_F_Create(pOGRLayer->GetLayerDefn());
                            BOOL bSuc = CopyFeatureAttrs(pOGRLayer, pFeature, pNewFeature);
                            vector<int>nFIDtoDelete;
                            nFIDtoDelete.push_back(nFID);
                            bSuc = DeleteFeature(pOGRLayer, nFIDtoDelete);
                            OGRErr er = pNewFeature->SetGeometry(&newMultiPolygon);
                            pOGRLayer->CreateFeature(pNewFeature); //重新生成已删除了子多边
形的多体多边形
                            OGRFeature::DestroyFeature(pNewFeature);
                    }
                    else//没有加入到临时多边形的子多边形，证明都不符合，直接整个删除
                            vnDeleteInterPolygon.push_back(nFID);
            }
```

```
        }
    }
    nProcessCount += vnDeleteInterPolygon.size();//更新处理的多边形个数
    if (vnDeleteInterPolygon.size() > 0)
        DeleteFeature(pOGRLayer, vnDeleteInterPolygon); //根据容器删除要素
    return nProcessCount;
}
```

上述代码比较详尽地说明了如何实现对符合条件的多边形的删除过程。代码中首先声明一个容器 vNeedJudge 并用于存储当前文件中的所有待判断的要素,之所以采用容器装载所有的 FID,再逐一判断此容器内的各 FID 所对应的要素,而不是直接采用遍历所有要素,主要是因为在编辑过程中,可能随时有新生成的要素或删除的要素,特别是新生成的要素是不需要进行判断或处理的,采用容器方法有利于避免重复判断。再声明一个用于承载需要删除的多边形 FID 的容器 vnDeleteInterPolygon,该容器用于装载所有需要删除的多边形,而删除过程是遍历完毕后最后统一基于这个容器内记录的所有 FID 所对应的要素,且需要倒序删除,因为如果正序删除可能会导致某些 FID 改变而导致的错误。

具体删除时,先遍历容器 vNeedJudge 内的每一个要素的几何形状,如果该形状为单体多边形,判断如果满足面积设定条件,则将该要素的 FID 加入到容器 vnDeleteInterPolygon 中,函数最后再统一调用函数 DeleteFeature() 统一删除;如果该形状为多体多边形,则需要遍历该多体多边形内部的所有子多边形,如果有符合删除条件的,则采用新的容器 vDeletePart 进行记录,再在遍历此多体多边形之后删除对应的子多边形,而此删除的过程实际上是一个先复制再删除的过程,即先将不需要删除的复制到一个新的多边形中,再重新建立一个要素连接到此新多边形,复制对应的属性,最后删除原多体多边形。函数最后返回在此过程中处理的多边形的个数。

其中具体执行删除要素的过程函数 DeleteFeature() 非常简单,实际上就是执行了 OGRLayer* 的删除要素的函数,代码如下。

```
BOOL DeleteFeature(OGRLayer* pOGRLayer, vector<int> nFids)
{
    for (int i = nFids.size() - 1; i >= 0; i--)
        pOGRLayer->DeleteFeature(nFids.at(i)); //调用OGR具体删除对应的要素
    return TRUE;
}
```

其次,再看一下删除多边形内岛的函数 GetDelInnerIslandCount() 的代码,其核心思路与删除多边形的函数类似,也是先构造对应的整形容器,并逐一判断各要素为单体多边形或是多体多边形,再对所有单体多边形进行判断是否符合条件,代码如下。

```
int GetDelInnerIslandCount(OGRLayer* pOGRLayer, double dAreaLT/* = 0*/, double dAreaGT/*
= 0*/)
{
    OGRFeature* pFeature = NULL;
    pOGRLayer->ResetReading();
```

```
    vector<int> vNeedJudge; //最后统一删除的容器
    while ((pFeature = pOGRLayer->GetNextFeature()) != NULL)
        vNeedJudge.push_back(pFeature->GetFID());//加入所有要素的FID
    bool bHaveIntersectInLayer = false; //指示是否内部有需要删除内岛的变量
    vector<int> vHaveProcessFIDs; //用于承载需要处理的多边形FID的容器
    int nProcessCount = 0; //最后需要返回的处理的多边形个数
    for (int i = 0; i < vNeedJudge.size(); i++)
    {
        int nFID = vNeedJudge.at(i);
        pFeature = pOGRLayer->GetFeature(nFID);
        if (find(vHaveProcessFIDs.begin(), vHaveProcessFIDs.end(), nFID) !=
vHaveProcessFIDs.end())
            continue; //如果已经处理过，略过！
        vHaveProcessFIDs.push_back(nFID); //由于正在处理FID，因此将其加入到已经处理过
的容器之列

        bool bHaveIntersect = true;
        OGRGeometry* pGeometry = pFeature->GetGeometryRef();
        OGRwkbGeometryType type = wkbFlatten(pGeometry->getGeometryType());
        if (type == wkbPolygon) //如果是单体多边形，直接判断其所有内岛
        {
            vector<int> vnDeleteInterIsland;
            OGRPolygon* pPolygon = (OGRPolygon*)pGeometry;
            for (int j = 0; j < pPolygon->getNumInteriorRings(); j++)//遍历其所有内岛
            {
                OGRLinearRing* pLineRing = pPolygon->getInteriorRing(j);
                OGRPolygon opTmp; //临时多边形
                pLineRing->closeRings();
                opTmp.addRing(pLineRing); //加入临时多边形
                double dArea = opTmp.get_Area();//计算面积
                if (dAreaLT != 0 && dArea < dAreaLT || dAreaGT != 0 && dArea > dAreaGT)
                    vnDeleteInterIsland.push_back(j); //如果面积符合条件，标记此内岛
需要删除
            }
            if (vnDeleteInterIsland.size() == 0) //若所有内岛都不需要处理，此要素不变
继续下一要素
                continue;
            OGRFeature* pNewFeature = (OGRFeature*)OGR_F_Create(pOGRLayer->
GetLayerDefn());
            bHaveIntersectInLayer = true;
            OGRPolygon newPolygon; //临时多边形，用于承载删除此要素符合条件内岛后的其他环
            void* pNewPolygon = &newPolygon;
            DeleteInterIsland(pPolygon, pNewPolygon, vnDeleteInterIsland); //具体删除
内岛函数
            pNewFeature->SetGeometry((OGRGeometry*)pNewPolygon); //新建的要素连接此几
```

何形状

```
        CopyFeatureAttrs(pOGRLayer, pFeature, pNewFeature); //复制所有属性
        vector<int>nFIDtoDelete;
        nFIDtoDelete.push_back(nFID); //加入待批量删除容器之列
        nProcessCount += nFIDtoDelete.size();//更新处理内岛要素的个数
        DeleteFeature(pOGRLayer, nFIDtoDelete); //具体删除
        pOGRLayer->CreateFeature(pNewFeature); //生成新要素
        OGRFeature::DestroyFeature(pNewFeature);
    }
    else if (type == wkbMultiPolygon) //如果是多体多边形,再逐一判断每个子多边形
    {
        OGRMultiPolygon* pMultiPolygon = (OGRMultiPolygon*)pGeometry;
        OGRMultiPolygon newMultiPolygon;
        int nNumGeometries = pMultiPolygon->getNumGeometries();
        for (int jk = 0; jk < nNumGeometries; jk++)//遍历所有子多边形
        {
            OGRPolygon* pChildPolygon = (OGRPolygon*)pMultiPolygon->
getGeometryRef(jk);
            vector<int> vnDeleteInterIsland; //记录需要删除的内岛容器
            for (int j = 0; j < pChildPolygon->getNumInteriorRings(); j++)//遍历内岛
            {
                OGRLinearRing* pLineRing = pChildPolygon->getInteriorRing(j);
                OGRPolygon opTmp;
                pLineRing->closeRings();
                opTmp.addRing(pLineRing);
                double dArea = opTmp.get_Area();//判断是否符合删除条件,如果符合,
加入容器
                if (dAreaLT != 0 && dArea < dAreaLT || dAreaGT != 0 && dArea > dAreaGT)
                    vnDeleteInterIsland.push_back(j);
            }
            if (vnDeleteInterIsland.size() == 0) //如果没有子加入,继续下一子多边形
            {
                newMultiPolygon.addGeometry(pChildPolygon);
                continue;
            }
            bHaveIntersectInLayer = true; //指示变量,说明有更改
            OGRPolygon newPolygon; //临时多边形
            void* pNewPolygon = &newPolygon;
            DeleteInterIsland(pChildPolygon, pNewPolygon, vnDeleteInterIsland);
//删除
            newMultiPolygon.addGeometry(&newPolygon); //加入新子
        }
        if (bHaveIntersectInLayer) //如果有更改
        {
```

```
                OGRFeature* pNewFeature = (OGRFeature*)OGR_F_Create(pOGRLayer->
GetLayerDefn());

                CopyFeatureAttrs(pOGRLayer, pFeature, pNewFeature); //复制属性
                vector<int>nFIDtoDelete;
                nFIDtoDelete.push_back(nFID);
                nProcessCount += nFIDtoDelete.size();//更新个数
                DeleteFeature(pOGRLayer, nFIDtoDelete); //先删除
                pNewFeature->SetGeometry(&newMultiPolygon);
                pOGRLayer->CreateFeature(pNewFeature); //再新建新的要素
                OGRFeature::DestroyFeature(pNewFeature);
            }
        }
    }
    return nProcessCount;
}
```

上述代码详细说明了删除多边形内岛的整个过程。由于此过程相对来说复杂一些，掌握其全过程基本上就已经掌握了基于 OGR 进行矢量多边形要素多种操作的技能，因此在代码中未进行较大简化。与删除多边形类似，本段代码中使用了大量 STL 的容器 vector<>变量作为动态数组，此容器在容器内数量并不太大的情况下进行内部数据遍历的效率还是很高的，因此基本不影响效率问题。代码中同样在遍历该数据集时，首先逐一判断各要素是否为单体多边形，如果为多体多边形，则需要遍历其内部并分离出所有单体多边形。在处理单体多边形时，由于是需要删除多边形的内岛，因此需要遍历所有单体多边形是否具有符合条件的内岛，如果有则需要构造一个新的临时多边形，复制其所有不符合删除条件的环(包括外环与所有内环)，在判断此临时多边形有效时，则需要将此新单体多边形代替原单体多边形。具体的代码实现过程可详细参见上述代码中的注释部分。

6.4 小 结

本章重点介绍了针对面状矢量数据的一个常用算法，即基于面积限制条件下的批量删除多边形或多边形内岛，该算法在日常矢量数据处理中较为常用，其实现方法也具有一定的代表性，其要素遍历过程、多体多边形的遍历过程及内环的遍历过程在面状矢量数据处理中算法中具有较好的代表性。本章算法同样适用于 2.4 节中的交互式批量删除多边形或其内岛的算法，区别仅在于本章算法不需要实现对撤销/重做功能的支持。

第 7 章

矢量数据 Dissolve 算法模块 MHFeaDissolve 的实现

Dissolve 原意是溶解、消失的意思，在地理信息系统的矢量数据处理中，特指针对邻接面状矢量多边形的合并过程。此工具在遥感影像分类过程中应用较多，特别是在针对高空间分辨率遥感影像的信息提取过程中，首先采用某种影像分割方法将遥感影像分割成为一系列地块基元，这些基元彼此相接且无公共区域，其并集构成了整幅遥感影像范围。当采用某种分类方法对相应的分割基元或地块进行分类后，这些地块便被赋给了类别属性，而基于此类别属性进行相应的矢量多边形的渲染配色，即可得到我们常用的影像分类结果。到此为止，我们得到的是带有类别属性的分割地块图，而将相邻相同类别属性的地块合并后的过程即为 Dissolve 过程。

7.1   模块 MHFeaDissolve 需求设计

模块 MHFeaDissolve 主要是针对面状多边形数据文件中进行基于设定字段进行相同属性邻接多边形的合并算法过程，其实现原理也是基于 OGR 提供的要素遍历与判断过程。广义上来说，矢量数据的 Dissolve 过程，实际上可以针对输入的线状或面状数据，其实现原理与过程也很类似。但由于在实际应用中未发生针对线状数据的 Dissolve 过程，因此本章算法仅针对了其中的面状数据的 Dissolve 进行了实现，如果需要线状数据的 Dissolve，读者可以在本章实现方法基础上进行扩展。

模块 MHFeaDissolve 的算法界面如图 7-1 所示。

图 7-1 示意了本算法在实现多边形文件要素 Dissolve 时对应于 MHMapGIS 算法工具箱中弹出的算法对话框界面。图 7-1 中对话框中调用了模块 MHFeaDissolve 的对外表现接口为：

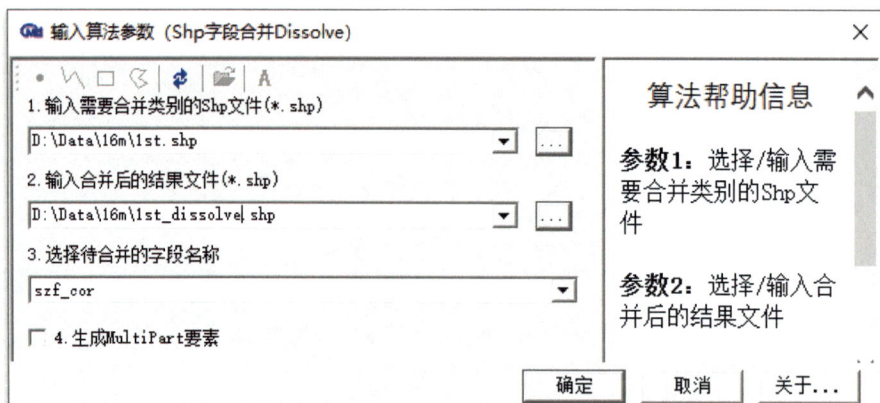

图 7-1　基于矢量数据设定字段的 Dissolve 算法对话框界面

```
extern "C" __declspec(dllexport)  char* _cdecl MHDissolve(
    const char* pszInputShp,  //输入的面状多边形矢量数据文件
    const char* pszOutputShp,  //输出的结果文件
    const char* pszField = "",  //采用的Dissolve字段
    const char* pszCreateMultiPartFeature = "false");  //是否生成多体多边形
```

可以看出，图 7-1 中示意的 4 个算法参数同接口 MHDissolve 的 4 个参数一一对应，其中，参数 1 为输入的面状矢量数据文件，参数 2 为对应于参数 1 进行 Disssolve 的结果文件，参数 3 需要指定参数 1 中所对应的一个字段的名称，参数 4 为一个选项，是否输入多体多边形。

实际界面配置中，本动态链接库的所有接口自描述接口代码如下。

```
char* GetFuncParamsDesp(const char* sFuncName)
{
    if(strcmp(sFuncName,"MHDissolve") == 0)  //如果调用了此动态库的接口MHDissolve，返回
字符串
        return
"1.输入需要合并类别的Shp文件(*.shp)(FILE), \
2.输入合并后的结果文件(*.shp)(FILE),\
3.选择待合并的字段名称(COMBOBOX:FIELD_FROM_INPUT1),\
4.生成MultiPart要素(CHECKBOX)";
    return "";
}
```

即当外部通过 LoadLibrary()函数装载此动态链接库并调用接口 MHDissolve 时，会返回此字符串，而图 7-1 的算法对话框就是根据这个字符串自动生成的对话框。其中除参数 1、2 生成对应的文件下拉框及右侧的文件浏览按钮之外，参数 3 的关键词为 (COMBOBOX:FIELD_FROM_INPUT1)，MHMapGIS 的算法对话框模块 MHMapDlg Algorithms 会将此关键词进行分析，在参数 3 处生成新的 CComboBox 控件，并从编辑框1(输入1)中的矢量数据中分析出所有的字段名称并加入到此 CComboBox 控件中以供选择，参数 4 处生成一个复选框。

7.2　模块 MHFeaDissolve 的功能描述与实现原理

模块 MHFeaDissolve 的主要功能是实现给定邻接面状矢量在设定字段上属性值一致的要素进行合并(Merge 操作)，效果如图 7-2 所示。

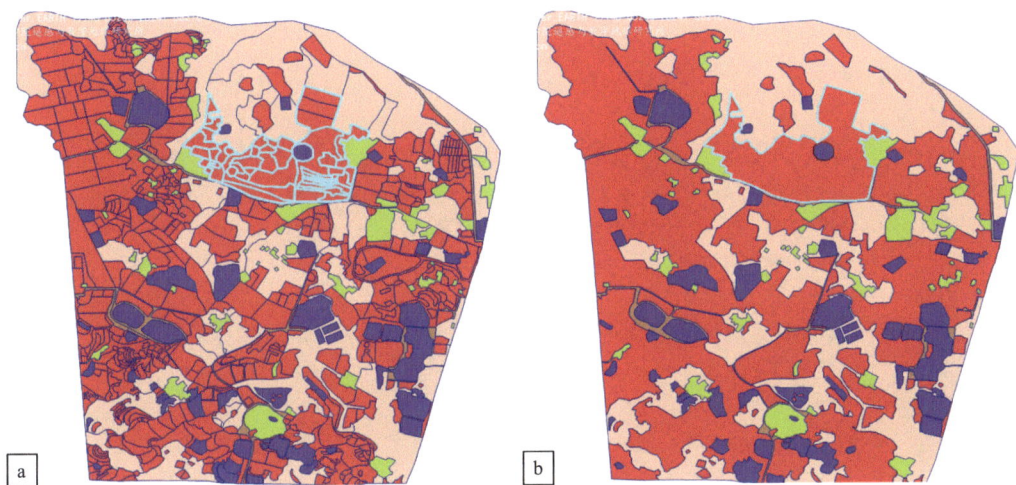

图 7-2　矢量多边形 Dissolve 前后效果对比图

图 7-2 中的左图(图 a)示意了某地区在进行土地地块划分之后，再对所有地块的属性进行判别与分类后形成的土地地表覆被分类结果示意图，右图(图 b)为图 a 按其分类类别进行 Dissolve 后的结果，图 a 中的 51 个选中的要素在 Dissolve 之后被合并成为 1 个较大要素。图 7-2 中采用了基于分类类别字段作为种类划分的渲染方式(MSCategory ThematicObj*)。

比较图 7-2 中的左右 2 图，可以看出图 a 中很多地块被地块间的分隔线所隔离，这实际上是采用蓝线渲染地块边界的效果导致的，也能够说明一个较大区域的地类中含有多少个小的地块。而图 b 中已经将在此字段上具有相同属性的地块之间进行了合并，更符合实际进行地类划分后的成果图。

为达到以上效果，需要首先遍历设定字段的属性类别个数，再建立一个基于此个数的数组或容器，遍历所有要素并将所有要素按其在设定字段上的属性进行归类，再把每一个类中所有要素均指派到一个大的多体多边形中，在多体多边形内部执行内部自关联 Union 操作，此过程即可将邻接的多边形进行合并，最后再把所有容器中的要素合并，形成最终的结果。

7.3　模块 MHFeaDissolve 的功能代码实现

基于以上功能需求与原理分析，我们采用代码对上述接口定义进行实现。尽管模块

MHFeaDissolve 的功能比较明确，应用时看似功能也比较简单，但其实现过程还有些麻烦，因此我们对接口 MHDissolve() 的实现过程进行分析如下。

```cpp
char* _cdecl MHDissolve(const char* pszInput, const char* pszInputShp, const char*
pszOutputShp, const char* pszField, const char* pszCreateMultiPartFeature/* = "false"*/)
{
    //1.初始化，打开对应数据集，新建结果数据集并复制原数据集的投影、字段等信息，略
    vector<string> vFieldToCompare;  //用于承载待比较的字段信息，允许多个字段比较，因此
采用容器
    //判断设定的字段pszField，如果为空，将所有字段加入vFieldToCompare，否则将设定字段加
入，略
    typedef struct _DISSOLVE        //用于要素遍历后记录的数据结构
    {
        vector<OGRFeature*> vFeature; //要素的容器
        vector<string>      vAllValue; //属性值
    }DISSOLVE;
    map<string, DISSOLVE> curFeatures; //map结构，对应于某字符串的DISSOLVE数据结构
    map<string, DISSOLVE>::iterator it; //迭代器
    OGRFeature* pFeature = NULL;
    while ((pFeature = pSrcOGRLayer->GetNextFeature()) != NULL) //遍历所有要素
    {
        string sValue;
        for (int i = 0; i < vFieldToCompare.size(); i++)
        {
            const char* cValue = pFeature->GetFieldAsString(vFieldToCompare[i].c_str());
            sValue += string(cValue) + ",";
        }
        DISSOLVE* pDis = &curFeatures[sValue];
        vector<string>* vAllV = &pDis->vAllValue;
        for (int i = 0; i < nFieldCount; i++)//遍历所有字段，加入设定字段的属性值
        {
            OGRFieldDefn* pFieldDefn = pSrcOGRLayer->GetLayerDefn()->GetFieldDefn(i);
            const char* cValue = pFeature->GetFieldAsString(pFieldDefn->GetNameRef());
            vAllV->push_back(string(cValue));
        }
        vector<OGRFeature*>* vFeatures = &pDis->vFeature;
        vFeatures->push_back(pFeature);
    }
    for (it = curFeatures.begin(); it != curFeatures.end(); it++) //遍历数据结构中的所
有值
    {
        DISSOLVE* pDis = &it->second;
        vector<OGRFeature*>* vF = &pDis->vFeature;
        OGRMultiPolygon* pTmpGeometry =
(OGRMultiPolygon*)OGR_G_CreateGeometry(wkbMultiPolygon);
```

```cpp
        for (int i = 0; i < vF->size(); i++)//2.新生成多体多边形后，将属性一致的单体要
素加入
        {
            OGRFeature*pFea = vF->at(i);
            OGRGeometry* pGeometry = pFea->GetGeometryRef();
            OGRwkbGeometryType type = pGeometry->getGeometryType();
            if (type == wkbPolygon)
                pTmpGeometry->addGeometry(pGeometry);
            else if (type == wkbMultiPolygon)
            {
                OGRMultiPolygon* pTMP = (OGRMultiPolygon*)pGeometry;
                for (int j = 0; j < pTMP->getNumGeometries(); j++)//遍历单体多边形并加入
                    pTmpGeometry->addGeometry(pTMP->getGeometryRef(j));
            }
        }
        OGRGeometry* pNewGeometry = pTmpGeometry;
        if (pTmpGeometry->getNumGeometries() > 1) //3.属性值一致的多要素内部Union
            pNewGeometry = pTmpGeometry->UnionCascaded();
        //如果岛的面积为0，去掉岛；判断连续3点是否在同一直线上，如果，去掉第2个点，略
        if (wkbType == wkbPolygon) //4.生成单体多边形，即参数pszCreateMultiPartFeature为0
        {
            OGRwkbGeometryType type = pNewGeometry->getGeometryType();
            if (type == wkbPolygon)
            {
                OGRFeature* pNF = OGRFeature::CreateFeature(pDstOGRLayer->
GetLayerDefn());
                pNF->SetGeometry(pNewGeometry);
                for (int i = 0; i < nFieldCount; i++)//属性值复制回来
                {
                    OGRFieldDefn* pFieldDefn = pSrcOGRLayer->GetLayerDefn()->
GetFieldDefn(i);
                    pNF->SetField(pFieldDefn->GetNameRef(),pDis->vAllValue[i].c_str());
                }
                pDstOGRLayer->CreateFeature(pNF); //目标图层中重新指派好的要素
                OGRFeature::DestroyFeature(pNF);
            }
            else if (type == wkbMultiPolygon)
                //如果指定了生成单体多边形，则遍历多体中所有子多边形，逐一生成对应的
要素，略
        }
        else//5.生成多体多边形
        {
            OGRFeature* pNF = OGRFeature::CreateFeature(pDstOGRLayer->GetLayerDefn());
            pNF->SetGeometry(pNewGeometry); //生成多体多边形，直接指派给要素即可
```

```
        for (int i = 0; i < nFieldCount; i++)         //属性值复制回来
        {
            OGRFieldDefn* pFieldDefn = pSrcOGRLayer->GetLayerDefn()->
GetFieldDefn(i);
            pNF->SetField(pFieldDefn->GetNameRef(), pDis->vAllValue[i].c_str());
        }
        pDstOGRLayer->CreateFeature(pNF); //目标图层中重新新指派好的要素
        OGRFeature::DestroyFeature(pNF);
    }
}
//后处理，关闭所有数据集，略
return cReturn;
}
```

我们将上述代码对应的矢量数据的 Dissolve 过程分为几个步骤进行说明：首先进行初始化，包括 GDAL 与 OGR 的初始化，设定字符集，打开待处理的矢量数据并读取其投影、字段等信息，再新建目标数据集并复制对应的字段信息。建立容纳待比较字段字符串的容器 vFieldToCompare，如果用户指定了比较字段，则将用户指定的字段加入此容器中（允许指定多个），如果用户没有指定，则默认比较所有字段，将所有字段名称均加入此容器中。构造用于 Disssolve 的数据结构，其内部只有两个成员：一个为用于接纳要素的容器 vFeature；另一个则为需要比较的属性值字符串的容器，此数据结构为后续进行比较的基础，同时定义此容器的函数内 map 型变量 curFeatures，其主键为对应的字符串，值为对应的数据结构。

至此数据结构及对应的变量已经声明完毕，我们需要遍历原矢量数据中的所有要素并将其信息充填至 DISSOLVE 数据结构中，再与其设定字段上的属性值共同构成数据结构对并加入到 map 容器 curFeatures 中去。

第二个步骤中，需要遍历所有加入的数据结构的值，并将设定字段一致的单体要素加入一个临时生成的多体多边形 pTmpGeometry 中；如果原来的要素为多体，则需要遍历该多体内部的所有单体并逐一加入。此过程完成之后，就实现了 map 容器内具有 m 个元素，此 m 决定于用户设定字段所对应所有要素属性的类别个数。例如图 7-2 中，m 的值为 5，图中即是按该设定的类别进行的分色渲染效果。

在第三步中，需要就此 m 个类别所对应的临时几何形状 pTmpGeometry 内部分别进行各自的 UnionCascaded() 操作，即实现所有属性一致的要素内联合并，合并结果可能为单体多边形，也可能为多体多边形。

在第四步中，如果用户指定了生成单体多边形，则遍历原来数据结构中的所有单体多边形，在目标图层上生成对应的要素，要素的几何形状分别连接到这里的各个单体多边形，其属性也从原来的要素上复制过程，完成对应的 Dissolve 过程。如果用户指定了生成多体多边形（第五步），则将各自 UnionCascaded() 生成的结果直接作为一个几何形状生成到目标图层中即可。

需要说明的是，例如图 7-2 中在第三步执行 UnionCascaded() 操作时，以红色渲染要素为例，实际上此步骤是将图中所有的红色渲染的要素均放置到一个临时多体多边形中，再把这里面的所有的红色要素进行 UnionCascaded() 并形成一个数量少了很多的多体多边形，再将这个多体多边形分离成单体多边形并创建对应的要素，形成图 7-2 右侧图 b 中示意的一个红色多边形被选中的效果。

7.4　小　　结

本章主要介绍了针对面状矢量数据后处理的一个针对指定字段进行相邻要素合并的算法，即矢量数据的 Dissolve 算法。实际上，此算法可用于处理线状数据或面状数据，线状数据一般用于进行首尾相接线段的重新连接成一条线的过程（而不是将两条线 Merge 成一个多体线 OGRMultiLineString*）。本章算法中并未实现针对线的 Dissolve 算法，用户如果需要可以在本章实现算法的基础上进行扩展，其实现原理、数据结构与方法过程与面状数据的 Dissolve 过程类似，唯一的差别就是不能直接采用 UnionCascaded() 函数，而是需要先判断两条线是否有首尾相接，如果有则需要在一条线的基础上扩展，或是新建一条线并复制原两条线的所有坐标点信息。

面状数据的 Dissolve 过程实际中应用较多，广泛应用于遥感影像分类后期的后处理与成图、发布过程，同时还有基于设定字段的矢量数据压缩效果。

第 8 章

空间数据缺失分析模块 MHFeaSpatialAnalysis 的实现

空间数据缺失分析是一个针对现有空间数据的一个算法，一般应用于数据分析工作。在实际应急、减灾等应用的前期数据分析中，当确定了研究区范围之后，就需要分析研究区现有数据，进而分析与评估数据的缺失情况。具体地说，由于不同的任务与需求对数据的需求与要求不同，因此实际应用中应用此工具的情况也差异较大。举个例子来说，当进行地震发生后的前期快速评估时，需要"尽快"摸清所有可能有用的数据源，包括各种矢量数据和已有地图，以及不同空间分辨率的遥感影像数据、DEM 数据等。这些数据主要是指历史存档数据，需要在具体需求指导下评估数据的缺失情况，并确定后续如进行进一步的数据获取与密度加密等工作。这里的遥感影像数据可能包括应用最多的卫星遥感影像历史存档数据，还可能包括飞机、无人机、动力三角翼等航空数据，也可能包括地表获取的多种空间数据。此时，需要有算法能够自动分析已有数据的空间范围，并基于研究区的空间范围对已有数据进行分析，进而分析出数据的缺失范围。

此过程主要基于面状多边形的矢量空间分析。对于遥感影像数据来说，一般卫星影像在数据获取并正射之后有一个有效范围的概念，即对于一景遥感影像来说，一般在四周都有一些不太规则的黑色无效数据区域，在进行研究区现有数据分析时，也需要将这些无效区域去除，因此本模块 MHFeaSpatialAnalysis 实现上包含了 2 个独立的算法，即计算影像有效范围算法及数据缺失分析算法，这 2 个算法均可以独立对外服务。

8.1 模块 MHFeaSpatialAnalysis 的功能描述与实现原理

根据前文说明，模块 MHFeaSpatialAnalysis 实际上包含了两部分相互独立的功能：一个是进行遥感影像的有效范围分析；另一个是基于所有面状矢量数据及给定研究区面状矢量范围进行数据的缺失分析算法。其中，第一个算法的输入为遥感影像的数据（一般为 Tiff 文件），输出为一个面状的矢量 Shp 文件，其内部一般仅存在一个多边形，指示了数据中的有效区域与范围；第二个算法的输入为研究区范围的 Shp 文件及已有空间数据列表，输出为指示缺失数据区域的 Shp 文件，其内部同样为多边形要素，指示了研究区域尚缺少数据的区域。

　　从实现原理角度来看，算法 1 的遥感影像有效范围计算的实现原理是进行影像的像素的遍历，找到影像的"真正角点"，并基于此 4 个角点构造对应的多边形，具体的实现过程中，基于遥感影像有效范围的大致判断，可以在算法设计与实现的方法方面选择相对优异的策略进行遍历。算法 2 的数据缺失分析的算法实际上很多时候是在调用算法 1，并完成所有影像有效范围计算的基础上，再基于矢量数据的空间分析进行实现的。

　　从实现接口角度来看，算法 1 的接口比较简单，对应的导出函数接口为：

```
extern "C" __declspec(dllexport)  char* _cdecl MHGetValidPolygon(// 计算影像数据的有效范围
    const char* pszInputImg,
    const char* pszOutputShp);
```

　　算法接受参数 1 输入的遥感影像数据之后，通过计算分析其有效范围并输出计算结果的面状矢量文件，即参数 2。对应于此算法，在 **MHMapGIS** 中自动生成的对话框如图 8-1 所示。

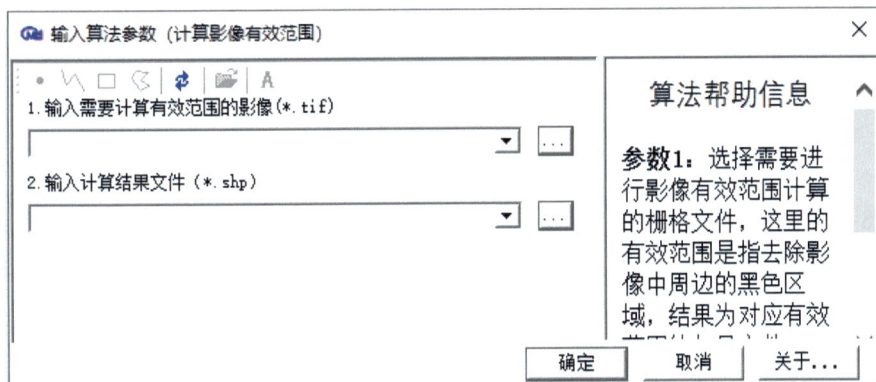

图 8-1　影像有效范围计算的对话框界面

　　需要说明的是，图 8-1 所示的对话框是针对一景遥感影像进行有效范围计算的，当需要对多景影像数据范围进行计算时，可以调用此算法的批处理算法界面，同时也可以对此算法的接口进行扩展，将参数 1 中 **pszInputImg** 定义为以分号间隔的字符串，同时修改对应于此算法的描述接口 GetFuncParamsDesp()，将参数 1 的关键词由"（FILE）"修改为"（FILELIST）"，即可实现将参数 1 由原来的输入文件更改为批量输入文件列表控件。

　　算法 2 的接口也不复杂：

```
extern "C" __declspec(dllexport)  char* _cdecl MHSpatialAnalysis(// 数据缺失分析
    const char* pszInputShpNeedCover,     //输入的需要覆盖的区域，面状
    const char* pszInputDataList,         //输入已有的空间数据，一般为影像类型，也可以
```

有Shp

```
    const char* pszOutputShpNeedData);    //输出需要进一步进行数据获取的区域
```

通过输入需要覆盖的研究区影像数据或矢量数据(参数 2),以及研究区需要覆盖的区域(参数 1),通过空间分析得到是否有需要进一步获取数据的区域(参数 3)。输入结果中,如果没有需要进一步进行数据获取的区域,则输出结果参数 3 中将没有任何要素,为一个空的 Shp 文件。

对应于此算法,在 MHMapGIS 中自动生成的对话框如图 8-2 所示。

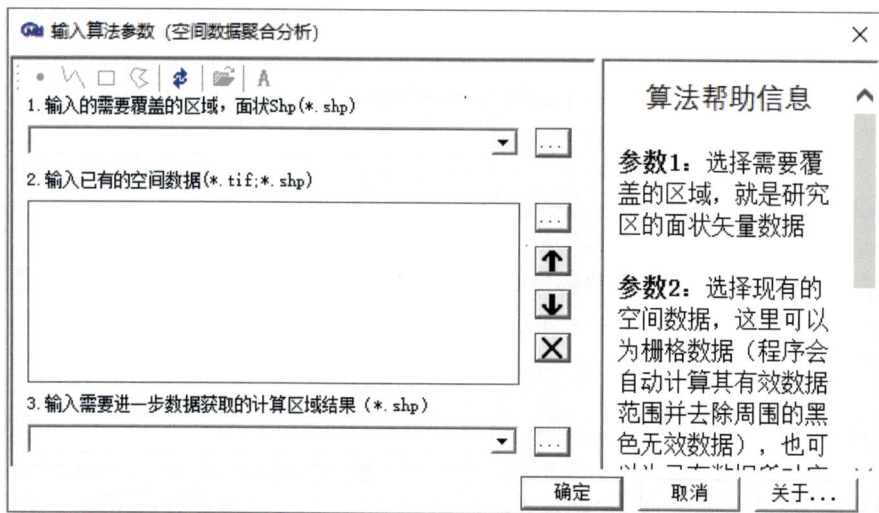

图 8-2　数据缺失分析算法的对话框界面

图 8-2 中的参数 2 由于需要输入很多矢量或栅格数据文件,因此采用了文件列表的方式,因此对应于算法自描述接口 GetFuncParamsDesp() 中的参数 2 的关键词为"(FILELIST)"。

8.2　影像有效范围计算算法功能实现

前已述及,遥感影像的有效范围计算算法的原理,就是进行像素的遍历进而判别影像的四个角点的过程。根据多数遥感影像的四个角点的位置,一般左上角点位于顶部偏左,右上角点位于右侧偏上,左下角点位于左侧偏下,右下角点位于底部偏右,基于此,我们能够得出较好的像素遍历策略,通过策略提高数据遍历的效率,尽快找到对应的角点。影像有效范围计算接口 MHGetValidPolygon() 的主要代码为:

```cpp
char* _cdecl MHGetValidPolygon(const char* pszInputImg, const char* pszOutputShp)
{
    string sFile(pszInputImg);
    GDALDataset* pDataset = (GDALDataset*)GDALOpen(sFile.c_str(), GA_ReadOnly);
    string sFile_valid(pszOutputShp);
    GetValidPolygon(pDataset, sFile_valid); //具体的查找代码
```

```
        return "true";
}
```

对应的接口中在打开影像文件之后，直接调用函数 GetValidPolygon()实现具体的角点查找过程，此函数的代码为：

```
bool GetValidPolygon(GDALDataset* pDataset, string sFile_valid)
{
    //初始化，查询影像获得其仿射变换参数dTransform，数据类型type，宽nXSize，高nYSize，略
    OGRPolygon op;
    OGRLinearRing olr;
    double dX[4], dY[4];
    void* pBuffer = new unsigned char[nXSize*sizeof(type)];
    bool bFind = false;// point 0
    for (int i = 0; i < nYSize; i++)//策略表现在这2个循环的方向上面
    {
        pBand1->RasterIO(GF_Read, 0, i, nXSize, 1, pBuffer, nXSize, 1, type, 0, 0);
        for (int j = 0; j < nXSize; j++)
        {
            double dValue;
            if (type == GDT_Byte)
                dValue = (double)((unsigned char*)pBuffer)[j];
            else
                //其他数据类型转换到double类型，略
            if (dValue > 1e-8) //找到不为0的位置
            {
                dX[0] = dTransform[0] + j*dTransform[1] + i*dTransform[2];
                dY[0] = dTransform[3] + j*dTransform[4] + i*dTransform[5];
                bFind = true; //找到了角点，记录其地理位置，中断循环
                break;
            }
        }
        if (bFind) //找到了角点，中断循环
            break;
    }
    //依次找到其他几个角点，分别赋值给dX[],dY[]
    for (int i = 0; i < 4; i++)
        olr.addPoint(dX[i], dY[i]); //将4个角点加入到环olr中
    olr.addPoint(dX[0], dY[0]);
    olr.closeRings();
    OGRErr er = op.addRing(&olr);    //将环加入的多边形中
    GDALDriver* poDriver = OGRSFDriverRegistrar::GetRegistrar()->GetDriverByName("ESRI Shapefile");
    GDALDataset* poDstDS_valid = poDriver->Create(sFile_valid.c_str(), 0, 0, 0, GDT_Unknown, NULL);
    char* pszPR = (char*)pDataset->GetProjectionRef();
```

```
    OGRSpatialReference* poSpatialRef = new OGRSpatialReference;
    er = poSpatialRef->importFromWkt(&pszPR);
    OGRLayer* poLayer_valid = poDstDS_valid->CreateLayer("Layer", poSpatialRef,
wkbPolygon);//生成图层

    OGRFeature* pFeature_valid = (OGRFeature*)OGR_F_Create(poLayer_valid->
GetLayerDefn());
    pFeature_valid->SetGeometry((OGRGeometry*)&op);
    poLayer_valid->CreateFeature(pFeature_valid); //生成要素
    //后处理，释放内存，关闭连接，略
    return true;
}
```

上述代码中的策略主要表现在数据读取出来之后的两重循环上。由于左上角点位于左上角上侧偏左，因此采用的策略自上至下、自左至右的遍历方法，能够更快地遍历到左上角的非 0 像素（即有效像素）。类似地，右上角点的遍历策略是自右至左、自上至下，右下角点的策略是自下至上、自右向左，左下角点的策略为自左至右、自下至上。

以左上角点坐标的遍历为例，以上方法仅示意了按最严格的左上角点的坐标，实际应用中，由于不同波段之间可能存在少许错位，以及数据量足够的情况下，可以将遍历找到的像素坐标再向右向下偏移几个像素，尽管这样得到的有效区域比实际影像上的有效区域有所减少，但准确性更高，其他几个角点也类似。

8.3　数据缺失分析的算法功能实现

数据缺失分析的原理就是在计算所有输入栅格数据有效范围的基础上，基于所有输入数据所对应的有效范围进行矢量数据的空间分析过程，对应的代码如下。

```
char* _cdecl MHSpatialAnalysis(const char* pszInputShpNeedCover, const char* pszInputDataList,
const char* pszOutputShpNeedData)
{
    //初始化，打开源数据集指针pSrcDS，生成目标数据集及其wkbMultiPolygon类型的图层
pDstOGRLayer，略
    vector<string> vAllFiles;
    //以分号为间隔分离字符串pszInputDataList中所有文件名并加入容器vAllFiles，略
    OGRMultiPolygon op;
    for (int i = 0; i < vAllFiles.size(); i++)//遍历所有源文件，调用函数进行分析有效范
围并加入op中
        Analysis(vAllFiles.at(i), &op);
    OGRGeometry* pNG = op.UnionCascaded();//所有文件有效范围进行合并，形成pNG
    OGRFeature* pFeature;
    OGRMultiPolygon oNewMultiPolygon; //构造临时多体多边形，用于承载源文件中所有单体多
边形
    while ((pFeature = pSrcOGRLayer->GetNextFeature()) != NULL)
    {
```

```cpp
    OGRGeometry* pGeometry = pFeature->GetGeometryRef();
    OGRwkbGeometryType type = wkbFlatten(pGeometry->getGeometryType());
    if (type == wkbPolygon) //如果源文件中的要素为单体多边形，直接加入临时多体多边形
        oNewMultiPolygon.addGeometry(pGeometry);
    else if (type == wkbMultiPolygon)
    {
        OGRMultiPolygon* pMP = (OGRMultiPolygon*)pGeometry;
        int nNum = pMP->getNumGeometries();
        for (int i = 0; i < nNum; i++)//如果源文件中的要素也为多体多边形，则分析
其子多边形并加入
            oNewMultiPolygon.addGeometry(pMP->getGeometryRef(i));
    }
}
    OGRGeometry* pNCP = oNewMultiPolygon.Difference(pNG); //采用pNG对要求覆盖的多边形进
行裁剪
    OGRGeometry* pNewMultiPolygon = pNCP;
    if (pNCP->getGeometryType() == wkbMultiPolygon) //如果裁剪的结果为多体，则其内部再
自我合并
        pNewMultiPolygon = pNCP->UnionCascaded();
    OGRFeature* pNF = OGRFeature::CreateFeature(pDstOGRLayer->GetLayerDefn());
    er = pNF->SetGeometry(pNewMultiPolygon); //新生成的要素几何形状指向裁剪结果
    er = pDstOGRLayer->CreateFeature(pNF); //目标图层上生成对应要素
    //后处理，关闭所有连接，略
    return "true";
}
```

代码中采用了容器 vAllFiles 来承载所有已有空间数据，在遍历此容器并调用函数 Analysis() 实现对所有栅格数据进行有效范围计算，并将所有计算出的有效范围或输入的矢量数据内的单体多边形均加入到对应的多体多边形 op 中。如果多体多边形 op 内部具有多个单体多边形，则此时调用 UnionCascaded() 函数将其内部多个多体多边形进行合并，同时再构造临时多边形将研究区范围给定的多边形文件内部的所有单体多边形也同样合并（UnionCascaded()），形成多体多边形 oNewMultiPolygon，最后采用 op 对要求覆盖的多边形 oNewMultiPolygon 进行裁剪，形成最终空缺的多边形几何形状，再在目标图层上新建要素并指定到此几何形状后生成对应的要素，从而完成矢量数据的空间分析过程。

在此过程中，需要对所有输入的空间数据文件进行分析，对应于上述代码中的函数 Analysis()，其参数 1 为输入的一个空间数据（可以为面状矢量类型，也可以为一个栅格数据类型），参数 2 为在上述代码中已经建立好的一个多体多边形。当输入的数据为栅格数据时，需要首先判断是否有符合本算法命名规则（+"_valid.shp"）的矢量数据文件存在，如果存在则证明已经对此栅格数据进行过有效范围检测，此时便可以直接读取对应的 Shp 文件并加载对应的多边形，如果不存在此文件则需要调用算法 1（见 11.2 节）并将此栅格数据生成符合此全名规则的有效范围矢量文件。然后再分析此有效范围文件并将

其内部的要素的几何形状加入到参数 2 的多体多边形中，对应的实现代码为：

```
bool Analysis(string sFile, OGRMultiPolygon* pMultiPolygon)
{
    GDALDataset* pDataset = (GDALDataset*)GDALOpen(sFile.c_str(), GA_ReadOnly); //栅格
方式打开
    OGRDataSource* pDS = NULL;
    if (!pDataset) //如果按栅格方式打开失败，证明输入文件不是栅格数据，再试图以矢量方式
打开
        pDS = (OGRDataSource*)OGROpen(sFile.c_str(), GA_ReadOnly, NULL); //矢量方式打开
    if (pDataset)  //如果文件为栅格数据文件
    {
        string sFile_valid = sFile;
        int nFind = sFile.rfind(".");
        if (nFind != string::npos)
            sFile_valid = sFile.substr(0, nFind);
        sFile_valid += "_valid.shp";//算法中设定的栅格文件对应的有效范围文件全名规则
        if (_access(sFile_valid.c_str(), 0) == -1)
            GetValidPolygon(pDataset, sFile_valid); //调用算法1生成其有效范围文件，见11.2
        if (_access(sFile_valid.c_str(), 0) != -1) //分析有效范围文件，打开并加入到多
体多边形
        {
            OGRDataSource* pDS_v = (OGRDataSource*)OGROpen(sFile_valid.c_str(),
GA_ReadOnly, NULL);
            OGRLayer* pLayer_v = (OGRLayer*)pDS_v->GetLayer(0);
            OGRFeature* pFeature_v;
            while ((pFeature_v = pLayer_v->GetNextFeature()) != NULL)
            {
                OGRGeometry* pGeometry_valid = pFeature_v->GetGeometryRef();
                pMultiPolygon->addGeometry(pGeometry_v); //将其所有要素均加入多体多
边形
            }
            OGRDataSource::DestroyDataSource(pDS_v);
        }
    }
    else if (pDS) //如果为矢量文件
    {
        OGRLayer* pLayer = (OGRLayer*)pDS->GetLayer(0);
        OGRFeature* pFeature;
        while ((pFeature = pLayer->GetNextFeature()) != NULL) //遍历所有要素，将其加入
多体多边形
        {
            OGRGeometry* pGeometry = pFeature->GetGeometryRef();
            if (pGeometry->getGeometryType() == wkbPolygon)
                pMultiPolygon->addGeometry(pGeometry);
```

```
        else if (pGeometry->getGeometryType() == wkbMultiPolygon)
        {
            OGRMultiPolygon* pMP = (OGRMultiPolygon*)pGeometry;
            for (int i = 0; i < pMP->getNumGeometries(); i++)
            {
                OGRGeometry* pG = pMP->getGeometryRef(i);
                pMultiPolygon->addGeometry(pG);
            }
        }
    }
}
//后处理，关闭所有连接，略
return true;
}
```

8.4　小　　结

本章主要介绍了针对应急、减灾等应用在前期快速数据分析过程中常用的一个数据缺失分析的算法，特别是针对某特定研究区在已有一定遥感数据的基础上，需要进一步分析数据的缺失及需要数据获取的区域时，本章算法的实现原理是进行矢量数据的叠加分析。

在矢量数据空间分析方面，如果有需求还可以进行不同区域的叠加次数分析，而且计算并得出不同区域的数据覆盖度，能够更好地为数据分析提供支撑。其实现原理也比较简单，就是通过矢量数据的叠加分析，将所有输入多边形形状分离成为若干个彼此并不相交的区域，再分别计算每一区域的数据来源；具体的实现过程则要复杂一些，在矢量数据的叠加分析中，可以分以下几个步骤进行：首先将所有输入数据所对应的几何多边形复制到一个数据图层中（当然不在同一图层亦可进行分析），再分别采用其他要素对某一要素进行叠加分析，其实现方法可以分析出源多边形的坐标点并构线，再直接调用线切割多边形算法进行叠加分析，……，依此类推，将所有多边形要素均进行切割，形成研究区域若干个小的多边形，并在此过程中可以通过某个字段记录各个小多边形的"源要素名称"，或是后期遍历并增加此源要素名称均可，此名称对应了这个小区域被哪些数据所覆盖。

同样地，基于此思路及其他实际需求，也可发展其他一些类似的算法应用，并为实际需求服务。

第 9 章

面状多边形最大内圆圆心查找模块 MHFeaGenPolygonVoronoi 的实现

对于面状矢量数据来说，查找一个任意多边形最大内圆的圆心有着广泛的应用价值。例如在实际应用中，基于已有材料来计算并生成出最大内圆模具是很多工厂的实际需求。一般来说，凸多边形的最大内圆的计算比较简单，也有着严格的数学公式；但对于更复杂的任意多边形（里面可能含有凹顶点），则问题要复杂得多，也没有较好的方法进行直接数学计算，因此本章采用计算一个任意多边形的 Voronoi 图的方法来解决此问题。

在遥感信息提取应用中，同样也有类似的需求与应用。例如，在进行多期湖泊变化对比过程中，需要对多期影像的湖泊提取结果进行配准，并在此基础上进行湖泊变化的对比分析，这里对多期影像及其湖泊提取结果进行精确配准就是后续所有应用的前提。在北美阿拉斯加地区及俄罗斯西伯利亚地区，由于这些地区常年被冰雪与湖泊覆盖，在长时间序列中很难找到较好的地面控制点，因此只能从湖泊的角度寻找多期数据间的相对控制点。由于湖泊形状在历史时期均有不同的变化，需要从湖泊所对应的多边形中提取相对稳定的点作为控制点，而湖泊的中心点则是相对来说最为稳定的点。湖泊的中心点一般来说就是湖泊内部距离各个边（湖岸）最远处的点，其计算方法从数学角度来说即为求构成湖泊的任意多边形的最大内圆问题（可内接或内切）。因此，进行湖泊中心点的查找问题，就转化为求该多边形的最大内圆圆心问题。

对于矢量多边形最大内圆圆心点的计算方法，目前已有文献中大多是针对凸多边形或特定多边形（如函数或模型形式表达的弧段、抛物线等）的最大内圆问题的求解，而对任意多边形的最大内圆求解问题研究不多。基于迭代法可以实现的任意多边形最大内圆查找算法，但其存在两个主要问题：一是在某些情况下仅能迭代到局部的最大内圆处而非全局的最大内圆圆心（取决于迭代初始点），且有一定的误差（取决于迭代的限值）；另一点则是由于迭代效应而产生的效率不确定问题。Voronoi 是计算几何中一种重要的数学方法，能够实现任意多边形主体骨架刻画，并在此基础上可实现任意多边形的最大内圆圆心的查找。同时，由于其有着严格的数学定义，通过数学方法计算一个矢量多边形的内部 Voronoi 图，而最大内圆圆心点一定是这些 Voronoi 图的某个交点，因此，可以通过计算相应多边形的 Voronoi 图求解多边形的最大内圆问题。

　　基于这些问题，本章中将对任意形状的多边形最大内圆进行计算，其输入为面状矢量数据文件(包括多个面状多边形要素,而输出则为基于这些单体要素的最大内圆的圆心与半径，采用的方法为计算各单体要素的 Voronoi 图。本章中我们临时将矢量多边形分为简单多边形与复杂多边形，其中简单多边形是特指各边首尾连接且无自相交的无岛多边形，而复杂多边形在本章中特指内部含有岛的多边形。对于多体多边形，在本章算法中将会分离出其内部的各单体多边形并分别进行计算。由于遥感影像水体全自动提取、基于 Voronoi 图进行湖泊的最深点估计、配准控制点匹配等过程相对比较复杂，因此本章将详细介绍此过程。

9.1　Voronoi 图实现多边形最大内圆圆心查找原理

　　图 9-1 示意了西伯利亚地区一景环境一号遥感影像及其水体提取结果叠加效果图。

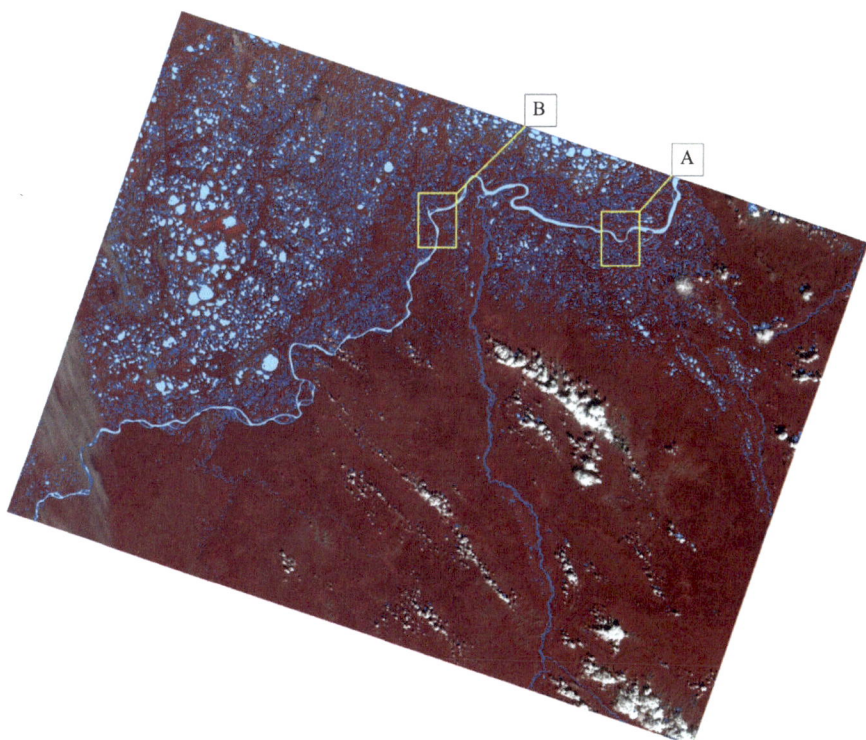

图 9-1　西伯利亚研究区影像(HJ-1)同其水体提取叠加效果图

　　影像配准是多期影像对比及定量化分析的基础，对于西伯利亚等泛北极地区来说，影像上主要只有湖泊与河流，无其他明显标志物，因此只能通过影像上的河流或湖泊进行配准。如图 9-1，对于湖泊来说，自然状态的湖泊一般来说形状并不复杂，可以通过寻找湖泊上的特征点作为多期影像配准的控制点，因此这里要求特征点具有较好的稳定性。相对于湖泊质心点来说，我们认为，湖泊的最深点更符合"多期影像配准的稳定性"这一特点，其原理如图 9-2 所示。

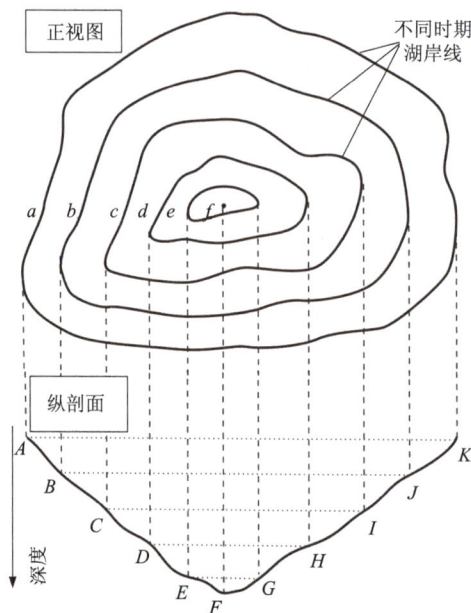

图 9-2　随湖泊扩展或收缩时湖泊中心点保持相对稳定

图中，随着不同时期湖泊范围的变化，图中湖岸线将会由 *a~f* 的变化，而对应于变化过程中的湖泊最深点都几乎没有变化，即点 *F*，即使湖泊最后干涸，最后的点也会是最深点 *F*，而此点实际上可以近似地看做与任意时期的湖泊多边形最大内圆的圆心，而实际上该最深点就对应着湖泊湖岸线多边形的最大内圆圆心。

9.2　泛北极地区水体提取方法流程

图 9-3 示意了基于湖泊最深点进行多期影像配准的技术路线图。首先对多期影像进行水体提取，并提取其中的湖泊，方法上可参见第 17 章水体提取算法等。在此基础上，基于本章的基于 Voronoi 图进行所有已经提出的湖泊水体多边形的最大内圆及其圆心的提取，进行湖泊最深点的估计，再基于估计的湖泊最深点进行控制匹配点对进行多期影像配准。这一过程中，首先给定用于配准的阈值（前后 2 次的面积小于给定阈值作为限制），再筛选符合条件的控制点对，并作为后续影像配准的控制点对，当完成区域所有湖泊最深点估计并选择将它们中的有效控制点对后，需要计算这些控制点对的残差，去除残差大的控制点，并直到残差满足设定条件为止，最后应用所有控制点对进行影像配准。

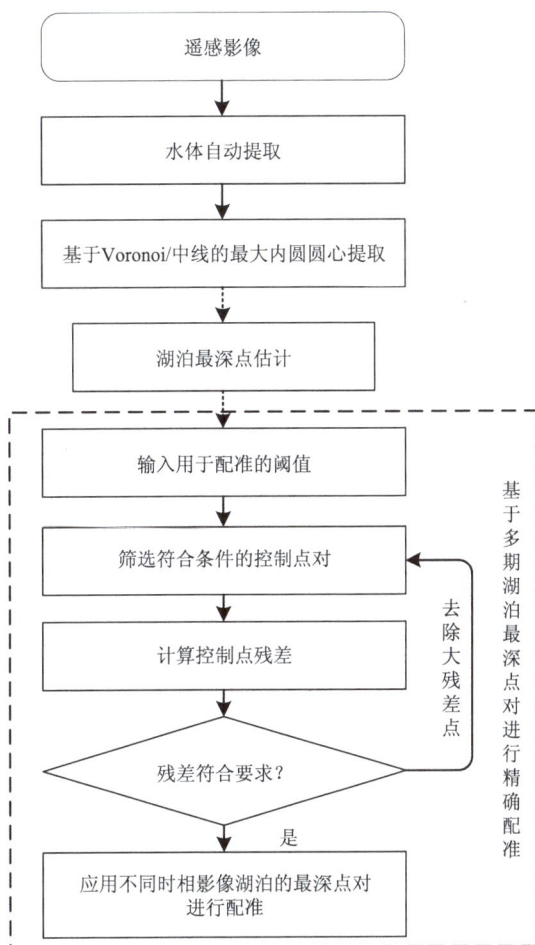

图 9-3　基于湖泊最深点推测的多期影像配准流程

具体的水体提取流程可描述为图 9-4。

图 9-4 示意了本文针对中分辨率遥感影像进行水体信息提取的流程图。本章实验中用的数据源包括 Landsat MSS、Landsat TM、Landsat OLI、HJ-1 等，首先计算影像的水体指数，并按初始阈值及 DEM 生成的坡度及晕渲图进行区域水体全局分割，形成全局水体对象。这里增加 DEM 及坡度、晕渲的主要目的是减少区域山体阴影的影响。在全局水体识别的基础上，再逐个针对每个提取出的水体对象进行分析，通过向外等面积非水体的缓冲区内像元的直方图精确化水体阈值进一步确定局部水体阈值，再进行局部水体分割，将前后 2 次的局部水体识别结果进行比较，并确定其是否稳定，如果不稳定则重新进行缓冲区及局部阈值确定，形成新的局部分割结果，直至该水体分割稳定。最后遍历整个区域的水体，去除一些伪水体，并形成最终的区域水体提取结果。

```
┌────────┐  ┌──────────┐  ┌──────────┐  ┌──────────┐
│  HJ-1  │  │Landsat OLI│ │Landsat TM│  │Landsat MSS│
└────────┘  └──────────┘  └──────────┘  └──────────┘
```

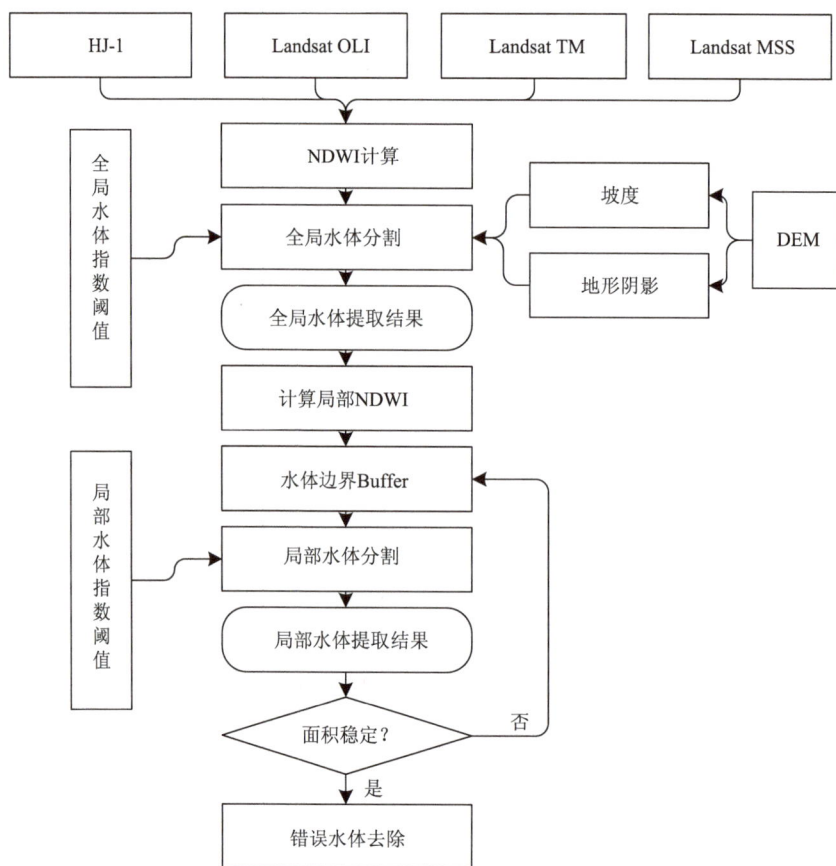

图 9-4　遥感影像水体自动提取流程

9.3　矢量多边形的最大内圆查找算法过程

Voronoi 图是计算几何中的一个非常重要的数学模型，在地理学中有着广泛的应用。由 Voronoi 图可以进行多边形最大内圆的查找。可以采用图 9-5 所示"二分-合并"的 Voronoi 图生成方法，并需要考虑其中岛的存在对算法的实现及效率影响。

如图 9-5(a)所示，图中外部黑色实线为待求解最大内圆的矢量多边形，内部的蓝线为求解出的 Voronoi 线段，红色线为求解出的 Voronoi 抛物线，绿色圆为其最大内圆。根据 Voronoi 图的定义，当多边形的两条边的夹角为锐角时，该点的 Voronoi 图将是角平分线(如果图 9-5(a)的 A 点)，当为钝角时，该点的 Voronoi 图将是该两条边向多边形内部的垂线[如图 9-5(a)的 C 点]。由于各点得出的 Voronoi 线众多，因此采用较好的 Voronoi 图生成算法才能达到较高的效率，"二分~合并"方法实现 Voronoi 图生成策略的主要思想是，将构成多边形的节点进行二分，再分别求二分后 2 边的 Voronoi 图，然后再按设定的策略进行合并。对于二分之后的每一个边的 Voronoi 求法，可以再继续进行二分，直到分到最简单的几种常见情况时为止。采用"二分~合并"方法进行 Voronoi 图的追踪过程，具体可参见本人发表的相关文章，此处略。

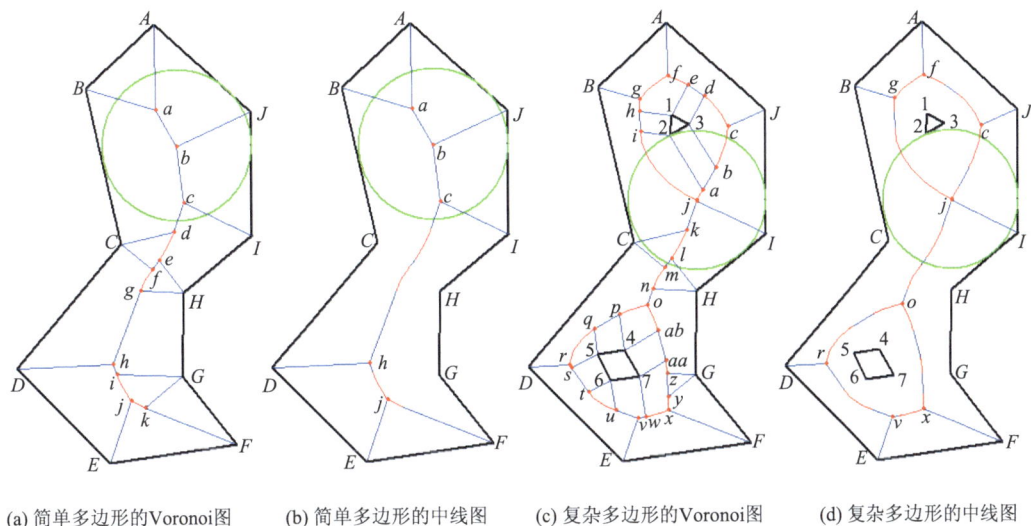

(a) 简单多边形的Voronoi图　　(b) 简单多边形的中线图　　(c) 复杂多边形的Voronoi图　　(d) 复杂多边形的中线图

图 9-5　多边形最大内圆查找方法示意图

在生成多边形 Voronoi 图基础上，可以生成多边形的中线(medial axis)，中线可由 Voronoi 图去掉外环的凹顶点(内部钝角)及内环的凸顶点(外部钝角)对应的两条垂线得出，如图 9-5 (b)、(d)即为(a)、(c)Voronoi 图所对应的中线图。由于去掉了外环凹顶点及内环凸顶点中每个点对应的两条垂线，因此中线图的交点个数较 Voronoi 的交点个数有所减少，这将有利于最大内圆的查找并提高效率。

基于 Voronoi 图可以进行多边形的最大内圆的查找，根据 Voronoi 图的定义与性质，多边形最大内圆的圆心点一定落在该多边形内部各 Voronoi 线的交点位置，即对于图 9-5(a)的点 $a, b, c, \cdots, k$ 或图 9-5 (c)的点 $a, b, c, \cdots, ab$(在图中采用红色实心点表示)。依次搜索这些点同所有边的最小距离，并取其最大的即为对应的最大内圆的半径，而该点即为最大内圆圆心点，对应于此算法的 Voronoi 跟踪算法的复杂度为 $O(n \log n)$，其中 n 为构成湖泊多边形的边的个数。

9.4　模块 MHFeaGenPolygonVoronoi 的功能代码实现

前文 9.3 节说明了一个任意多边形的 Voronoi 图生成的原理，实际实现时，多边形凸节点处所对应的 Voronoi 图为其锐角的角平分线，而凹节点处的 Voronoi 图为两条经过该点的射线，且在后续追踪中还需要表达抛物线，需要构造非常麻烦的数据结构。CGAL 为我们提供了开源的数学库，其内部包含了上述的 Voronoi 图的生成过程，我们实际应用中可以在了解其接口的情况下直接进行应用，并根据实际情况进行一定的扩展。本章中的 Voronoi 图的生成过程就是在改进 CGAL 提供的 Voronoi 图生成过程基础上实现的。

对于算法应用来说，首先我们根据实际需要构造生成 Voronoi 图的接口如下。

```
extern "C" __declspec(dllexport) char* _cdecl MHFeaGenPolygonVoronoi(
    const char* pszInputShp,          //输入的Shp
    const char* pszNumTotal,          //Shp文件需要拆分的分份，默认为1，可以拆分可多份并
只做其中一部分
    const char* pszCurNumber,         //当前处理的份数，以1开始
    const char* bGenAllLine,          //是否生成所有的线，如果生成速度慢，默认不生成
    const char* bIgnoreInnerIsland);  //是否忽略所有内岛，如果忽略则仅以多边形外环生成
Voronoi
```

本算法接口中共暴露出 5 个主要参数，其中第 1 个为输入的待计算 Voronoi 图及其最大内圆与圆心的面状 Shp 文件，本算法中由于需要输出的为每一个输入多边形的圆心（点状 Shp）及 Voronoi 线（线状 Shp），因此在参数中并未让用户指定输出的点、线状 Shp 命名，算法中会根据用户输入的面状 Shp 文件进行加后缀生成新的 Shp 文件名，如用户输入的是 abc.shp，则输出的文件名分别为 abc_outline.shp 与 abc_outpoint.shp。参数 2 与参数 3 为指定对输入 Shp 文件进行分块处理的用途，当输入的文件 abc.shp 要素很多时，可以进行分块处理，例如参数 2 指定为 4，则参数 3 可以取值 1 至 4，分别对应了原 Shp 文件中的前四分之一到最后的四分之一所对应的要素。参数 4 为是否输出所有的线的选项，默认情况下在输入 Voronoi 的线状 Shp 文件中仅输出骨干线，如果此选项为非 0 或 TRUE 则输出所有 Voronoi 图的线。参数 5 同样为一个选项，是否在计算 Voronoi 图时忽略多边形内岛。

对应于此 5 个参数在 MHMapGIS 上自动生成的对话框界面如图 9-6 所示。

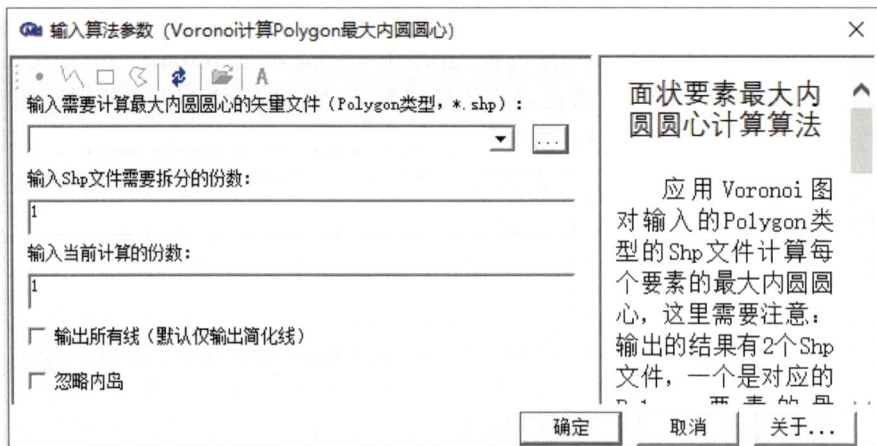

图 9-6   基于 Voronoi 图计算多边形最大内圆圆心算法对话框界面

可以看出，图 9-6 中示意的 5 个算法参数同接口 MHFeaGenPolygonVoronoi 的 5 个参数一一对应。实际界面的算法实现中，本动态链接库的接口实现所对应的代码如下。

```
char* _cdecl MHFeaGenPolygonVoronoi(const char* pszInputShp, const char* pszNumTotal,
const char* pszCurNumber, const char* bGenAllLine, const char* bIgnoreInnerIsland)
{
```

```
        polygon poy;    //对应于算法中创建的类的对象，该类位于DataModel中，用于封装并调用CGAL
的相应功能
        int nNumTotal = atoi(pszNumTotal);     //几个参数的解析
        int nCurNumber = atoi(pszCurNumber);
        bool bGenAllLine_In = atoi(bGenAllLine) > 0;
        bool bNotGenAllLine_In = !bGenAllLine_In;
        bool bIgnoreInnerIsland_In = atoi(bIgnoreInnerIsland) > 0;
        bool bSuc = poy.read_from_shapefile_and_generate_target_shapefile(pszInputShp,
    nNumTotal, nCurNumber, bNotGenAllLine_In, 1, bIgnoreInnerIsland_In, false);    //具体
的调用算法过程
        if (bSuc)
            return "true";
        return "false";
}
```

对应的接口实现代码比较简单，就是在解析了用户输入参数并转换为类 polygon 所需要的参数之后，再调用此类的具体实现功能函数即可，其主要函数代码为：

```
bool polygon::read_from_shapefile_and_generate_target_shapefile(const char* in_polygon_
shpfile, int TotalNum, int CurNum, bool bNotAllLine, int nShowInterval, bool bIgnoreAllIsalnd,
bool bShowAllWarnings)
{
    //初始化，判断是否存在参数错误，生成日志文件，采用OGR打开相应的文件，并生成2个目标文
件：线状Shp增加4个整形字段：IsParabola、IsReflex、IsInter、fromFID，点状Shp增加5个整形或
实型字段：Radius、LineNum、LineLength、fromFID、PolyArea，略
    if(!read_from_shapefile(pLayer, m_errorFile, TotalNum, CurNum, bNotAllLine, bIgnoreAllIsa
lnd))
    {//再读取源shp文件，计算每个feature的圆心与半径，并加入到刚才生成的图层中去
        OGR_DS_Destroy((OGRDataSourceH) pDS );
        OGRDataSource::DestroyDataSource(m_pResult_DS_Point);
        OGRDataSource::DestroyDataSource(m_pResult_DS_Line);
        return false;
    }
    //后处理，日志文件更新，关闭所有数据集，记录耗时时间，略
    return true;
}
```

由于代码量巨大，因此上述代码中省略了基于 OGR 进行矢量空间数据打开、读取、生成、创建字段等操作，也省略了日志文件的大量代码，这些代码比较简单，用户可以参考第 3 章、第 4 章或源码。类似地，代码中的核心是继续调用本类的函数 read_from_shapefile()，对应的代码为：

```
bool polygon::read_from_shapefile(OGRLayer* pLayer, fstream & file, int TotalNum, int
CurNum, bool bNotAllLine, bool bIgnoreAllIsalnd)
{
    //初始化，判断是否存在参数错误，日志文件更新信息，略
    while( (pFeature = (OGRFeature*)OGR_L_GetNextFeature((OGRLayerH)pLayer)) != NULL ) //
```

```
遍历所有要素
    {
        if((curType = pGeometry->getGeometryType()) == wkbPolygon )
            analyze_polygon_and_start_compute(pGeometry, bPrintToScreen, nNumFeature,
bNotAllLine, nFID, bIgnoreAllIsalnd); //调用要素分析并计算Voronoi函数
        else if (curType == wkbMultiPolygon)
            //遍历此多体多边形内部所有单体多边形，分别对每个单体多边形进行类似上面的
函数调用，略
    }
    return true;
}
```

在读取 Shp 文件并进行分析的函数 read_from_shapefile()中，需要遍历所有要素并对其几何形状进行判断，找到其中所有的单体多边形(如果为多体多边形，则需要遍历此多体多边形内部的所有单体多边形并分别进行处理)，调用函数 analyze_polygon_and_start_compute()进行分析与计算工作。对应的主要代码为：

```
bool polygon::analyze_polygon_and_start_compute(OGRGeometry* pGeometry, bool
bPrintToScreen, int nNumFeature, bool bNotAllLine, int nFID, bool bIgnoreAllIsalnd)
{
    for (int i=0;i<nLinerCnt;i++)//遍历多边形的外环的所有点
    {
        OGRPoint pt;
        pExtRing->getPoint(i,&pt);
        dot dt(pt.getX() - m_dminX, pt.getY() - m_dMinY); //加入已经偏移了的点，最后结
果再偏移回来
        add_dots(dt); //函数将点加入计算Voronoi的模型
    }
    if (!bIgnoreAllIsalnd)
        //如果没有忽略内环，则将其所有点也加入模型，方法同样是直接调用上面函数add_
dots()，略
    dot dtCenter = get_centerPoints(bPrintToScreen, bNotAllLine); //开始计算并获得中心点
    double radius = get_maxRadius(bPrintToScreen, bNotAllLine); //获得半径
    //计算所有线的个数、长度等信息，略
    add_point_to_shapefile(dtCenter, radius, lineNum, lineLength, nFID, fArea); //加入点至
结果文件
    vector<linesegment>* vpa = get_interior_parabolas(bPrintToScreen, bNotAllLine);
    for (int i=0;i<vpa->size();i++)  //加入抛物线至结果文件
    {
        linesegment* ls = &vpa->at(i);
        add_line_to_shapefile(ls->get_dt1(), ls->get_dt2(), true, false, bIsIntersect,
nFID);
    }
    //判断与抛物线两端的点相同的直线，做上标记，不加入，抛物线的点也不加入
    vector<linesegment>* vls = get_interior_linesegments(bPrintToScreen, bNotAllLine);
```

```
for (int i=0;i<vls->size();i++)  //加入线段至结果文件
{
    linesegment* ls = &vls->at(i);
    add_line_to_shapefile(ls->get_dt1(),ls->get_dt2(),false,isReflex[i],bIsIntersect,
nFID);
}
return true;
}
```

上述代码才真正进入计算的核心部分。首先需要遍历多边形的所有节点，这里需要看用户是否指定了参数 bIgnoreAllIsalnd，即是否忽略内岛，如果忽略则只需要遍历外环的所有节点，如果未忽略则需要遍历构成此单体多边形的所有节点；无论是外环还是内环上的节点，调用方法均为函数 add_dots()，即将此点加入模型中并进行计算。计算完毕之后，再调用函数 get_centerPoints() 与 get_maxRadius() 分别获取最大内圆圆心点及其半径，最后将最大内圆圆心点加入结果文件（通过函数 add_point_to_shapefile()），所有线段加入结果文件（通过函数 add_line_to_shapefile()）。这里需要注意，抛物线与线段在实际模型中均表现为线段，只是抛物线是一系列线段构成而已，获取对应的抛物线与线段的函数分别为 get_interior_parabolas() 与 get_interior_linesegments()。

对应于上述代码中的 add_point_to_shapefile() 非常简单，就是将获取的点坐标作为新要素的 X、Y 坐标及其属性并在点图层内生成新要素，函数 add_line_to_shapefile() 则是将指定的线段首尾坐标及其属性作为新要素进行生成，这两个函数内的代码均是 OGR 进行生成新要素、指定字段属性的简单操作，此处略。

实际上上述代码中最重要的就是函数 get_centerPoints() 与 get_maxRadius()，两者均是调用了一个函数，即 compute_interior_voronoi()，实现现有模型中所有节点构成多边形的 Voronoi 图的计算过程，此函数实际上是应用 CGAL 进行 Voronoi 图计算的底层代码，分析如下。

```
bool polygon::compute_interior_voronoi(bool bPrintToScreen,bool bNotAllLine)
{
    SDG2           sdg; //0. 定义变量
    SDG2::Site_2   site; //边
    SDG2::Point_2 lastPt,firstPt; //点
    SDG2::Vertex_handle vh, wh, firstwh; //顶点句柄
    for (int k=0;k<m_nNum_Island;k++)//1. 复制数据，首先遍历所有的岛(外环也视为岛)，同
时计算
    {
        DotArray *dots = &m_alldots[k];
        SDG2::Point_2 ptTmp(dots->at(0).x,dots->at(0).y);
        vh = sdg.insert(ptTmp);
        for (int i=1;i<dots->size();i++)//再遍历此岛内所有节点，加入模型
        {
            SDG2::Point_2 ptTmp(dots->at(i).x,dots->at(i).y);
            wh = sdg.insert(ptTmp);
```

```
                sdg. insert(vh, wh);
            }
        }
    for (Finite_edges_iterator eit = sdg. finite_edges_begin(); eit !=
sdg. finite_edges_end(); ++eit)
        {//2. 遍历结果类型，即在第1步计算的基础上，此步骤遍历结果为线段、抛物线哪种
            SDG2::Edge e = *eit;
            SDG2::Geom_traits::Segment_2        s; //线段
            CGAL::Parabola_segment_2<SDG2::Geom_traits> ps; //抛物线
            CGAL::Object o = sdg. primal(e);
            if (CGAL::assign(s, o)) //如果Voronoi图结果为线段
            {
                dot dt1(s. source().x(), s. source().y());//线段的首点
                dot dt2(s. target().x(), s. target().y());//线段的尾点
                linesegment ls(s. source().x(), s. source().y(), s. target().x(), s. target().
y()); //线段结果
                m_allinterior_linesegments. push_back(ls); //线段加入结果容器
            }
            else if (CGAL::assign(ps, o)) //如果Voronoi图结果为抛物线
            {
                vector<SDG2::Point_2> pts;
                ps. generate_points(pts); //由抛物线结果生成对应的点坐标
                double firstX = pts[0].x();
                double firstY = pts[0].y();
                for (int i = 1; i < nPts ; i++)
                {
                    dot pt1(firstX, firstY);
                    dot pt2(pts[i].x(), pts[i].y());
                    linesegment ls(firstX, firstY, pts[i].x(), pts[i].y());//抛物线结果中的
小线段
                    m_allinterior_parabolas. push_back(ls); //抛物线加入结果容器
                    firstX = pts[i].x();
                    firstY = pts[i].y();
                }
            }
        }
    int nSumPoint = 0; //3. 遍历所有的内部点，找出最大圆，计算第i个点到所有边的最短距离
    for(int k=0;k<m_nNum_Island;k++)
        nSumPoint += m_alldots[k]. size();
    linesegment * allLS = new linesegment[nSumPoint];
    int nNum = 0;
    for (int k=0;k<m_nNum_Island;k++)//遍历所有岛(外环也视为一个岛)，点读取出来至allLS
    {
        DotArray *curDA = &m_alldots[k];
```

```
        for (int j=0;j<curDA->size();j++)//遍历所有节点
        {
            int jj = j+1;
            if(jj > curDA->size()-1)
                jj -= curDA->size();
            dot dtfrom = curDA->at(j);
            dot dtto = curDA->at(jj);
            allLS[nNum++].set_dots(dtfrom,dtto);
        }
    }
    m_Radius = 0; //最大内圆半径
    sort(m_allinterior_possible_dots.begin(),m_allinterior_possible_dots.end());//※排序
    double oldx,oldy;
    for (int i=0;i<m_allinterior_possible_dots.size();i++)//遍历
    {
        double curx = m_allinterior_possible_dots.at(i).x;
        double cury = m_allinterior_possible_dots.at(i).y;
        double curRadius = 999999; //初始化半径设为很大，在后续遍历迭代中找到最小
        double curCenterX=0,curCenterY=0; //初始化坐标点
        bool bIsValid = true;
        for (int j=0;j<nSumPoint;j++)
        {
            dot minDistPoint;
            double distTmp = allLS[j].get_dist(dt,minDistPoint); //获取距离
            if(distTmp < m_Radius) //如果计算出的距离已经小于找到的最小距离，直接中断
到下一交点
            {
                bIsValid = false;
                break;
            }
            if(distTmp < curRadius) //如果找到的距离小于已有的距离，取其所有半径中的
最小半径
            {
                curRadius = distTmp;
                curCenterX = dt.x;
                curCenterY = dt.y;
            }
        }
        if(bIsValid && curRadius > m_Radius) //如果有效且距离大于已有半径，采用此为最
大内圆半径
        {
            m_Radius = curRadius; //最后返回的就是这个最大内圆半径
            m_dtCenter.x = curCenterX; //最后返回的就是这个最大内圆圆心坐标
            m_dtCenter.y = curCenterY; //最后返回的就是这个最大内圆圆心坐标
```

```
        }
      }
    return true;
}
```

具体的代码执行分为几个步骤：首先在第一步需要定义一些变量，这些变量均位于SDG2 命名空间，然后需要遍历所有的岛的节点数据并复制到模型中，这里需要注意，模型中认为所有的节点数据均为"对等"，而不去具体区分哪些节点位于哪个环(外环或内环)上。实现过程中，均是通过 SDG2::insert()函数实现节点的增加，而模型实现上是在增加节点的同时就进行了本节点信息的计算。模型中，当节点数超过 3 时增加 1 个节点，模型中就会自动构建对应的模型，并在模型中表达新增加进来的节点前已有节点之间的关系，再更新此新建节点的前一节点、后一节点及当前节点的 Voronoi 图信息，并不更改其他节点的信息，因此保证其算法复杂度不高。

之后，需要在第二步遍历所有的结果类型。实际上，在第一步的模型增加节点过程中，模型就随着节点的增加而逐步更新与新增节点有关的节点的 Voronoi 图的计算，因此第一步节点增加完毕之后便可以直接对结果进行遍历。具体遍历过程中，需要遍历并区分所有生成的结果为线段类型还是抛物线类型，其判断方法采用函数 CGAL::assign()进行判断：当结果为一个线段时，需要得到此线段的首尾节点的坐标，并将此坐标赋值到新的线段类 linesegment 的对象中，再增加至我们的线段容器中；同样地，如果结果为一个抛物线，需要遍历此抛物线构成结构中的所有节点，并分线段逐个增加至抛物线的容器中，方法同样是定义一个线段类的对象。

当把所有的 Voronoi 线生成之后，就可以遍历所有的线的交点与其他边的距离，从而确定是否为最大内圆的圆心点，具体如下：首先遍历所有的内部点，分别计算对应的交点距离边的距离并找出其中最大圆，计算点到所有边的最短距离，取距离所有边的最小距离最大的点作为最大内圆圆心点，对应的距离即为最大内圆半径，算法搜索完毕。

9.5 算法应用实例与效果分析

应用前文的算法对美国北部阿拉斯加州的 Landsat 湖泊提取矢量数据进行了最大内圆的查找实验。研究区的矢量数据包括 197 020 个湖泊，各湖泊大小形状参差不齐，且大量湖泊中含有岛的存在，常规算法较难满足如此大数据量的计算工作。对所有湖泊进行最大内圆圆心及半径的计算与提取，结果如图 9-7 所示。

图 9-7 展示了基于湖泊最深点估计基础上的多期湖泊配准方法示意图。图 9-7 仅示意了一个湖泊的配准方法，本文中实际需要对整个区域很多湖泊进行类似的配准，对于两期影像的不规则几何畸变来说，可通过多项式法、三角测量法、MQ 模型、自动纠正算法等众多方法来消除，从而达到影像配准的目的。图 9-7(a)中对两期湖泊的中线进行了计算，并分别得到它们的最深点估计结果 O_1 及 O_2，由于两期影像在边界上及内部岛上的变化程度不同，因此统一采用最深点作为湖泊间的配准控制点。图 9-7 (b)示意了将MSS 影像配准至 OLI 影像上的效果图，相应的湖泊最深点重合，湖泊边界略有差异。

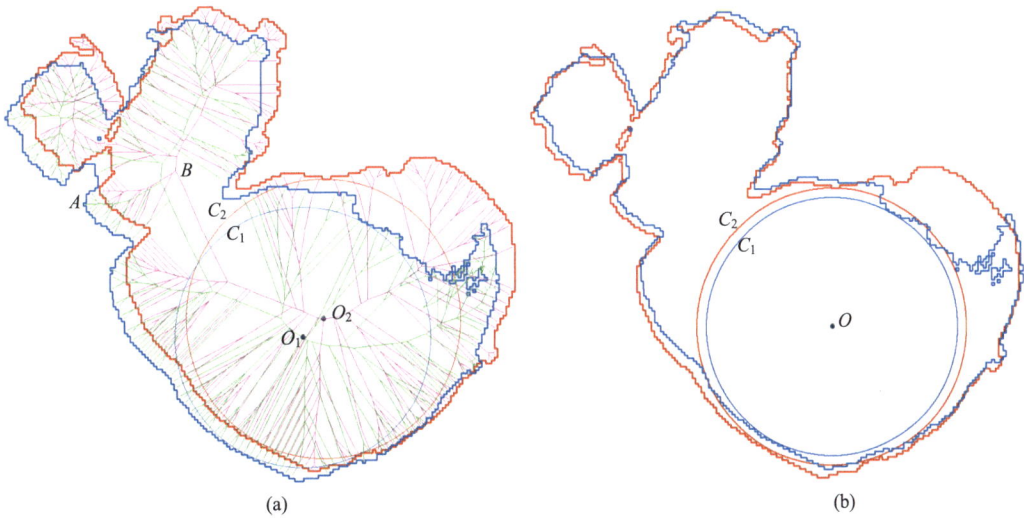

图 9-7　基于 Voronoi 图计算多边形最大内圆圆心并进而推算湖泊最深点

进一步地，对上述算法进行基于多进程改进，以便充分应用计算机的多核计算资源。我们可以制定一个简单、通用的多进程程序"装载器"，之所以称之为"装载器"，是因为我们给此段程序设定一个通用的功能，那就是能够适应多个某进程的加载器并成为一个通用的"进程加载器"，因此其参数实际上为外部输入的待执行的程序运行命令行及其参数，而程序体则装载多个进程并进行计算，其中的核心代码段为：

```
STARTUPINFO si[MAX_PROCESS_NUM]; // MAX_PROCESS_NUM为最多进程个数
PROCESS_INFORMATION pi[MAX_PROCESS_NUM];
for (int i = 0; i < MAX_PROCESS_NUM; i++)//初始化原始参数
{
    ZeroMemory(&si[i], sizeof(si[i]));
    si[i].cb = sizeof(si[i]);
    ZeroMemory(&pi[i], sizeof(pi[i]));
}
for (int i = 0; i < process_num; i++)// process_num为当前使用的进程个数
{
    //初始化字符串toberun，为运行进程的命令行及其参数，此处实际上与前文的接口相对
应，如MHFeaGenPolygonVoronoi.EXE pszInputShp pszNumTotal pszCurNumber bGenAllLine
bIgnoreInnerIsland
    CreateProcess(NULL, (LPSTR)toberun.c_str(),NULL,NULL, FALSE, 0,NULL,NULL,
&(si[i]), &(pi[i]));
}
for (int i = 0; i < process_num; i++)
{
    WaitForSingleObject(pi[i].hProcess, INFINITE); //等到所有进程都运行完毕
    CloseHandle(pi[i].hProcess); //关闭对应的句柄
    CloseHandle(pi[i].hThread);
}
```

对上述装载器实现北美阿拉斯加地区 197 020 个湖泊最深点估计，实验中采用的测试环境配置为：Dell 3.40MHz 8 核处理器，Win7 的 64 位操作系统。实验结果如表 9-1 所示。

表 9-1　不同数据划分策略的数据处理效率对比表

项目	顺序分配法		面积递减法		算法复杂度均衡法		去掉最大 Feature 后的算法复杂度均衡法	
	Feature 数	时间/分	Feature 数	时间/分	Feature 数	时间/分	Feature 数	时间/分
处理核 1	24627	**16.33**	24627	**19.43**	28150	**22.85**	24644	**19.87**
处理核 2	24628	**17.09**	24628	**20.44**	28150	**23.21**	24644	**20.12**
处理核 3	24627	**20.13**	24628	**19.65**	28150	**23.34**	24643	**20.48**
处理核 4	24628	**22.35**	24627	**22.48**	28151	**23.35**	24643	**20.49**
处理核 5	24628	**23.51**	24628	**23.88**	28150	**23.49**	24644	**20.60**
处理核 6	24627	**24.61**	24627	**25.13**	28140	**23.51**	24641	**20.61**
处理核 7	24627	**26.32**	24627	**25.32**	28128	**23.60**	24608	**20.68**
处理核 8	24628	**45.13**	24628	**39.16**	1	**30.02**	24552	**20.68**

可以首先按上述三种数据划分策略实现矢量数据的划分，再采用多进程或多线程的方式，对各组 Feature 分别进行处理与计算。我们按时间递增的方式组织表 9-1 中的各处理核的所需时间(分)，其处理时间对比图如图 9-8 所示。

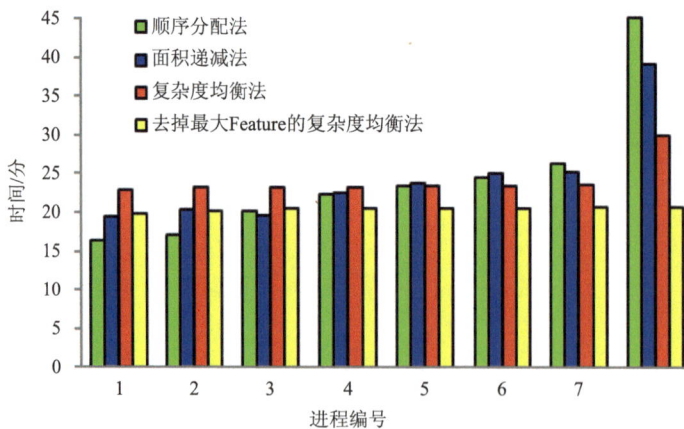

图 9-8　表 9-1 中不同数据划分策略对应的处理时间对比图

根据表 9-1 或图 9-8 可以看出，顺序分配法所需时间最长，为 45.13 分钟；面积递减法其次，耗时 39.16 分钟(周长递减法类似，耗时 39.91 分钟)；复杂度均衡法耗时最短，为 30.02 分钟。进一步分析各种分配策略的 Feature 分配个数，由表 9-1 可以看出，顺序分配法及属性(面积)递减法的 Feature 分配都基本上比较平均，而复杂度均衡法上由于需要平均各个核上的复杂度的和，所以并不平均，并由此带来了较高的并行效率。理想地说，我们希望达到较高的并行数据处理的效率，即充分利用计算机的所有计算核资源，使其各核的计算量尽可能相等，而从图 9-8 或表 9-1 中看出算法复杂度均衡法在核 8 的处理时间仍大于其他核的计算时间，这是因为这个核上仅分配了一个研究区最为复杂的湖泊——Ilianna 湖，该湖泊的矢量多边形中含有 34 834 条边，内部含有 154 个岛，周长 1187.9 km，面积达 2 618.23 km^2，而这个湖泊多边形在本算法中不可再分。为进一步检验算法复杂度均衡法的并行加速效率，我们又在实验中去除了此最大湖泊并保留其他的 197 019 个湖泊，实验结果如表 9-1 的最后 2 列与图 9-8 所示，可以看出相应的 Feature 分配数目均已发生变化，而且在数据处理时间方面也更为均衡，不同核之间最长时间仅比最短时间多 0.81 分钟，基本上达到了各处理核任务均衡化的要求，从而也证明了本文方法的有效性。

9.6　小　　结

本章给出了一种基于 CGAL 库实现面状多边形的 Voronoi 图计算方法，并进而计算其最大内圆圆心点进行湖泊多边形的最深点估计。Voronoi 图不但能够实现本章需要的最大内圆查找，实际上也可以找出矢量多边形非常好的骨架，在很多实际需求中都可以进行应用。从本章算法在北美阿拉斯加州的 Landsat 湖泊提取结果的最大内圆圆心点查找的效果来看，该算法在处理该区域的 197 020 个湖泊最深点所需时间约为 30 分钟，达到了很好的加速比，能够满足该区域多期影像湖泊最大内圆圆心点查找以及在此基础上的影像配准、湖泊变化分析等的需求。

本章的代码实际上需要在了解并掌握 OGR 进行矢量数据操作的同时，更重要的是应用/掌握 CGAL 提供的代码并对其进行修改。本章在应用其源码时还消除大量源码中的 Bug，由于篇幅限制并没有做过多介绍，具体可参见本人开源的源码。

第 10 章

遥感影像云掩膜模块 MHCloudMask 的实现

被动遥感成像过程中，云遮挡了地表反射的辐射信息，造成影像上对应区域地表信息缺失或畸变，从而限制了土地覆被分类、城市演变等面向地表的应用。云是一种常见的大气现象，根据以往对 Landsat 7 获取的存档 ETM+数据获取情况的研究来看，影像上约有一半区域可能由于云遮挡而造成数据缺失。因而，由于获取大区域不受任何云影响的影像困难，使用部分被云污染影像能够提高数据的可获取性，具有重要的实际意义。但在对影像重建、地表覆被分类之前，需要对受云影响的像素范围进行标记，该过程被称为云掩膜。

目前，国内外已经发展了多种云掩膜方法，本章选取了基于质量评估文件云掩膜、基于阈值分割云掩膜与基于时间序列噪声检测三种方法进行实现。其中，Landsat 与 Sentinel 2 等卫星在数据发布时附带了质量评估文件，该文件标记了各个像素是云的概率，通过分割质量评估文件，可以方便地获取云掩膜，该方法主要适用于 Landsat 和 Sentinel 2 等提供了质量评估文件的数据，其应用范围受到一定限制；阈值分割认为云的亮度值(或者反射率)较高，而背景地物的亮度值(或反射率)较低，选取合适的阈值可以将大于阈值的像素标记为云，该方法在缺乏质量评估文件的情况时，能够快速简单地获取影像的云掩膜；时间序列影像提供了地表随时间变化的规律，而地表本身是一个缓慢变化的过程，云等噪声往往表现为幅度较大的突变，该方法获取的掩膜精度较高，但需要有研究区的时间序列数据，主要面向具有较长时间序列影像的应用。以下将分别从方法原理、实现方法和实现效果等几个方面介绍云掩膜算法的实现过程。

10.1 基于质量评估文件的云掩膜方法

1. 方法原理

首先，美国地质调查局分发的 Landsat 8 OLI 数据中包含了质量评估 (quality

assessment，QA）波段，该波段包含下垫面被云污染的信息。随后，Landsat 7 ETM+和 Landsat 5 TM 等影像中也加入了 QA 波段。该波段以 16 位形式存储，与原始影像大小相同，分别表示各个像素是否受到云的污染。16 位中各位含义如表 10-1 所示，其中 4、5、6 位用于表示像元是否为云。第 4 位为 0 表示未进行云掩膜，1 表示进行了云掩膜。第 5 位和第 6 位表示存在云的概率："00"表示无云；"01"表示可能性在 0～33%，即低概率；"10"表示可能性在 34%～66%，即中概率；"11"表示可能性在 67%～100%，即高概率。

QA 波段由 CFmask（C Language Function of Mask）检测方法得到，充分利用多个波段的信息，可以对不同下垫面条件下的影像进行云掩膜，具有较高的精度和鲁棒性。因而对于 Landsat 系列数据，可以通过质量评估文件分割获得掩膜。

表 10-1　Landsat 系列卫星的波段属性

Landsat 8 OLI, OLI/TIRS Collection 1 QA band bits; Read from RIGHT to LEFT, starting with Bit 0

Cumulative Sum															
65553	32767	16383	8191	4095	2047	1023	511	255	127	63	31	15	7	3	1
BIT 15	14	13	12	11	10	9	8	7	6	5	4	3	2	1	0
Description			Cirrus Confidence		Snow/Ice Confidence		Cloud Shadow Confidence		Cloud Confidence		Cloud	Radiometric Saturation		Terrain Occlusion	Designated Fill

Landsat 4-5 TM Collection 1 QA band bits; Read from RIGHT to LEFT, starting with Bit 0

Cumulative Sum															
65553	32767	16383	8191	4095	2047	1023	511	255	127	63	31	15	7	3	1
BIT 15	14	13	12	11	10	9	8	7	6	5	4	3	2	1	0
Description					Snow/Ice Confidence		Cloud Shadow Confidence		Cloud Confidence		Cloud	Radiometric Saturation		Dropped Pixel	Designated Fill

Landsat 1-5 MSS Collection 1 QA band bits; Read from RIGHT to LEFT, starting with Bit 0

Cumulative Sum															
65553	32767	16383	8191	4095	2047	1023	511	255	127	63	31	15	7	3	1
BIT 15	14	13	12	11	10	9	8	7	6	5	4	3	2	1	0
Description									Cloud Confidence		Cloud	Radiometric Saturation		Dropped Pixel	Designated Fill

Sentinel-2 是欧洲空间局发射的卫星星座，由 2A 和 2B 两颗卫星组成。卫星数据在分发时也提供了 Quality Indicator（QI）波段，该波段通过 0~100 的值表示影像上相应像素为云的概率。由于该波段综合了多个波段的反射率信息来识别影像上的云，通过阈值分割该波段可以获得较高的云掩膜精度。

2. 实现方法

根据以上分析，从 Landsat 的卫星数据的 QA 文件中获得云掩膜的关键是提取第 4、5、6 位，基于质量评估文件的云掩膜算法接口声明如下。

```
extern "C" __declspec(dllexport) char* _cdecl CouldMaskByLandsatQA(// 通过阈值分割获得
云掩膜
    const char* pszBQA, //输入质量评估文件的路径
    const char* pszOutImage); //输出文件的路径
```

其中，pszBQA 是输入质量评估文件的路径；pszOutImage 是输出文件的路径。

对应于此算法的对话框界面如图 10-1 所示。

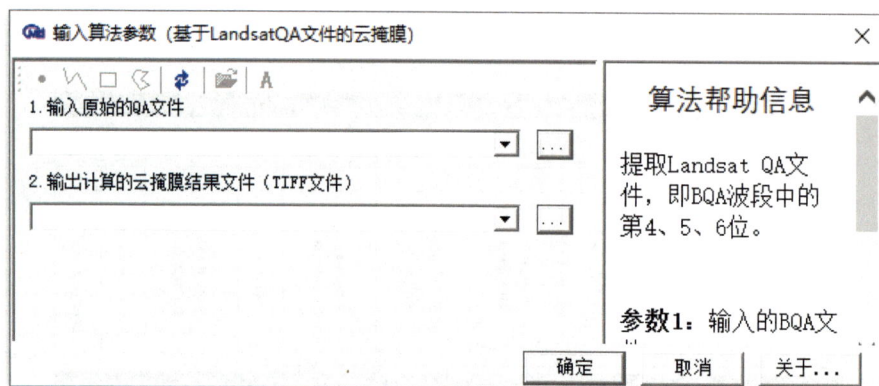

图 10-1　基于质量评估文件的云掩膜算法对话框界面

对应于图 10-1 所激活的算法接口 CLDMaskByQASeg 的主要实现代码为：

```
char* CouldMaskByLandsatQA( const char* pszBQA,        const char* pszOutImage)
{
    GDALAllRegister(); //GDAL初始化
    OGRRegisterAll(); //OGR初始化
    GDALDataset* pDTInput = (GDALDataset*)GDALOpen(pszBQA, GA_ReadOnly); //1.打开QA文件
并读入数据
    int nXSize = pDTInput->GetRasterXSize(); //图像宽
    int nYSize = pDTInput->GetRasterYSize(); //图像高
    int nTotal = nXSize*nYSize;
    unsigned short* pBuf = new unsigned short[nTotal];
    pDTInput->GetRasterBand(1)->RasterIO(GF_Read, 0, 0, nXSize, nYSize, pBuf, nXSize,
nYSize, GDT_UInt16, 0, 0, NULL);
    unsigned char* pBufResult = new unsigned char[nTotal];
    for (int i = 0; i < nTotal; i++) //2.提取表示云信息的波段
        if ((pBuf[i] / 16) % 2)
            pBufResult[i] = (pBuf[i] / 32) % 4;
    GDALDriver* pDriver = (GDALDriver*)GDALGetDriverByName("GTiff");
    GDALDataset* pDTResult = (GDALDataset*)GDALCreate(pDriver, pszOutImage, nXSize,
```

```
nYSize, 1, GDT_Byte, NULL); //生成相同大小的单波段Byte类型的Tiff文件
    pDTResult->GetRasterBand(1)->RasterIO(GF_Write, 0, 0, nXSize, nYSize, pBufResult,
nXSize, nYSize, GDT_Byte, 0, 0, NULL);      //3.保存结果数据
    double dGeoTrans[6];
    pDTInput->GetGeoTransform(dGeoTrans);
    pDTResult->SetGeoTransform(dGeoTrans); //复制仿射变换参数
    const char* pSR = pDTInput->GetProjectionRef();
    pDTResult->SetProjection(pSR); //复制投影信息
    //4.关闭数据集，释放所有开辟的内存，略
    return "true";
}
```

上述代码详细说明了基于质量评估文件的云掩膜过程，主要分为以下几个步骤。

第 1 步　打开 QA 波段并读入数据到内存。由于 QA 波段采用 16 位无符号整数（GDT_UInt16）存储，因而使用 unsigned short 类型数组存储。

第 2 步　提取表示云信息的字段。该步骤将 QA 波段的第 4、5、6 位提取出来，一般可以使用两种方法：

第一种方法　先整除 16（即 2^4），去掉最后 0～3 位，原来的第 4 位到达第 1 位；然后模 2，获得第 4 位的数字。类似可以取得第 5、6 位，即先整除 32（即 2^5），然后模 4，取得第 5、6 位，即云掩膜结果。

第二种方法　由于 C/C++ 中位操作的速度特别快，此时可以先按位与（&）112，

$$2^4 + 2^5 + 2^6 = 16 + 32 + 64 = 112$$

由于仅第 4、5、6 位为 1，其他各位为 0，因此按位之后，将保留第 4、5、6 位的值。

位数编号	15	14	13	12	11	10	9	8	7	6	5	4	3	2	1	0
	?	?	?	?	?	?	?	?	?	Z	Y	X	?	?	?	?
&	0	0	0	0	0	0	0	0	0	1	1	1	0	0	0	0
	0	0	0	0	0	0	0	0	0	Z	Y	X	0	0	0	0

然后右移四位，使得第 4、5、6 位到达最低位。

上述结果中，0 表示无云，1 表示低概率，2 表示中等概率，3 表示高概率；可以进一步分割，获取二值云掩膜。

第 3 步　保存结果数据。该步骤将第 2 步获取的云掩膜结果保存到数据，由于结果只包含 0、1、2、3 四种情况，可以使用 GDT_Byte 类型保存结果。

第 4 步　关闭所有打开的数据集，并释放内存。

通过上述步骤，完成了基于 Landsat QA 波段的云掩膜获取。

对于 Sentinel 2 的 QI 波段，可以看成是一个综合了多个波段信息的特殊波段，可以通过影像分割方法获取云掩膜，具体在 10.2 节予以介绍。

3. 实现效果

图 10-2 是一组基于 Landsat 5 文件的云掩膜结果，影像 ID 为 LT05_L1TP_118038_20031122。图 10-2（a）为原始影像的近红外、红、绿波段的合成显示；图 10-2（b）为 QA

波段的分割结果，结果中表示低概率云的(值为 1)及高概率云(值为 3)像素较多，而中概率云的像素(值为 2)较少，影像上的云得到有效掩膜，具有较高的精度。

(a)　　　　　　　　　　　　　　　(b)

图 10-2　基于质量评估的云掩膜结果

根据国内外大量的云掩膜评价结果，CFmask 算法的精度达到 90%左右，因而使用 QA 波段可以快速、准确地获取云掩膜。

10.2　基于阈值分割的云掩膜方法

1. 方法原理

阈值分割认为云的亮度值(或反射率)较高，而干净地物的亮度值(或反射率)较低，选取合适的阈值并将大于阈值的像素作为云，反之作为干净地物。因而，阈值选取是基于阈值分割的云掩膜的基础。根据直方图的形态，可以分为单峰长尾直方图和多峰直方图两种，需要使用不同方法选择阈值，对影像进行分割，以下分别说明实现方法及其分割效果。

1) 单峰长尾直方图

一般来说：①实际应用时选取的影像一般是云的面积较少的影像，即云污染区域占整个影像面积的比例较小；②云的反射较大，且变化范围较宽，云所形成的波峰淹没在高反射率地物所形成的缓坡里面，无法分辨出明显的峰谷，形成如图 10-3(a)所示的直方图。为了描述问题的方便，本节将这种形态的直方图称为单峰长尾直方图。

对于单峰长尾直方图，本节使用根据累计直方图的特征点进行阈值确定的方法。图 10-3(a)为影像中某一波段的直方图，经与人工标定结果对比，A 点为分割云和干净地物的合理阈值；图 10-3(b)中的蓝色弧段为累计直方图，图 10-3(a)中的 A 点对应图 10-3(b)中的 A 点，可以看出，该点为蓝色弧段的拐点。为了提取拐点，连接线段 CD，然后计算弧段 CD 上各点到线段 CD 的距离，得到的距离曲线如红色弧段所示，可以看出，A

对应红色弧段上的距离是最远的(即 B 点)，因此，我们可以用上述方法确定 A 点并将其作为阈值。

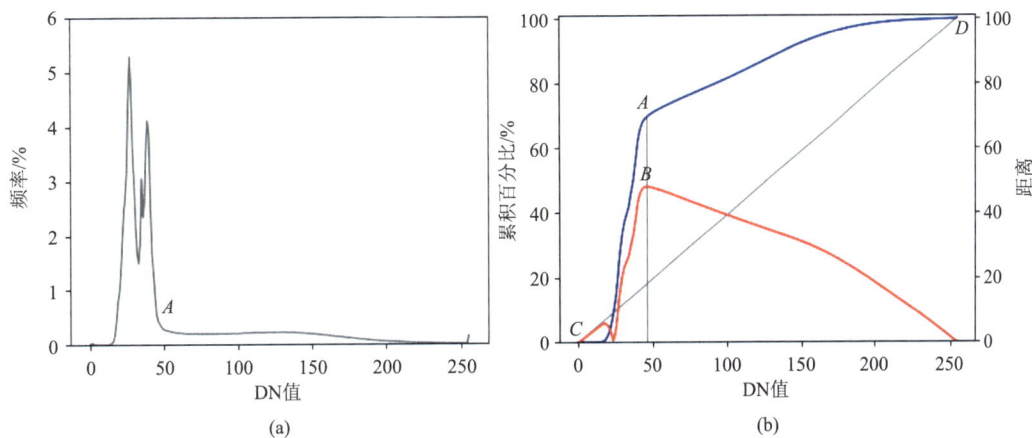

图 10-3　影像直方图及其分割方法示意图

2) 多峰直方图

当遥感影像上云的比例和干净地物的比例相对接近时，云和干净地物一般呈现多峰状态分布。这种时候，难以采用上述方法选取阈值进行分割。图 10-4 为多种不同地物分布的直方图，呈现双峰分布状态。高斯混合模型是将某一分布看成多种具有不同均值和标准差的分布按照一定比例进行合成得到的混合分布。

有限混合分布理论就是将整个数据拟合为一个加权混合的概率密度函数，使每个对象对应混合密度的一个分支密度，而相应的权重正是该对象的数据点在整个数据集里所占的比例。图 10-4 中曲线 D 表示的是整个数据的概率分布，可以拟合为 A、B 以及 C 三个正态分布。通过对混合密度的参数进行统计推断，从而达到识别各个对象的目的。

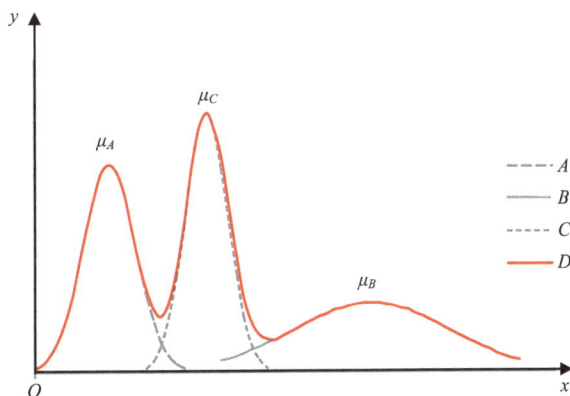

图 10-4　有限分布模型示意图

混合密度分解的问题一般表示为

$$p(y|\theta) = \sum_{k=1}^{m} \alpha_k p_k(y|\theta_k)$$

式中，$p(y|\theta)$ 表示数据的概率密度；$\{a_1, a_2, \ldots, a_m\}$ 是各混合密度分支占总体分布的比例，该参数一般未知，需要通过算法进行估计，各个分支密度之和为 1；p_k 一般表示是第 k 个分支的密度，分布参数用均值 μ_k 和方差 σ_k 表示。当有了观测数据集 $\{y_1, y_2, \ldots, y_n\}$ 之后，为识别混合密度参数 θ，可以用最大似然法（maximum likelihood estimation）。其基本思想是，在给出缺失数据初值的情况下，首先估计出模型参数的值；再根据参数值估计出缺失数据的值（即计算期望的 E 步）；然后根据估计出的缺失数据的值再对参数值进行更新（即期望最大化的 M 步）。如此反复迭代，直至收敛，得到最优的参数值并结束迭代。

在获得各个分布的比例（a）、均值（μ）和标准差（σ）之后，可以通过最大似然法确定阈值，实现对云的分割，具体计算阈值方法如下：

$$C_T = \arg\min_{c_k \in C}\left(\frac{x - u_k}{\sigma_k}\right)$$

式中，x 表示灰度值，该公式表示将各个像素划分到高斯归一化距离最小的类别之中。

2. 方法实现

1) 单峰长尾直方图

基于阈值分割的云掩膜方法的原理，声明阈值分割的接口如下。

```
extern "C" __declspec(dllexport) char* _cdecl CouldMaskByThreshold(// 通过阈值分割获得
云掩膜
    const char* pszInputImg,        //待掩膜的影像
    const char* pszOutputImg,       //输出的掩膜结果
    const char* pszUseBands = "");  //使用哪个波段云掩膜
```

其中，pszInputImg 是输入的待掩膜的影像路径；pszOutputImg 是输出文件的路径；pszUseBand 是掩膜使用的波段号。对应于此算法的对话框界面如图 10-5 所示。

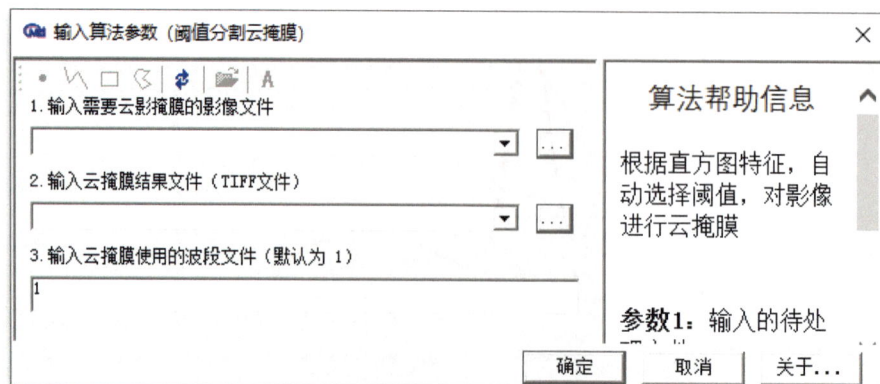

图 10-5　基于阈值分割的云掩膜算法对话框界面

对应于图 10-5 所激活的算法接口 CouldMaskByThreshold 的主要实现代码为：

```cpp
char* CouldMaskByThreshold(const char* pszInputImg, const char* pszOutputImg, const char*
pszUseBand)
{
    //第一步：打开待掩膜的影像，并读取指定波段的数据
    int nUseBand = atoi(pszUseBand);
    GDALAllRegister();
    OGRRegisterAll();
    GDALDataset* pDTInput = (GDALDataset*)GDALOpen(pszInputImg, GA_ReadOnly);
    int nXSize = pDTInput->GetRasterXSize();
    int nYSize = pDTInput->GetRasterYSize();
    GDALDataType eType = pDTInput->GetRasterBand(nUseBand)->GetRasterDataType();
    unsigned char* pBufInput = new unsigned char[nXSize*nYSize];
    pDTInput->GetRasterBand(nUseBand)->RasterIO(GF_Read, 0, 0, nXSize, nYSize, pBufInput,
nXSize, nYSize, GDT_Byte, 0, 0, NULL);
    int* pHis = new int[256];    //第二步：计算直方图
    double* pAccuHis = new double[256];
    for (int i = 0; i < 256; i++)//设置初值为0
    {
        pHis[i] = 0;
        pAccuHis[i] = 0.0;
    }
    for (int i = 0; i < nXSize*nYSize; i++)    //统计在各个灰度的分布
        pHis[pBufInput[i]]++;
    pHis[0] = 0;  //背景值设置为0
    for (int i = 1; i < 256; i++)    //统计累计直方图
        pAccuHis[i] = pHis[i] + pAccuHis[i - 1];
    int nSize = pAccuHis[255];
    for (int i = 0; i < 256; i++)    //归一化到百分比
        pAccuHis[i] = pAccuHis[i] * 100.0 / (double)nSize;
    int nThre = 0;
    MHDeterminThreByHist(pAccuHis, 0, 255, &nThre);    //根据直方图计算阈值
    unsigned char* pBufResult = new unsigned char[nXSize*nYSize];
    for (int i = 0; i < nXSize*nYSize; i++)    //第三步：根据阈值进行分割
    {
        if (pBufInput[i] < nThre&&pBufInput[i]>0)
            pBufResult[i] = 1;
        else if (pBufInput[i] == 0)
            pBufResult[i] = 0;
        else
            pBufResult[i] = 2;
    }
    GDALDriver* pDriverTiff = (GDALDriver*)GDALGetDriverByName("GTiff");
    GDALDataset* pDTRet = (GDALDataset*)GDALCreate(pDriverTiff, pszOutputImg, nXSize,
```

```
nYSize, 1, GDT_Byte, NULL);
    pDTRet->GetRasterBand(1)->RasterIO(GF_Write, 0, 0, nXSize, nYSize, pBufResult,
nXSize, nYSize, GDT_Byte, 0, 0, NULL); //第四步：保存结果数据
    double dGeoTrans[6];
    pDTInput->GetGeoTransform(dGeoTrans);
    pDTRet->SetGeoTransform(dGeoTrans);
    const char* pSR = pDTInput->GetProjectionRef();
    pDTRet->SetProjection(pSR);
    //第五步：关闭数据集，清理开辟的内存，略
    return "true";
}
```

上述代码详细说明了基于阈值的云掩膜过程，其算法实现主要分为以下几个步骤。

第 1 步　打开待掩膜的影像，并读取指定波段的数据。

第 2 步　统计直方图。一般来说，无值区域 (no data) 所占的比例较大，容易对直方图产生较大的影响，因而需要将无值区域予以剔除，由于本例子中无值区域使用 0 表示，因而本例直接将无值的个数设为 0；由于影像像素数目非常大，因而将直方图归一化到 0~100；然后根据直方图进行分割，这里调用 MHDeterminThreByHist 实现，具体原理我们将在随后进行详细介绍。

第 3 步　根据获得阈值进行分割，该过程需要逐像素处理，将大于阈值的作为云，将小于阈值的作为干净地物。

第 4 步　保存结果数据，将结果保存到硬盘文件中。

第 5 步　关闭数据，清理内存。

其中，第 2 步根据直方图确定阈值 MHDeterminThreByHist 是本例中需要解决的关键问题，具体实现过程代码如下。

```
bool MHDeterminThreByHist(double* pHistogram, int nMin, int nMax, int* pThre)
{
    bool bResult = true;
    double dFirstPntX = nMin; //1.连接直方图中的第一点最后一点，并计算其斜率和截距
    double dFirstPntY = pHistogram[0];
    double dLastPntX = nMax;
    double dLastPntY = pHistogram[nMax];
    int nSize = nMax - nMin + 1;
    double dK = (dLastPntY - dFirstPntY) / (dLastPntX - dFirstPntX);
    double dB = dLastPntY - dK*dLastPntX;
    double* pDistance = new double[nSize]; //2.计算距离，并统计距离最大和最小的值
    double dTemp = 1.0 / sqrt((-1)*(-1) + dK*dK); //计算该值主要是为加快运算速度
    double dMaxDis = DBL_MIN; //将最大值的初值设置的很小
    int nMaxInx = 0;
    for (int i = 0; i < nSize; i++)
    {
        pDistance[i] = abs(dK*i - pHistogram[i] + dB)*dTemp;
        if (dMaxDis < pDistance[i])
```

```
        {
            dMaxDis = pDistance[i];
            nMaxInx = i;
        }
    }
    (*pThre) = nMaxInx + 1;
    //释放内存，略
    return bResult;
}
```

上例中，pHistogram 表示直方图，nMin 表示灰度值的最小值，nMax 表示灰度值的最大值，pThre 是用于返回获取的阈值。

第 1 步　连接直方图中的第一点最后一点构成一条直线，并计算其斜率和截距。

第 2 步　计算直线上距离直方图所构成弧段的距离，并统计距离最大和最小的值，其中取得最大值所对应的值即为所获取的阈值。

第 3 步　释放内存，返回获得的阈值。

2) 多峰直方图

基于多峰直方图假设进行阈值分割所定义的接口如下。

```
char* MHCLDMaskMultiPeakValley(
    const char* pszInput,              //输入的待掩膜影像
    const char* pszOutImage,           //输出的栅格掩膜文件
    const char* pszUseBand)            //分割使用的波段
```

其中，pszInputImg 是输入的待掩膜的影像路径；pszOutputImg 是输出文件的路径；pszUseBand 是使用波段的索引值，从 1 开始。对应于此算法的对话框界面如图 10-6 所示。

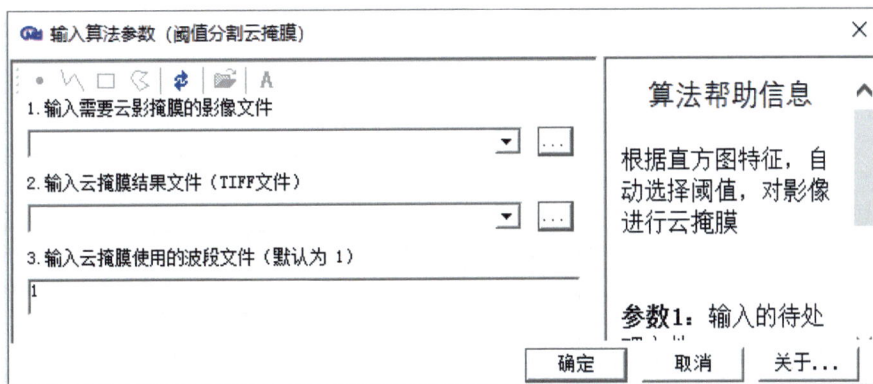

图 10-6　基于阈值分割的云掩膜算法对话框界面

对应于所激活的算法接口 MHCLDMaskMultiPeakValley 的主要实现代码为：

```
char* MHCLDMaskMultiPeakValley(
    const char* pszInput,              //输入的待掩膜影像
    const char* pszOutImage,           //输出的栅格掩膜文件
```

```
const char* pszUseBand)          //分割使用的波段
{

    int nUseBand = atoi(pszUseBand);
    char* bResult = "true";
    //第一步：初始化，打开待掩膜文件并读入数据
    GDALAllRegister();
    OGRRegisterAll();
    GDALDataset* pDTInput = (GDALDataset*)GDALOpen(pszInput, GA_ReadOnly);
    int nXSize = pDTInput->GetRasterXSize();
    int nYSize = pDTInput->GetRasterYSize();
    int nTotal = nXSize*nYSize;
    unsigned char* pBuf = new unsigned char[nXSize*nYSize];
    pDTInput->GetRasterBand(nUseBand)->RasterIO(GF_Read, 0, 0, nXSize, nYSize, pBuf,
        nXSize, nYSize, GDT_Byte, 0, 0);
    //第二步：计算直方图
    int* pHis = new int[256];
    double* pAccuHis = new double[256];
    //设置初值为0
    for (int i = 0; i < 256; i++)
    {
        pHis[i] = 0;
        pAccuHis[i] = 0.0;
    }
    //统计在各个灰度的分布
    for (int i = 0; i < nXSize*nYSize; i++)
        pHis[pBuf[i]]++;
    //背景值设置为0
    pHis[0] = 0;
    //统计累计直方图
    for (int i = 1; i < 256; i++)
        pAccuHis[i] = pHis[i] + pAccuHis[i - 1];
    //归一化到[0-1]
    int nSize = pAccuHis[255];
    for (int i = 0; i < 256; i++)
        pAccuHis[i] = pAccuHis[i]  / (double)nSize;
    //第三步：按比例取样
    int nSampleSize = 256 * 100;
    unsigned char* pInBuf = new unsigned char[nSampleSize];
    int nSampleNum = 0;
    for (int i = 0; i < 256; i++)
    {
        int nCount = pAccuHis[i] * nSampleSize;
        while (nSampleNum <= nCount&&nSampleNum < nSampleSize)
        {
```

```
            pInBuf[nSampleNum] = i;
            nSampleNum++;
        }
    }
    while (nSampleNum < nSampleSize)
    {
        pInBuf[nSampleNum] = 255;
        nSampleNum++;
    }
    //第四步：通过混合概率密度分解，获得各个模式所占的比例、均值及其标准差
    int nMaxK = 3;
    int nClass = 0;
    double* pProb = new double[nMaxK];
    double* pMean = new double[nMaxK];
    double* pVari = new double[nMaxK];
    MHDeterminGaussSplit(nSampleSize, 1, pInBuf, nMaxK, &nClass, pProb, pMean, pVari);
    unsigned char* pBufRet = new unsigned char[nTotal];
    std::vector<sClass> vecClass;
    for (int i = 0; i < nClass;i++)
    {
        sClass sTmp;
        sTmp.dProb = pProb[i];
        sTmp.dMean = pMean[i];
        sTmp.dVari = pVari[i];
        vecClass.push_back(sTmp);
    }
    std::sort(vecClass.begin(), vecClass.end(), sortByMean);

    double dMeanLarge = vecClass.at(nClass - 1).dMean;
    double dProbLarge = vecClass.at(nClass - 1).dProb;
    double dVariLarge = sqrt(vecClass.at(nClass - 1).dVari);
    double dMeanSmall = vecClass.at(nClass - 2).dMean;
    double dProbSmall = vecClass.at(nClass - 2).dProb;
    double dVariSmall = sqrt(vecClass.at(nClass - 2).dVari);
    double dThre = (dMeanLarge*dVariSmall + dMeanSmall*dVariLarge) /
(dVariLarge+dVariSmall);
    //第五步：逐像素判断各个像素是否是云
    double dDistance = 0.0;
    double dDisTmp = 0.0;
    double dMinDis = DBL_MAX;
    int nClassFlag;
    for (int i = 0; i < nTotal; i++)
    {
        if (pBuf[i] > dThre)
```

```
                pBufRet[i] = 2;
        else if(pBuf[i]==0)
                pBufRet[i] = 0;
        else
                pBufRet[i] = 1;
    }
    //第七步：结果影像生成
    GDALDriver* pDriverTif = (GDALDriver*)GDALGetDriverByName("GTiff");
    GDALDataset* pDTResult = (GDALDataset*)GDALCreate(pDriverTif, pszOutImage, nXSize,
nYSize, 1, GDT_Byte, NULL);
    pDTResult->GetRasterBand(1)->RasterIO(GF_Write, 0, 0, nXSize, nYSize, pBufRet,
nXSize, nYSize, GDT_Byte, 0, 0, NULL);
    const char* pSR = pDTInput->GetProjectionRef();
    pDTResult->SetProjection(pSR);
    double dGeoTrans[6];
    pDTInput->GetGeoTransform(dGeoTrans);
    pDTResult->SetGeoTransform(dGeoTrans);
    //释放相应的pHis、pAccuHis、Buf、pBufRet、pProb、pMean、pVari等内存，略
    return bResult;
}
```

上述代码详细地说明了基于多峰直方图的云掩膜的过程，其实现算法主要分为以下几个步骤。

第1步 打开待掩膜的影像；

第2步 计算直方图，该步骤已经在前一个算法中详细说明，这里不再展开；

第3步 由于影像的像素个数非常多，如果使用所有的像素进行混合密度分解，会带来非常大的内存及其运算开销，对此，这里按照比例采样；

第4步 通过混合概率密度分解，获得各个模式所占的比例、均值及其标准差。该步骤是整个算法实现的关键，是通过 MHDeterminGaussSplit 函数实现，将在随后予以详细说明；

第5步 将各个像素按照均值进行排序，并计算均值归一化距离相同处的值。假设均值最大类别的均值和标准差分别为(u_{max}，σ_{max})，均值次大类别的均值和标准差分别为(u_{smax}，σ_{smax})，计算方法为

$$\frac{\mu_{max} - x}{\sigma_{max}} = \frac{x - u_{smax}}{\sigma_{smax}} \Rightarrow x = \frac{u_{max}\sigma_{smax} + \mu_{smax}\sigma_{max}}{\sigma_{smax} + \sigma_{max}}$$

第6步 逐像素判断是否是云。该过程首先计算各个像素与各个类别的最小距离，并将最小距离作为该类别的目标值。然后根据第4步确定的云所在的模式，将相应的云设置为1，而背景设置为0；

第7步 结果影像生成，将生成的结果影像存放到数据之中。

其中，根据像素值进行混合类别分解 MHDeterminGaussSplit 是本例中需要解决的关键问题，具体实现过程包括以下四个步骤。

```
bool MHDeterminGaussSplit(int nSample, //输入数据：输入的样本数目
```

```
        int nDimension,    //输入数据：输入的样本特征维数
        unsigned char* pBuf,  //输入数据：样本特征矩阵，其大小nSample*nDimension，表示nSample
个样本在nDimension的特征值
        int nMaxK,      //输入数据：数据中最大模式数目
        int* nClass,    //输出数据：经过聚类之后，获得的聚类数目
        double* pProb,    //输出数据：各个类别所占的比例
        double* pMean,    //输出数据：均值矩阵，大小为(*nClass)*nSample
        double* pVari)    //输出数据：标准差矩阵，大小为(*nClass)*nSample
{
        bool bResult = true;
        //第1步  初始化样本矩阵
        unsupervised us;
        us.InitMatrix(nSample, nDimension, pBuf);
        //第2步  估计输入的混合模式中含有几个类别
        us.estimateNew(nMaxK);
        //第3步  输出类别数目及其各个类别的均值和标准差
        (*nClass) = us.get_best_k();
        for (int i = 0; i < (*nClass); i++)
        {
                pProb[i] = us.GetAlpha(i);
                for (int j = 0; j < nDimension; j++)
                {
                        pMean[i*nDimension + j] = us.GetMean(i, j);
                        pVari[i*nDimension + j] = us.GetVari(i, j);
                }
        }
        //第4步  释放内存
        us.CleanUp();
        return bResult;
}
```

上例中，nSample 表示输入的样本数据的条数，这里是像素个数；nDimension 表示数据的维数，这里是影像的波段数；pBuf 是样本的灰度值矩阵，其大小是 nSample*nDimension，逐像素存放；nMaxK 表示最大的模式类别；nClass 表示经过模式估计的类别数目；pProb 表示各个类别所占的比例；pMean 表示各个类别的均值；pVari 为各个类别的标准差。

第 1 步　定义初始化样本，将输入数据的格式转换到该开源软件能够处理的格式。

第 2 步　估计各个类别中的样本数目、均值及其标准差等。

第 3 步　将各个类别的比例及其数据返回。

第 4 步　释放内存。

这里的期望最大化(EM)方法存在需要事先确定类别数目、结果依赖于初始参数的估计以及难于收敛等问题，Marie 等提出了一种最小信息长度（minimum message length, MML）改进算法，利用 E 步和 M 步获得的参数计算相应的信息长度，重复上述的三步，

直到求出在信息长度最小的情况下最优分支数和分布参数，本节为了简单，采用其提供的代码。MML-EM 算法只需要确定类别数目的上限，就可以自动进行类别调整。

3. 实现效果

1）单峰长尾直方图

由于 Sentinel 2 的 QI 数据是通过 0~100 的值表示各个像素为云的概率，阈值的取值可能性比较多。因而，本节将 QI 文件看作一个综合了多波段信息的特殊波段，某期影像及其对应的 QI 文件如图 10-7（a）和（b）所示。由于云和干净地物的可分性较高，其直方图呈现明显的分离状态，阈值选取相对比较容易。图 10-7（c）和（d）分别是取阈值为 30 和 60 所获得云掩膜结果。可以看出，基于 Sentinel 2 数据的 QI 文件也可以获得较好的云掩膜，但是对于薄云和高分辨率地物存在较多的混淆，需要采用其他方法进行进一步的处理，以获得准确的掩膜。

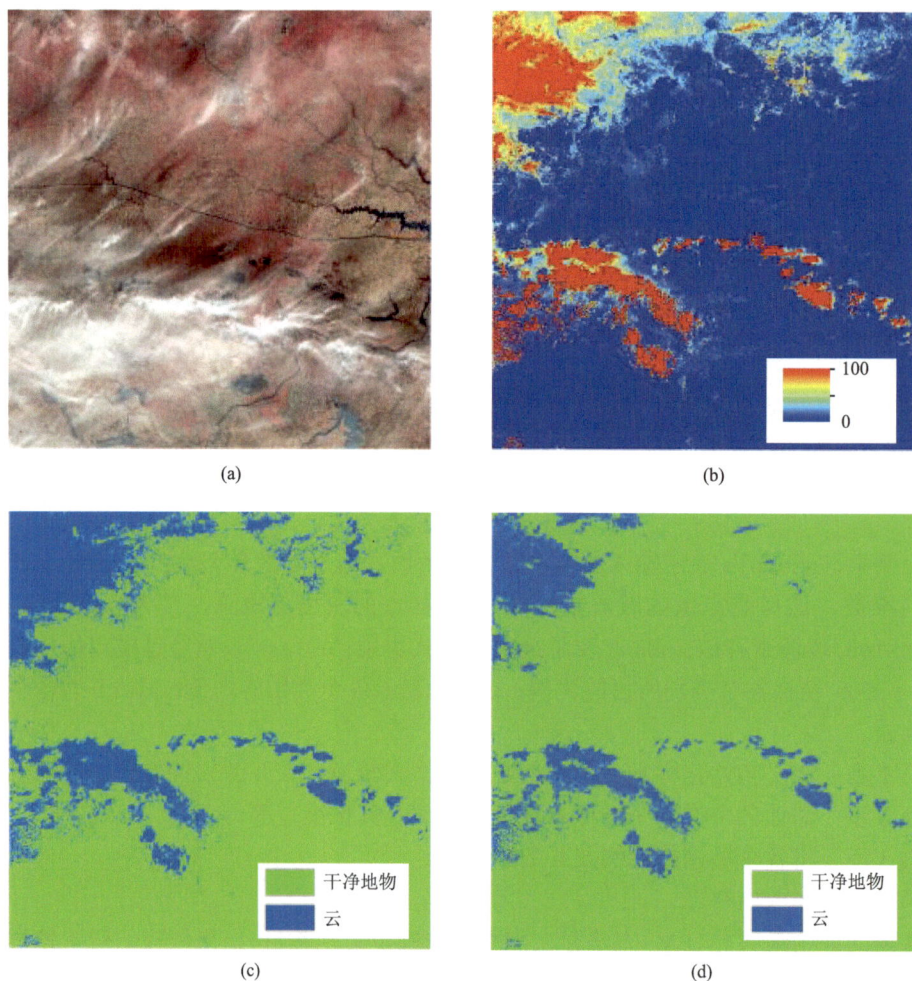

图 10-7　基于 QI 的阈值分割结果

图 10-2（a）所示影像采用单峰长尾直方图方法确定阈值，并对 Band 2 进行分割的结

果如图 10-8 所示。可以看出，基于阈值分割的方法也能够较好地获取云掩膜。

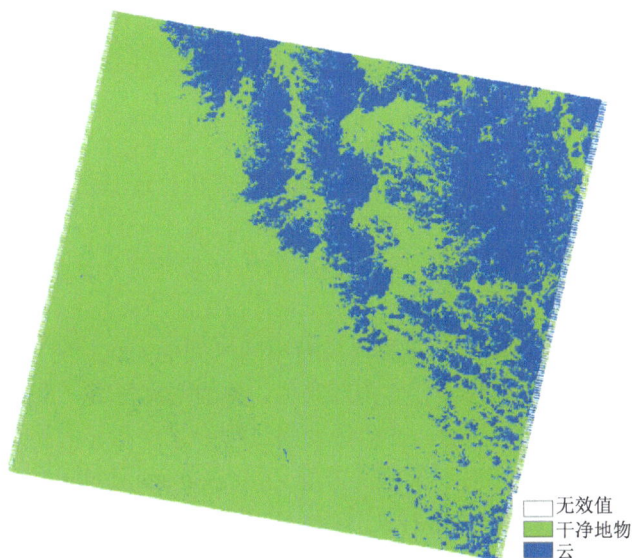

图 10-8　Landsat 数据云掩膜结果（单峰长尾直方图）

2）多峰直方图

图 10-2（a）所示影像采用多峰直方图确定阈值，并对 Band 2 进行分割的结果如图 10-9 所示。可以看出，使用单峰长尾直方图与多峰谷直方图能够获得相似的结果。这是由于云和干净地物之间的可区分性较大，无论使用哪种方法，都能选取相似的阈值获得类似精度的结果。

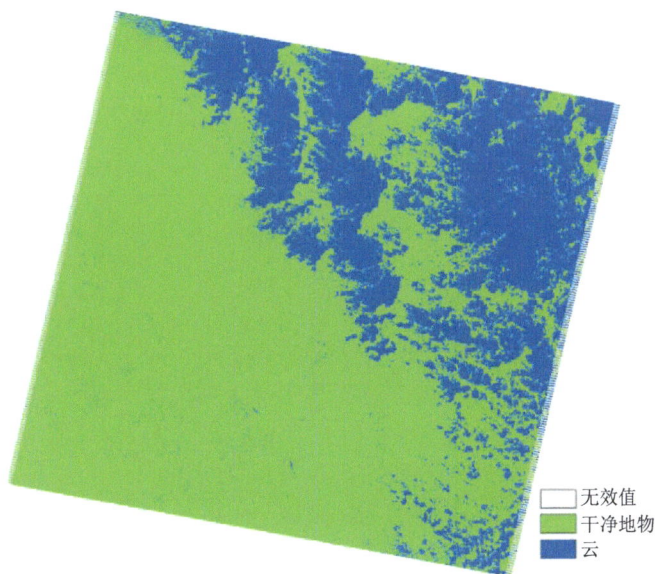

图 10-9　Landsat 数据云掩膜结果（多峰直方图）

虽然当前发展了多种云掩膜的方法，但是阈值分割简单，可以简单、快速地获得云掩膜，且精度较高。

10.3 基于时间序列数据的云掩膜方法

1. 方法原理

像素的时间序列变化描述了地表随时间的动态变化。遥感影像的获取条件改变、植被周期性变化、云等不同因素都会导致观测值变化幅度不一致。一般来说，云导致的观测值的变化较大，往往出现剧烈的波动；而正常地表观测值分布在某一稳定值的附近，变化幅度较小。

图 10-10(a)为某一植被像素在蓝波段反射率随时间的变化；图 10-10(b)为将反射率由小到大排列，左侧部分变化缓慢，值相对集中，曲线形态平缓，主要对应于干净地表；右侧部分变化迅速，主要对应于云，在由缓变快过程中呈现明显的拐点 C。Liu R 等根据上述特征发展了一种基于拐点时序云检测方法(inflexion based cloud detection，IBCD)，已经成功运用到 MODIS 数据的云检测中(Liu R, Liu Y. Generation of new cloud masks from MODIS land surface reflectance products[J]. Remote Sensing of Environment, 2013, 133: 21-37.)，本节将其应用于中分数据的云掩膜。连接图 10-10(b)中的 A、B 两点，然

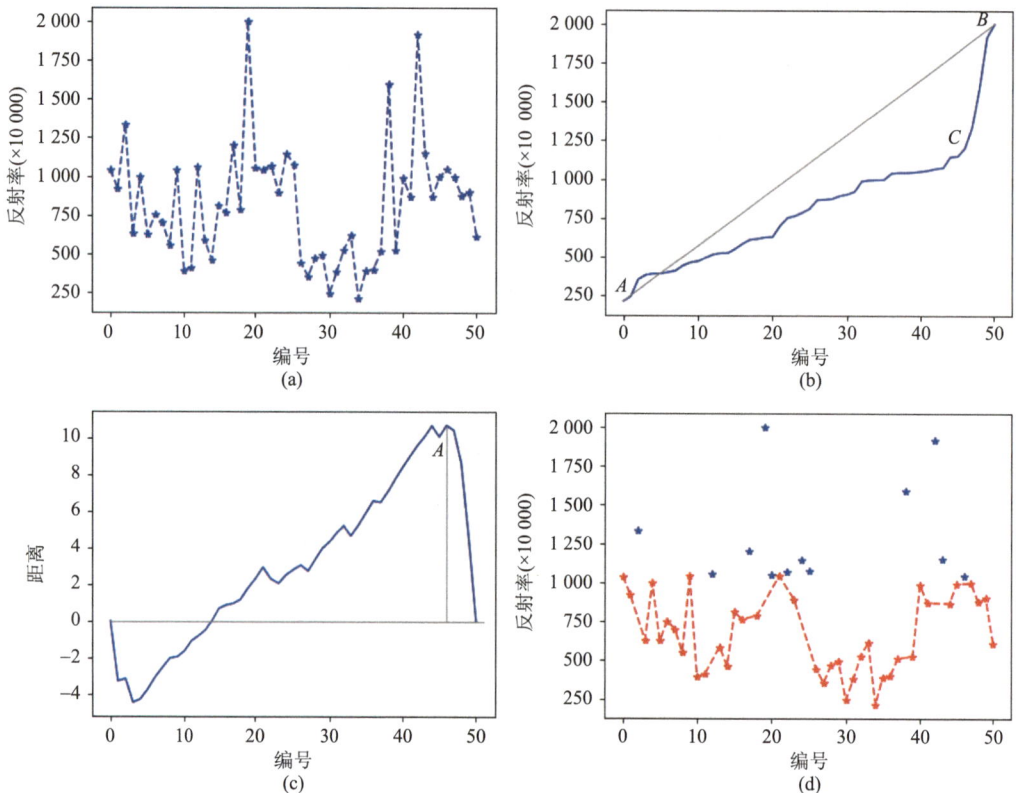

图 10-10　像素时间序列变化的示意图

后计算弧段 *AB* 到直线 *AB* 的距离；得到的距离如图 10-10(c)，然后找到距离最大的点，即图 10-10(c)中的 *A* 点，将其对应的反射率作为阈值；分割结果如图 10-10(d)所示，可以将同一像素在不同时间的观测值划分为干净像素(红色点)和云(蓝色点)。

2. 方法实现

时序数据的云掩膜方法接口声明如下。

```
extern "C" __declspec(dllexport) char* _cdecl CouldMaskForTimeSeries(//基于时间序列数据的云掩膜方法
    const char* pBandCSV, //时间序列的表格所在路径
    const char* pResultCSV);//结果的CSV文件
```

其中，**pBandCSV** 表示时间序列反射率表格所在的路径，按照 CSV 格式存储。第一行是元数据，其他各行分别表示一个像素；第一列是行号和列号，其他列分别是各个不同时间获取的反射率。

(行号-列号)	D_1	D_2	D_3	D_4	D_5	D_6	D_7	...	D_n

pResultCSV 表示结果的 CSV 文件，其存储方法与输入数据存储方式类似，标识不同时间的像素是否为云。

基于时序数据的云掩膜算法的对话框界面如图 10-11 所示。

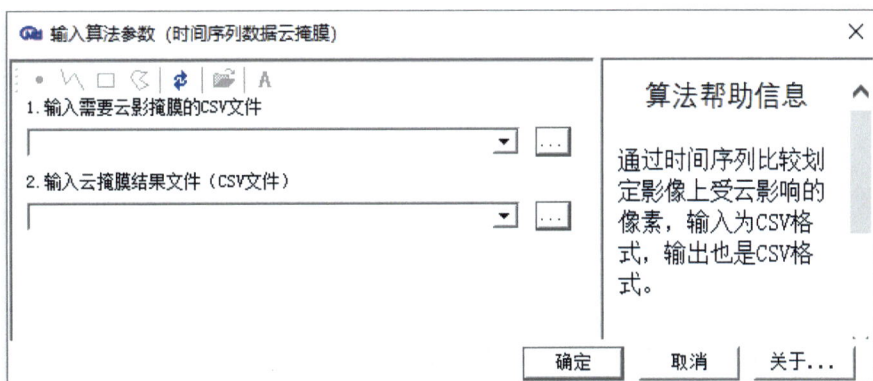

图 10-11　基于时序数据的云掩膜对话框界面

对应于图 10-11 所激活的算法接口 **MHTimeSeriesCLDMask** 的主要实现代码为：

```
char* CouldMaskForTimeSeries(const char* pBandCSV, const char* pResultCSV)
{
    char* pBuf = new char[4096];
    FILE* pFile = fopen(pBandCSV, "r");//1.打开文件
    fgets(pBuf, 4095, pFile); //第一行的日期不需要，跳过该行
    FILE* pFileResult = fopen(pResultCSV, "w");//2.创建结果文件
    std::vector<std::string> vecSplit;
    char chSplit = ',';
    std::vector<int> vecNums;
```

```
int nThre = 2000;
int nSize = 0;
int nTemp = 0;
int nSegThre = 0;
while (fgets(pBuf, 4095, pFile) != NULL) //3.逐像素处理
{
    vecSplit.clear();//3.1 读取一个像素的数据并解析
    vecNums.clear();
    StringSpliter(pBuf, chSplit, &vecSplit);
    nSize = vecSplit.size();
    for (int i = 1; i < nSize; i++)
    {
        nTemp = atoi(vecSplit.at(i).c_str());
        if (nTemp <= nThre)
            vecNums.push_back(nTemp);
    }
    nSegThre = MHDeterminThreByTS(&vecNums); //3.2 决定阈值
    for (int i = 1; i < nSize; i++)//3.3 将某一像素的各个日期进行分割，并写入文件
    {
        nTemp = atoi(vecSplit.at(i).c_str());
        if (nTemp <= nSegThre)
            fprintf(pFileResult, "%d,", 0);
        else
            fprintf(pFileResult, "%d,", 1);
    }
    fprintf(pFileResult, "\n");
}
//4.关闭文件，释放开辟的内存，略
return "true";
}
```

上述代码非常详细地说明了基于时间序列数据进行云掩膜的过程，其实现算法原理已在 10.1 节进行过描述，实现上主要包含 4 个步骤。

第 1 步　打开文件，该步骤打开 CSV 格式的影像，由于第一行数据主要是用来表示影像获取日期，因此我们跳过该行数据。

第 2 步　创建结果的 CSV 文件。

第 3 步　逐像素遍历。首先，通过 fgets 函数读取一行数据，然后通过 StringSpliter 将输入的字符串分割，并存储到数组中。由于获得数据是 string 格式，需要将其转化为 int 格式，并存储到新的数组中。需要注意的是，由于第一列存储的是行列号，因此，跳过第一列；其次，确定时间序列分割的阈值，这一步骤通过 MHDeterminThreByTS 函数实现，该步骤是算法的关键，我们将在后续进行更加详细的介绍。该步骤获得每个像素分割的阈值。再次，根据获得的阈值，对各个像素在各个时间的像素值进行分割，获得分割结果。需要注意的是，由于原始数据在确定阈值时候已经改变，因此需要重新从数

据缓冲区中获得数据的值。

第 4 步　关闭文件。

其中，求得距离曲线最远的点，是本算法的关键，其接口及其实现过程如下：

```cpp
int MHDeterminThreByTS(std::vector<int>* vecNums)
{
    int nThre = 2000;
    std::sort(vecNums->begin(), vecNums->end());//1.将各个像素按照值的大小，从小到大排列
    int nSize = vecNums->size();//2.按照灰度值，将各个从小到大排列，并计算其斜率和截距
    double dFirstX = 0;
    double dFirstY = vecNums->at(0)*nSize / 2000;
    double dLastX = nSize - 1;
    double dLastY = vecNums->at(nSize - 1)*nSize / 2000;
    double dK = (dLastY - dFirstY) / (dLastX - dFirstX);
    double dB = dLastY - dK*dLastX;
    double dTemp = 1.0 / sqrt(1 + dK*dK); //3.计算各点到线的距离，并选取最大距离点作为
阈值
    double dPart = 0.0;
    double* pDistance = new double[nSize];
    double dMaxDis = DBL_MIN;
    for (int i = 0; i < nSize; i++)
    {
        dPart = i*dK + dB - (vecNums->at(i)*nSize / 2000.0);
        pDistance[i] = dPart*dTemp;
        if (pDistance[i] > dMaxDis)
        {
            dMaxDis = pDistance[i];
            nThre = vecNums->at(i);
        }
    }
    //4.释放内存，略
    return nThre;
}
```

该算法主要包含四个步骤，其实现细节如下。

第 1 步　将像素在各个时间的灰度值从小到大排列，该步骤使用系统提供的排序函数。

第 2 步　将排序后的点首尾连接，构成一条直线，并计算该直线的斜率和截距。这个地方需要注意的是，由于某个像素时间序列观测数目一般较少，且本例是将像素值 ×10000 表示反射率的，使得横轴与纵轴的值变化较大，为了获得与人视觉观察相似的特征点，这里将像素的灰度值进行归一化。

第 3 步　依次计算各个点到曲线的距离，这里的距离是有向距离，一般是干净值变化缓慢，因此其直线的开始部分一般位于曲线的下方，即直线上点的 y 值大于实际观测的 y 值。然后，统计距离曲线最大的值，并将其作为阈值。

第 4 步　释放内存并返回获得的阈值。

3. 实现效果

采用安徽省寿县地区一个局部区域的 Sentianle 2 影像进行实验，区域大小为 200×200 像素，影像已经进行辐射归一化，校正到 TOA 反射率，这里 TOA 采用反射率乘以 10000 之后取整表示，图 10-12(a)(b)(c)分别是 2018 年 3 月 11 日、8 月 10 日、11 月 13 日获取的影像。本实验采用蓝波段进行处理，这主要是由于蓝波段的信息包含较少，对应于噪声，有望较好地区分云和干净地物。图 10-12(d)(e)(f)表示获取的云掩膜结果，可以看出，基于时间序列数据的云掩膜方法也能准确地获取云掩膜，具有较高的精度。

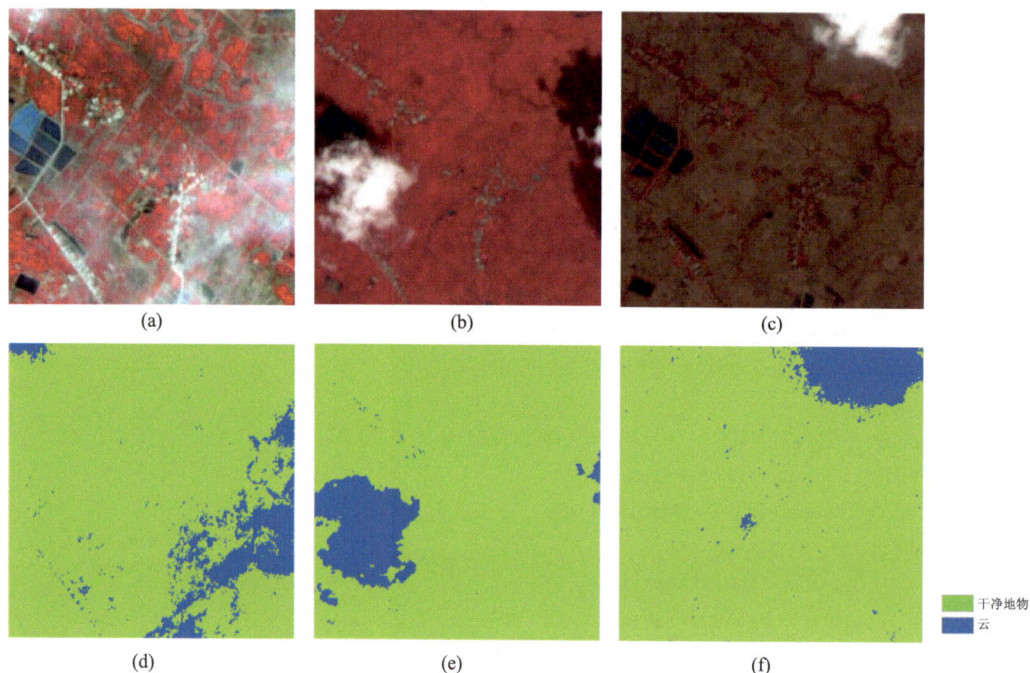

图 10-12　基于时序数据的云掩膜结果

10.4　小　结

云是被动遥感的一个主要限制性因素，为了利用部分被云污染的影像，国内外研究了大量的云掩膜算法，本章介绍了基于 QA 文件的、基于阈值分割的、基于时间序列数据的云掩膜算法。由于本章的主要目标是介绍如何利用 C/C++语言快速地实现云掩膜，而不是提供一种高效的云掩膜算法，因此本章所提供的算法还有较多的优化空间。

第 11 章

栅格数据拼接模块 MHImgMosaic 的实现

栅格数据拼接任务是栅格数据处理中的一个常用需求，同时也是其他数据处理过程中的一个常用需求。栅格数据拼接模块的主要功能就是实现给定多个栅格数据基于地理位置的拼接，并形成一个新的栅格数据的过程。在此过程中需要首先进行多种判断过程，同时还需要指定每一影像所对应的有效选取范围，以便完成最终的多幅影像的拼接过程。

11.1 模块 MHImgMosaic 的功能描述与实现原理

栅格数据的拼接在实际应用中应用比较广泛，比如某一较大研究区一般需要多景影像的拼接过程，而其底图都需要相应影像的拼接过程才能拼接成为一幅大的底图；同时，如第 4 章中的交互式影像合成过程，最后一步的影像拼接过程也同样需要此算法，本章将介绍此算法的实现过程。

实现算法实现时，一方面需要输入待拼接的一系列遥感影像数据，另外还可能需要的参数有：如果用户需要对输入栅格影像数据进行范围取舍的限制，则需要同时输入对应于所有影像数据所对应的面状矢量数据，用以指示对应于栅格数据中的有效范围；最后，如果用户有指定研究区的范围，则还可以输入研究区的面状数据，用以限制最终的栅格数据输出范围，因此可以构造如下算法接口：

```
extern "C" __declspec(dllexport) char* MHImageMosaic(//实现影像拼接功能
    const char* cInFileList, //输入的影像所对应的矢量列表，以分号间隔
    const char* cOutputResult, //输出的影像拼接结果
    const char* strBorder = "");
```

上述参数中，参数 1 为输入的待拼接的数据列表，以分号进行分隔，实际算法实现时需要判断此列表中各数据的数据类型：如果为影像数据，则直接应用所有输入的遥感影像数据所对应的地理位置进行影像拼接；如果为矢量数据，则判断此矢量数据是否具有字段"SrcImgName"：如果有则直接应用此字段所对应的各要素的属性值所对应的遥

感影像进行裁切，再对裁切结果进行拼接实现即可；参数 2 为拼接后的影像结果文件名，参数 3 则为输入的研究区限制数据范围，为一个面状矢量文件。

从算法的实现原理角度来看，影像的拼接过程实际上就是应用 GDAL 与 OGR 的实现输入数据的分析，建立目标栅格数据集，并通过 GDAL 的 RasterIO() 函数从原始文件中读取相应的数据，再写入目标数据集的过程。

对应于上述接口声明的 **MHMapGIS** 中算法生成的对话框界面如图 11-1 所示。

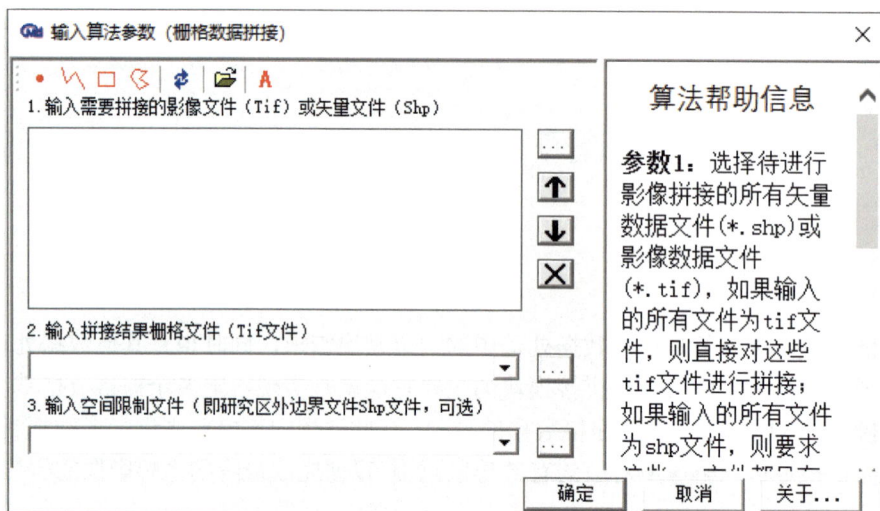

图 11-1　栅格数据拼接的对话框界面

11.2　模块 MHImgMosaic 的影像拼接算法流程

相对于矢量数据的拼接过程来说，栅格数据的拼接稍复杂一些。结合本章 11.1 节中给定的具体接口定义，模块 **MHImgMosaic** 的影像拼接过程可描述为如图 11-2 的流程。

图 11-2 中，需要首先对输入参数 1 进行分析。实际上，输入参数 1 为一个以分号为间隔的多文件名连接的大字符串，我们需要首先将此大字符串分离成多个文件名，并确定这些文件为矢量文件还是影像文件。如果是影像数据文件，则过程比较简单，采用 GDAL 打开所有影像数据文件，在判断信息正确的前提下（如空间分辨率一致、波段个数相同、空间投影系一致等），根据各影像的仿射变换参数计算出各影像的空间范围，再将所有影像范围计算并集形成当前的拼接结果空间范围；如果为矢量数据文件则要稍复杂些，需要在 OGR 打开所有文件的同时，判断对应的矢量图层中是否具有 SrcImgName 字段（此字段名为算法设定，当然也可以对此进行扩展，增加一个参数由用户指定），则读取该字段在各要素上的属性值作为该要素所对应的影像数据（如果该属性中不含有绝对目录，则默认为与本矢量数据同一文件夹，可将此矢量数据的文件夹复制给对应的属性值并形成绝对目录），通过将此面状矢量图层进行栅格化，形成供后续应用的 Mask 文件，同时此 Mask 文件也指示了当前矢量图层所对应的生成的栅格数据范围，将这些矢

量数据栅格化的结果取并集即可形成影像的拼接范围。

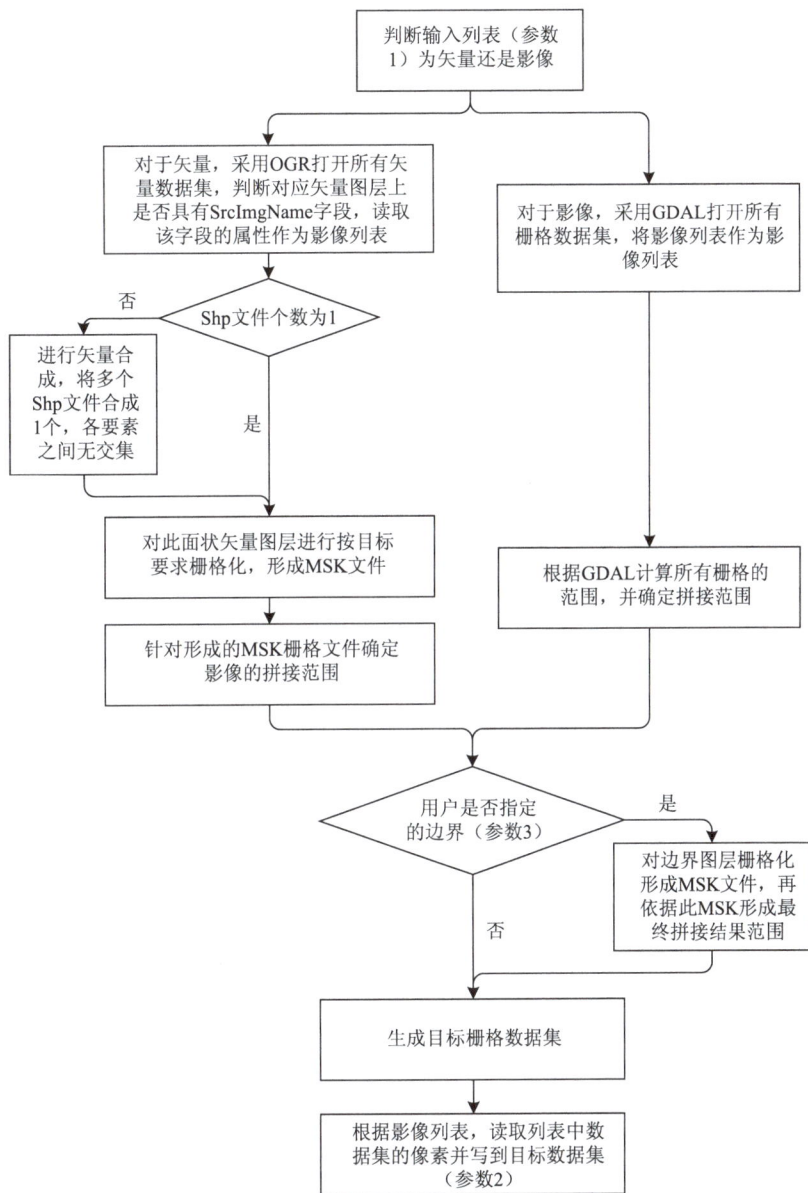

图 11-2　栅格数据拼接的算法流程

　　此时，如果用户指定了参数 3，即研究区的矢量边界，则需要首先将矢量进行栅格化(空间分辨率同已存在的栅格相一致)，并以此栅格化后的范围形成最终的拼接结果范围，如果用户未指定参数 3，则采用原来矢量栅格化后确定的结果范围或原栅格数据的范围作为最终的拼接结果范围。

　　确定完最终的拼接范围之后，就可以调用 GDAL 的生成对应目标数据集的功能，建立结果栅格数据集，再判断各影像数据集同结果数据集之后的交集，通过 GDAL 的 RasterIO 从各源数据集中读取数据，并写入到此目标数据集，完成影像的拼接过程。

11.3 模块 MHImgMosaic 的影像拼接算法的实现过程

基于图 11-2 所示的栅格数据拼接算法流程，我们对此算法的接口 MHImageMosaic() 进行了代码实现，其中主接口入口函数 MHImageMosaic() 的主要代码为：

```
extern "C" __declspec(dllexport) char* MHImageMosaic(const char* cInFileList, const char* cOutputImg,
    const char* cBorderShpFile/* = ""*/)
{
    GDALAllRegister(); OGRRegisterAll();//GDAL与OGR初始化
    vector<string> vFiles; //用于承载用户输入文件列表的容器
    string sInFileList(cInFileList);
    int nFind = sInFileList.find(";");
    while (nFind != string::npos) //将用户输入的参数1分离出成所有文件并加入容器vFiles
中去
    {
        vFiles.push_back(sInFileList.substr(0, nFind));
        sInFileList = sInFileList.substr(nFind + 1);
        nFind = sInFileList.find(";");
    }
    if (sInFileList.length() > 0)
        vFiles.push_back(sInFileList);
    BOOL bInputShp = TRUE; //开始判断用户输入的为矢量列表还是栅格列表
    OGRDataSource* pDS = (OGRDataSource*)OGROpen(vFiles[0].c_str(), 0, NULL); //尝试以
矢量方式打开
    GDALDataset* pDataset = NULL;
    if (!pDS) //如果以矢量方式打开失败，再尝试以栅格形式打开
    {
        pDataset = (GDALDataset*)GDALOpen(vFiles[0].c_str(), GA_ReadOnly);
        bInputShp = FALSE;
    }
    //如果既非矢量也非栅格，返回错误信息；关闭所有数据集，略
    if (strlen(cBorderShpFile) > 0)
    {
        //读取影像的分辨率并将其转为字符cRes，略
        MHRasterizeShp(cBorderShpFile, cOutputImg, "", cRes, "", "MSK_DN", "false");//
栅格化
    }
    if (bInputShp) //矢量方式
        return ImageMosaicByInFea(vFiles, cOutputImg);
    else//栅格方式
```

```
        return ImageMosaicByInImg(vFiles, cOutputImg);
}
```

　　上述代码中，首先建立用于承载用户输入文件列表的容器 vFiles，并将用户输入的参数 1 解析为一系列文件名（以分号为间隔），再判断用户输入的文件的类型为矢量数据还是栅格数据类型。如果用户指定了参数 3，则调用矢量数据栅格化函数 MHRasterizeShp() 将输入的研究区边界进行栅格化。在调用函数 MHRasterizeShp() 进行参数 3 的栅格化时，需要指定栅格化所依赖的字段，因此需要在栅格化之前判断输入的矢量数据边界是否具有字段 MSK_DN，如果没有则需要增加该字段并将对应的属性值设置为 1，之后再依据此字段进行矢量化时就将研究区范围栅格化并以值 1 进行充填。在栅格化的具体参数设置方面，其空间分辨率 cRes 需要与从该矢量中要素在 SrcImgName 字段上的属性所对应的栅格数据相一致。最后，再根据输入的数据为矢量与栅格分别调用对应的拼接函数，其中矢量数据的函数为 ImageMosaicByInFea()，其对应的代码为：

```
char* ImageMosaicByInFea(vector<string> vFiles, const char* cOutputImg)
{
    vector<OGRDataSource*> vDS; //用于容纳所有输入列表中矢量打开后的数据集
    for (int i = 0; i < vFiles.size(); i++)//遍历所有输入的文件名
    {
        OGRDataSource* pDS = (OGRDataSource*)OGROpen(vFiles[i].c_str(), 0, NULL); //矢
量方式打开
        if (!pDS)
        {
            vDS.push_back(pDS); //按顺序将其数据集指针加入到容器中
            if (pDS->GetLayer(0)->GetLayerDefn()->GetFieldIndex("SrcImgName") < 0) //
图层上应有此字段
                ASSERT_FALSE_AND_RETURN_FALSE_STRING;
        }
    }
    string sShp = vFiles[0]; //sShp为影像合成后的文件，初始化为第1个Shp文件名
    if (vFiles.size() > 1) //如果用户输入的矢量数据个数大于1，需要进行矢量合成
    {
        int nFind = sShp.find(".");
        char tmp[255];
        itoa(rand(), tmp, 10);
        sShp = sShp.substr(0, nFind) + "_tmp_" + string(tmp) + ".shp";//临时文件名作为
矢量合成结果
        //调用矢量合成算法将这些Shp合成一个Shp，略，具体可参见4.3.3
    }
    char* cReturn = DoImageMosaic(sShp.c_str(), cOutputImg); //调用具体的影像拼接函数
    if (vFiles.size() > 1)
        remove(sShp.c_str());//删除临时文件
    return cReturn;
}
```

参数中，通过容器 vDS 来容纳所有输入列表中矢量打开后的数据集指针 (OGRDatasource*)，同时判断所有列表中的矢量数据的图层中均含有"SrcImgName"字段。之后，再判断用户输入的列表中文件的个数，如果为一个矢量数据文件，则直接认定此矢量数据文件为矢量数据合成结果，类似于 4.3.3 小节的结果；如果为多个矢量数据文件，则需要将这些矢量数据文件进行矢量合成，合成后的结果为一个 Shp 文件，即上述代码中的 sShp。合成之后，再调用 DoImageMosaic() 函数实现具体的拼接过程。

对应的函数主体代码为：

```cpp
char* DoImageMosaic(const char* cShp, const char* cOutputImg)
{
    //采用OGR打开cShp，获取其数据集及图层指针，判断是否存在字段MSK_DN，如果不存在则增加
此字段并设所有要素在此字段上的值为1，略
    vector<string> vImgName; //存储所有文件名的容器
    OGRFeature* pFeature;
    poLayer->ResetReading();
    while ((pFeature = poLayer->GetNextFeature()) != NULL) //循环读取所有要素，加入影像
列表
    {
        int fieldID = pFeature->GetFieldIndex("SrcImgName");
        string strName = pFeature->GetFieldAsString(fieldID);
        vImgName.push_back(strName);
    }
    //1.检测所有影像是否存在；2.判断所有影像空间分辨率、波段数目、数据类型、空间参数是
否一致，略
    //如果不存在文件cOutputImg，计算空间范围并依此计算宽高，生成其数据集并确定其空间参
考与仿射变换参数，置其所有值为0，如果存在文件cOutputImg，则为前一步矢量边界栅格化后的结
果，略
    //对矢量合成文件cShp进行栅格化，空间分辨率、投影等信息与vImgName中的其他文件信息一致
    Mosaic_Pixel(cOutputImg, strTsk); //开始镶嵌影像
}
```

这一过程中，由于参数 1 的 cShp 已经为经过矢量合成之后的一个 Shp 文件了，一般来说，其内部具有多个面状要素，每个面状要素在字段 SrcImgName 上的属性指示了该要素对应的栅格数据文件(如果没有绝对目录，则需要将此矢量合成文件 cShp 的绝对目录复制给对应的属性)。之后，在检测所有影像没有问题的前提下(文件存在，所有影像空间分辨率、波段数目、数据类型、空间参数均一致)，判断输出结果文件 cOutputImg 是否存在：如果不存在，证明在前面的步骤中没有指定研究区的边界矢量文件(因为如果指定了研究区边界则会将此边界文件栅格化成此文件，此文件一定存在)，此时需要计算空间范围并依此计算宽高，生成其数据集并确定其空间参考与仿射变换参数，并将此文件的所有数据置为 0；如果存在此文件，则在后续的像素值复制过程中只需要为此栅格数据文件中值为 1 的像素值进行赋值，原栅格数据中的值如果为 0，则证明此像素不位于研究区内，不需要对其进行赋值。

在此基础上，对矢量合成文件 cShp 进行栅格化，空间分辨率、投影等信息与

vImgName 中的其他文件信息一致，同时也与前面的矢量数据栅格化过程中的参数设置一致。

其中矢量数据栅格化的代码段为：

```
char **papszOptions = NULL; //栅格化选项
papszOptions = CSLSetNameValue(papszOptions, "CHUNKSIZE", "1");
papszOptions = CSLSetNameValue(papszOptions, "ATTRIBUTE", "MSK_DN");//以此字段进行栅格化
void * pTransformArg = NULL;
void * m_hGenTransformArg = NULL;
m_hGenTransformArg = GDALCreateGenImgProjTransformer(NULL, pszProjection,
(GDALDatasetH)poNewDS, poNewDS->GetProjectionRef(), FALSE, 1000.0, 3); //创建用于转换函数的参数
pTransformArg = GDALCreateApproxTransformer(GDALGenImgProjTransform,
m_hGenTransformArg, 0.125);
CPLErr err = GDALRasterizeLayers((GDALDatasetH)poNewDS, pGeoStd.nBands, pnbandlist,
1, player, GDALGenImgProjTransform, m_hGenTransformArg, dburnValues, papszOptions, 0, 0);
//栅格化矢量图层
GDALDestroyGenImgProjTransformer(m_hGenTransformArg); //销毁
GDALDestroyApproxTransformer(pTransformArg);
//后处理，略
```

上述代码中指数了采用字段 MSK_DN 进行矢量数据栅格化，具体的过程可参见 GDAL 的相关使用说明。最后，将所有栅格数据中的数值复制到目标数据集的相应位置中去，执行这一功能的函数为 Mosaic_Pixel()，其对应的主体代码为：

```
BOOL Mosaic_Pixel(const char *strMosaic, char *strTsk)
{
    //前期各种错误排查，略
    for (i = 0; i < nTifNum; i++)//数据逐张填入，遍历所有遥感影像数据
    {
        GDALDataset *iBef = (GDALDataset*)GDALOpen(strTif[i], GA_ReadOnly); //打开对应数据集
        int nStepSize = (RAM_USE * 1024 * 1024) / (2 * pGeo[i].nCols*nBands*nBitSize);
        int nStepNum = pGeo[i].nRows / nStepSize;
        if (pGeo[i].nRows%nStepSize) nStepNum++;
        for (k = 0; k < nStepNum; k++)//分步骤进行
        {
            //根据计算影像需要读取数据的左上角、右下角坐标，略
            if (nBits == 8) //如果影像为8位
            {
                BYTE *pImgBef = new BYTE[nReadCols*nReadRows*nBands];
                BYTE *pImgMsk = new BYTE[nReadCols*nReadRows*nBands];
                memset(pImgBef, 0, nReadCols*nReadRows*nBands*sizeof(BYTE));
                memset(pImgMsk, 0, nReadCols*nReadRows*nBands*sizeof(BYTE));
                iBef->RasterIO(GF_Read, nImgStaCol, nImgStaRow, nReadCols, nReadRows,
```

```
pImgBef, nReadCols, nReadRows,GDT_Byte, nBands, pBand, nBitSize*nBands, nBitSize*nBands*
nReadCols, nBitSize);
                iMsk->RasterIO(GF_Read, nMskStaCol, nMskStaRow, nReadCols, nReadRows,
pImgMsk, nReadCols, nReadRows,GDT_Byte, nBands, pBand, nBitSize*nBands, nBitSize*nBands*
nReadCols, nBitSize);
                for (int c = 0; c < nReadCols*nReadRows*nBands; c++)//根据MSK文件进一
步判断像素值
                {
                    if (pImgMsk[c] == nDN[i]) //判断Mask文件
                        pImgMsk[c] = pImgBef[c];
                }
                iMsk->RasterIO(GF_Write, nMskStaCol, nMskStaRow, nReadCols, nReadRows,
pImgMsk, nReadCols, nReadRows,GDT_Byte, nBands, pBand, nBitSize*nBands, nBitSize*nBands*
nReadCols, nBitSize);
            }
        else if (pGeoStd.nBits == 16、32、64)
            //对其他情况进行像素复制，方法类似，略
        }
    }
    //后处理，释放所有内存，关闭数据集，略
    return TRUE;
}
```

上述代码是应用 GDAL 实现像素复制的最底层代码，由于上述代码中省略较多，因此需要讲述一下其实现原理。实际上，在前文已经确定目标数据大小的前提下，这段代码就需要逐一遍历指定的一系列数据集，通过目标数据集与这些 Tif 文件能够知道各数据集与最终数据集的交集，而从 Tif 文件中读取这些交集并写入目标数据集的过程就是上述代码的核心思想。具体实现方面，上述代码的主要实现过程就是通过 RasterIO() 函数实现某些图层数据的读取，在通过对应的 Mask 文件进行辅助判定之后，再通过 RasterIO() 函数写回到目标数据集中。上述过程最为关键的步骤就是对坐标位置的计算，这一过程非常关键，如果计算错误将会直接给结果带来错误；而由于不同影像均可能具有不同的仿射变换参数，因此不同影像之间的像素复制过程就需要多次通过各影像的仿射变换参数和相互位置进行计算。

当参数 1 中为一系列栅格数据时，需要调用函数 ImageMosaicByInImg()，该函数实际上较矢量拼接函数 ImageMosaicByInFea() 简单，其主要实现原理为直接计算栅格的位置并进行拼接，类似于最后面的函数 Mosaic_Pixel()，此处代码略。

11.4 小　　结

本章主要介绍了栅格数据的拼接方法与实现过程。由于栅格数据的拼接任务在日常应用中应用较多，同时其他相关的应用中很多时候也需要调用栅格的拼接功能，如 4.3 节中的交互式影像合成功能。本章中的参数 1 中既可以输入一个已经完成好矢量合成的

Shp 文件(第一种情况)，也可以输入一系列矢量数据文件(第二种情况)，同时也可以输入一系列栅格数据文件(第三种情况)。当输入的参数 1 仅为一个 Shp 文件时(第一种情况)，则此文件应该含有 SrcImgName 的字段，且在本 Shp 文件的不同要素中此字段上的值对应了不同的栅格数据源文件(具体可参见 4.3.3 小节的矢量合成结果)。如果参数 1 为一系列的 Shp 文件(第二种情况)，则同样这些 Shp 文件均应该含有 SrcImgName 字段，且对应的字段上同样为该要素所对应的源影像数据；此时，需要我们针对给定的一系列 Shp 文件进行矢量合成工作，其原理就是将给定的 Shp 文件中各要素之间进行裁切(Clip)并保证所有要素之间没有重叠，再在此基础上进行第一种情况的后续工作。如果参数 1 为一系列的栅格文件(第三种情况)，则直接根据输入的栅格数据计算并充填即可。

第 12 章

指数计算模块 MHImgIndexCompute 的实现

指数计算在遥感影像里用途非常广泛,其实现原理是基于多/高光谱的不同波段之间的数据差异,通过波段之间的数值计算,实现某些信息增强的作用,从而实现某些专题信息的突出显示及提取功能,其中最常用的有遥感影像归一化植被指数 NDVI、归一化水体指数 NDWI 及其扩展 MNDWI、归一化建筑指数 NDBI 等。在 MHMapGIS 中,基于这些常用的指数计算功能,可以实现一系列常用的遥感影像计算工具,并注册至其工具箱内,以便需要时方便地功能调用,并可根据实际需要进行扩展。本章将以其中几个常用的指数计算工具为例,对整个流程进行介绍。

一般来说,指数计算的具体流程与实现方法都不复杂,相应的原理与计算公式也很简单,应用 GDAL 实现基本的栅格数据读写、分析与计算等将是本章算法实现的基础。

12.1 模块 MHImgIndexCompute 功能需求与实现原理

作为一种特殊的信息提取方式,指数计算具有原理简单、计算快速、方便适用等优点,其优点已被 GIS、遥感领域以及其他专业的广大用户所接受。例如在农业、林业、国土、城市规划等多个部门都有应用 NDVI 提取植被信息、应用 NDWI 提取水体信息的大量应用实例。

MHMapGIS 中采用了工具箱的方式对所有非交互式的 GIS 或遥感算法进行整理,本章中我们将基于 GDAL 的基本 IO 操作及各种指数的实际计算公式,对相应的指数计算工具进行实现,并通过注册到 MHMapGIS 中的工具箱实现对外服务。

从算法的实现原理角度来看,模块 MHImgIndexCompute 里面包含了若干个指数计算功能,而且也可以根据实际情况对此模块中的算法进行扩展并形成新的指数计算算法,类似于植被指数 NDVI 的计算过程,其他指数的计算过程一般来说也比较简单,只需要在实际算法实现体处更改为新的算法实现即可。算法完成之后通过修改 MHMapTools. XML 文件，实现此模块功能及对应接口的注册。

12.2　归一化植被指数 NDVI 的计算

植被指数已广泛用来定性和定量评价植被覆盖及其生长活力。植被光谱表现为植被、土壤亮度、环境影响、阴影、土壤颜色和湿度复杂混合反应，而且受大气空间-时相变化的影响，因此植被指数没有一个普遍的值，其研究经常表明不同的结果。很多学者根据不同的需要，已经发展出了众多的植被指数，如比值植被指数 RVI、绿度植被指数 GVI、垂直植被指数 PVI、土壤调节植被指数 SAVI、差值环境植被指数 DVI 等，但其中应用最为广泛的还是归一化植被指数 NDVI，也是被业界及行业应用中接受最广的植被指数。本节中我们以 NDVI 的计算过程为例对其算法进行实现。

归一化植被指数的计算公式为

$$NDVI = \frac{\rho_{NIR} - \rho_R}{\rho_{NIR} + \rho_R}$$

式中，ρ_{NIR} 为近红外的反射率；ρ_R 为红波段的反射率。实际算法实现中，由于不同传感器的反射率计算比较麻烦，一般直接采用影像数据的 DN 值按此公式进行计算，对应于此算法的接口声明如下。

```
extern "C" __declspec(dllexport) char* _cdecl NDVICompute(// 计算 NDVI
    const char* pszInputImg, //待计算指数的多光谱影像
    const char* pszOutputImg, //计算结果
    const char* pszRedAndNIRBands = "", //红、近红外波段在原影像中的数值，以分号间隔，波段自1开始
    const char* pszOupputType = "");//输入数据类型
```

其中对外暴露的接口为 NDVICompute，并提供 4 个参数，其中第 1 个参数为待计算 NDVI 的输入多光谱影像数据，参数 2 为计算的输出结果；参数 3 为红波段与近红外波段对应于原输入影像数据（参数 1）中的波段，为一个由分号分隔的字符串；参数 4 为输出 NDVI 的数据类型，可选择 BYTE、float、double 数据类型。

在 MHMapGIS 中的算法工具箱中，通过增加下面 XML 代码段到 MHMapTools.XML 文件中实现工具的增加，工具名称为"植被指数计算 NDVI"，其实现体为当前文件夹下的 RadiSZF 文件夹下的 MHImgIndexCompute.dll 文件中的接口 NDVICompute。

```
<植被指数NDVI foldername="RadiSZF" dllfile=" MHImgIndexCompute"
interface="NDVICompute">
    </植被指数NDVI>
```

注册完毕之后，通过双击工具箱中的相应工具，便可激活对应的工具，相应的工具对话框界面如图 12-1 所示。

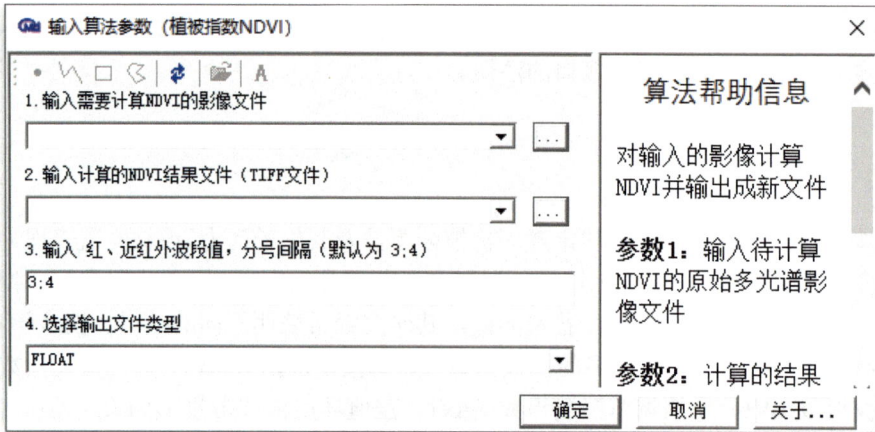

图 12-1　归一化植被指数 NDVI 计算的对话框界面

对应于图 12-1 所激活的算法接口 **NDVICompute** 的主要实现代码为：

```
char* _cdecl NDVICompute(const char* pszInputImg, const char* pszOutputImg, const
char* pszRedAndNIRBands,    const char* pszOupputType) // 计算 NDVI
{
    GDALAllRegister(); //1.GDAL、OGR初始化
    OGRRegisterAll();
    GDALDataset* pDataset = (GDALDataset*)GDALOpen(pszInputImg, GA_ReadOnly); //打开
输入数据集
    int nBandR = 3;     //默认情况下红波段为3，近红外波段为4
    int nBandNIR = 4;
    if (strcmp(pszRedAndNIRBands, "") != 0)   //如果用户指定了新的红、近红外波段，更新
    {
        string sRedNir(pszRedAndNIRBands);
        int nFind = sRedNir.find(";");    //采用分号分离出2个数值
        nBandR = atoi(sRedNir.substr(0, nFind).c_str());    //新的红波段位于原影像中的
第几波段
        nBandNIR = atoi(sRedNir.substr(nFind + 1).c_str());//新的近红外波段
    }
    int nXSize = pDataset->GetRasterXSize();   //影像的宽与高
    int nYSize = pDataset->GetRasterYSize();
    GDALDriver* pDriver = (GDALDriver*)GDALGetDriverByName("GTiff");
    GDALDataType typeOutput = GDT_Float32;    //默认情况下输出为float类型
    if (strcmp(pszOupputType, "") != 0) //如果用户指定了新的输出类型，更新
    {
        string sOutType(strupr((char*)pszOupputType)); //变为大写
        if (sOutType == "BYTE")//输出类型设定为BYTE类型
            typeOutput = GDT_Byte;
        else if (sOutType == "FLOAT")//输出类型设定为float类型
            typeOutput = GDT_Float32;
```

```
        else if (sOutType == "DOUBLE")//输出类型设定为double类型
            typeOutput = GDT_Float64;
    }
    GDALDatset* pOutDataset = GDALCreate(pDriver, pszOutputImg, nXSize, nYSize, 1,
typeOutput, NULL);
    GDALRasterBand* pBandNDVI = pOutDataset->GetRasterBand(1);
    double dTran[6];
    pDataset->GetGeoTransform(dTran); //获取原影像的仿射变换信息
    pOutDataset->SetGeoTransform(dTran); // 复制仿射变换信息
    const char* cPR = pDataset->GetProjectionRef();//获取原影像的投影信息
    if (strlen(cPR) > 0)
        er = pOutDataset->SetProjection(cPR); // 复制投影信息
    GDALRasterBand* pBandR = pDataset->GetRasterBand(nBandR);
    GDALRasterBand* pBandNIR = pDataset->GetRasterBand(nBandNIR);
    void* pBuffer = new unsigned char[nXSize*sizeof(double)];//2.开辟内存，足以容纳其他
数据类型
    double* pBuffer1 = new double[nXSize]; //开辟double类型内存，将原文件中读取为double
类型数值
    double* pBuffer2 = new double[nXSize];
    for (int i = 0; i < nYSize; i++)//3.逐行遍历
    {
        pBandR->RasterIO(GF_Read, 0, i, nXSize, 1, pBuffer1, nXSize, 1, GDT_Float64, 0,
0); //读取
        pBandNIR->RasterIO(GF_Read, 0, i, nXSize, 1, pBuffer2, nXSize, 1, GDT_Float64,
0, 0);
        for (int j = 0; j < nXSize; j++)//逐像素遍历
        {
            double dValue1 = pBuffer1[j];
            double dValue2 = pBuffer2[j];
            double dResult = -1; //当前像素的指数计算的结果
            if (dValue2 + dValue1 > 1e-8) //如果2个波段值和大于0
                dResult = (dValue2 - dValue1) / (dValue2 + dValue1);//具体的指数计算公式
            if (typeOutput == GDT_Float32)//根据实际数据类型转换
                ((float*)pBuffer)[j] = (float)dResult; //转换为float类型
            else if (typeOutput == GDT_Float64) //根据实际数据类型转换
                ((double*)pBuffer)[j] = dResult; //转换为double类型
            else if (typeOutput == GDT_Byte) //根据实际数据类型转换
            {
                int nNewValue = (dResult + 1) * 128; //变换
                if (nNewValue == 256) nNewValue = 255;
                ((unsigned char*)pBuffer)[j] = (unsigned char)nNewValue; //转换为BYTE类型
            }
        }
        pBandNDVI->RasterIO(GF_Write, 0, i, nXSize, 1, pBuffer, nXSize, 1, typeOutput,
```

```
0, 0); //写入
    }
    delete pBuffer1;   delete pBuffer2;   delete pBuffer; //4.释放内存
    GDALClose(pDataset);    GDALClose(pOutDataset); //关闭数据集指针
    return "true";
}
```

上述代码非常详细地说明了植被指数计算的全过程，其实现算法原理实际上非常简单，就是在第 1 步实现初始化过程，包括打开输入数据，各种信息的初始化，分离出红、近红外波段的数值并读取其对应的波段指针，再建立与目标数据类型相一致的目标数据集文件，并从源文件中复制过来仿射变换信息与投影信息。

第 2 步的开辟内存中，需要开辟内存并容纳 GDAL 从源文件中读取数值，经过计算并形成目标文件中的数值，因此需要开辟与原文件数据类型相一致的数据类型的内存。但此处有一个小技巧，由于源文件可能为 BYTE、INT16、UINT6、INT32、UINT32、float、double 等多种数据类型，因此我们如果分别按不同类型进行内存分配代码量就会很长，由于我们最终会将这些读取出来的数值进行 double 类型的转换与计算，因此这里我们直接就开辟成了 double 类型的一行数据的内存，此时无论源文件为任何类型的数据，此 double 类型的内存均足以容纳下其读取出来的数值。另外，这里开辟的 pBuffer、pBuffer1 与 pBuffer2 均为一行（nXSize）大小 double 类型所对应的内存字节数，但 pBuffer 为计算结果，其声明为 void*类型，最后根据用户设定的输出数据类型为 BYTE、float 或 double 类型再进行类型动态转换。

第 3 步需要对输入影像进行逐行遍历，首先通过 RasterIO()函数读出原文件中的红与近红外波段的数值，读出其中的数值时采用 GDT_Float64 的方式，即无论原来数据类型为什么，均将其读出成为 double 类型。然后遍历所有像素数值，再根据 NDVI 的公式进行计算，并转换成为目标数据类型的数据。这里需要注意，在将数据写入 pBuffer 时，由于在声明时 pBuffer 为 void*类型，实际数据在写入时需要将其数据类型强制转换到目标数据类型，采用的方式如上述代码中的((float*)pBuffer)[j]或((unsigned char*)pBuffer)[j]形式将此内存强制转换为 float 或 unsigned char 数据类型。最后，再通过 RasterIO()函数将结果写入到 NDVI 结果波段中去。

第 4 步需要释放开辟的内存，并关闭所有打开的数据集指针，完成 NDVI 的计算过程。

12.3 归一化水体指数 NDWI 的计算

归一化水体指数 NDWI 是根据水体在绿波段与近红外波段反射值的差异，通过其差和比实现值的归一化差值处理，以凸显影像中的水体信息。归一化水体指数 NDWI 与 NDVI 的计算过程类似，都是通过不同波段之间的数值进行差与和的比的过程。不同的是，NDVI 的实现原理是近红外与红波段的差和比，而 NDWI 则是绿与近红外波段之间的差和比，其计算公式为

$$\mathrm{NDWI} = \frac{\rho_{\mathrm{GREEN}} - \rho_{\mathrm{NIR}}}{\rho_{\mathrm{GREEN}} + \rho_{\mathrm{NIR}}}$$

式中，ρ_{GREEN} 为绿波段的反射率；ρ_{NIR} 为近红外的反射率，对应于此算法的接口声明如下。

```
extern "C" __declspec(dllexport)  char* _cdecl NDWICompute(// 计算 NDWI
    const char* pszInputImg, //待计算指数的多光谱影像
    const char* pszOutputImg, //计算结果
    const char* pszGreenAndNIRBands = "",//绿、近红外波段在原影像中的数值，以分号间隔，
波段自1开始
    const char* pszOupputType = "");//输入数据类型
```

相应的几个参数与 NDVI 计算过程非常类似，其含义也基本相同，对应于此算法的对话框界面如图 12-2 所示。

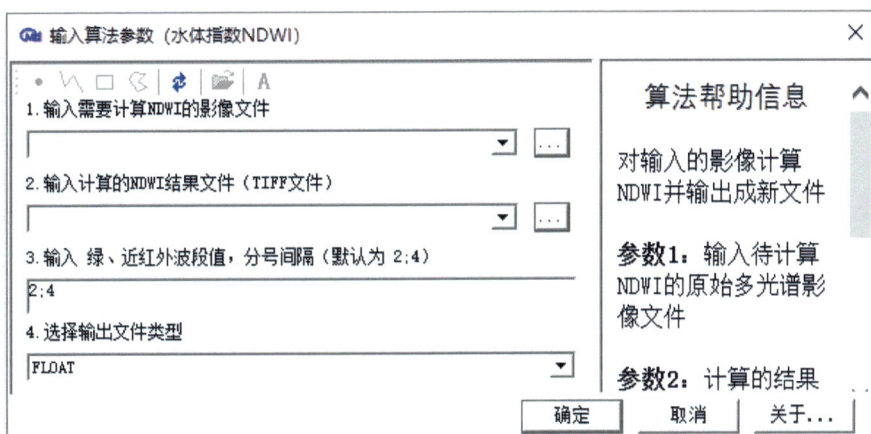

图 12-2　归一化水体指数 NDWI 计算的对话框界面

算法的具体实现中，代码与 12.2 节中的 NDVI 计算过程非常类似，差别就是将 12.2 节中代码的近红外波段换成本算法中的绿波段，再将其中的红波段换成本算法的近红外波段，对应的代码略。

12.4　修改型土壤调节植被指数 MSAVI

尽管 NDVI 在遥感植被信息提取中应用多，但在地表光谱比较极端的情况下，如植被盖度低、裸土比例大时，归一化植被指数 NDVI 就可能会出现偏差。当土壤水分含量存在差异，进而会影响对应的 NDVI，这说明 NDVI 对土壤水分含量的变化比较敏感。为了解决这一问题，土壤调节植被指数(soil adjusted vegetation index, SAVI)被提出，其对土壤水分含量的变异相对来说不敏感，其计算公式与 NDVI 类似：

$$\mathrm{SAVI} = \frac{\rho_{\mathrm{NIR}} - \rho_{\mathrm{R}}}{\rho_{\mathrm{NIR}} + \rho_{\mathrm{R}} + L}(1 + L)$$

与 NDVI 的计算公式相比，SAVI 计算公式中多了一个参数 L。L 称之为土壤调节因

子，它的值介于 0~1 之间的数值。当植被盖度达到 100%时，L 为 0，即不需要调节土壤背景，而当植被盖度越低，L 就越接近于 1，由于 L 值并不容易确定，通常将 L 设置为中间值 0.5。

进一步地，为了解决在 SAVI 的计算公式里包含一个估计值的问题，一些研究者提出了一个更好的解决办法并"简化"了 SAVI 公式，去掉了公式中的 L 参数，形成了修改型土壤调节植被指数(modified soil adjusted vegetation index，MSAVI)，其公式可表达为

$$\mathrm{MSAVI} = \frac{2\rho_{\mathrm{NIR}} + 1 - \sqrt{(2\rho_{\mathrm{NIR}} + 1)^2 - 8(\rho_{\mathrm{NIR}} - \rho_{\mathrm{R}})}}{2}$$

相对于 SAVI 来说，MSAVI 对植被总量的敏感度以及对土壤背景的响应与 SAVI 差不多，但可以避免其中 L 的取值问题，在实际应用中应用更多。

本节中我们针对实际应用情况对 MSAVI 进行实现。首先根据上述公式，我们可以构造类似如下的算法接口设计：

```
extern "C" __declspec(dllexport) char* _cdecl MSAVICompute(// 计算 MSAVI
    const char* pszInputImg, //待计算指数的多光谱影像
    const char* pszOutputImg, //计算结果
    const char* pszRedAndNIRBands = "");//红、近红外波段在原影像中的数值，以分号间隔，
波段自1开始
```

接口中的 3 个参数同前面几个指数计算的意义类似。由于一般对计算出的 MSAVI 都是采用 float 类型进行存储，因此在算法中没有对输出数据类型进行限制，如果需要的话，也可以对其进行扩展。其中对应于上述接口的算法对话框如图 12-3 所示。

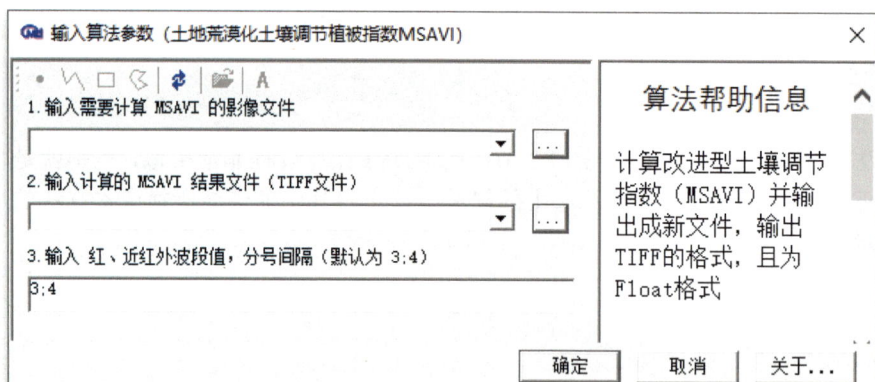

图 12-3　土地荒漠化土壤调节植被指数 MSAVI 计算的对话框界面

算法接口的实现中的前面一部分与 12.2 节中的第 1 步与第 2 步类似，都是实现初始化后的对应文件的生成、信息的复制、内存的开辟等，唯一不同的是，本算法由于输出的数据类型设定了 float 类型，因此在开辟内存时将结果 pBuffer 直接开辟为 float 类型的 nXSize 大小的内存，同时在第 3 步有所不同，第 2 步与第 3 步的主要代码如下：

```
float* pBuffer = new float[nXSize]; //2.开辟内存
double* pBufferR = new double[nXSize];
double* pBufferNIR = new double[nXSize];
```

```
for (int i = 0; i < nYSize; i++) //3.计算 MSAVI
{
    pBandR->RasterIO(GF_Read, 0, i, nXSize, 1, pBufferR, nXSize, 1, GDT_Float64, 0, 0);
    pBandNIR->RasterIO(GF_Read, 0, i, nXSize, 1, pBufferNIR, nXSize, 1, GDT_Float64,
0, 0);
    for (int j = 0; j < nXSize; j++)
    {
        double dR = pBufferR[j], dNIR = pBufferNIR[j];//根据以上公式
        double dTmp = (2*dNIR + 1)*(2*dNIR + 1) - 8 * (dNIR - dR);
        dTmp = dTmp >= 0 ? dTmp : 0;
        float fMSAVI = float(dNIR + 0.5 - sqrt(dTmp)/2.);
        pBuffer[j] = fMSAVI;
    }
    pBandMSAVI->RasterIO(GF_Write, 0, i, nXSize, 1, pBuffer, nXSize, 1, GDT_Float32,
0, 0);
}
```

上述代码与 NDVI 的实现过程中的主要差异表现在上述第 2 步开辟的内存中，直接将结果 pBuffer 开辟为 float 类型的内存，因此在第 3 步根据上述公式计算出 MSAVI 之后，也不需要进行类型强制转换，最后直接将计算出的 MSAVI 结果 RasterIO 到对应的波段中即可。

12.5　地表反照率指数 ALBEDO

地表反照率是遥感反演陆面参数时的第一重要参数，地表反照率或多波段遥感中不同谱段地表反射率的准确反演常常是准确估算其他陆面参数如植被和土地利用/土地覆盖等状况的先决条件。

反射率是某一物体对于某一波长反射辐射量与入射辐射量的比值，各波长反射率的积分即为反照率 ALBEDO。地表反照率表征地球表面对太阳辐射的反射能力，它随地表植被、土壤、积雪覆盖类型及其结构的变化而变化。当地表状况发生明显改变时，伴随着地表植被覆盖度的下降，地表水分相应减少，地表粗糙度下降，地表反照率增加。

本示例中仅 Landsat 系列卫星地表反照率指数 ALBEDO 的计算为例，其中 TM/ETM+计算公式为

$$ALBEDO = 0.356 \times B1 + 0.130 \times B3 + 0.373 \times B4 + 0.085 \times B5 + 0.072 \times B7 - 0.018$$

或者 Landsat 8 OLI 的计算公式为

$$ALBEDO = 0.356 \times B2 + 0.130 \times B4 + 0.373 \times B5 + 0.085 \times B6 + 0.072 \times B7 - 0.018$$

式中，B2 为 Landsat 蓝波段；B4 为 Landsat 红外波段；B5 为 Landsat 近红外波段；B6 为 Landsat 中红外波段；B7 为 Landsat 中红外波段。

根据上述公式，我们对地表反照率指数 ALBEDO 计算算法进行接口定义：

```
extern "C" __declspec(dllexport)  char* _cdecl ALBEDOCompute(// 计算 ALBEDOVI
    const char* pszInputImg, //待计算指数的多光谱影像
```

```
const char* pszOutputImg, //计算结果
const char* pszOupputType = ""));//输入的Landsat数据类型
```

上述参数中最后一个参数定义为 Landsat 数据类型的字符串，可以为"Landsat TM/ETM"或"Landsat OLI"，对应于此接口的算法对话框如图 12-4 所示。

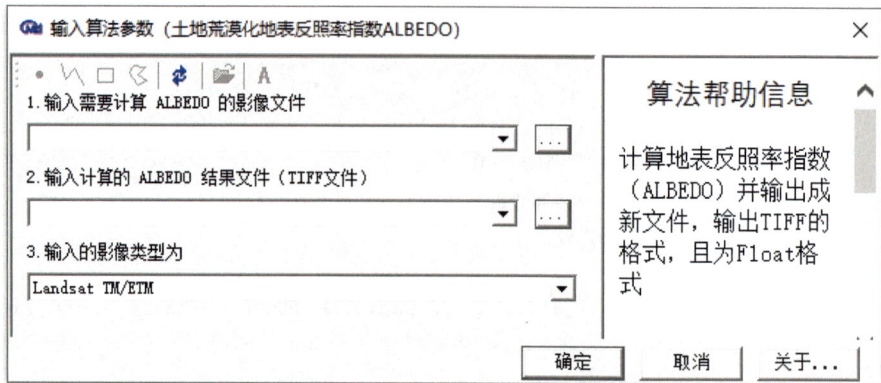

图 12-4　地表反照率指数 ALBEDO 计算的对话框界面

同样地，ALBEDO 的计算结果也定义为 float 类型，因此不需要在接口中指定数据类型，对应于此算法的实现代码中，第 1 步同 12.2 节类似，因此我们从第 2 步开始分析。

```
int* n = new int[5]; //用于存储5个波段分别位于原影像中哪个波段位置
GDALRasterBand** pBand = new GDALRasterBand*[5]; //对应于5个波段的波段指针
string sRedAndNIRBands(pszLandsatType); //输入的参数3对应的字符串
if (sRedAndNIRBands == "Landsat TM/ETM")//如果用户在图12-4中选择了TM/ETM
{
    n[0] = 1; n[1] = 3; n[2] = 4; n[3] = 5; n[4] = 7;
}
else if (sRedAndNIRBands == "Landsat OLI")//如果用户在图12-4中选择了OLI
{
    n[0] = 2; n[1] = 4; n[2] = 5; n[3] = 6; n[4] = 7;
}
for (int i = 0; i < 5; i++)
    pBand[i] = pDataset->GetRasterBand(n[i]);
float* pBuffer = new float[nXSize]; //2.开辟存储结果的内存
double** pBufferSrc = new double*[5]; //开辟存储5个波段的double类型的内存
for (int i = 0; i < 5;i++)
    pBufferSrc[i] = new double[nXSize];
for (int i = 0; i < nYSize; i++)//3.计算 MSAVI
{
    for (int j = 0; j < 5; j++)//分别读取5个波段的数据
        pBand[j]->RasterIO(GF_Read, 0, i, nXSize, 1, pBufferSrc[j], nXSize, 1,
GDT_Float64, 0, 0);
    for (int j = 0; j < nXSize; j++)
```

```
        pBuffer[j] = 0.356*pBufferSrc[0][j] + 0.130*pBufferSrc[1][j] + 0.373*p
BufferSrc[2][j] + 0.085*pBufferSrc[3][j] + 0.072*pBufferSrc[4][j] - 0.0018;
        pBandALBEDO->RasterIO(GF_Write, 0, i, nXSize, 1, pBuffer, nXSize, 1, typeOutput,
0, 0);
    }
```

上述代码中，根据用户选择的不同 Landsat 类型指定出数组 *n* 的不同数值，再开辟 5 个 double 类型和 1 个 float 类型的 *n*XSize 大小的数组，分别用于存储从 5 个波段中读取出来的数值及计算后的结果数值。在第 3 步计算过程中，同样是先逐行遍历并分别从不同波段中读取出来，再根据上述公式对 ALBEDO 进行计算，再将计算的该行结果通过 RasterIO() 函数写入到新生成的 ALBEDO 结果数据集波段中，最后在第 4 步释放相应的内存与关闭所有数据集，此处略。

12.6　植被覆盖度指数 VFC

植被覆盖度是指植被（包括叶、茎、枝）在地面的垂直投影面积占统计区总面积的百分比，它是刻画地表植被覆盖的一个重要参数，也是指示生态环境变化的重要指标之一。容易与植被覆盖度混淆的概念是植被盖度，植被盖度是指植被冠层或叶面在地面的垂直投影面积占植被区总面积的比例，两个概念主要区别就是分母不一样。植被覆盖度常用于植被变化、生态环境研究、水土保持、气候等方面。

目前已经发展了很多利用遥感测量植被覆盖度的方法，较为实用的方法是利用植被指数近似估算植被覆盖度，常用的植被指数为 NDVI，采用在像元二分模型的基础上研究的模型：

$$VFC = \frac{NDVI - NDVI_{soil}}{NDVI_{veg} - NDVI_{soil}}$$

式中，$NDVI_{soil}$ 为完全是裸土或无植被覆盖区域的 NDVI 值，相当于 $NDVI_{min}$；$NDVI_{veg}$ 则代表完全被植被所覆盖的像元的 NDVI 值，即纯植被像元的 NDVI 值，相当于 $NDVI_{max}$。

基于 VFC 的计算原理，我们对植被覆盖度指数 VFC 的算法接口进行定义如下。

```
extern "C" __declspec(dllexport) char* _cdecl VFCCompute(// 计算 VFC
    const char* pszInputImg, //待计算指数的多光谱影像
    const char* pszOutputImg, //计算结果
    const char* pszRedAndNIRBands = "");//红、近红外波段在原影像中的数值，以分号间隔，
波段自1开始
```

根据上述公式，VFC 计算需要首先计算对应的 NDVI，再对整个研究区 NDVI 进行统计，最后根据上述公式进行计算。因此，VFC 的计算接口与 NDVI 计算的接口几乎一致，只是最后没有指定 VFC 的数据类型，我们同样认为，只需要输出其为 float 类型，如果确实有其他需求可以对此接口进行扩展。

对应于此接口在 MHMapGIS 中自动生成的算法对话框界面如图 12-5 所示。

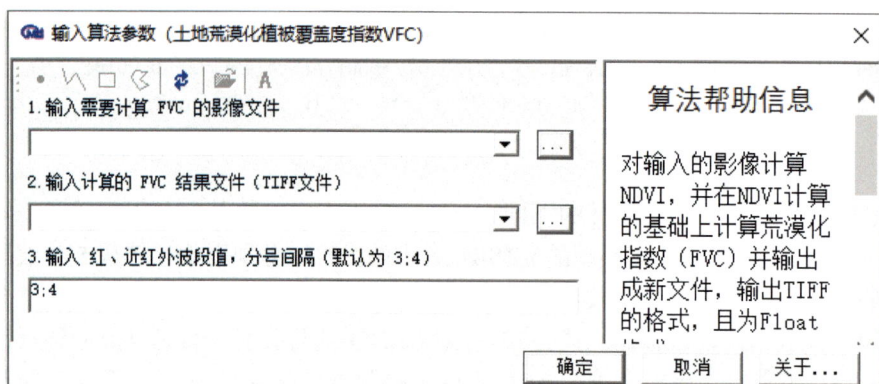

图 12-5　植被覆盖度指数 VFC 计算对话框界面

对应于图 12-5 的接口 **VFCCompute** 的实现代码为：

```cpp
char* _cdecl VFCCompute(const char* pszInputImg, const char* pszOutputImg, const char*
pszRedAndNIRBands)
{
    string sTmpNdvi(pszInputImg);
    int nFind = sTmpNdvi.rfind("\\");
    sTmpNdvi = sTmpNdvi.substr(0, nFind) + "\\NDVI_TMP";//float类型
    char* cNDVI = NDVICompute(pszInputImg, sTmpNdvi.c_str(), pszRedAndNIRBands); //1.
调用函数生成NDVI
    float fMin = 1, fMax = -1;
    //2.类似于12.2中的第1步打开生成的NDVI影像数据集，生成新数据集并复制仿射变换与投影信
息，略
    float* pBuffer = new float[nXSize];
    for (int i = 0; i < nYSize; i++) //3.从ndvi中找出fMin fMax
    {
        pBandSrc->RasterIO(GF_Read, 0, i, nXSize, 1, pBuffer, nXSize, 1, type, 0, 0);
        for (int j = 0; j < nXSize; j++)//遍历所有NDVI像素
        {
            float fValue = pBuffer[j];
            if (fValue > fMax && fabs(fValue - 1) > 1e-5)//NDVI中的 1 -1 都不考虑
                fMax = fValue;
            if (fValue < fMin && fabs(fValue + 1) > 1e-5) //NDVI中的 1 -1 都不考虑
                fMin = fValue;
        }
    }
    for (int i = 0; i < nYSize; i++) //4.计算 VFC
    {
        pBandSrc->RasterIO(GF_Read, 0, i, nXSize, 1, pBuffer, nXSize, 1, type, 0, 0);
        for (int j = 0; j < nXSize; j++)
            pBuffer[j] = (pBuffer[j]- fMin) / (fMax - fMin);
        pBandFVC->RasterIO(GF_Write, 0, i, nXSize, 1, pBuffer, nXSize, 1, typeOutput, 0,
```

```
0);
    }
    //5.释放内存，关闭数据集指针，略
    return "true";
}
```

首先根据输出的参数，直接调用本模块的 NDVI 计算接口 NDVICompute(),其中最后一个参数采用默认，即输出数据类型为 float 类型，通过调用此接口，就生成了一个临时命名文件的 NDVI。在第 2 步进行初始化、打开新生成 NDVI 数据集，并生成结果数据集之后，就可以遍历研究区所有的 NDVI 值，统计出其中的 NDVI 的最小值与最大值。注意，这里在统计 NDVI 最小值与最大值时，-1 与 1 均不应该在统计之列。最后，在第 4 步再具体根据统计出的 NDVI 最小值与最大值按上述公式计算 VFC，并通过 RasterIO 函数将结果写入到新建的结果文件中去。

12.7　土壤盐渍化遥感指数 SRSI

土壤盐渍化遥感指数 SRSI 在新疆、内蒙古等地的生态评价中是一个比较常用的生态指标。植被生长状况与土壤含盐量具有高度相关性，归一化植被指数(NDVI)随着土壤含盐量的增加而减小，可作为判别土壤盐渍化的间接参数；在研究土壤盐分光谱特征时，从波段混合和光谱特征试验发现，遥感图像红波段和蓝波段计算出的盐分指数(SI)能较好地反映土壤盐渍化程度。实际应用中，可以采用 MODIS09A1 的数据产品，通过 NDVI 和 SI 构成二维特征空间，建立土壤盐渍化遥感指数监测模型(salinization remote sensing index, SRSI)，以求在宏观尺度上监测土壤盐渍化特征。

其计算公式为

$$NDVI = \frac{b_1 - b_2}{b_1 + b_2}$$

$$SI = \sqrt{b_1 \times b_3}$$

$$SRSI = \sqrt{(NDVI - 1)^2 + SI^2}$$

式中，NDVI 为归一化植被指数；SI 为盐分指数；SRSI 为土壤盐渍化遥感监测指数；b_1、b_2、b_3 分别为 MODIS09A1 中的 620~670 nm、841~876 nm、459~479 nm 波段反射率值。

更多时候，我们希望基于 Landsat 影像数据实现盐渍化指数 SRSI 的计算，此时上述公式中的 b_1、b_2、b_3 分别可以采用 ρ_R、ρ_{NIR}、ρ_B 替代。

对应于上述公式的接口声明如下：

```
extern "C" __declspec(dllexport) char* _cdecl SRSICompute(// 计算 SRSI
    const char* pszInputImg, //待计算指数的多光谱影像
    const char* pszOutputImg, //计算结果
    const char* pszBlueAndRedAndNIRBands = "");//蓝、红、近红外波段数值，以分号间隔，波
段自1开始
```

接口声明中的最后一个参数需要指定蓝、红与近红外波段位于原给定栅格数据中的

波段位置，对应于上述接口在 MHMapGIS 中自动生成的对话框界面如图 12-6 所示。

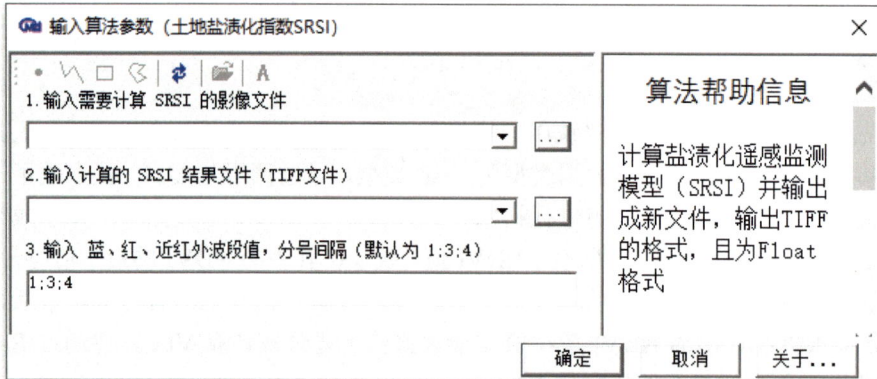

图 12-6　土壤盐渍化指数 SRSI 计算算法对话框界面

对应于上述对话框所调用的接口的实现核心代码为：

```
for (int i = 0; i < nYSize; i++)//逐行遍历数据
{
    pBand1->RasterIO(GF_Read, 0, i, nXSize, 1, pBuffer1, nXSize, 1, GDT_Float64, 0,
0); //读取B
    pBand3->RasterIO(GF_Read, 0, i, nXSize, 1, pBuffer3, nXSize, 1, GDT_Float64, 0,
0); //读取R
    pBand4->RasterIO(GF_Read, 0, i, nXSize, 1, pBuffer4, nXSize, 1, GDT_Float64, 0,
0); //读取NIR
    for (int j = 0; j < nXSize; j++)//逐像素遍历计算
    {
        double dNDVI = 0;
        if (pBuffer4[j] + pBuffer[3] != 0)
            dNDVI = (pBuffer4[j] - pBuffer3[j]) / (pBuffer4[j] + pBuffer3[j]); //
计算NDVI
        double SISI = pBuffer1[j] * pBuffer3[j]; //计算SI*SI
        pBuffer[j] = sqrt((dNDVI - 1)*(dNDVI - 1) + SISI); //计算SRSI
    }
    pBandSRSI->RasterIO(GF_Write, 0, i, nXSize, 1, pBuffer, nXSize, 1, GDT_Float32,
0, 0); //写入
}
```

上述代码中，根据用户设定的蓝、红、近红外波段，分别读取对应于各波段的数值（double 类型），再分别按上述公式计算 NDVI、SI 及最终的 SRSI，最后再将结果写入到新生成的 SRSI 数据集对应波段中去。

12.8　小　　结

本章对遥感影像信息提取中常用的指数计算进行了分析与代码实现，这些算法的原理一般都比较简单，但在实际应用中运用很多，其底层实现原理就是在熟练掌握 GDAL 进行栅格数据各种操作的基础上，根据不同指数计算的算法公式实现波段之间的数值运算，最后再将计算结果写入到新的文件的过程。本章中重点对最为常用的归一化植被指数计算 NDVI 的计算过程进行了较为详细的剖分过程，其他算法与此算法类似，仅分析其中的重点关键部分。实际应用中还有非常多的指数计算，用户可以根据实际应用进行相应的模块功能扩展，并将其暴露的接口通过修改文件 MHMapTools.XML 文件实现快速注册，这样就可以在 MHMapGIS 中的算法对话框中调用新增加的工具了。

第 13 章

多期影像变化检测模块
MHImgChangeDetection 的实现

变化检测是从不同时期的遥感数据中分析并确定地表变化的过程,是地理信息更新、灾害检测/评估、土地覆被/利用变化分析等过程中较为常用的关键技术之一。近几年来,变化检测技术在国土资源调查、灾害和城市扩张监测等领域中的应用需求越来越迫切,因此研究人员也随之发展了大量基于遥感影像的变化检测方法。本章我们针对MHMapGIS 软件中集成的变化检测模块进行其实现方式的介绍,主要包括一些简单、常用的几类算法。为此,我们先介绍遥感变化检测的一般流程和常规算法。

13.1   变化检测的基本原理及方法

从输入多时相遥感图像数据到输出变化检测结果,变化检测方法的核心流程可分成遥感数据预处理、变化信息提取以及后处理三个部分,如图 13-1 所示。其中,第二部分的变化信息提取的精度与效率是影响变化检测效果最为关键的步骤,若能选用合适的检测算法,可以有效地从不同时相获取的遥感影像中提取出精准的变化信息。这一过程的基本目标是要尽量消除各种干扰因素造成的"伪变化"影响,找出目标区域在研究时间段内发生的"真变化",并对其进行定性和定量的判别,将真实的地表变化鉴别出来。

从知识的使用与否来看,目前的遥感变化检测算法大致可归纳为"非监督"和"监督"的两大类模式,前者是直接比较同一空间位置上不同时相影像的像元或对象的特征值来检测变化,通常是先要借助特征的比较生成不同时相间的"差异影像",再对其进行阈值化处理,从而提取变化区域;后者的基本出发点是先对不同时相的原始影像分别进行基于监督分类的解译,然后比较各时相分类结果图来发现变化,同时也能确定地类相互之间的变化。本章我们在13.3部分实现的算法主要集中在第一类的非监督式变化检测,即生成变化/未变化的二值化检测信息,而第二类的监督式变化检测可以在后面第 16 章分类的基础上通过逐像素类别比较实现。

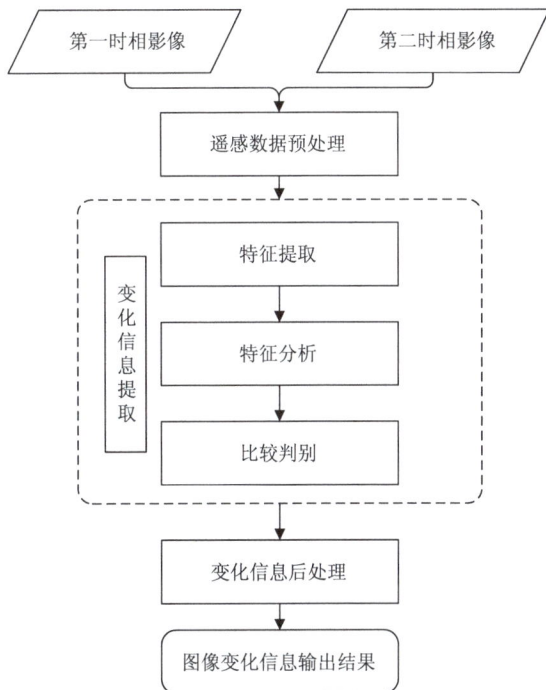

图 13-1　实施遥感变化检测算法的一般步骤

从检测的尺度单元来看，遥感变化检测算法可分为像素级、对象级和目标级三大类（图 13-2）：①像素级方法，通过对像元特征逐一比较和分析达到变化检测的目的，这类方法的检测结果易受影像噪声的影响，特别是在高空间分辨率影像中，"椒盐"噪声的现象表现得极为明显；②对象级方法，是针对高空间分辨率影像提出来的，是在提取影像对象基础上，通过对象特征的分析和比较来实现变化检测；③目标级方法，是通过比较两期影像上对应地物目标之间的差异，旨在检测具有实体意义的目标变化。针对不同的数据源和应用需求，需选择合适尺度单元的变化检测算法。对于中、低空间分辨率遥感图像的变化检测任务，像元级方法比较合适；对于高分卫星、航空影像，对象级方法更易处理噪声和光谱混淆、格局判断分析等复杂条件下的变化检测任务；而对于道路、房屋等特定语义的人工地物目标而言，目标级变化检测方法更奏效。本章我们实现的算法主要隶属于图 13-2 椭圆虚线圈内的方法，其余方法本章暂不涉及。

从提取的特征和处理方式来看，常规的非监督式变化检测算法有比值法、差值法、主成分分析法（principal component analysis，PCA）、植被指数法（normalized difference vegetation index，NDVI）、变化向量分析法（change vector analysis，CVA）、多元分析检测法（multivariate alteration detection，MAD）等。这些方法各有优缺点，其中差值法和比值法变化检测理论相对简单、直接，容易理解和掌握，变化检测的运算速度也较快，但对图像的配准精度和相对辐射校正精度要求较高；PCA 法变化检测利用主成分分析消除了波段间的相关性，减少了各波段信息冗余，但其往往会牺牲一部分有用的信息；NDVI法对地表植被变化信息的检测具有较好的效果，但是对于地表上植被以外的其他土地利用/覆盖的变化类型区别能力有限。

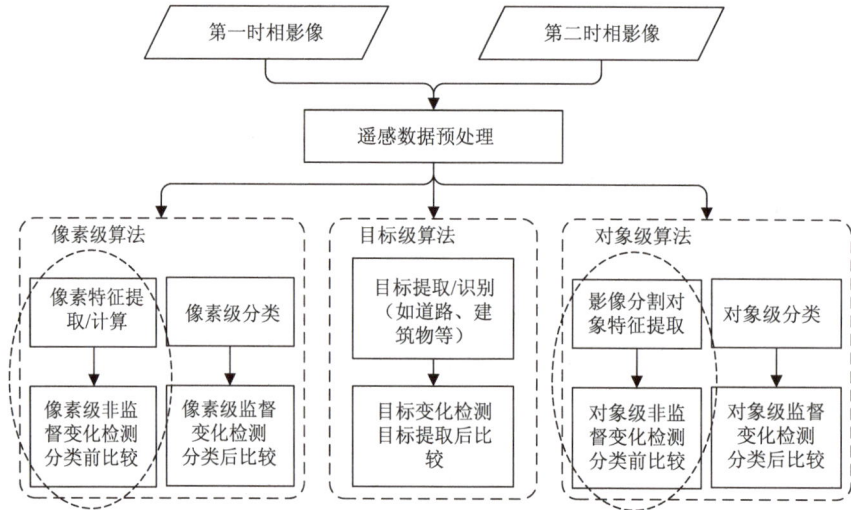

图 13-2　基于不同检测尺度单元的变化检测算法分类

另外，如上所述，从使用的数据源和检测尺度来看，像元级方法集中用于中低空间分辨率的遥感数据，而对于高空间分辨率影像数据，一般采用对象级变化检测方法。对于后者，理论上，可以将两时相数据生成的差值图像在适宜尺度下进行分割，再对对象特征进行提取来判断变化区域，但由于不同影像即使在同一尺度上分割出的对象边界并不相同，因此导致对象之间往往无法进行比较，因此在实际处理中一般会在前期预处理之后，通过差值操作实现两期影像的差值图计算，再对差值图进行对象化分析。这类方法检测的最小单元是由图像分割得到的同质对象，而不再是单个像素，这样可充分利用其光谱信息和其他对象尺度的特征进行变化检测。换言之，此类处理方法在检测时不仅能依靠对象对应地物的光谱特征，还可利用其几何信息和结构信息，往往能取得更佳的检测效果。

13.2　模块 MHImgChangeDetection 功能需求设计

MHMapGIS 中采用了工具箱的方式，对所有非交互式的 GIS 或遥感算法进行了整理。本章中我们将基于 GDAL 的基本 IO 操作及各种常规的变化检测算法工具进行实现，并通过注册到 MHMapGIS 中的工具箱实现对外服务。

从算法的实现原理角度来看，模块 MHImgChangeDetection 里面包含了差值法、比值法、主成分变换法、变化向量法和面向对象分析法等算法功能。这些算法的整体实现框架基本类似，只在图 13-1 虚线框内所用的特征不同(即产生指示变化强度信息的策略不同)。算法完成之后，通过修改 MHMapTools.XML 文件实现此模块功能及对应接口的注册。

13.3　MHImgChangeDetection 功能实现

1. 差值法

1）算法工具概述

图 13-3 示意了差值法变化检测的原理及其工具实现流程图。算法的核心思想是，通过对两个时相的图像像元值做差值运算并构造差异图像，再根据用户经验设定一个阈值（也可以通过差值图自动计算一个阈值，亦可结合人工交互式确定阈值进行算法精确化），将图像中差值大于设定阈值的像素标记为变化像素，从而提取变化区域，最后去除若干小斑块与破碎斑块的像素（后处理过程）。

图 13-3（a）示意了算法的主要工作原理，该方法是将不同时间获取的两幅影像对应像素的灰度值相减，从而获得一幅差异图像以表示在所选两个时间点中间目标区所发生的变化。理论上，在得到的差值图像上，差值为 0 或接近 0 的被认为是不变区域，离 0 较远的被认为是变化区域。因此，阈值的选择就成为差值法变化检测是否有效的关键。然而，由于光照、传感器等因素，相同地物在不同时相的光谱特征往往是略有不同的，图像灰度值的差异不可避免，因此有必要时还需进行相对辐射校正、滤波去噪等预处理，变化阈值也需要根据实际情况选取。差值法变化检测理论相对简单、直接，容易理解和掌握，变化检测速度快，适用于两期影像间的粗略快速对比。

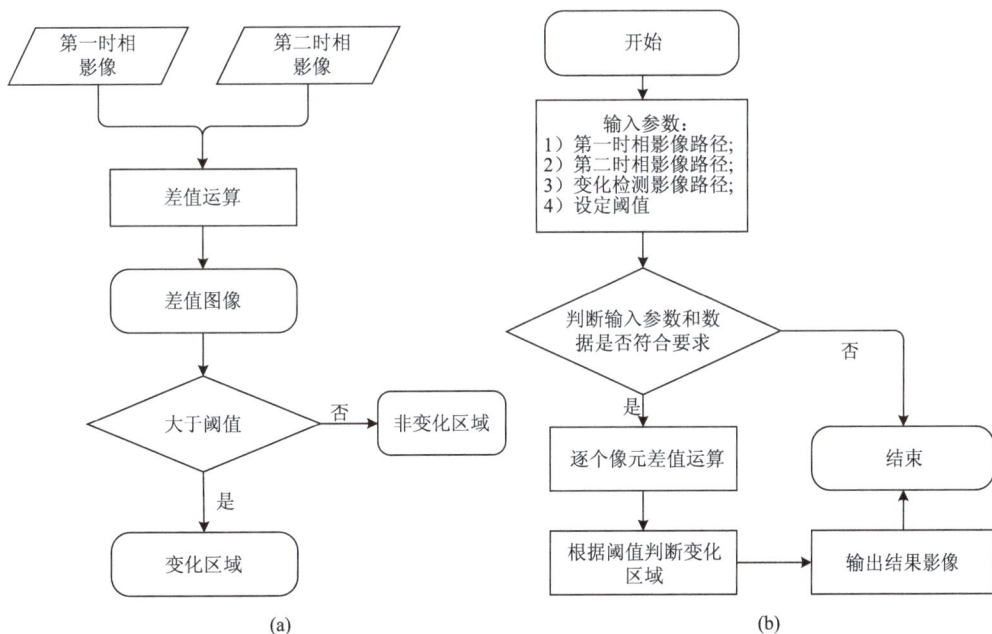

图 13-3　差值法变化检测方法原理及其工具实现流程图

图 13-3(b)示意了算法的具体工作流程，首先输入待计算的前后两期影像路径和文件名，结果存放路径和文件名；然后，判断输入数据和输出路径是否符合要求，如果有不符合要求的情况，程序将返回要求重新输入参数或自动退出；如果都符合要求，则利用两个时相的影像进行逐像元的差值运算，再利用阈值确定相应的变化区域(阈值取值越大，检测面积越大)。

2)接口实现说明

根据图 13-3(b)示意的算法流程，我们可以对此算法的接口进行声明如下。

```
extern "C" __declspec(dllexport) char* _cdecl MHChangeDetByDif( //差值法变化检测
    const char* pszInBeforeImgDir,      //变化前(第一时相)遥感影像数据
    const char* pszInAfterImgDir,       //变化后(第二时相)遥感影像数据
    const char* pszOutChangeImgDir,     //变化检测结果的输出文件路径
    const char* bRRC = "false",         //是否进行相对辐射校正，默认为False，表示不进行
    const char* Threshold = "-1",       //阈值大小，取值范围为[0,1]，默认值设定为-1，表示
自动计算阈值
    const char* bFilter = "false",      //是否进行图像滤波去噪，默认为False，表示不进行
    const char* nFilterKernelRadius = "1");//滤波去噪时滑动窗口半径，默认为1，表示3*3大
小窗口
```

其中对外暴露的接口为 MHChangeDetByDif，并提供 7 个参数：第 1 个参数为变化前(第一时相)遥感影像数据的输入文件路径，参数 2 为变化后(第二时相)遥感影像数据的输入文件路径，参数 3 为变化检测结果的输出文件路径；后四个参数为默认参数，主要用于变化检测前对两个时相影像进行的预处理，包括相对辐射校正的预处理参数 4(是否进行相对辐射校正，默认为 False，表示不进行)、参数 6(是否进行图像滤波去噪，默认为 False，表示不进行)以及参数 7(图像滤波去噪时滑动窗口半径 r 的取值，默认为 $r=1$，表示 $(2×r+1)×(2×r+1)=3×3$ 大小窗口)，另外参数 5 表示在生成变化强度图(本算法接口实现的是影像像素灰度值的差值)之后，对其二值化获取变化/未变化信息的划分阈值进行设定，其取值范围为[0, 1]，默认值设定为–1，表示采用 OTSU 算法自动计算阈值。

在 MHMapGIS 的算法工具箱中，通过将下面 XML 代码段增加到 MHMapTools.XML 文件中实现算法工具的注册，工具名称为"差值法"，其实现体为 CauWTJ 文件夹下的 MHImgChangeDetection.dll 文件中的接口 MHChangeDetByDif。

```
<差值法 foldername="CauWTJ" dllfile="MHImgChangeDetection" interface="MHChangeDetByDif">
</差值法>
```

注册完毕之后，通过双击工具箱中的相应工具，便可激活对应的工具，相应的工具对话框界面如图 13-4 所示。

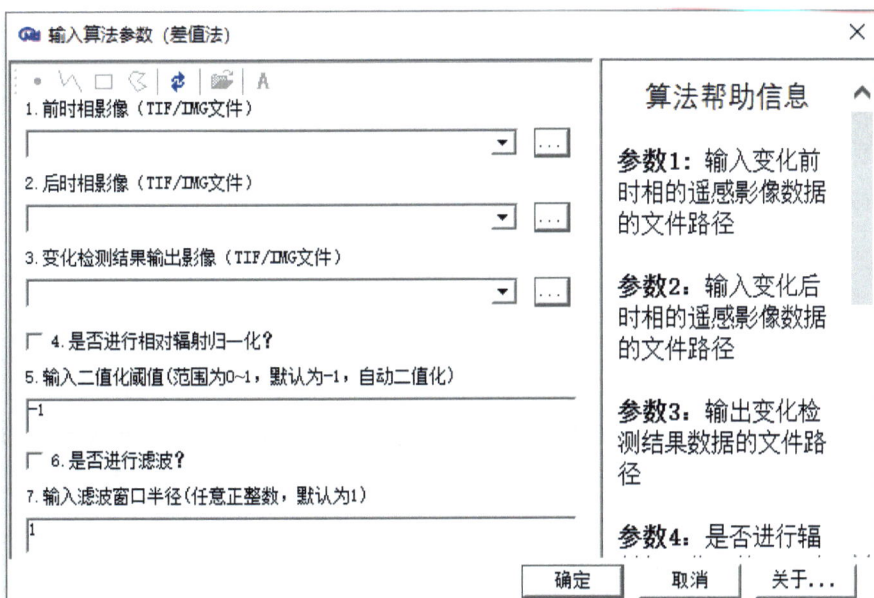

图 13-4　差值法变化检测的算法工具界面

当按下图 13-4 中的确定按钮时，将激活的上述算法接口 MHChangeDetByDif，对应于该接口的实现代码为：

```
char* MHChangeDetByDif(…)
{
    //初始化，检验输入参数的有效性，略
    CChangeDet* cls = new CChangeDet(pszTempDir);
    if (bRRC) //bRRC为输入参数4，表示是否进行相对辐射校正
        cls->RadioNoralize(strInImg1,strInImg2,strRRCImg1,3); //调用相对辐射校正函数
    if (bFilter) //bRRC为输入参数6，分别对2期影像进行滤波去噪
    {
    RST_MeanFilter((char*)strRRCImg1.c_str(),(char*)strFilterImg1.c_str(),nFilterKernelR
adius);

    RST_MeanFilter((char*)strRRCImg2.c_str(),(char*)strFilterImg2.c_str(),nFilterKernelR
adius);
    }
    cls->ChangeDetByDif(strRRCImg1.c_str(),strRRCImg2.c_str(),pszOutChangeImgDir,Thresho
ld);//差值法
}
```

上述代码中的函数 RadioNoralize()的主要功能是实现两景影像的相对辐射纠正。在很多时候，相对辐射纠正是很有必要的预处理步骤，能够有效消除二期影像之间因成像条件、天气等原因而造成差值较大的问题，此处可选用线性回归、SVM 回归、点密度、直方图匹配等几种方法。以直方图匹配方法为例，采用直方图规定化方式进行色彩统一

问题的解决，是根据使处理后的影像具有参考影像相同的直方图的原则，建立输入影像到参考影像的灰度映射方程，对输入影像进行灰度重采样，以消除两者之间的色彩差异，如图 13-5 所示。直方图规定化是一种常用的色彩归一化方法，其中一种最简单的策略是单映射策略，此时直方图规定化的问题可以定义为：输入影像 I_S 和参考影像 I_R 的灰度值分别构成有序集 S 和 R：

$$S = <0,1,2,\ldots,s-1>$$
$$R = <0,1,2,\ldots,r-1>$$

随后再建立序偶：

$$<k,l> \in S \times R$$

式中，$S \times R$ 表示 S 和 R 的笛卡儿积；$<k,l>$ 表示将输入影像上灰度值 k 映射为 l。若 $p_S(s_i)$ 表示输入影像灰度为 s_i 像素的比例，$p_R(r_j)$ 表示参考影像上灰度为 r_j 像素的比例，单映射策略（SML）的实现方法是通过提取使下式成立的最小 k 和 l 建立映射方程：

$$\underset{k,l}{\mathrm{argmin}} \, | \sum_{i=0}^{k} p_S(s_i) - \sum_{j=0}^{l} p_R(r_j) |$$

组映射策略则是通过使得下式成立的最小的 $I(l)$ 确定映射方程：

$$\underset{I(l)}{\mathrm{argmin}} \, | \sum_{i=0}^{I(l)} p_S(S_i) - \sum_{j=0}^{l} p_R(R_j) |$$

式中，$I(l)$ 是满足如下条件的取整函数：

$$0 \leqslant I(0) \leqslant \ldots \leqslant I(r-1) \leqslant s-1$$

当 $l=0$ 时，将输入影像灰度值 i 从 0 到 $I(0)$ 映射为 l；$l>0$ 时，将 i 从 $I(l-1)+1$ 到 $I(l)$ 映射为 l。

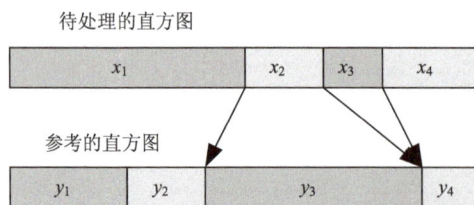

图 13-5　直方图匹配的算法原理

函数 RST_MeanFilter() 的主要功能则是进行均值滤波，其实现方法非常简单，就是在 GDAL 函数 RasterIO() 读取数据的基础上，通过前文中的 $(2 \times r + 1)$ 窗口进行数据的均值滤波并写回原数据的过程，对应的代码略。

上述代码中的函数 ChangeDetByDif() 是具体执行差值法变化检测的主要执行函数，具体代码内容如下：

```
bool CChangeDet::ChangeDetByDif(string strInBefImg, string strInAftImg, string
strOutChangeImg, double& Threshold) //差值法变化检测
{
```

```
//1.打开变化前后影像数据，读取影像信息，检查参数正确性等，略
int subHeight = m_nHeight/10;
for (int i = 0; i<m_nHeight; i=i+subHeight) //2.生成差值图，对影像进行分10块处理
{
    int Height = min(subHeight,m_nHeight-i);
    unsigned short* s_pBefore = new unsigned short[m_nWidth*Height*m_nBand];
    unsigned short* s_pAfter  = new unsigned short[m_nWidth*Height*m_nBand];
    float* s_pIndex = new float[m_nWidth*Height]; //新开辟内存
    memset(s_pIndex,1.0,m_nWidth*Height*sizeof(float)); //初始化
    for (int k=0; k<m_nBand; k++) //3.分波段读取数据
    {
        GDALRasterIO(GDALGetRasterBand(hBefImg,k+1),GF_Read,0,i,m_nWidth,Height,
s_pBefore+ k*m_nWidth*Height, m_nWidth, Height,GDT_Int16,0,0);
        GDALRasterIO(GDALGetRasterBand(hAftImg,k+1),GF_Read,0,i, m_nWidth,Height,
s_pAfter+ k*m_nWidth*Height, m_nWidth, Height,GDT_Int16,0,0);
    }
    for (int ii=0;ii<Height;ii++)//块内逐行处理
    {
        for (int jj=0; jj<m_nWidth; jj++)
        {
            double diffSum = 0.0;
            for (int k=0; k<m_nBand; k++)//计算前后时相DN值的绝对差值
            {
                double bpa = (double)s_pAfter [k*m_nWidth*Height+ii*m_nWidth+jj];
                double bpb = (double)s_pBefore[k*m_nWidth*Height+ii*m_nWidth+jj];
                diffSum = diffSum + fabs((bpb-bpa));
            }
            double dist = diffSum/m_nBand;
            s_pIndex[ii*m_nWidth + jj]=dist;
            if(s_pIndex[ii*m_nWidth + jj]>maxIndex) //获取差值的最大/小值，用于归
一化及二值化
                maxIndex=(double)s_pIndex[ii*m_nWidth + jj];
            if(s_pIndex[ii*m_nWidth + jj]<minIndex)
                minIndex=(double)s_pIndex[ii*m_nWidth + jj];
        }
    }
    GDALRasterIO(GDALGetRasterBand(hDSIndex,1),GF_Write,0, i , m_nWidth, Height,
s_pIndex, m_nWidth, Height, GDT_Float32,0,0); // "将分块计算结果"写入盘
    //释放临时数组/指针，略
}
//4.复制投影和仿射变换信息到hDSIndex，略
Binaryzation(minIndex,maxIndex,strIndexData,strOutChangeImg,Threshold); //5.归一化
变化强度图
return true;
```

```
}
```

上述代码非常详细地说明了差值法变化检测的核心过程，其实现算法并不难，大致分为以下步骤。

第1步　将前后两期影像分别利用 GDAL 的函数打开数据并保存句柄，读取影像信息，并检查参数的正确性(如确认保证两个数据的尺寸大小和波段数的一致性等)；

第2步　为计算的中间结果(差值图，反映变化强度)创建临时文件，为其设定存放路径和创建 GDAL 的数据集，同时将原数据集分为 10(横)块进行分别处理，实际上，此处不分 10 块而进行逐行处理或其他方式(如全体数据均读入内存，只要不超过计算机内存限制即可)处理亦可；

第3步　算法实现关键的步骤，也就是通过同一位置两期数据的灰度值生成差值图，其中涉及了数据的读与写，均是通过 GDALRasterIO() 函数实现；

第4步　从源数据中将投影、地理空间范围、仿射变换等信息复制到目标文件，完成对中间结果(差值图)的完整计算和落盘输出；

第5步　将中间计算结果(差值图)进行归一化和二值化，得到变化和未变化的像元并输出到指定的结果文件中，最终完成差值法变化检测的计算过程。该过程是通过 Binaryzation() 函数接口实现的，对应的主体代码为：

```
bool CChangeDet::Binaryzation(double dMin, double dMax, string strIndexData, string strOutChangeImg, double& dGlobal_T)
{
    //打开对应的数据集，开辟相应的内存，读取对应波段的数据至数组m_pIndexData，略
    if (dGlobal_T == 0) //如果阈值设置为0，则通过函数FindBandThresholds()寻找阈值
    {
        GDALRasterIO(GDALGetRasterBand(hIndexData, 1), GF_Read, 0, 0, m_nWidth, m_nHeight,
pIndexData, m_nWidth, m_nHeight, dataType, 0, 0); //读取数据，并根据这些数据计算最佳阈值
        FindBandThresholds(pIndexData, pThreshold, 0.0001, m_nWidth*m_nHeight); //计算
最佳阈值
        m_dGlobal_T = pThreshold[0];
    }
    else if (dGlobal_T == -1) //如果未手术室阈值，则通过其直方图查找最佳阈值
    {
        CHistogram hist(nRange, dMin, dMax); //直方图分析实现类
        float* pIndexData = new float[m_nWidth*m_nHeight];
        GDALRasterIO(GDALGetRasterBand(hIndexData, 1), GF_Read, 0, 0, m_nWidth, m_nHeight,
pIndexData, m_nWidth, m_nHeight, dataType, 0, 0); //读取对应波段数据用于构造直方图
        hist.makeHistogram(pIndexData, m_nWidth*m_nHeight); //查找最佳阈值
        m_dGlobal_T = hist.getBestThreshold();//计算最佳阈值
    }
    dGlobal_T = m_dGlobal_T;
    for (int i=0; i <m_nHeight ; i=i+Height) //根据阈值进行影像二值化，大于阈值用255，
小于阈值用1
    {
        for (int j=0;j<m_nWidth;j++)
```

```
        {
            if(m_pIndexData[i*m_nWidth+j] == 0)
                m_pChange[i*m_nWidth+j] = 0; //背景值
            else
            {
                if (m_pIndexData[i*m_nWidth+j] >= m_dGlobal_T)
                    m_pChange[i*m_nWidth+j] = 255;
                else
                    m_pChange[i*m_nWidth+j] = 1;
            }
        }
    }
    //根据用户指定的不同数据类型采用RasterIO()函数进行数据输出，复制投影、仿射变换信息
等，略
    return true;
};
```

上述代码示意了通过 Binaryzation() 函数进行差值图归一化并二值化的计算过程。当给定阈值 dGlobal_T 为 0 时，采用函数 FindBandThresholds() 查找对应的阈值，其实现原理是通过计算数据的"中值/标准差"实现查找阈值的功能；当给定阈值 dGlobal_T 为 –1 时，则首先统计数据的直方图，并通过函数 getBestThreshold() 对直方图计算 OTSU 最佳阈值。在此基础上，根据给定的或计算得到的阈值，对变化强度图(此处是差值图)进行二值化：对大于阈值的像素采用值 255 标定为变化，反之标定为未变化(取值为 1)，最后进行影像变化成果输出。如果需要，还可以对相应的二值图像进行矢量化，并采用多边形矢量的方式标记出影像中的变化部分。

2. 比值法

1) 算法工具概述

图 13-6 示意了比值法变化检测方法原理及其算法工具实现流程图。通过对两个时相的图像像元值做比值运算并构造变化强度图像，再根据用户经验设定阈值，将比值为 1 附近的像素标记为非变化像素，从而提取变化区域。

图 13-6(a) 示意了算法的工作原理，该方法是将不同时相的遥感影像对应波段进行逐像元相除。通过对不同时相影像做相除运算，得到的比值图像来增强变化信息，其中像元比值为 1 或者接近 1 的像素位置被认为是未发生变化的区域，像元比值明显高于或低于 1 的被认为是发生变化的区域。比值法的理论假设是比值图像呈正态分布，然后依据均值和标准差作为标准划分变化与非变化区域。和差值类似，比值变化检测法也较为直观，容易掌握且检测速度快。

图 13-6 (b) 示意了算法实现的具体方法流程，首先输入待计算的影像路径和文件名，结果存放路径和文件名；然后判断输入数据和输出路径是否符合要求；如果有不符合要求的情况，程序将自动退出；如果都符合要求，则利用将两个时相的影像进行逐像元的

比值运算，再利用阈值确定相应的变化区域。

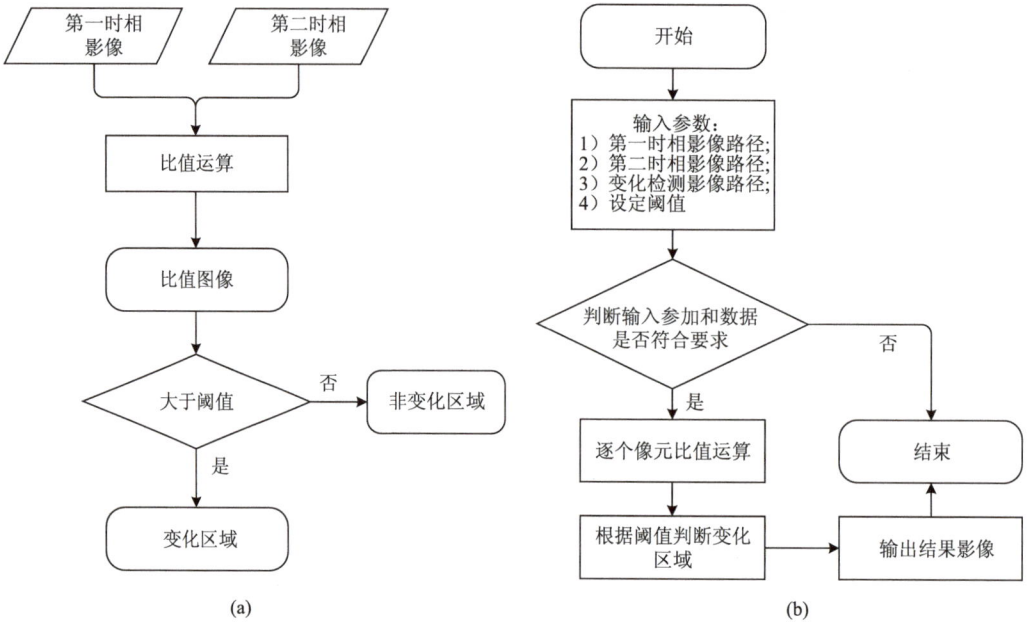

图 13-6　比值法变化检测方法原理及其工具实现流程图

2）接口实现说明

对应于此算法的接口声明如下。

```
extern "C" __declspec(dllexport) char* _cdecl MHChangeDetByRatio ( //比值法变化检测
    const char* pszInBeforeImgDir,      //变化前遥感影像数据的输入文件路径
    const char* pszInAfterImgDir,       //变化后遥感影像数据的输入文件路径
    const char* pszOutChangeImgDir,     //变化检测结果的输出文件路径
    const char* bRRC = "false",         //是否进行相对辐射校正，默认为False，表示不进行
    const char* Threshold = "-1",       //阈值大小，取值范围为[0,1]，默认值为-1，表示自动
计算阈值
    const char* bFilter = "false",      //是否进行图像滤波去噪，默认为False，表示不进行
    const char* nFilterKernelRadius = "1"); //图像滤波去噪时滑动窗口半径值，默认为1，
表示3*3窗口
```

其中对外暴露的接口为 MHChangeDetByRatio，同样提供 7 个参数，相应参数的意义与 13.3.1 小节中的差值法类似，在 MHMapGIS 中的算法工具箱中，通过修改文件 MHMapTools.XML 进行算法注册的方法也类似，对应的工具对话框界面如图 13-7 所示。

在该算法的具体实现中，代码与 13.3.1 节中的差值法计算过程非常类似，差别仅在于将算法实现步骤中的两期影像对应像素的差值运算改为比值运算，同时如果未指定相应阈值时，自动计算阈值的策略进行适当调整即可，对应的实现代码略。

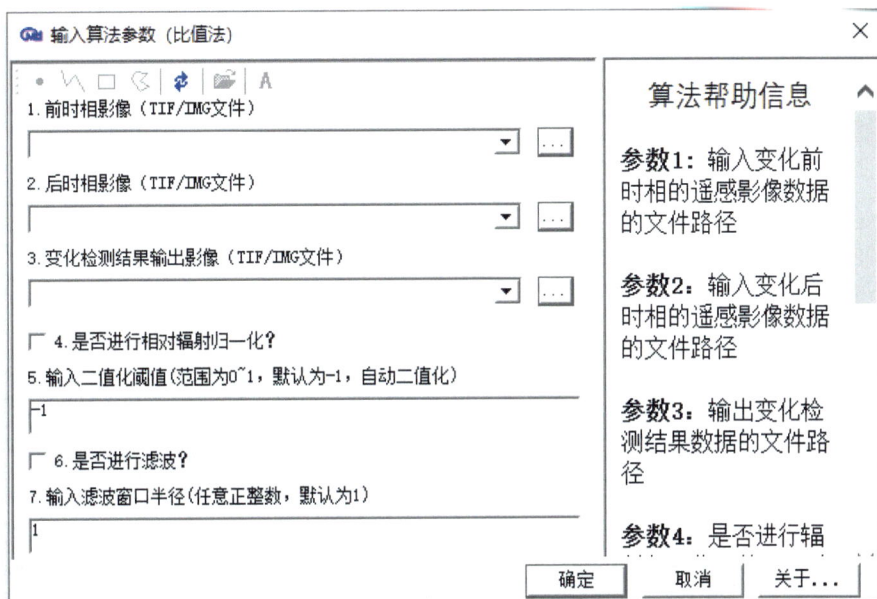

图 13-7　比值法变化检测的算法工具界面

3. 植被指数法

1) 算法工具概述

图 13-8 示意了植被指数法变化检测方法原理及其工具实现流程图。对两个时相的影像分别计算 NDVI 指数值并逐像素做差值运算，构造变化强度图像，根据用户经验设定一阈值，将 NDVI 差值大于该阈值的像素标记为变化像素，以此作为变化区域。

图 13-8(a)示意了本算法的工作原理。该方法是将不同时间获取的两幅影像分别计算 NDVI 值，获取两个 NDVI 特征图像，然后将两者对应的像元值相减，从而获得一幅差异图像，以表示在所选两个时间当中目标区 NDVI 特征发生的变化。理论上，在得到该图像后，差值为 0 或接近 0 的被认为是不变区域，不为 0 的被认为是变化区域，因此变化阈值的选择也是 NDVI 变化检测是否有效的关键。由于相同地物在不同时相的光谱特征往往是不同的，因此变化阈值也需要根据实际情况选取。该方法适用于配准精度较高的两幅影像以及比较关注两期影像中植被是否变化的相关应用(即地类变化对 NDVI 的响应较为显著的情形)。

图 13-8(b)示意了本算法的工具流程，首先输入待计算的影像路径和文件名，结果存放路径和文件名；然后，判断输入数据和输出路径是否符合要求。如果有不符合要求的情况，程序将自动退出。如果都符合要求，则分别计算两幅影像的 NDVI 值，并将 NDVI 对应像元做差值运算，利用阈值确定相应的变化区域。

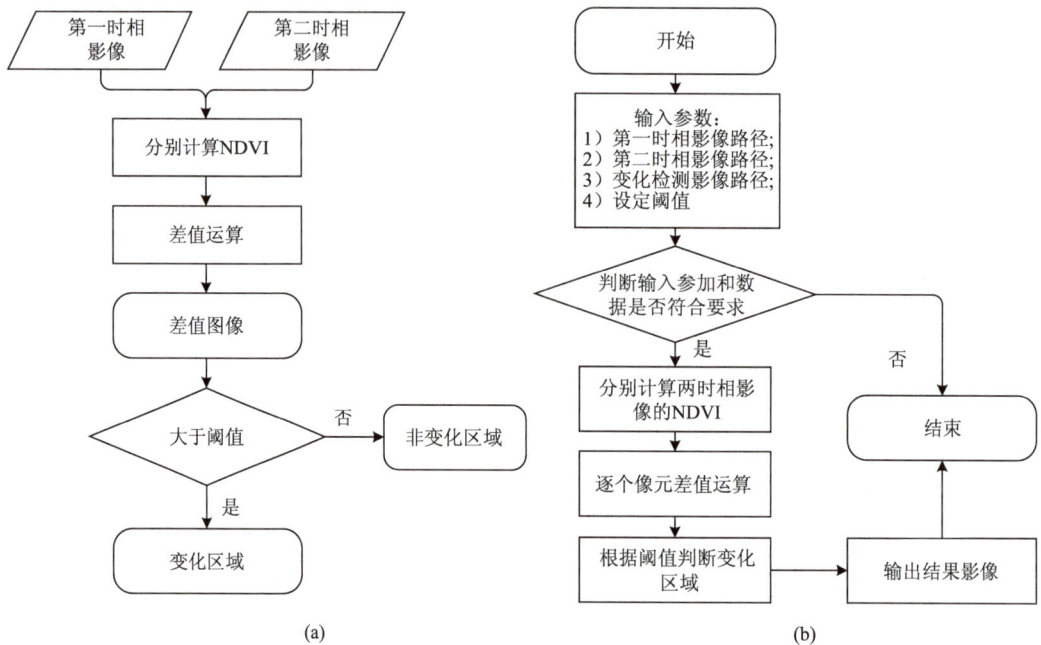

(a)   (b)

图 13-8　植被指数法变化检测方法原理及其工具实现流程图

2)接口实现说明

对应于此算法的接口声明如下。

```
extern "C" __declspec(dllexport) char* _cdecl MHChangeDetByNDVI ( //植被指数法变化检测
    const char* pszInBeforeImgDir,   //变化前(第一时相)遥感影像数据的输入文件路径
    const char* pszInAfterImgDir,    //变化后(第二时相)遥感影像数据的输入文件路径
    const char* pszOutChangeImgDir,  //变化检测结果的输出文件路径
    const char* BandNIR = "4",       //图像中近红外波段的波段序号，默认为4
    const char* BandRED = "3",       //图像中红外波段的波段序号，默认为3
    const char* bRRC = "false",      //是否进行相对辐射校正，默认为False，表示不进行
    const char* Threshold = "-1",    //阈值大小，取值范围为[0,1]，默认值设定为-1，表示
进行自动计算
    const char* bFilter = "false",   //是否进行图像滤波去噪，默认为False，表示不进行
    const char* nFilterKernelRadius = "1"); //图像滤波去噪时滑动窗口半径，默认为1，表
示3*3窗口
```

其中对外暴露的接口为 MHChangeDetByNDVI，提供的参数与前两个变化检测方法类似，除了之前的 7 个参数外，植被指数法中多了 2 个参数，分别用于指定图像中近红外波段和红外波段的波段序号，利用这两个参数指定的波段序号，我们可以按照 12.2 的公式计算前后时相的 NDVI 特征值，再依据差值法类似的思路实现 NDVI 特征的差值图计算，进而在阈值划分下得到变化检测的二值化结果。

通过修改 MHMapTools.XML 文件并注册本接口到相应的算法工具箱，相应的工具对话框界面如图 13-9 所示。

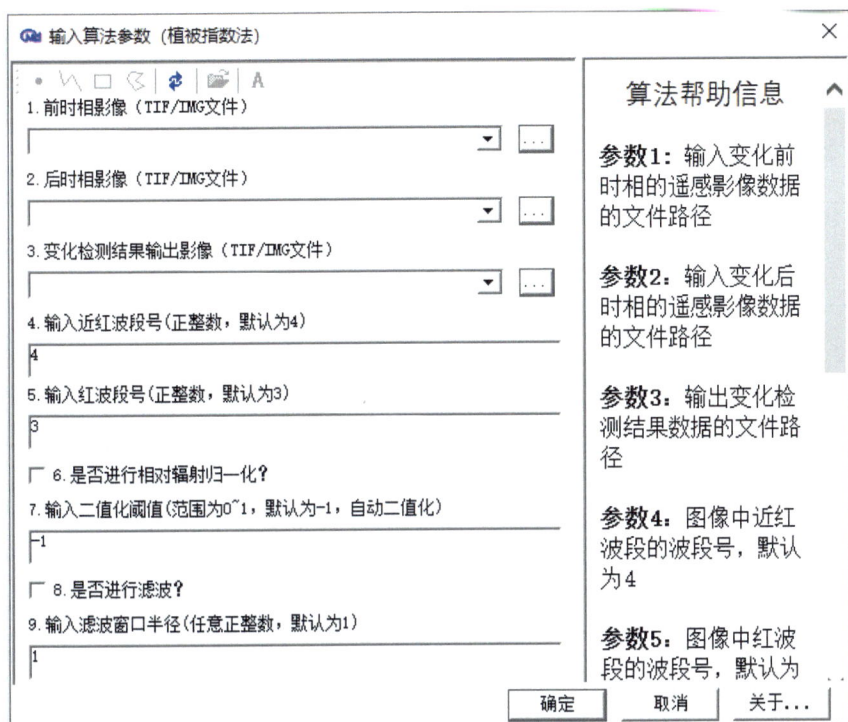

图 13-9　植被指数法变化检测的算法工具界面

算法的具体实现中，代码与 13.3.1 节中的差值法计算过程类似，差别是在步骤 1 中改为使用前后时相影像数据的 NDVI 特征图层作为差值计算的输入，其余步骤基本一致，对应的代码略。

4. 主成分变换法

1）算法工具概述

图 13-10 示意了主成分分析法变化检测方法原理及其工具实现流程图。对两个时相的影像分别做 PCA 变换的运算，并以两者的第一主成分图像作为后续输入，然后进行逐像素的差值或比值计算，构造变化强度图。根据用户经验设定一个阈值，将变化强度图像大于该阈值的像素标记为变化像素，提取作为变化区域。

图 13-10（a）显示了主成分变换法的主要工作原理，该方法是将不同时间获取的两幅影像分别做主成分增强运算，并以第一个主成分作为增强结果获取两个单波段图像，然后根据输入的判别参数，将两个波段对应的像元值进行差值或比值运算，从而获得一幅差值或比值图像，以表示在所选两个时间中目标区所发生的变化强度。以差值运算为例，此时差值为 0 或接近 0 的被认为是不变区域，不为 0 的被认为是变化区域，此时同样需要选择合适的阈值进行二值划分，这需要根据实际情况恰当选取。由于该方法有 PCA 变换的前置步骤，所以算法执行耗时普遍比前述的常规变化检测方法要多。

图 13-10（b）示意了本章对 PCA 方法实现的具体流程，首先输入待计算的影像路径

文件名、结果存放路径和文件名；然后判断输入数据和输出路径是否符合要求。如果有不符合要求的情况，程序将自动退出；如果都符合要求，则分别对两幅影像做主成分变换，取第一主成分作为比对波段，然后根据输入的要求对两幅第一主成分单波段影像对应像元做差值或比值运算，最后利用二值化的阈值确定相应的变化区域。

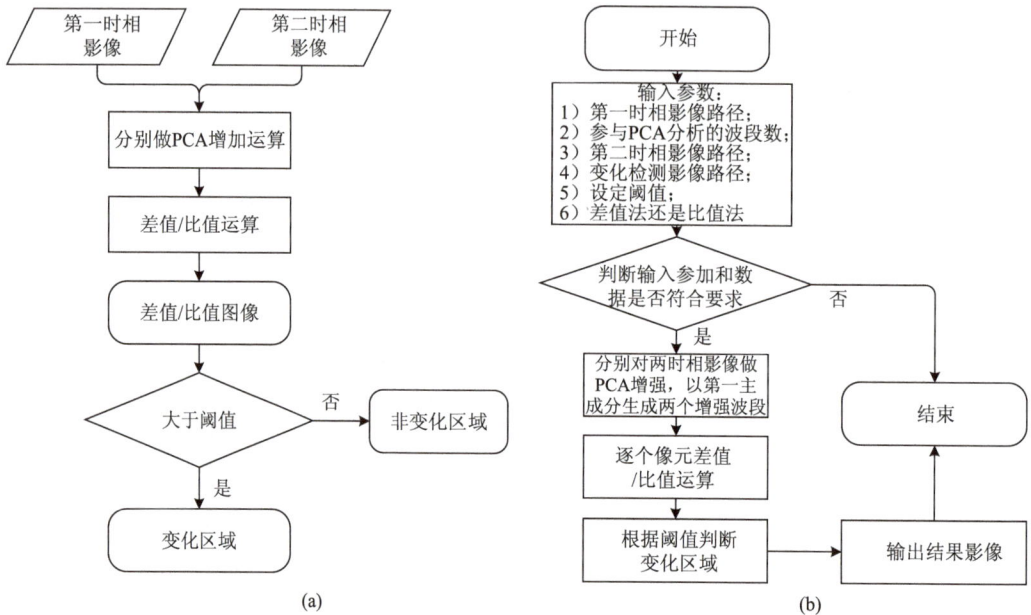

图 13-10　主成分分析法变化检测方法原理及其工具实现流程图

2）接口实现说明

对应于此算法的接口 MHChangeDetByPCADif 声明及对应的参数及对应的意义同前面的差值/比值法一致，对应于 MHMapGIS 工具的算法对话框如图 13-11 所示。

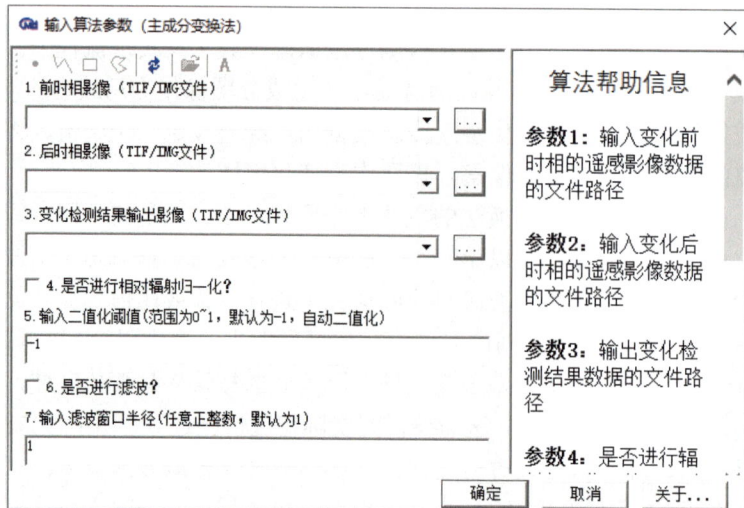

图 13-11　主成分变换法变化检测的算法工具界面

算法的具体实现代码与 13.3.1 节中的差值法计算过程类似，差别主要在步骤 1 中，改为使用前后时相影像数据经过 PCA 变换后的第一主成分作为输入波段，其余步骤基本一致，其中主成分计算的实现过程由函数 PCA_Trans1() 实现，其对应的主体代码为:

```cpp
bool CChangeDet::PCA_Trans1(unsigned short* m_pInput, float* m_pOutput)
{
    int band1;int band;
    for(int k=0; k<m_nBand; k++)//求每个波段的均值
    {
        for(int i=0; i<m_nHeight; i++)
        {
            for(int j=0; j<m_nWidth; j++)
                bar[k]=bar[k]+m_pInput[ k*m_nWidth*m_nHeight + i*m_nWidth+j ];
        }
        bar[k]=bar[k]/(m_nWidth*m_nHeight);
    }
    for(int k=0; k<m_nBand; k++)//求协方差矩阵
    {
        for(int kk=0; kk<m_nBand; kk++)
        {
            for(int i=0; i<m_nHeight; i++)//逐行
            {
                for(int j=0; j<m_nWidth; j++)//逐列
                    s[k*m_nBand+kk]+=(m_pInput[k*m_nWidth*m_nHeight+i*m_nWidth+j]
-bar[k])* (m_pInput[kk*m_nWidth*m_nHeight+i*m_nWidth+j ]-bar[kk]);
            }
            s[k*m_nBand+kk]=s[k*m_nBand+kk]/(m_nWidth*m_nHeight);
        }
    }
    CMatrix mtx; // CMatrix为计算特征值与特征向量的实现类
    for(int k=0; k<m_nBand; k++)
    {
        for(int kk=0; kk<m_nBand; kk++)
            mtx.m_data[k*m_nBand+kk]=s[k*m_nBand+kk];
    }
    mtx.eig(eigvalues, eigvectors); //求特征值和特征向量
    //特征值排序、特征向量的归一化、计算变换矩阵、输出PCA变换结果，略
    return true;
}
```

其余代码同差值法类似，此处不再赘述。

5. 变化向量分析法

1) 算法工具概述

图 13-12 示意了变化向量分析法变化检测方法原理及其工具实现流程图。该方法是

将图像像元的一系列特征(不限于光谱灰度值的特征)做成向量，再计算两个时相特征向量间的变化强度与方向，构造变化强度图像，然后根据用户经验设定一个阈值，将(特征)变化强度图像上大于该阈值的像素标记为变化像素，从而获得变化区域。

图 13-12(a)为该算法的主要工作原理，先是将不同时间获取的两幅影像的多波段灰度值构造为特征向量，然后再在每个像元位置处计算前后时相两个特征向量之间的距离，以此表征变化强度，其他步骤原理与之前的算法类似，最终获得可指示变化发生的空间区域。

图 13-12(b)为该算法工具的具体实现流程，首先输入待计算的影像路径和文件名，结果存放路径和文件名；然后判断输入数据和输出路径是否符合要求；如果有不符合要求的情况，程序将自动退出；如果都符合要求，则利用将两个时相的影像逐像元进行特征向量间的距离运算，形成变化强度图；最后再利用阈值确定相应的变化区域。

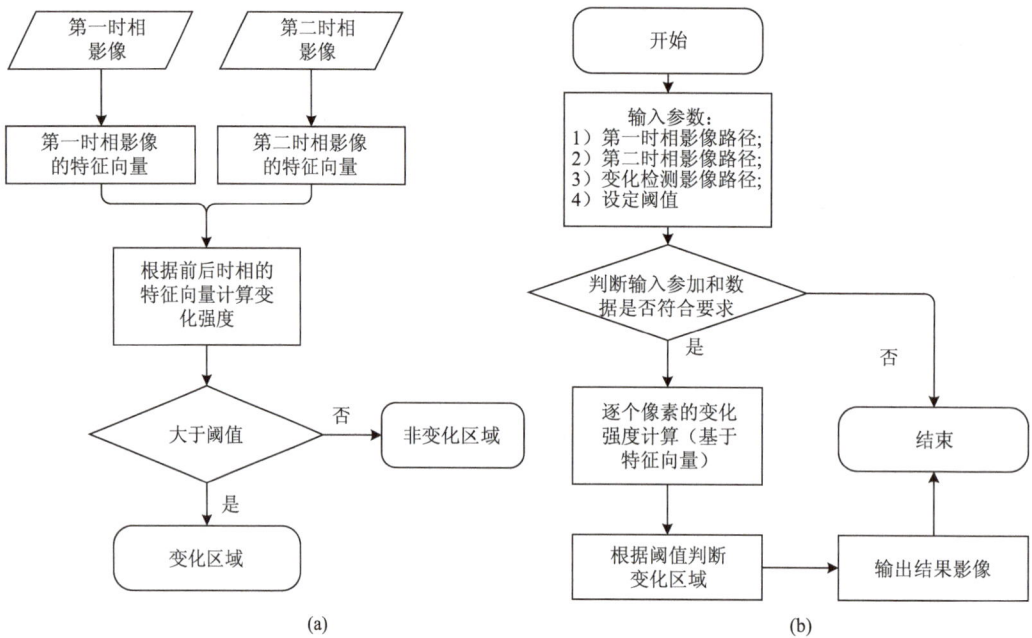

图 13-12　变化向量分析法变化检测方法原理及其工具实现流程图

2)接口实现说明

对应于此算法的接口为 MHChangeDetByCVA，其参数与 13.3.1 节中差值法的各项参数完全一致，内部原理差别主要是利用前后时相影像各像素的多波段灰度值做成特征向量，再计算两个特征向量的距离，生成变化强度图；其他实现过程几无变化，故不再赘述。

在 MHMapGIS 中的算法工具箱中注册此算法之后，会显示如图 13-13 所示的算法对话框界面。

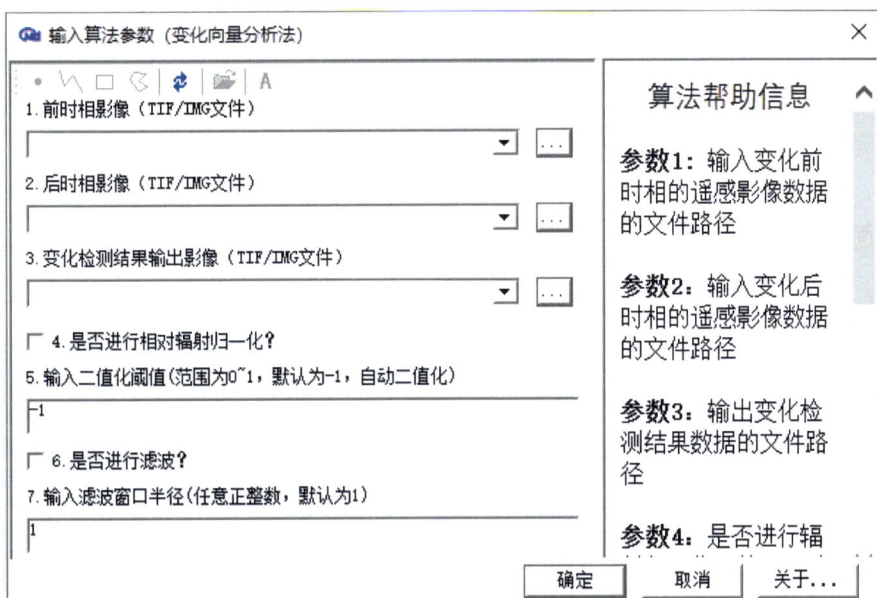

图 13-13　变化向量分析法变化检测的算法工具界面

在该算法的具体实现中，代码与 13.3 节第 1 小节中的差值法计算过程类似，差别是将步骤中 For 循环中"逐波段灰度特征值之间求差值"修改为"多波段灰度值的特征向量之间求距离(本工具实现采用了最常使用的欧氏距离)"，对应的代码如下。

```cpp
bool CChangeDet::ChangeDetByCVA(string strInBefImg, string strInAftImg, string strOutChangeImg, double& Threshold)
{
    //初始化，读取/加载数据，略
    for (int ii=0;ii<Height;ii++)//遍历所有行
    {
        for (int jj=0; jj<m_nWidth; jj++)//逐列遍历
        {
            double* bpa=new double[m_nBand];
            double* bpb=new double[m_nBand];
            double diffSum = 0.0;
            for (int k=0; k<m_nBand; k++)
            {
                bpa[k]=(double)s_pAfter[k*m_nWidth*Height+ii*m_nWidth+jj];
                bpb[k]=(double)s_pBefore[k*m_nWidth*Height+ii*m_nWidth+jj];
            }
            double dist = norm2Distance(bpa,bpb,m_nBand); //特征向量间求欧氏距离，也
可选其他距离
            s_pIndex[ii*m_nWidth + jj]=dist;
            if(s_pIndex[ii*m_nWidth + jj]>maxIndex) //获取最大/小值，用于变化强度图的
归一化及二值化
                maxIndex=(double)s_pIndex[ii*m_nWidth + jj];
```

```
            if(s_pIndex[ii*m_nWidth + jj]<minIndex)
                minIndex=(double)s_pIndex[ii*m_nWidth + jj];
        }
    }
}
```

6. 面向对象分析法

1）算法工具概述

图 13-14 示意了面向对象分析法变化检测方法原理及其工具实现流程图。面向对象的变化检测方法是将图像分割算法引入到遥感变化检测当中，在传统变化检测方法的基础上利用图像分割技术，将两时相数据生成的差异图像与适宜尺度下的分割面状基元(常称之为对象)相叠合，并对照前后影像进行特征的提取，两者比对后来判断变化区域。其最重要的特点就是检测的最小单元是由图像分割得到的同质对象而不再是单个像素，这种基于对象的方法的优势在于可以充分利用其光谱和其他特征进行变化检测，一定程度上能提高检测精度。

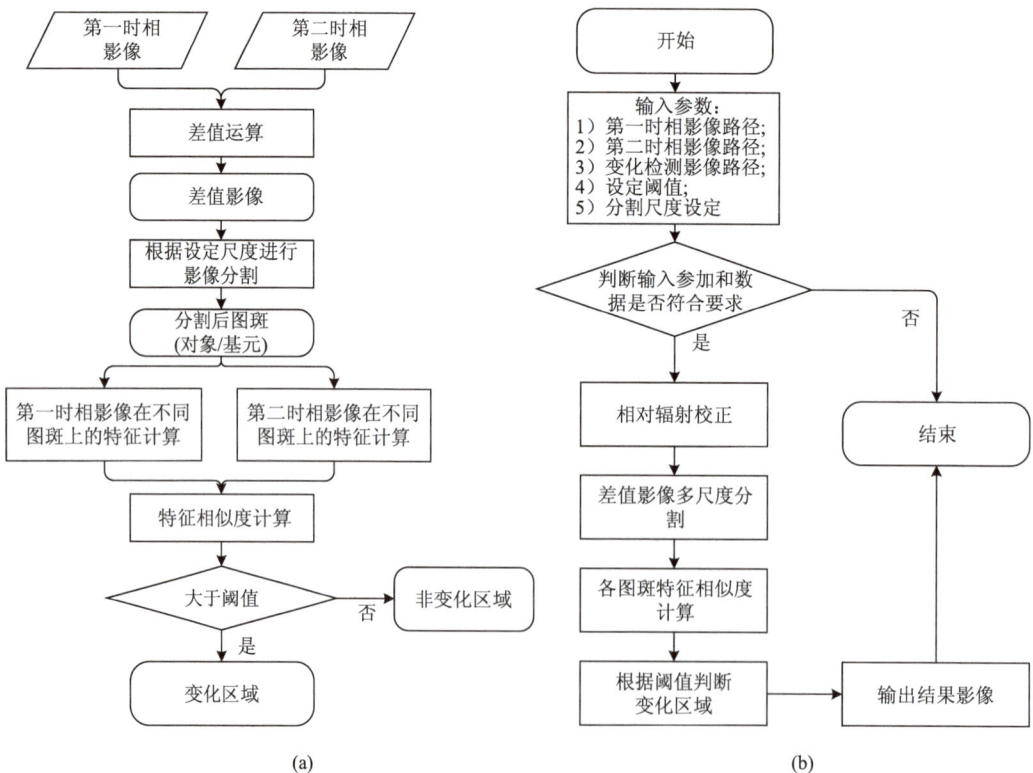

图 13-14　面向对象分析法变化检测方法原理及其工具实现流程图

图 13-14(a)示意了该算法的工作原理，核心是以对象(或基元)作为基本处理单元，具体是：首先对多时相遥感图像差值计算，然后利用均值漂移方法对差值图像进行分割

和区域合并，提取面状对象；再计算各个相应对象特征相似度；最后设置适当阈值，根据对象特征相似性逐一判断识别变化区域，得到变化检测图像。

图 13-14(b) 则是我们实际实现此算法工具的流程图。具体是：首先输入待计算的影像路径和文件名、阈值、分割尺度等；然后判断输入参数和数据是否符合要求；如果有不符合要求的情况，程序将自动退出；如果都符合要求，则进行相对辐射校正，并将校正后的两个时相数据的差值影像进行图像分割，再分别计算两时相影像在各分割图斑区域中的特征向量，进而进行特征向量之间的相似度计算(该过程与变化向量分析类似，此处也使用欧氏距离度量来实现)，最后利用阈值确定相应的变化区域。

2) 接口实现说明

对应于此算法的接口声明如下。

```
extern "C" __declspec(dllexport) char* _cdecl MHChangeDetByObject( //面向对象分析法变化
检测
    const char* pszInBeforeImgDir, //变化前(第一时相)遥感影像数据的输入文件路径
    const char* pszInAfterImgDir, //变化后(第二时相)遥感影像数据的输入文件路径
    const char* pszOutChangeImgDir,//变化检测结果的输出文件路径
    const char* nScale = "100",      //图像分割的分割尺度参数，默认为100
    const char* bRRC = "false",     //是否进行相对辐射校正，默认为False，表示不进行
    const char* Threshold = "-1",   //阈值大小，取值范围为[0,1]，默认值设定为-1，表示进
行自动计算
    const char* bFilter = "false", //是否进行图像滤波去噪，默认为False，表示不进行
    const char* nFilterKernelRadius = "1"); //图像滤波去噪时滑动窗口半径，默认为1，表
示3*3窗口
```

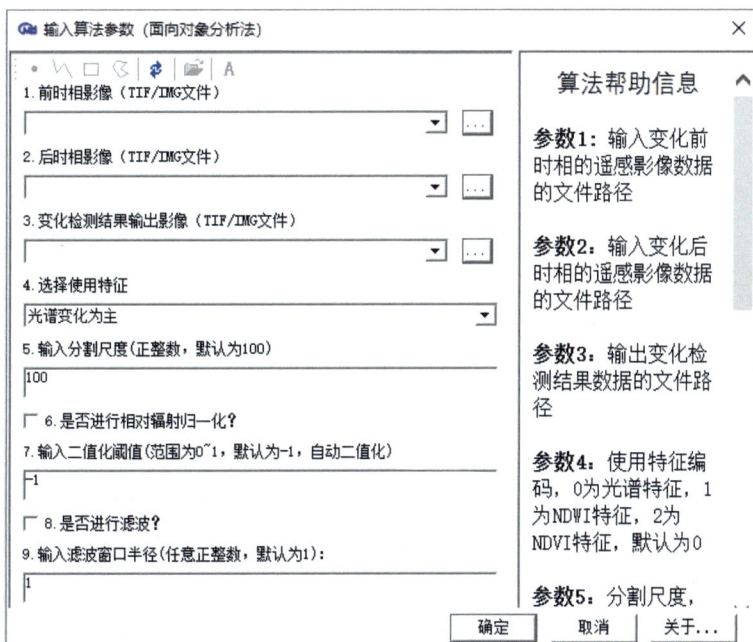

图 13-15　面向对象分析法变化检测的算法工具界面

其中对外暴露的接口为 MHChangeDetByObject，提供的参数与前面变化检测方法类似，除了之前的七个参数外，面向对象分析的方法中多了一个参数 nScale，该参数是用于设定本工具调用图像分割算法所依赖的尺度参数，表示的是分割流程中区域合并得到的最小对象所含像元数量。

在 MHMapGIS 中的算法工具箱进行注册后，本算法会形成如图 13-15 所示算法对话框界面。

在该算法的具体实现中，代码与 13.3.5 节中的变化向量分析法计算过程类似，差别是计算单元不再以像元为基本单元开展特征计算和比对，而是利用前后时相数据的差值影像，进行图像分割后得到对象作为基本单元，生成对象尺度的变化强度图以及相应的变化二值图，其中分割的算法工具可采用第 14 章或第 15 章介绍的工具接口，所用的特征及其处理方式与变化向量分析法一致，本算法的特殊之处是，利用对象内各像元特征（如 DN 值）的均值作为整体进行后续分析，对应的代码类似如下。

```
bool CChangeDet::ChangeDetByObject(string strOldSAImg, string strCurSAImg, string
strOldSAShp, string strCurSegShp, string strOutChangeShp,    double* c, double&
Threshold, RegionList* regionList)
{
    //初始化，类似于13.3.5的差值计算，设定尺度的分割过程，略
    for (int i = 0; i < nFeature; i++)//遍历分割的所有面状对象要素
    {
        hCurFeat = OGR_L_GetFeature(hCurLayer, i);
        hOldFeat = OGR_L_GetFeature(hOldLayer, i);
        double objectDiff = OGR_F_GetFieldAsDouble(hCurFeat,indexDiff); //获取对象在设
置字段上的属性值
        if (objectDiff <0)
            OGR_F_SetFieldInteger(hCurFeat,indexChange, 0);
        else if   (objectDiff >= Threshold)
            OGR_F_SetFieldInteger(hCurFeat,indexChange, 255); //如果属性值大于阈值，
标记为变化
        else
            OGR_F_SetFieldInteger(hCurFeat,indexChange, 1); //否则标记为未变化
    }
    return true;
}
```

13.4 小　结

本章对遥感影像信息提取中常用的变化检测算法进行了原理分析、流程设计以及代码实现，虽然这些算法的原理较为简单，但在实际应用中使用较多，其底层实现原理就是在熟练掌握 GDAL 进行栅格数据各种操作的基础上，根据不同原理实现变化强度图的生成，最后将其二值化后的计算结果写入到新的文件作为变化检测结果进行输出。本章主要聚焦于非监督的变化检测算法，重点对最为常用的差值的编码过程进行了较为详细

的剖析说明，其他算法的实现过程与之基本类似，所以仅简述了其中的重点关键部分。事实上，实际应用中还有非常多的变化检测算法（如图 13-1 中所示，虚线框中所用的特征不同以及生成特征间差异的比对方法不同，就会产生不同类型的变化强度图以及不同的变化检测算法），基于深度学习等智能算法的变化检测模型也不断涌现，读者完全可以根据实际应用的需要，进行相应的变化检测模块功能扩展，并将其暴露的接口通过修改文件 MHMapTools.XML 文件实现快速注册，这样就可以在 MHMapGIS 的算法对话框中调用新增加的工具了。

第 14 章

遥感影像均值漂移分割模块 MHImgSegByMeanShift 的实现

在遥感影像数据处理与信息提取过程中,随着近些年来遥感影像空间分辨率的提高,面向区域对象的遥感影像处理、分析与信息提取的模式已经被越来越多的处理与分析人员所接受,从而使得影像处理与分析结果更符合地表地物在空间上的分布状态,并避免了因面向像素处理而导致的椒盐效应问题。

在面向对象的遥感影像处理与分析过程中,首先的一个步骤就是根据影像的各种特征,将影像分离成一系列相互独立的、在后续处理分析过程中作为独立且统一单元的对象块,这一过程对应着遥感影像的分割过程。在此过程中,需要尽可能地保证每一个独立对象块内部各种性质相对统一,且近临对象块之间的性质差异较大,这一过程对应着遥感影像处理中的一个重要步骤——影像分割。由于影像分割时会根据影像空间分辨率、用户需求等不同情况选择不同的分割参数,进而会导致分割后的"对象块"大小不同,从而适合不同的需求情况,即分割的尺度问题。很多时候,为了解决不同地类问题,往往需要不同的空间尺度分割的结果,称之为多尺度分割。

均值漂移为众多可实现遥感影像多尺度分割的算法之一,该算法不但具有更高的可靠性、参数少、鲁棒性和相当的通用性,还具有严格的收敛性,可以通过一系列模式搜索的迭代过程,将影像有效分割为多种形状的组合,成为众多影像多尺度分割众多方法中广受欢迎的算法之一。

14.1 均值漂移分割算法的原理及方法

均值漂移是一种特征空间中的自动聚类算法,是一种非参数估计密度函数的方法,对先验知识要求少,完全依靠训练数据进行估计,可以用于任意形状密度函数的估计,对于不同结构的数据具有很好的适应性和稳健性,不需要事先确定类别数,能使特征空间中每一个点通过有效的统计迭代"漂移"到密度函数的局部极大值点。同时，通过制定均值漂移算法的不同合并规则，易于实现基于均值滤波基础上的多尺度合并过程，从而实现不同尺度下的基元合并，达到多尺度分割的目的。

首先需要进行色彩空间的转换。一般来说，在计算机存储或内存中表达遥感影像时，我们采用的是 RGB 方式进行数据存储，但这种方式存储的一个缺点就是空间中两点的欧式距离与实际颜色距离不是线性关系，在颜色分离中极易引起误分离，而且因为 RGB 三原色中带有亮度信息，分离时常常会把一些有用信息漏掉或夹杂了其他的无用信息。但颜色信息(光谱信息)又是遥感影像多尺度分割过程中一项非常重要的信息，缺其不可，因此在均值漂移之前，需要将 RGB 空间转换到另一种颜色空间，即 LUV 色度空间。

LUV 颜色空间模型在视觉感知方面更加均匀，在 LUV 空间中的欧式距离能够很好地表现这两种颜色的相似性，对应的将 RGB 空间转到 XYZ 空间的转换公式为

$$X = 0.4125R + 0.3576G + 0.1804B$$

$$Y = 0.2125R + 0.7154G + 0.0721B$$

$$Z = 0.0193R + 0.1192G + 0.9502B$$

根据 Y 值计算出 h 值：

$$h = Y / 255$$

根据 h 值计算 L 值：

$$L = 116(h)^{\frac{1}{3}} - 16$$

最后再根据 L 的值计算 U、V 的值：

$$U = 131 \times \left(\frac{4X}{R + 15G + 3B} - 0.1978497L \right)$$

$$V = 131 \times \left(\frac{9X}{R + 15G + 3B} - 0.468348L \right)$$

至此，已将遥感影像从 RGB 色度空间转换到了 LUV 空间。

设核函数 $H(-)$ 如果满足一定的统计矩约束概率密度函数，可以用于非参数概率密度估计。若样本集 $\{x_i\}_{i=1}^n$ 是依密度函数 $f(x)$ 经过 n 次独立抽样得到，则给出的密度函数估计为

$$\hat{f}(x) = \frac{1}{n} \sum_{i=1}^{n} K_H(x - x_i)$$

其中核函数满足：

$$K_H(x) = |H|^{\frac{1}{2}} K\left(H^{-\frac{1}{2}} x \right)$$

常用的核函数有均匀(uniform)、三角(triangle)、依潘涅契科夫(Epaneehikov)、双权(biweight)、高斯(Gaussian)、余弦弧(Cosinus areh)、双指数(double exponential)及双依

潘涅契科夫（double epanechnikov）函数等。

在实际应用过程中，矩阵 H 的选择对结果有着直接影响。为了减少计算的复杂性，往往选择对角阵 $H = \text{diag}[h_1^2, \cdots, h_d^2]$ 或单位矩阵的比例阵 $H = h^2 I$。其中后者的优点是只需要指定一个大于零的带宽 h。在这种情况下，确定核函数带宽后，上式中的密度估计算子就可以转化成一种更为常见的形式：

$$\hat{f}(x) = \frac{1}{nh_d} \sum_{i=1}^{n} K\left(\frac{x - x_i}{h}\right)$$

核密度估计的质量由密度函数及其估计值来决定：

$$\hat{f}_{h,K}(x) = \frac{c_k, d}{nh_d} \sum_{i=1}^{n} k\left(\left\|\frac{x - x_i}{h}\right\|\right)$$

或

$$\hat{f}(x) = \sum_i w_i H(x - x_i)$$

式中，权重系数 w_i 满足约束条件 $\sum_i w_i = 1$。若核 $H(-)$ 是某核 $K(-)$ 的影子核，则均值漂移向量的定义为：

$$m(x) - x = \frac{\sum_i w_i K(x - x_i) x_i}{\sum_i w_i K(x - x_i)} - x$$

式中，$m(x)$ 为 x 处的样本均值。数据点向样本均值移动的迭代过程，$x \leftarrow m(x)$，称为均值漂移算法。迭代过程中 x 所经过的位置，即序列 $\{x, m(x), m(m(x)), \cdots\}$ 称为 x 的轨迹。

上式定义的均值漂移向量正比于概率密度函数 $f(x)$ 在 x 处的梯度。均值漂移具有很好的算法收敛性，其方向总是指向具有最大局部密度的地方，在密度函数极大值处，漂移量趋于零，$\nabla f(x) = 0$，所以均值漂移算法是一种自适应快速上升算法，它可以通过计算找到最大的局部密度在什么地方，并向其位置"漂移"，这就是均值漂移算法的原理。

14.2　基于均值漂移原理的影像分割

如果影像维数为 p，当空间位置向量与颜色向量一起合为"空间-颜色"域时，维数为 $p + 2$，作为辐射对称核和欧几里得多元核表示为

$$K_{h_s, h_r}(x) = \frac{C}{h_s^2 h_r^p} k\left(\left\|\frac{x^s}{h_s}\right\|^2\right) k\left(\left\|\frac{x^r}{h_r}\right\|^2\right)$$

式中，x^s 为特征矢量的空间部分；x^r 为特征矢量的颜色部分；$k(x)$ 在空间和颜色域中都使用相同的核；h_s、h_r 分别为空间带宽（space bandwidth）与色度带宽（color bandwidth）；C 为相应的归一化常数。因此，带宽参数 (h_s, h_r) 就成为基于均值漂移分割过程中的重要参数。

对于基于均值漂移的影像分割过程，设 x_i 为 d 维输入影像；$z_i, i = 1, \cdots, n$ 为其滤波影像；L_i 为分割影像的第 i 个像元，则分割过程为：

(1) 进行均值滤波，存储 d 维滤波数据 $z_i = y_{i,c}$；

(2) 对所有空间域小于 h_s 且范围域小于 h_r 的 z_i 进行聚类 $\{C_p\}, p = 1, \cdots, m$；

(3) 对于每个 $i = 1, \cdots, n$，计算 $L_i = \{p \mid z_i \in C_p\}$；

(4) 尺度合并过程，将连续空间域小于合并尺度 M 个像元的区域进行进一步合并。

14.3　均值漂移算法的多尺度分割实现

根据均值漂移分割算法的原理，在实际算法的实现过程中，我们对基于均值漂移分割算法的流程进行了设计与实现，如图 14-1 示意了高分辨率遥感影像的均值漂移分割过程。

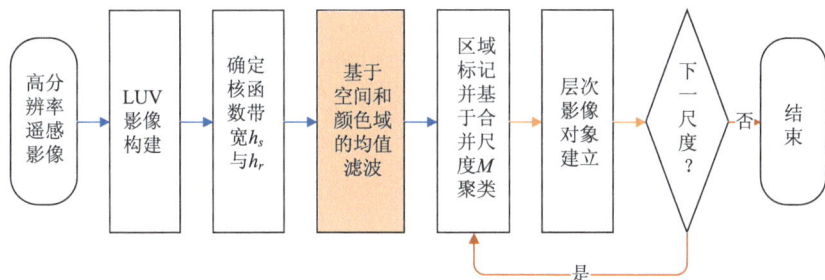

图 14-1　均值漂移算法的多尺度分割实现流程

首先，均值漂移分割算法需要首先将 RGB 色度空间转换到 LUV 特征空间，以更好地实现其特征空间的分离，这是因为 RGB 空间为非线性，不具有较好的空间统计性及尺度对应关系，而 LUV 可以更好地应用分割过程中的影像不同像元的光谱信息并进行统计。对于彩色影像来说，假设彩色图像的特征空间为 L，则图像中不同颜色的物体，就对应特征空间上不同的聚类，彩色图像映射到特征空间 L 后，再结合像素在图像中的位置，即空间信息 (X, Y)，就能得到每个像素在 5 维特征空间中的值，即 (X, Y, L^*, U^*, V^*)，其中 L^* 表示图像的亮度，U^* 和 V^* 分别表示色差。在此基础上采用聚类算法，就可以把空间和颜色欧氏距离相近的点归为一类，从而实现彩色图像的分割。

在 LUV 影像上进行核函数及相应参数的确定（h_s 及 h_r）并进行均值漂移滤波，再进行影像的聚类过程。对于灰度影像来说，直接采用灰度影像亮度数据代替 LUV 即可。

确定算法的核函数及带宽后，就可按 14.3 节中的相应公式进行基于空间与颜色域的均值滤波过程，即均值漂移算法的主体部分。对于算法的多尺度实现方法，有效确定不同尺度的算法合并位置，并对前期处理的中间结果进行存储，建立或更新影像的尺度层次关系，可有效避免同一影像、同一参数在不同分割时的重复性工作，达到提高分割效率的目的。如图 14-1 中的多尺度分割的实现过程中，确定不同尺度的合并序列

$\{M_1, M_2, ..., M_n\}$，并在滤波结果的基础上进行迭代，通过对滤波结果的存储能够达到多尺度分割过程的尺度 M 快速转换的目的(如图中"下一尺度分割"的箭头指向位置)。

实际应用中，由于图 14-1 中的参数(核函数、h_s 及 h_r)的确定会在一定程度上影响均值漂移滤波结果，并进而影响影像的分割结果，但用户感观最为直接也最为有效的却是后端的尺度的设定，其大小直接对应着分割出来的结果"块"的大小，因此在实际应用中，一般根据实际应用经验，直接给定前面几个参数以一定的较好的默认值，这些值对于非专业用户来说可以不必修改，而用户最为关心也最有显示度的参数"尺度"则需要用户输入，因此根据图 14-1 中的流程，构造本算法的对外接口为：

```
extern "C" __declspec(dllexport) char* _cdecl MHSegByMeanShift(
    const char* pszInputImgDir,          //输入的待分割的影像
    const char* pszOutputImgDir,         //输出的分割结果
    const char* bIsPolygonize = "0",     //是否进行矢量化，如果则输出对应的Shp文件
    const char* nScale = "300");         //分割尺度，可同时指定多个尺度并采用分号间隔，如
200;500;1000;2000
```

上述接口中暴露了用户是感觉兴趣的参数"尺度"，而对其他参数均进行了封装，当然，也可以构造出此函数的更多参数的接口并服务于专业人员，如暴露前文的核函数选项及空间带宽 h_s 与色度带宽 h_r，以及进一步的其他分割参数等(具体见后面的分割参数设置函数 SetSegParams())。

对应于上述参数接口在 MHMapGIS 中自动生成的对话框如图 14-2 所示。

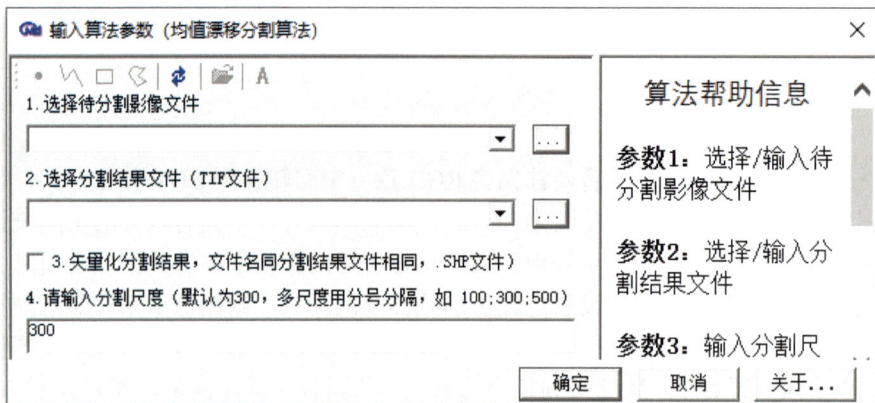

图 14-2　均值漂移多尺度分割算法对话框界面

图 14-2 中的 4 个参数对应了上述接口 MHSegByMeanShift() 所对应的 4 个参数，当需要对上述接口扩展时(如增加空间/色度带宽参数)，对于与此模块的自描述接口 GetFuncParamsDesp() 需要同时增加对相应参数的描述，并进而影响图 14-2 中的界面参数。

14.4　模块 MHImgSegByMeanShift 的功能实现

基于以上均值漂移分割原理及影像分割过程，我们对上述均值漂移分割接口 MHSegByMeanShift()进行了实现，其对应的伪代码为：

```
char* MHSegByMeanShift( const char* pszInputImgDir, const char* pszOutputImgDir, const
char* bIsPolygonize, const char* nScale)
{
    //参数正确性判断，GDAL/OGR初始化，略
    int nScaleOrCount = 0;
    int* pScaleList = NULL;
    //分析字符串参数nScale，分析出用户设定的尺度个数，并完善上面2个参数，略
    RasterSegByMS ms; //均值漂移分割算法具体实现类
    ms.rasterFileSegmentationByMeanShift(pszInputImgDir,pszOutputImgDir,nScaleOrCount,
pScaleList, bCreateShpFile); //分割函数实现
    return "true";
}
```

上述代码中，由于参数 nScale 为一个分号连接多个尺度的字符串，因此需要将其分离成为若干个分割尺度，并存储到上述代码中的 2 个变量中，即用于记录当前尺度个数的变量 nScaleOrCount 及其数组 pScaleList 中，再调用主体功能实现类 RasterSegByMS 的函数 rasterFileSegmentationByMeanShift()实现多尺度分割，该函数的主要代码为：

```
bool    RasterSegByMS::rasterFileSegmentationByMeanShift(⋯)
{
    setSegParams(⋯);//1.设定分割的参数
    startSegByMS();//2.执行具体的分割过程
    if (pScaleList)//3.如果用户设定了多个尺度，则遍历各尺度逐渐取出分割结果
    {
        for (int i = 0; i < nScaleOrCount; i++)
        {
            //根据当前尺度设定对应于此尺度的分割结果sOutScale，略
            getSegImageResults(nScale, sOutScale.c_str(), bCreateShpFile);
        }
    }
    else//用户只设定了一个尺度，直接获取此尺度的结果并存储
        getSegImageResults(nScaleOrCount, outRasterFilename, bCreateShpFile);
    return true;
}
```

上述代码中，主体功能实现类 RasterSegByMS()将均值漂移分割算法分为三个主要步骤，其中第一个步骤最为简单，就是通过函数 setSegParams()实现用户设定参数(包含一系列默认参数)值的设定；第二个步骤为主体，也是本算法中最慢的一个过程，即通过函数 startSegByMS()实现均值漂移分割算法的具体过程；最后步骤 3 中再通过函数

getSegImageResults()获取对应于不同设定尺度下的分割结果。

下面我们分别针对这 3 个步骤所对应的函数进行展开，首先在函数 setSegParams() 中，在类 EDISON 内对象 oEdison 声明的基础上，调用了该对应的函数 SetSegParams()，对应的代码为：

```
BOOL EDISON::SetSegParams(unsigned char* inBIPImageData,int DIM,int WIDTH,int HEIGHT,int
SPATIAL_BANDWIDTH /*= 7*/,float RANGE_BANDWIDTH /*= 6.5*/,int SPEEDUP  /*= 1*/,float
subSpeedUp /*= 0.1*/,bool bUseWeightMap /*= true*/,int GRADIENT_WINDOW_RADIUS /*=
2*/,float EDGE_STRENGTH_THRESHOLD /*= 0.3*/,float MIXTURE_PARAMETER  /*= 0.3*/,bool
bAllowCache/* = true*/,bool bWaitBar)
{
    //初始化参数，将上面各参数值赋值给对应的类内变量，略
    piProc = new msImageProcessor(m_bWaitBar);
    if(dim_ == 3)
        piProc->DefineImage(fpSaveFile, inputImage_, COLOR, height_, width_,bAllowCache);
    else
        piProc->DefineImage(fpSaveFile, inputImage_, GRAYSCALE, height_, width_,
bAllowCache);
    return ret;
}
```

这段代码没有省略所有需要设置的参数，从这些参数中也可以看出，对应于均值漂移算法底层实现所需的外部参数，其中前 3 个参数分别为输入的数据及对应的宽高，后续的参数包括分割过程中所需要的空间带宽 SPATIAL_BANDWIDTH（即前文公式中的 h_s）、色度带宽 RANGE_BANDWIDTH（即前文公式中的 h_r）、收敛速度 subSpeedUp，以及其他几个与权重图有关的参数。在函数体实现代码中，对类内指针 piProc 进行了内存开辟并形成类 msImageProcessor 的一个指针，该类为均值漂移分割算法底层的具体实现类，通过判断输入影像的波段个数，再调用该类的函数 DefineImage() 来执行具体的 RGB 至 LUV 色度空间的转换，对应的主体代码为：

```
BOOL msImageProcessor::DefineImage(FILE*& fpSaveFile, byte *data_, imageType type, int
height_, int width_,bool bAllowCache/* = true*/,bool *bHaveSave/* = false*/)
{
    int dim = type == COLOR ? 3 : 1;
    float *luv   = new float [height_*width_*dim]; //LUV内存
    if(dim == 1) //灰度
        for(i = 0; i < height_*width_; i++)//如果单波段，直接赋值
            luv[i]   = (float)(data_[i]);
    else//彩色
        for(i = 0; i < height_*width_; i++)//如果为RGB, 根据前文公式转换为LUV
            RGBtoLUV(&data_[dim*i], &luv[dim*i]);
    DefineLInput(luv, height_, width_, dim); //定义所有输入参数
    if(!h) //如果未指定核函数，设定一个默认核函数
    {
        kernelType    k[2]    = {Uniform, Uniform};// 默认为均匀核函数, Uniform初始为0
```

```
        int             P[3]      = {2, N};  //类内变量N为维数
        float           tempH[2] = {1.0 , 1.0};
        DefineKernel(k, tempH, P, 2);
    }
    delete [] luv;
    return TRUE;
}
```

也就是说，在上述函数中，具体执行了前文中的 RGB 色度空间至 LUV 色度空间的转换过程，并通过函数 DefineLInput()初始化了所有的数据，还指定了一个默认的均匀核函数。对应于上述代码中的 RGBtoLUV()函数，其主要功能是实现了 RGB 至 LUV 的色度空间转换，按前文公式，对应的代码为：

```
void msImageProcessor::RGBtoLUV(byte *rgbVal, float *luvVal)
{
    double   x, y, z, L0, u_prime, v_prime, constant;
    x = XYZ[0][0]*rgbVal[0] + XYZ[0][1]*rgbVal[1] + XYZ[0][2]*rgbVal[2];
    y = XYZ[1][0]*rgbVal[0] + XYZ[1][1]*rgbVal[1] + XYZ[1][2]*rgbVal[2];
    z = XYZ[2][0]*rgbVal[0] + XYZ[2][1]*rgbVal[1] + XYZ[2][2]*rgbVal[2];
    L0 = y / (255.0 * Yn); //计算L*
    if(L0 > Lt) //L、U、V均存储到数组luvVal中
        luvVal[0] = (float)(116.0 * (pow(L0, 1.0/3.0)) - 16.0);
    else
        luvVal[0] = (float)(903.3 * L0);
    constant = x + 15 * y + 3 * z; //计算U、V
    if(constant != 0) //根据前文公式
    {
        u_prime  = (4 * x) / constant;
        v_prime = (9 * y) / constant;
    }
    else
    {
        u_prime  = 4.0;
        v_prime  = 9.0/15.0;
    }
    luvVal[1] = (float) (13 * luvVal[0] * (u_prime - Un_prime)); //L、U、V均存储到数组
luvVal中
    luvVal[2] = (float) (13 * luvVal[0] * (v_prime - Vn_prime)); //L、U、V均存储到数组
luvVal中
}
```

在函数 rasterFileSegmentationByMeanShift()完成第 1 个步骤的数据与参数初始化之后，其第 2 个步骤，也是最重要的一个步骤，就是进行均值漂移分割，而该分割过程实际上是建立在均值漂移滤波基础上的，对应的代码为：

```
bool RasterSegByMS::startSegByMS()
{
```

```
        oEdison.SetSegParams(…); //调用EDISON 中的 MS算法实现分割, 如果成功返回0
        oEdison.DoRSSegByMS();//开始分割
        return TRUE;
}
```

对应的第 2 步骤中, 在类 RasterSegByMS 中, 已经定义了类 EDISON 的对象 oEdison 基础上, 一方面调用该对象的 SetSegParams() 将用户在第 1 步骤中设定的一系列参数设定给对象 oEdison; 另一方面再调用该对象的函数 DoRSSegByMS() 执行具体的影像分割过程, 该函数的对应代码为:

```
BOOL EDISON::DoRSSegByMS()
{
    if(m_bUseWeightMap)
    {
        if(CmCUseCustomWeightMap) //用户自定义权重图
            piProc->SetWeightMap(custMap_, m_threshold);
        else
        {
            ComputeWeightMap(m_gradWindRad,m_mixture); //计算权重并设置
            piProc->SetWeightMap(weightMap_,m_threshold);
        }
    }
    piProc->SetSpeedThreshold(m_subSpeedUp); //设定收敛精度与速度
    piProc->Filter(m_sigmaS, m_sigmaR, (SpeedUpLevel)m_SPEEDUP); //均值漂移滤波
    return TRUE;
}
```

其中在该类已经完成数据与参数初始化的基础上, 通过判断是否应用权重图 (m_bUseWeightMap), 并进而设定具体功能实现类 msImageProcessor 的权重图(函数 SetWeightMap()), 再调用该类的一个非常重要的函数 Filter() 实现设定数据的均值漂移滤波, 其中滤波过程主要实现在设定权重图的基础上, 通过空间带宽 m_sigmaS 与色度带宽 m_sigmaR, 实现 LUV 数据的均值滤波, 并进而实现影像的分割过程。

均值滤波的具体实现过程中, 根据用户实际的需要, 算法中设定了三种不同的滤波/漂移速度, 即上述代码中的参数 m_SPEEDUP, 该变量实际上为一个整形参数, 其取值为 0、1、2 分别对应了慢、中、快速, 均值漂移功能的具体实现由类 msImageProcessor 的函数 NewNonOptimizedFilter()、NewOptimizedFilter1() 或 NewOptimizedFilter2() 负责实现, 分别对应着不同的滤波速度。

均值滤波完成后, 内存中已经存储了基于权重图的均值滤波结果, 之后就可以通过第 3 步骤, 实现已经进行滤波后的结果按设定尺度进行合并的结果, 即对应于设定尺度的分割结果, 对应的代码为:

```
bool RasterSegByMS::getSegImageResults(int curSCALE, const char* OUT_FILENAME, bool
    bCreateShpFile)
{
    if(bCreateShpFile) //如果生成Shp文件, 则生成临时栅格文件后再矢量化
```

```
        {
            //GDAL生成临时单波段栅格数据并复制投影与仿射变换信息，OGR生成Shp文件及其图层
hSegLayer，略
            int* pLabel = new int[XS*YS];
            for(int i = 0; i < XS*YS; i++)// OUT_BIP_IMAGE_DATA数组存储着分割后结果
                pLabel[i] = OUT_BIP_IMAGE_DATA[3*i]+OUT_BIP_IMAGE_DATA[3*i+1]+OUT_BIP_
IMAGE_DATA[3*i+2];
            GDALRasterIO(band, GF_Write, 0, 0, XS, YS, pLabel, XS, YS, GDT_Int32, 0, 0); //将pLabel数
据写入波段中
            delete pLabel;
            char **papszOptions = NULL;
            papszOptions = CSLSetNameValue( papszOptions, "8CONNECTED", "0");
            GDALPolygonize(band, band, hSegLayer, 0, papszOptions, GDALTermProgress, NULL); //矢
量化到该图层
        }
        else //生成分割后的栅格文件结果
        {
            GDALDriverH hDriver = GDALGetDriverByName(driverName);
            GDALDataset* pNew = GDALCreate(hDriver, OUT_FILENAME, XS, YS, nDstBandCount,
GDT_Byte, NULL);
            if(nDstBandCount == 3) //如果目标为3个波段
            {
                unsigned char *b1= new unsigned char[XS*YS];    //BIP  ==>   BSQ
                unsigned char *b2= new unsigned char[XS*YS];
                unsigned char *b3= new unsigned char[XS*YS];
                for (int i=0;i<XS*YS;i++)//从计算结果中分离出各波段数据
                {
                    b1[i] = OUT_BIP_IMAGE_DATA[3*i+0];
                    b2[i] = OUT_BIP_IMAGE_DATA[3*i+1];
                    b3[i] = OUT_BIP_IMAGE_DATA[3*i+2];
                }
                GDALRasterBand* pBand = pNew->GetRasterBand(1);
                pBand->RasterIO(GF_Write, 0, 0, XS, YS, b1, XS, YS, GDT_Byte, 0, 0); //写入数据至波
段1，其他波段略
            }
            else if (nDstBandCount == 1) //如果目标为单波段
            {
                GDALRasterBand* pBand = pNew->GetRasterBand(1);
                pBand->RasterIO(GF_Write, 0, 0, XS, YS, OUT_BIP_IMAGE_DATA, XS, YS, GDT_Byte, 0, 0);
            }
        }
        //后处理，关闭所有数据集，略
        return true;
}
```

实际上，在完成第 2 步骤均值滤波之后，算法的主体部分就已经完成了，第 3 步骤进行区域合并的过程在算法耗时部分占比较小，速度很快；其实现原理就是建立对应的栅格结果文件，并将算法中的数据复制存储的过程。如果用户设定了需要输出对应的尺度分割矢量结果，则调用 GDAL 的栅格数据矢量化函数将结果波段进行矢量化即可（函数 GDALPolygonize()）。

14.5 小　　结

本章对遥感影像面向对象分析过程中的一个重要步骤——遥感影像多尺度分割中的一个重要算法，均值漂移分割算法进行较为详细的分析，分别从算法原理、接口定义、算法分步骤实现进行了分析。相对于其他分割算法来说，均值漂移分割算法具有精度高、初始化参数少（很多参数可以采用默认参数且对结果影响不大）、尺度效果明显等优点而广受欢迎，且其尺度之间可以非常方便地实现合并与拆分，且尺度之间符合拓扑关系，便于后续处理中的拆分与合并，如针对特定地物的尺度细分等。

第 15 章

遥感影像分水岭与 SLIC 分割模块 MHImgSegByShedAndSLIC 的实现

在面向对象的遥感多尺度分割算法中,除第 14 章介绍的均值漂移多尺度分割算法之外,日常应用较多的还包括分水岭分割及超像素分割等,这几种分割算法都属于基于区域的分割方法,在遥感影像多尺度分割中应用都较多。相比较来说,均值漂移分割效果稍优于分水岭,分水岭分割的效果则稍优于 SLIC 超像素分割;但速度方面则相反,SLIC 最快,分水岭次之,均值漂移分割算法最慢。

以上比较结果也只是多数情况下,实际应用中往往随着数据、参数的不同而有所区别。本章中将主要介绍后面两种分割方法,即分水岭分割与 SLIC 超像素分割方法。由于两者在原理方面有一定的类似之处,在实现步骤中也有一些共同的步骤,因此在算法实现时我们将两个算法共同实现在一个模块中,即本章所介绍的模块 MHImgSegByShedAndSLIC 的主要内容。

15.1 分水岭与 SLIC 分割的原理及方法

1. 分水岭分割算法原理

分水岭算法(watershed algorithm)就是根据分水岭的构成来考虑图像的分割。分水岭分割算法早期来源于地理学,其思想是将遥感图像与实际的地形图联系起来,地形图的山脊即为图像的分水岭。在计算机图形学中,可利用灰度表征地貌高。图像中,我们可以利用灰度高与地貌高的相似性来研究图像的灰度在空间上的变化,还可以通过各种形式的梯度计算以得到算法的输入,进行浸水处理。分水岭具有很强的边缘检测能力,对微弱的边缘也有较好效果。这与分水岭扩张的阈值的设置有关系,阈值可以决定集水盆扩张的范围。基于此思想产生了著名的两种分水岭分割算法:自上而下的模拟降水算法和自下而上的模拟泛洪算法,图 15-1 示意了两种分水岭算法实现原理示意图。

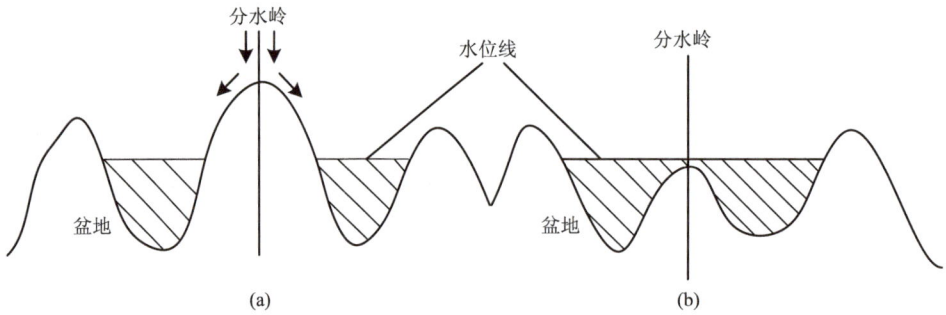

图 15-1 两种不同的分水岭模型

图 15-1 左侧的(a)图示意了自上而下的模拟降水算法,其主要原理为,当水滴从上向下降落时,如果某些水滴最终落到地形图中的同一个盆地,则说明这些水滴落入地形图中对应的点属于同一个区域;如果某些水滴落入相邻两个盆地的概率是相近的,则说明这些水滴落入地形图中对应的点属于分水岭。

自上而下的模拟降水过程是一个递归过程。定义如下:

$$X_{h_{\max}} = T_{h_{\max}}(I)$$

$$\forall h \in [h_{\min}, h_{\max} - 1]$$

$$X_{h-1} = P_{x_h} \bigcup (X_{h_d} \bigcap D_{x_h})$$

其中,上述公式中初始递归过程的初始条件中,$X_{h_{\max}}$ 是灰度值中最大值的像素点。在递归过程中,h 表示灰度值的范围,从 $h_{\max}$ 开始递归。P_{x_h} 为像素点 x_h 所属的盆地;D_{x_h} 为像素点 x_h 的邻域;X_{h_d} 为像素点 x_h 邻域中最陡方向的点,即 X_{h-1}。每次递归过程就是找到 X_{h-1},并标记其所属的盆地。最后,若某像素点同时属于两个以上盆地的点,即为分水岭中的点,依靠此方法能够实现影像中的分水岭像素点的递归查找。

图 15-1 右侧的(b)图示意了自下而上的模拟泛洪算法原理,当水从地形图的最低部分开始向上涨水且两个盆地的水交汇的时,建立起一个大坝将各个区域隔开,建立起的大坝就被称为分水岭。自下而上的模拟泛洪过程是一个递归过程,定义如下:

$$X_{h_{\min}} = T_{h_{\min}}(I)$$

$$\forall h \in [h_{\min}, h_{\max} - 1]$$

$$X_{h+1} = \min_{h+1} \bigcup C_{x_h}(X_h \bigcap X_{h+1})$$

式中,$X_{h_{\min}}$ 是图像 I 中灰度值为最小值的像素点,在上式公式的递归过程中,h 表示灰度值的范围,$h_{\min}$ 为灰度值范围最小值,$h_{\max}$ 为灰度值范围最大值。X_{h+1} 是灰度值即海拔高度为 $h+1$ 上的所有像素点。$\min_{h+1}$ 表示此点属于新产生盆地最小值点,即在 $h+1$ 此海拔高度又产生了新的盆地;$X_h \bigcap X_{h+1}$ 表示 X_{h+1} 点与 X_h 点相交,C_{x_h} 为 X_h 点所在的盆地,故 $C_{x_h}(X_h \bigcap X_{h+1})$ 为 X_{h+1} 点与 X_h 点同在一个盆地 C_{x_h} 的点。通过此递归过程,将图像 I 中的所有像素点划分盆地;最后,若某像素点同时属于两个以上盆地的点,即为分水岭中的点。

通过上面两组公式也可以看出，自上而下的模拟降水算法和自下而上的模拟泛洪算法在算法实现过程中非常类似，只是迭代方法有所区别，都是将图像理解成为地形图，并分别从地形图的上和下开始算法的执行。通常自下而上的模拟泛洪算法在研究过程中被使用得居多，但根据上述对两种算法的分析来看，两种算法可以取得相同的效果。

2. SLIC 超像素分割算法原理

超像素概念是近年来提出并发展起来的图像分割技术，是指具有相似纹理、颜色、亮度等特征的相邻像素构成的有一定视觉意义的不规则像素块。它利用像素之间特征的相似性将像素分组，用少量的超像素代替大量的像素来表达图像特征，很大程度上降低了图像后处理的复杂度，已经被广泛用于图像分割、姿势估计、目标跟踪、目标识别等计算机视觉应用。

SLIC（simple linear iterative clustering）即简单线性迭代聚类，它是 2010 年提出的一种思想简单、实现方便的算法，将彩色图像转化为 CIELAB 颜色空间和 XY 坐标下的 5 维特征向量，然后对 5 维特征向量构造距离度量标准，对图像像素进行局部聚类的过程。SLIC 算法能生成紧凑、近似均匀的超像素，在运算速度，物体轮廓保持、超像素形状方面具有较高的综合评价，比较符合人们期望的分割效果。

SLIC 主要优点包括：①生成的超像素如同细胞一般紧凑整齐，邻域特征比较容易表达，这样基于像素的方法可以比较容易的改造为基于超像素的方法；②不仅可以分割彩色图，也可以兼容分割灰度图；③需要设置的参数非常少，默认情况下只需要设置一个预分割的超像素的数量；④相比其他的超像素分割方法，SLIC 在运行速度、生成超像素的紧凑度、轮廓保持方面都比较理想。

在介绍 SLIC 之前，需要首先对 Lab 颜色空间进行介绍。Lab 色彩模型是由亮度（L）和有关色彩的 a, b 三个要素组成。L 表示亮度（luminosity），L 的值域由 0（黑色）到 100（白色）。a 表示从洋红色至绿色的范围（a 为负值指示绿色而正值指示品红），b 表示从黄色至蓝色的范围（b 为负值指示蓝色而正值指示黄色）。Lab 颜色空间的优点：①不像 RGB 和 CMYK 色彩空间，Lab 颜色被设计来接近人类生理视觉，它致力于感知均匀性，它的 L 分量密切匹配人类亮度感知，因此可以被用来通过修改 a 和 b 分量的输出色阶来做精确的颜色平衡，或使用 L 分量来调整亮度对比，而这些变换在 RGB 或 CMYK 中是困难或不可能的。②因为 Lab 描述的是颜色的显示方式，而不是设备（如显示器、打印机或数码相机）生成颜色所需的特定色料的数量，所以 Lab 被视为与设备无关的颜色模型。③色域宽阔，它不仅包含了 RGB，CMYK 的所有色域，还能表现它们不能表现的色彩，人的肉眼能感知的色彩，都能通过 Lab 模型表现出来。另外，Lab 色彩模型的绝妙之处还在于它弥补了 RGB 色彩模型色彩分布不均的不足，因为 RGB 模型在蓝色到绿色之间的过渡色彩过多，而在绿色到红色之间又缺少黄色和其他色彩。如果我们想在数字图形的处理中保留尽量宽阔的色域和丰富的色彩，最好选择 Lab。

SLIC 超像素分割的具体实现步骤包括：

（1）初始化种子点（聚类中心）：按照设定的超像素个数，在图像内均匀地分配种子点。假设图像总共有 N 个像素点，预分割为 K 个相同尺寸的超像素，其中 K 为算法的唯一的参数，那么每个超像素的大小为 N/K，K 个初始聚类中心 $C=[L\ a\ b\ x\ y]^T$，则相邻种子点的距离(步长)近似为 $S=\sqrt{N/K}$。

(2)在种子点的 $n*n$ 邻域内重新选择种子点(一般取 $n=3$)。具体方法为：先计算该邻域内所有像素点的梯度值，将种子点移到该邻域内梯度最小的地方，这样做的目的是避免种子点落在梯度较大的轮廓边界上，以免影响后续聚类效果。

(3)在每个种子点周围的邻域内为每个像素点分配类标签(即属于哪个聚类中心)。和标准的 K-MEANS 在整个图像中搜索不同，SLIC 期望的超像素尺寸为 $S*S$，搜索范围限制为 $2S*2S$。

(4)距离度量，包括颜色距离和空间距离。对于每个搜索到的像素点，分别计算它和该种子点的距离，距离计算方法如下：

$$d_c = \sqrt{(l_j - l_i)^2 + (a_j - a_i)^2 + (b_j - b_i)^2}$$

$$d_s = \sqrt{(x_j - x_i)^2 + (y_j - y_i)^2}$$

$$D' = \sqrt{\left(\frac{d_c}{N_c}\right)^2 + \left(\frac{d_s}{N_s}\right)^2}$$

式中，d_c 代表颜色距离；d_s 代表空间距离；N_s 是类内最大空间距离，定义为 $N_s = S = \sqrt{N/K}$，适用于每个聚类。最大的颜色距离 N_c 既随图像不同而不同，也随聚类不同而不同，所以我们取一个固定常数 m(取值范围[1,40]，一般取 10)代替。最终的距离度量 D' 如下：

$$D' = \sqrt{\left(\frac{d_c}{m}\right)^2 + \left(\frac{d_s}{s}\right)^2}$$

由于每个像素点都会被多个种子点搜索到，所以每个像素点都会有一个与周围种子点的距离，取最小值对应的种子点作为该像素点的聚类中心。

(5)迭代优化。理论上上述步骤不断迭代直到误差收敛(可以理解为每个像素点聚类中心不再发生变化为止)，实践发现，10 次迭代对绝大部分图片都可以得到较理想效果，所以一般迭代次数取 10。

(6)增强连通性。经过上述迭代优化可能出现以下瑕疵：出现多连通情况、超像素尺寸过小，单个超像素被切割成多个不连续超像素等，这些情况可以通过增强连通性解决。主要思路是：新建一张标记表，表内元素均为–1，按照"Z"型走向(从左到右、从上到下顺序)将不连续的超像素、尺寸过小超像素重新分配给邻近的超像素，遍历过的像素点分配给相应的标签，直到所有点遍历完毕为止。

SLIC 的复杂性在图像中的像素数目中是线性的，即 $O(N)$，因此算法的执行效率较高。

15.2 模块 MHImgSegByShedAndSLIC 功能需求设计

模块 MHImgSegByShedAndSLIC 的主要功能是实现两种分割方法，即前文介绍的分水岭分割方法与 SLIC 超像素分割方法。影像的多尺度分割是从任意一个像元开始，采用自下而上的区域合并方法形成对象，小的对象可以经过若干步骤合并成大的对象，每一对象大小的调整都必须确保合并后，对象的异质性小于给定的阈值。因此多尺度分割可以理解为一个全局分割、局部优化的过程。

关于分割的尺度问题可以按照如下理解：尺度问题为基于遥感影像分割后的影像理解中的一个非常重要的问题，其不同尺度的选择将直接决定着影像的分割效果与不同地物之间的可区分性，并进而影响最终的影像理解结果。因此，合适的尺度选择有助于自动实现影像的最优理解，较差的尺度则直接影响影像的理解过程。当然，尺度选择的优劣只是相对而言，一般随影像的空间分辨率、研究需求与对象的不同、算法的不同等均有不同的最优尺度。同样地，由于不同算法中的尺度均是相对于本算法而言，而不同算法之间不具有可比性(这源于尺度问题在实际应用中并不具实际意义)，但实际应用中也确实需要一个尺度的概念，因此在 eCognition 最初提出尺度概念的基础上，不同算法也发展了针对本算法的不同的尺度及其内部的"含义"，而各算法需要根据其底层实现的算法中的具体一系列参数及其对最终分割效果的影响进行综合，并进而根据这些参数对分割效果的影响进行合并，综合形成一个"尺度"参数，即各算法所表现出来的参数之一。

针对分水岭分割算法的原理及其参数意义，可以构造如下针对 **MHMapGIS** 的算法接口：

```
extern "C" __declspec(dllexport) char* _cdecl MHSegByWaterShed(
    const char* pszInputImg, //输入的待分割影像
    const char* pszOutputTif, //输出的分割影像结果
    const char* bIsVectorize = "0", //是否矢量化
    const char* cScale = "100",//分割尺度
    const char* cFlood = "1",//参数：步长
    const char* cMinDis = "1.0");//参数：区域异质度
```

上述参数中，前 4 个参数分别为输入影像、输出结果、是否矢量化及尺度，与均值漂移分割算法中的参数中的意义相同，后 2 个参数分别为分水岭分割算法中的 2 个参数，即增长步长与区域异质度。上述接口在 **MHMapGIS** 中自动生成的对话框如图 15-2 所示。

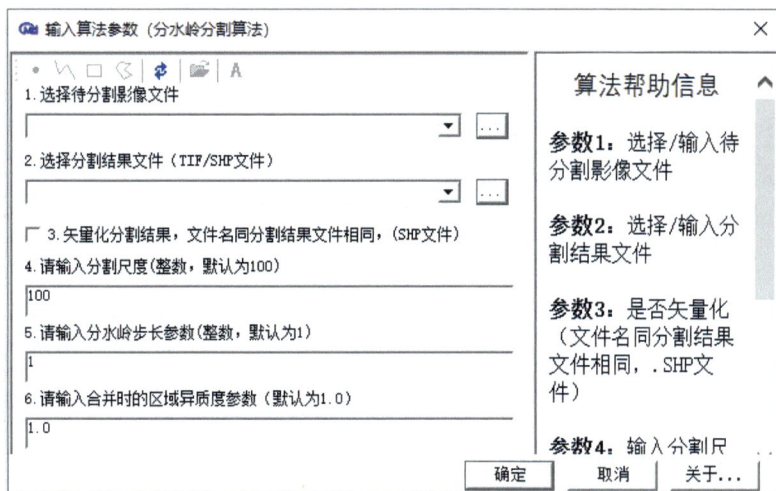

图 15-2　分水岭分割算法生成的对话框界面

类似地，本模块中的 SLIC 超像素分割算法所对应的接口定义为：

```
extern "C" __declspec(dllexport) char* _cdecl MHSegBySLIC(
    const char* pszInputImg, //输入待分割的影像
    const char* pszOutputTif, //分割的影像结果
    const char* bIsVectorize = "0", //是否矢量化
    const char* cScale = "100");//分割尺度
```

由于 SLIC 算法中需要的参数较少，即前文中介绍的将全图像预分割为 K 个相同尺寸的超像素，这里只需要将 K 转变为日常应用中更为常用的参数"尺度"。因此，本算法中的对外接口同均值漂移、分水岭分割算法类似，其对应的算法界面如图 15-3 所示。

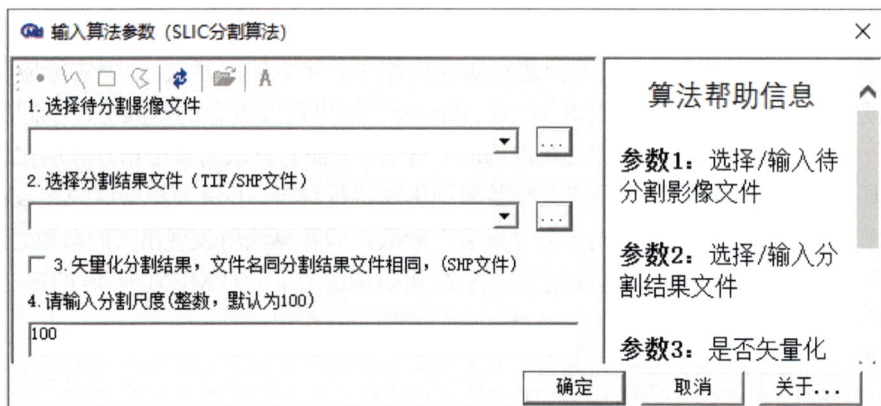

图 15-3　SLIC 超像素分割算法对话框界面

在上述两种算法的代码具体实现过程中，由于两种算法在算法步骤方面有着一定的相似性，因此我们将此两种算法在同一模块内进行实现。对应地，上次 2 个接口的具体实现代码我们都封装在了类 FastSeg 中进行实现。

15.3　分水岭分割功能实现

分水岭分割算法由接口 MHSegByWaterShed 实现其图像分割功能，对应的代码中调用了类 FastSeg 的分割函数 Segment()进行实现。

```
char* MHSegByWaterShed(    const char* pszInputImg, const char* pszOutputTif, const char* bIsVectorize,const char* cScale,const char* cFlood,const char* cMinDis)
{
    //各参数有效性检查与初始化，略
    FastSeg fs; //本类中用于实现分割的类
    fs.Segment(pszInputImg, pszOutputTif, bVec, nScale, true, nFlood, fMinDis); //调用分水岭分割
    return "true";
}
```

分水岭分割算法的实现代码中，除完成了对所有输入参数的检查、转换之外，最主

要的就是调用类 FastSeg 的主要功能实现函数 Segment() 来实现分水岭分割算法。其中，该函数的参数 5 为一个 bool 型的变量，当此变量为 true 时，对应的功能为调用分水岭分割算法；当此变量为 false 时，对应的功能为调用 SLIC 超像素分割算法。该函数的实现主体为：

```cpp
bool FastSeg::Segment( const char* pszInputImg, const char* pszOutputImg, bool bVectorize,
int nScale, bool  method, int flood, float mindis)
{
    //各参数有效性检查与初始化，略
    ReadRawData(pszInputImg,pszOutputImg); //1.根据数据波段、类型不同读取数据，写Label
文件，略
    if(method) //2.如果此参数为true，即用户选择了分水岭分割算法
    {
        WaterShed ws;

    ws.StartWaterShed(RawData,imageWidth,imageHeight,bandCount,floodstep,labels,
regionCount);
    }
    else//3.否则method为false，用户选择了SLIC分割算法
    {
        SLIC slic;
        slic.StartSLIC(RawData,imageWidth,imageHeight,bandCount,minRegion,labels,
regionCount);
    }
    InitModes();//4.初始化所有模式相关数组,赋值每像素的label求出各区域的灰度均值光谱特征
    int counter = 1;
    do{
        TransitiveClosure();//5.传递闭包算法，里面包含了建立邻接表RAM，以及迭代阈值合
并过程
        counter++;
        MINDIS += MINDIS;
    }while(counter <= 10);
    Prune();//6.调用函数对已经形成的结果进行精简，去除区域面积小于设定阈值的区域，计算
该区域应该归属到哪一邻接区域并完成赋值过程，略
    DestroyRAM();//7.销毁建立的邻接表RAM
    WriteLabel(0,0,imageWidth,imageHeight,labels,labelfile); //8.将Label结果写入结果文件
    DestroyOutput();//销毁相关输出结果
    if (bVectorize) //9.如果用户选择矢量化，调用矢量化算法
        ImagePolygonize(labelfile.c_str(),pszOutputShp);
    return true;
}
```

上述代码比较详细地说明了类 FastSeg 在实现本模块中两种影像分割算法的过程。在判断并完成各输入参数有效性检验与数据类型转换的基础上，首先调用函数 ReadRawData() 实现原始数据的载入过程，并初始化一个标签 Label 文件，用于记录不

同像素最终的分割所属标记，在此基础上在第 2 步分别针对用户调用的不同算法（即 Segment()函数的参数 5），分别调用分水岭分割算法或 SLIC 超像素分割算法。之后，在第 3 步完成所有模式相关数组基础上，结合已经调用的算法，对各像素的标签计算已经分割出的区域的灰度均值，再通过第 4 步的 10 次的迭代优化与第 5 步的结果精简，并去除小面积区域完成最终的分割过程并将结果写入对应的 Label 文件。如果用户选择了矢量化结果，则需要将最终的栅格结果再调用 GDAL 的矢量化过程进行矢量化并生成对应的 Shp 文件。

上述过程中针对分水岭分割算法的主要实现函数为 StartWaterShed()，其对应的代码为：

```cpp
bool WaterShed::StartWaterShed(ImageType*&RawData, int imageWidth, intimageHeight, int
nBandCount, int floodstep, int*& labels, int&regionCount) //开始分水岭过程
{
    int imagelen = imageWidth * imageHeight; //初始化参数
    deltar = new int[imagelen];//梯度模数组
    labels = new int[imagelen];//各点标识数组
    Gradient gd; //首先计算并得到各点梯度
    WaterHeight = gd.getGradient(RawData,nBandCount,imageWidth, imageHeight,deltar,
floodstep);
    gradientfre = new int[WaterHeight];//图像中各点梯度值频率
    gradientadd = new int[WaterHeight+1];//各梯度起终位置，加1是因为从1开始
    memset(gradientfre, 0, WaterHeight*sizeof(int));
    memset(gradientadd, 0, (WaterHeight+1)*sizeof(int));
    GradPoint* graposarr = new GradPoint[imagelen]; //以下统计各梯度频率;
    for (int y=0; y<imageHeight; y++)
    {
        xstart = y*imageWidth;
        for (int x=0; x<imageWidth; x++)
        {
            deltapos = xstart + x;
            gradientfre[deltar[deltapos]] ++;//灰度值频率;
        }
    }
    int added = 0;
    gradientadd[0] = 0;//第一个起始位置为0
    for (int ii=1; ii<WaterHeight; ii++)  //统计各梯度的累加概率;
    {
        added += gradientfre[ii-1];
        gradientadd[ii] = added;
    }
    gradientadd[WaterHeight] = imagelen;//最后位置
    memset( gradientfre, 0, WaterHeight*sizeof(int));//清零，下面用作某梯度内的指针
    for (int y=0; y<imageHeight; y++)     //自左上至右下sorting....
    {
```

```
        xstart = y*imageWidth;
        for (int x=0; x<imageWidth; x++)
        {
            deltapos = xstart + x;
            int tempi = (int)(deltar[deltapos]);//当前点的梯度值
            int tempos = gradientadd[tempi] + gradientfre[tempi]; //根据梯度值决定在
排序数组中的位置;
            gradientfre[tempi] ++;//梯度内指针后移;
            graposarr[tempos].gradient = tempi;   //根据梯度将该点信息放到排序后数组
中的合适位置
            graposarr[tempos].x = x;
            graposarr[tempos].y = y;
        }
    }
    regionCount = 0;//分割后的区域数;
    FloodVincent(graposarr, gradientadd, 0, WaterHeight-1,imageWidth,imageHeight,
labels, regionCount);
    //后处理，释放内存，略
    return true;
}
```

上述函数中通过一系列数组计算实现了前文 15.1.1 中阐述的本算法的原理，上述代码中的 FloodVincent()具体执行了模块中模拟洪泛之后的分水岭查找过程，对应的伪代码为：

```
bool WaterShed::FloodVincent(GradPoint* grad_image, int* grad_array, int minh, int
maxh,int imageWidth, int imageHeight, int*&labels, int&regionNum)
{
    for (h=minh; h<=maxh; h+=1)
    {
        int stpos = grad_array[h];
        int edpos = grad_array[h+1];
        for (int ini=stpos; ini<edpos; ini++)
            //检查该点邻域是否已标记属于某区或分水岭，若是，则将该点加入队列myqueue，略
        //根据先进先出队列扩展现有盆地，略
        //处理新发现的盆地，略
    }
    return true;
}
```

其中函数 FloodVincent()的代码量很大，其算法实现的主要思想就是通过遍历标记哪些像素点应该归属于哪个区域或分水岭，按先进先出的顺序扩展现有的盆地到数据结构中，再遍历并发现新的盆地，对应的结果最终都表现在队列 myqueue 中，对应的详细代码略。

15.4　SLIC 分割功能实现

与分水岭分割类似，SLIC 分割的实现过程主要通过类 SLIC 的函数 StartSLIC() 实现，其对应的代码为：

```
bool SLIC::StartSLIC(ImageType*& RawData, int imageWidth, int imageHeight, int nBandCount,
int minRegion, int*& labels, int& regionCount)
{
    SLIC slic; //调用具体的执行函数
    slic.DoSuperpixelSegmentation_ForGivenSuperpixelSize(RawData, imageWidth, imageHeight,
nBandCount, labels, numlabels, superpixelsize, 10.0);
    return true;
}
```

该函数中直接将 SLIC 超像素点分割的功能转交给类 SLIC 的函数 DoSuperpixelSegmentation_ForGivenSuperpixelSize() 负责实现，对应的代码为：

```
void SLIC::DoSuperpixelSegmentation_ForGivenSuperpixelSize(ImageType*& RawData, const int
width, const int height, int nBandCount, int*& klabels, int& numlabels, int& superpixelsize,
float& compactness)
{
    const int STEP = sqrt(float(superpixelsize))+0.5; //步长
    vector<int> kseeds(0);
    vector<int> kseedsx(0);
    vector<int> kseedsy(0);
    m_width  = width;
    m_height = height;
    int sz = m_width*m_height;
    klabels = new int[sz];
    memset(klabels, -1, sz*sizeof(int));
    vector<float> edgemag(0);
    GetLABXYSeeds_ForGivenStepSize(RawData,kseeds, kseedsx, kseedsy, nBandCount, STEP,
perturbseeds, edgemag); //1.根据设定的步骤获取初始Lab种子点
    PerformSuperpixelSLIC(RawData,kseeds,kseedsx, kseedsy, klabels,nBandCount, STEP,
edgemag, compactness); //2.执行超像素
    numlabels = kseeds.size()/nBandCount;
    int* nlabels = new int[sz];
    EnforceLabelConnectivity(klabels, m_width, m_height, nlabels, numlabels,
float(sz)/float(STEP*STEP)); //3.增加标签连接
}
```

上述代码中，首先对于用户设定的超像素的大小计算出对应的步长，再在第 1 步根据此步长计算并获取 Lab 的初始种子点，选择种子点的方法比较简单，即保证相邻种子点的距离(步长)近似为 $S = \sqrt{N / K}$；如果需要对种子点进行干扰，则在代码中种子点的 $n*n$ 邻域内重新选择种子点，具体方法见前文算法原理部分，其对应的代码实现比较简

单：

```
void SLIC::GetLABXYSeeds_ForGivenStepSize(…)
{
    //初始化容器kseeds,根据步长计算相关增长变量, 略
    for( int y = 0; y < ystrips; y++ ) //遍历查找种子点
    {
        int ye = y*yerrperstrip;
        for( int x = 0; x < xstrips; x++ )
        {
            int xe = x*xerrperstrip;
            int seedx = (x*STEP+xoff+xe);
            if(hexgrid) //for hex grid sampling
            {
                seedx = x*STEP+(xoff<<(y&0x1))+xe;
                seedx = min(m_width-1,seedx);
            }
            int seedy = (y*STEP+yoff+ye);
            int i = seedy*m_width + seedx;
            if(nBandCount > 1) //多波段
                for(int j = 0;j<nBandCount;j++)
                    kseeds[n*nBandCount+j] = (RawData[i*nBandCount+j]);
            else if(nBandCount == 1) //单波段
                kseeds[n] = RawData[i];
            kseedsx[n] = seedx; //将查找的种子点赋值到对应的容器中, 完成查找
            kseedsy[n] = seedy;
            n++;
        }
    }
    if(perturbseeds) //如果设定, 重选种子点, 见原理中的第2点
        PerturbSeeds(RawData,kseeds, kseedsx, kseedsy, nBandCount,edgemag);
}
```

在第 2 步通过函数 PerformSuperpixelSLIC() 执行具体的 SLIC 超像素分割时，根据前文原理计算距离，并取最小值对应的种子点作为该像素点的聚类中心。该函数是通过一系列迭代过程实现的，首先是迭代前文原理部分中的第 5 点，即迭代 10 次，直到每个像素点聚类中心不再发生变化为止；其次是对所有已经得到的超像素点，对每点的坐标分别计算搜索点到种子点间的距离，取最小值对应的种子点作为该像素点的聚类中心，对应的伪代码为：

```
void SLIC::PerformSuperpixelSLIC(…)
{
    //初始化需要的容器,并计算一些参数数值, 略
    for (int itr = 0; itr < 10; itr++)//迭代优化, 迭代次数取10, 见前文原理部分第5点
    {
        for (int n = 0; n < numk; n++)//超像素点
```

```
                {
                    for (int y = y1; y < y2; y++)
                    {
                        for (int x = x1; x < x2; x++)
                        {
                            //计算距离，公式见前文原理部分第4点，此处略
                            if (dist < distvec[i]) //取最小距离
                            {
                                distvec[i] = dist;
                                klabels[i] = n;
                            }
                        }
                    }
                }
                //重新计算中心点并存储种子点，略
            }
        }
```

最后在第 3 步通过函数 EnforceLabelConnectivity()增强不同区域之间的连通性，将不连续的、尺寸过小的重新分配给邻近的超像素，并重新分配对应的标签。对应的实现过程，就是重新建一张对应大小的标记表(元素均为–1)，再将尺寸过小超像素重新分配给邻近的超像素。对应的伪代码实现过程类似如下。

```
void SLIC::EnforceLabelConnectivity(…)
{
    //初始化变量，新建新标签并赋值-1，略
    for( int j = 0; j < height; j++ )
    {
        for( int k = 0; k < width; k++ )
        {
            if( 0 > nlabels[oindex] )
            {
                //查找相邻标签adjlabel，统计每一个label所对应的个数，略
                //如果个数小于设定值，将该标签归为前面找到的挨着的标签中，更新数值，略
            }
        }
    }
}
```

上述过程尽管原理并不复杂，但因为需要考虑众多情形较多，因此实际实现的代码量也较大，本部分略，具体可参见本书随同发布的算法源代码。

15.5 小　　结

本章介绍了另外两种比较常用的遥感影像多尺度分割算法，即分水岭分割与 SLIC

多尺度分割。分水岭分割能够通过用户设定的参数方便地实现多尺度分割，且较容易实现不同地类的边界区分，在实际遥感影像面向对象分类中应用较多，其分割精度、速度也基本能够满足日常数据处理的需求。相对来说，SLIC 超像素分割算法虽然在实际遥感影像多尺度分割过程中的效果与其他分割算法效果有较大区别（块数较多，由超像素分割性质决定），但辅助后续的面向对象的分类过程同样可以达到较好的分类与面向对象的分析效果，且其速度很快，对于影像的快速处理，如基于高分影像的地震区域快速分类等应用较多。

第 16 章

影像分类模块 MHImgClsByC5AndSVM 的实现

对于遥感影像的分类任务来说，在经过第 14 章或第 15 章的遥感影像多尺度分割之后，将遥感影像分割成一系列影像图斑，这些图斑内部相对各种特征相对一致，而不同图斑之间的特征差异较大，进一步需要对这些图斑进行特征计算，并在此基础上根据前期的先验知识实现各图斑的监督分类过程。类似地，即使不采用先分割成对象再进行分类的过程，即直接面向遥感影像像素的分类过程，也同样需要遥感影像的监督分类过程。本章将对数据挖掘领域十大经典影像分类算法中的两种最有代表性的算法——C5.0 决策器与 SVM 支撑向量机方法进行介绍。

16.1　C5.0 决策器分类原理及方法

决策树(decision tree)算法是机器学习中的重要分支，是通过对训练样本的学习，建立分类规则，并依据分类规则实现对新样本的分类过程，属于一种基于逻辑的监督分类过程，其中以 Quinlan 所提出的 ID3、C4.5 应用最为广泛。C4.5 系列是根据"信息增加的比值"来决定整个决策树的生成，同时引入 Boosting 技术筛选规则，提高整体决策树的分类能力。C5.0 是 Clementine 的决策树模型中的算法，是 C4.5 应用于大数据集上的分类算法，主要在执行效率和内存使用方面进行了改进。

决策器分类器进行分类的原理是对每个决策都要求分成的组之间的"差异"最大化，而各种决策树算法之间的主要区别就是对这个"差异"衡量方式的区别。C5.0 是经典的决策树模型的算法之一，可生成多分支的决策树，目标变量为分类变量使用 C5.0 算法可以生成决策树或者规则集(rule sets)，C5.0 模型根据能够带来最大信息增益(information gain)的字段拆分样本，重复拆分直到样本子集不能再被拆分，最后检验最低层次的拆分并剔除对模型值没有显著贡献的样本子集。

相对来说，C5.0 模型比一些其他模型易于理解，在面对数据遗漏和输入字段很多的问题时非常稳健，不需要很长的训练次数进行估计，就能够提供强大的增强技术以提高分类精度，其选择分支变量（分类）的依据是判断信息熵的下降速度，而信息熵的下降意味着信息的不确定性下降。

C5.0 决策树分类算法主要包括决策规则的构建和应用两部分（分别对应监督分类中的模型训练和预测），其中主要是根据样本自动构建规则。首先假设有一训练数据集 S，它的任一样本 s 隶属于类别 C_j，数据集 S 的平均信息量（熵）根据下式计算：

$$\text{info}(S) = -\sum_{j=1}^{k} \frac{\text{freq}(C_j, S)}{|S|} \times \log_2 \frac{\text{freq}(C_j, S)}{|S|}$$

式中，$\text{freq}(C_j, S)$ 为 S 中属于类别 C_j 的样本数目；$|S|$ 为样本集合 S 的总样本数。

假设把 S 分解为 n 个 S_i 的子集，则分解后的平均信息量为

$$\text{info}_x(S) = \sum_{i=1}^{n} \frac{|S_i|}{|S|} \times \text{info}(S_i)$$

分解后信息增加值为

$$\text{gain}(X) = \text{info}(S) - \text{info}_x(S)$$

在此基础上，以属性取值计算各个属性的分类信息度量 $H(S_i)$，根据分类树在每个节点的分解须满足熵的减少值达到最大的条件，计算各个属性的信息增益率：

$$\text{IGR}(S_i) = \frac{\text{gain}(S_i)}{H(S_i)}$$

根据上面算法，利用计算机递归的方法，反复寻找最佳的分解，从而构建规则生成决策树。

总结来说，C5.0 决策树算法执行的具体流程可表示为如图 16-1 所示的流程图。

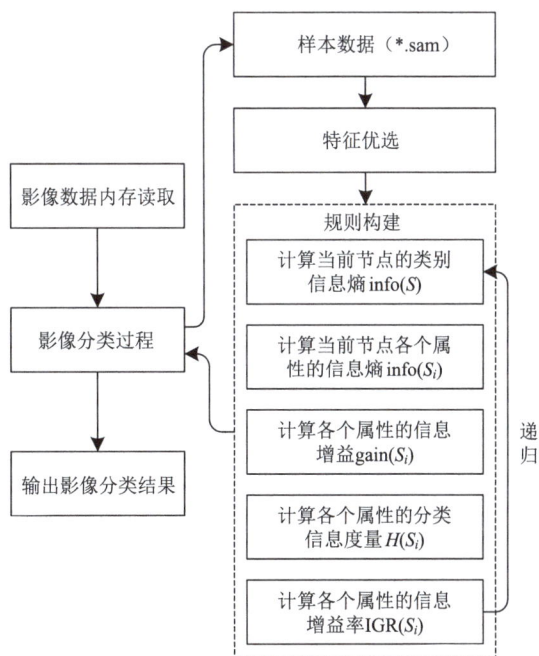

图 16-1　C5.0 决策树分类工具流程图

16.2　支撑向量机分类原理及方法

支撑向量机(support vector machine, SVM)是机器学习中最重要的算法之一, 由于其独特的小样本处理和非线性分类能力, 被很多文献认为是迄今为止最成功的分类模型, 而且近几年在遥感中的应用也比较广泛。

本章将在研究现有算法基础上, 将使用广泛的 LibSVM 集成到遥感影像监督分类算法中, 并在针对 Landsat TM/ETM、SPOT、环境星等多种数据的分类试验中取得了较好的效果。

支撑向量机是一种二分类模型, 它的基本模型是定义在特征空间上的间隔最大的线性分类器, 间隔最大使它有别于感知机; SVM 还包括核技巧, 这使它成为实质上的非线性分类器。SVM 的学习策略就是间隔最大化, 可形式化为一个求解凸二次规划的问题, 也等价于正则化损失函数的最小化问题。SVM 的学习算法就是求解凸二次规划的最优化算法。

SVM 的原理是用分离超平面作为分离训练数据的线性函数。SVM 允许直接用训练数据来描述分离超平面, 可以直接解决分类问题, 无需把密度估计作为中间步骤。设训练数据由 n 个样本 $(x_1, y_1), \cdots, (x_n, y_n)$ 构成, $x_i \in R_d$, $y_i \in \{+1, -1\}$, $i = 1, 2, \cdots, n$。

x_i 为第 i 个特征向量, y_i 为类标记, 当它等于+1 时为正例; 为–1 时为负例, 再假设训练数据集是线性可分的。由超平面决策函数来分离:

$$D(x) = (w \cdot x) + w_0$$

式中, w 和 w_0 为适当的系数, 定义数据样本可分性的约束为

$$(w \cdot x_i) + w_0 \geqslant +1$$

若 $y_i = +1$, 则

$$(w \cdot x_i) + w_0 \leqslant -1$$

若 $y_i = -1$, $i = 1, \cdots, n$, 或

$$y_i[(w \cdot x_i) + w_0] \geqslant 1, i = 1, \cdots, n$$

对给定的训练数据集, 分离超平面可表达为上述形式。从分离超平面到最近数据点的最小距离, 被称为空隙, 用 τ 表示。空隙直接与分离超平面的推广能力有关, 空隙越大则类间的可分性越大, 因此选取分离超平面的条件是使空隙达到极大。支撑向量是在空隙边沿上的数据点, 或等价地使 $y_i[(w \cdot x_i) + w_0] = 1$ 的数据点, 也是最接近于决策曲面的数据点, 它们最难被分类, 可决定决策面位置, 最优超平面的决策曲面可用支撑向量集来描述。

支撑向量机在训练完成后, 大部分的训练样本都不需要保留, 最终模型仅与支撑向量有关, 这是很多应用的基础, 即先训练、再推测的过程。对于输入空间中的非线性分类问题, 可以通过非线性变换将它转化为某个维特征空间中的线性分类问题, 在高维特征空间中学习线性支撑向量机。由于线性支撑向量机目标函数和分类决策函数都只涉及实例和实例之间的内积, 不需要显式地指定非线性变换, 而是用核函数替换当中的内积。

核函数通过一个非线性转换后的两个实例间的内积，其中高斯核函数为一种常用的核函数，即：

$$K(x,z) = \exp\left(-\frac{\|x-z\|^2}{2\sigma^2}\right)$$

对应的 SVM 是高斯径向基函数分类器，在此情况下，分类决策函数为

$$f(x) = \text{sign}\left(\sum_{i=1}^{n} \alpha_i^* y_i \exp\left(-\frac{\|x-z\|^2}{2\sigma^2}\right) + b^*\right)$$

总结来说，SVM 有三种模型，由简至繁为：

➤ 当训练数据训练可分时，通过硬间隔最大化，可学习到硬间隔支撑向量机，又叫线性可分支撑向量机；

➤ 当训练数据训练近似可分时，通过软间隔最大化，可学习到软间隔支撑向量机，又叫线性支撑向量机；

➤ 当训练数据训练不可分时，通过软间隔最大化及核技巧(kernel trick)，可学习到非线性支撑向量机。

LibSVM 是台湾大学林智仁教授等开发设计的一个简单、易于使用和快速有效的 SVM 模式识别与回归的软件包，我们可以在其提供的源代码的基础上进行改进或封装；算法中对 SVM 所涉及的参数调节相对比较少，提供了很多的默认参数，利用这些默认参数可以解决一般常见的问题。LibSVM 使用的一般步骤是：首先按照 LibSVM 软件包所要求的格式准备数据集，并指定选用不同的核函数，再采用交叉验证的方式 选择最佳参数并对整个训练集进行训练获取支撑向量机模型，最后根据训练出来的模型进行其他待判断信息的测试与预测。

总结来说，SVM 算法执行的具体流程可表示为如图 16-2 所示的流程图。

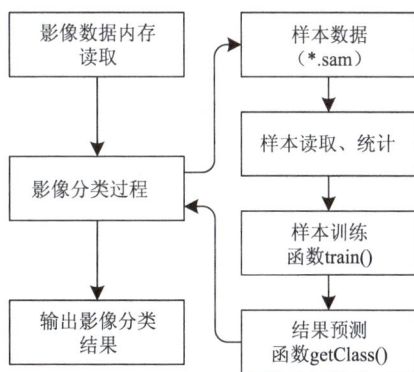

图 16-2　SVM 监督分类工具流程图

对于 LibSVM 库来说，其中我们应用中最为重要的几个函数包括参数指定、模型训练与结果预测等，几个函数实际代码中，我们主要是针对 LibSVM 库的应用与相应函数的调用。

16.3　模块 MHImgClsByC5AndSVM 功能需求与原理

根据前面 16.1 节及 16.2 节中关于 C5.0 及 SVM 的原理介绍，以及图 16-1 及图 16-2 中关于这两种算法的流程设计，我们对遥感影像分类算法模块进行了整体封装，形成了本模块 MHImgClsByC5AndSVM。当然，后续如果需要，还可以在此模块的基础上进行更多分类算法的封装，并实现更多的模块分类功能。

模块封装的原理与过程主要是基于对各种分类算法实现原理与过程的分析基础上进行实现的，实际上，我们封装此模块就是基于遥感影像监督分类的先训练、再推测的过程，而不同算法在这 2 个关键步骤中可能实现的代码均有所不同，我们要做的就是通过我们模块中主体功能实现类的封装，将不同的分类算法中的对应函数、步骤与过程在类中进行调用，从而实现对该算法的调用过程。

首先，我们来看一下模块中对这两种算法的封装过程。针对这两种算法在 MHMapGIS 中对外表现的接口，我们对这两种方法需要对外提供的参数进行了设计，并形成了如下接口：

```
extern "C" __declspec(dllexport) char* _cdecl ClassifyBySee5(
    const char* strInputImg,        //输入的待分类的影像
    const char* strInputSegShp,     //对应于分类影像分割结果
    const char* strRefShp,          //参考(样本)Shp文件
    const char* strOutClsShp,       //输出的分类结果Shp文件
    const char* strRefFieldName = "",//参考Shp文件的字段名称
    const char* strDEMFile = "",    //DEM文件
    const char* strISAFile = "");//不透水面文件
```

上述接口主要是针对高空间分辨率遥感影像的面向对象的分类方法而设计，因此在参数中，参数 2 需要输入对应于分类的影像分割结果，该参数需要输入一个 Shp 矢量文件，可以为第 14 章的均值漂移分割结果，也可以为第 15 章的分水岭或 SLIC 分割结果。同样，由于本算法属于监督分类，因此需要输入用于训练用的样本文件，本算法中的样本文件采用矢量数据的方式进行存储，这源于样本的采集过程：进行样本采集时，可以在 MHMapGIS 中新建一个 Shp 面状文件，再采用 MHMapGIS 提供的矢量数据编辑工具中的增加面状要素/增加矩形要素/修改要素形状等工具在对应于影像底图的基础上增加一系列样本，再对该矢量数据文件增加一个用于指示各要素样本类别的字段，一般采用整型字段，并定义一系列整型数字的特定含义的方法实现，如采用 1 代表水体、2 代表森林、3 代表草地、4 代表耕地、5 代表城市、6 代表裸地……。上述接口中的接口 5 就是指示了样本文件中的字段名称，根据该名称算法能够分析出样本中各要素的类别并进行训练。参数 6 与参数 7 为 2 个辅助性参数，如果提供能够增加算法的训练模型的精度与后续分类精确度，如果不提供也可。对应于上述接口在 MHMapGIS 中自动生成的算法对话框如图 16-3 所示。

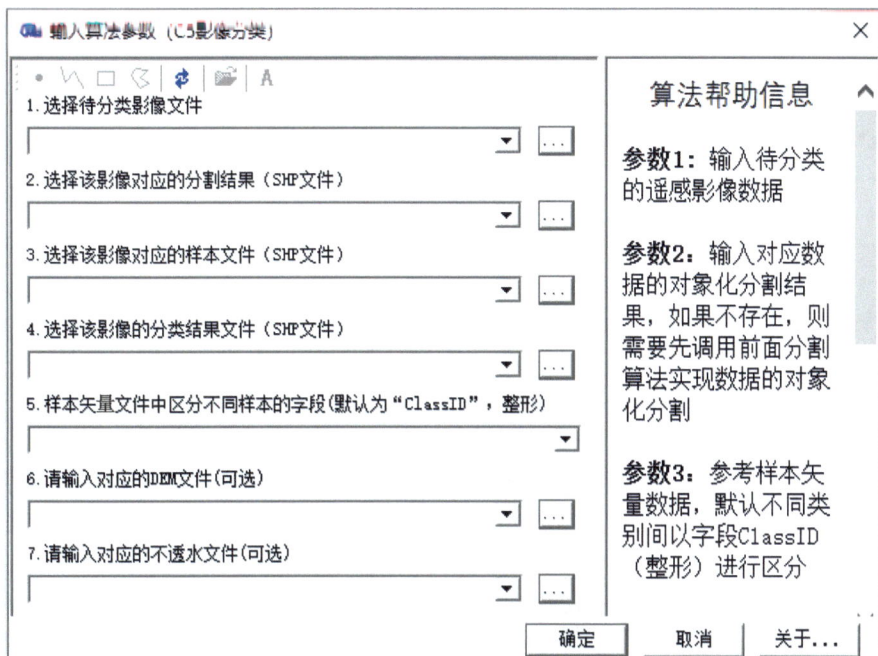

图 16-3　面向对象的 C5.0 决策器分类算法对话框界面

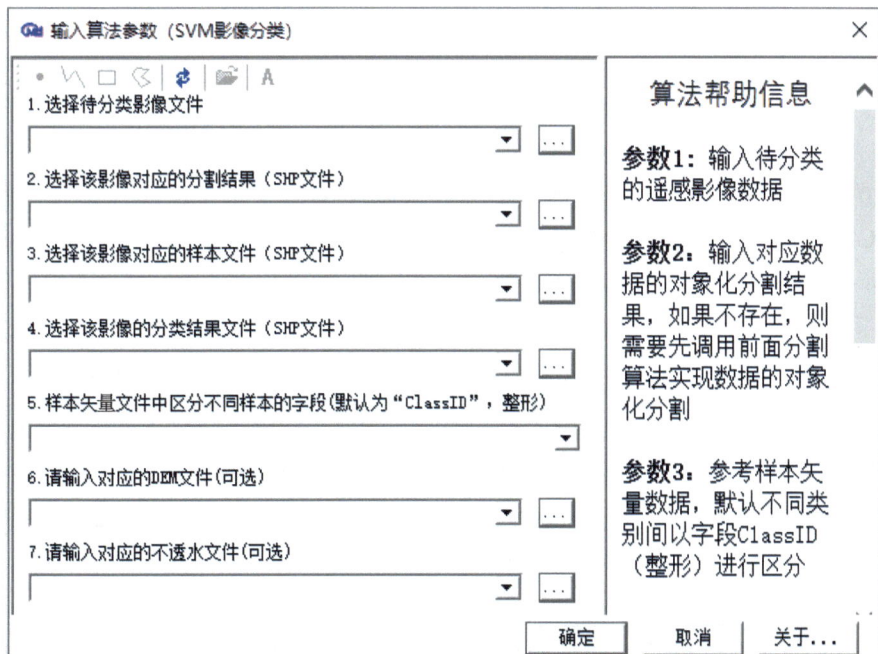

图 16-4　面向对象的 SVM 分类算法对话框界面

类似地，模块中的 SVM 分类算法的接口为：

```
extern "C" __declspec(dllexport) char* _cdecl ClassifyBySVM(
    const char* strInputImg,            //输入的待分类的影像
    const char* strInputSegShp,         //对应于分类影像分割结果
    const char* strRefShp,              //参考(样本)Shp文件
    const char* strOutClsShp,           //输出的分类结果Shp文件
    const char* strRefFieldName = "",   //参考Shp文件的字段名称
    const char* pszDEMFile = "",        //DEM文件
    const char* pszISAFile = "");       //不透水面文件
```

上述接口中对应的参数意义同 C5.0 决策器分类算法中类似，对应于 MHMapGIS 中自动生成的算法对话框如图 16-4 所示。

16.4 模块 MHImgClsByC5AndSVM 分类算法功能的实现

对应于上述两个接口的实现过程，根据前文 16.3 节中设计的模块实现方式，我们对这两种算法进行了统一的封装与实现，对应于 C5.0 决策树的接口实现代码为：

```
char* ClassifyBySee5(…)
{
    bool bSuc = plaClassifySegShp(strInputImg, strInputSegShp, strRefShp, strOutClsShp,
1, strRefFieldName, strDEMFile, strISAFile); //调用具体功能函数进行分类，参数5调用不同
分类器
    if (bSuc)
        return "true";
    return "false";
}
```

C5.0 决策器分类的实现代码中实现了对函数 plaClassifySegShp() 的调用，该函数实现了对 C5.0 与 SVM 这 2 种分类器的功能调用封装，其中参数 5 为一个 int 类型的参数变量，如果为 0 则调用 SVM 分类器，如果非 0 则调用 C5.0 分类器，该函数对应的函数原型及代码为：

```
bool plaClassifySegShp(string strInputImg, string strInputSegShp, string strRefShp, char*&
strOutClsShp,
    int typeClassifier, string strRefFieldName, string strDEMFile, string strISAFile, bool
bClassify)
{
    //参数有效性检验，略
    CLandCoverClassify* lc = new CLandCoverClassify; //功能实现类
    if (strRefFieldName != "")
        lc->SetSamFieldName(strRefFieldName); //设置字段名称
    lc->init(strInputImg.c_str(), strInputSegShp.c_str(), strOutClsShp, "",
typeClassifier); //1.初始化
    RegionList* rgl = lc->getRegionList(strInputSegShp.c_str());//2.获取分割要素链表
    lc->setRegionList(rgl);
```

```
ETYPE_CLASSIFIER clsType; //分类器类型
if (typeClassifier == 0)
    clsType = Classifier_LibSVM;
else
    clsType = Classifier_See5;
lc->setClassifier(clsType); //3.设置分类器类型
lc->featureExt(strDEMFile, strISAFile); //4.特征提取与计算
lc->findSamples(strRefShp); //5.设置样本数据
lc->classify(clsType, bClassify); //6.调用对应的分类器进行分类，后处理并释放内存略
return true;
}
```

　　函数 plaClassifySegShp() 完整地展示了基于分割后形成的遥感影像对象的监督分类过程，该过程通过主体功能实现类 CLandCoverClassify 对其进行具体功能实现。上述代码中，首先声明了类 CLandCoverClassify 的一个指针，并通过该指针设定了参数中用于指示样本类别，并训练的样本文件字段，再根据用户设定的一系列参数进行类初始化 init() 函数的调用，其功能是进行文件、文件夹等的命名、打开或生成等基本的文件操作。之后在第 2 步对遥感影像的分割结果进行分析，并分离出所有要素所对应的对象链表用于后续模型训练，并根据用户选择的分类器类型在第 3 步选择不同的分类器，之后的第 4～6 步为最主要的分类过程，分别为特征提取与计算、查找并统计样本以及具体的分类过程。

　　以下将对上述代码进行分别解释说明。

　　上述代码中的第 2 步的主要功能是遍历用户给定的分割后的矢量文件，将该矢量文件栅格化后并统计其内的数据值，形成类 RegionList 的数据格式。在统计过程中，可以将其统计过程存储了对应的 label 中间栅格文件（这里以 ENVI 格式存储，其他格式亦可），以便于下次再次应用时直接读取而不需要重复统计，对应的详细代码为：

```
RegionList* CLandCoverClassify::getRegionList(const char* pszRefData)
{
    char labelFile[256];
    sprintf(labelFile, "%s\\label%d.dat", m_strTempDir.c_str(), m_nScale); //label文件名
    string strShpDS = labelFile;
    OGRSFDriverH hDriver;
    OGRDataSourceH hoDS = OGROpen(pszRefData, 1, &hDriver); //打开矢量文件
    OGRLayerH  hoLayer = OGR_DS_GetLayer(hoDS, 0); //获取其OGR图层
    int nFeatureCount = OGR_L_GetFeatureCount(hoLayer, 0); //要素个数
    OGRFeatureDefnH hFeatDfn = OGR_L_GetLayerDefn(hoLayer); //OGR图层定义
    GDALDatasetH hShpDS = NULL;
    if (access(strShpDS.c_str(), 0) == 0) //如果存在此label栅格文件(上次存储过)则直接打开
        hShpDS = GDALOpen(strShpDS.c_str(), GA_ReadOnly);
    else//如果不存在，生成该栅格文件，并存储此次统计结果
    {
        hShpDS = GDALCreate(GDALGetDriverByName("ENVI"), strShpDS.c_str(),
            m_nWidth, m_nHeight, 1, GDT_Int32, NULL);
```

```
            //添加字段，遍历所有要素并置该字段为对应的FID值+1，将该矢量基于此字段栅格化至
数据集hShpDS，略
    }
    int* pObjectID = new int[m_nHeight*m_nWidth];
    memset(pObjectID, 0, sizeof(int)*m_nHeight*m_nWidth);
    GDALRasterIO(GDALGetRasterBand(hShpDS, 1), GF_Read, 0, 0,m_nWidth, m_nHeight,
pObjectID, m_nWidth, m_nHeight, GDT_Int32, 0, 0); //读取label中的矢量栅格化后的所有数据
    int allPts = 0; //记录有多少个像素点
    for (int i = 0; i<m_nHeight*m_nWidth; i++)
        if (pObjectID[i] > 0)
            allPts++;
    RegionList* regionList = new RegionList(nFeatureCount, allPts, 1); //初始化需要返回
的链表
    regionList->SetNumRegions(nFeatureCount); //设定个数
    //不同数据的统计、分析与汇总，更新regionList的信息，实现方法为像素遍历，略
    return regionList;
}
```

上述代码中的 labelFile 指示了用于存储统计值的栅格数据文件名，每统计一次就生成一次此文件，以便下次再次需要统计时直接读取此文件，由于此文件的生成过程为用户输入面状矢量分割文件的栅格化结果，此过程还需要一定比较耗时的时间，而存储此中间文件则可以省略这一步骤所需时间。上述代码中在不存在此 label 文件时，省略了具体的将用户指定的分割矢量数据栅格化的具体代码实现过程，相应的代码与第 5 章的矢量数据栅格化的过程类似(可参见 5.3 节)。最后，需要在 label 文件中将所有类别进行统计，并将统计结果赋值给 regionList 的相应数据结构中，这部分代码较长，其原理为所有数值的统计与求和，此处略。

前文代码中的第 3 步为根据用户选择的分类器类型进行设定，而第 4 步则为进行特征提取与计算，该函数的实现代码类似如下。

```
bool CLandCoverClassify::featureExt(string strDEMFile, string strISAFile/*=""*/, string
strRoadFile/*=""*/, string strRiverFile/*=""*/)
{
    CFeatures feaExt; //特征提取实现类
    feaExt.init(m_pInputImg, m_strTempShp.c_str(), m_strTempDir.c_str(), m_imageType);
//初始化
    feaExt.setRefData(m_pInputImg, strDEMFile.c_str(), strISAFile.c_str());
    feaExt.setObjs(m_regionList); //设置需要统计的对象边界(按分割对象边界统计)
    GDALRasterBandH hBand = GDALGetRasterBand(m_hInputDS, 1);
    feaExt.memFeatures(OBJ_MEAN_VALUE); //计算特征：中值，计算后的结果赋值到对象feaExt中
    //如果给定了不透水面，DEM等参数，赋值到对象feaExt中，略
    if (m_clsType != Classifier_LibSVM) //如果为C5.0决策器
        //计算特征：长宽比，各类别像素个数，形状指数，NDWI、NDVI等略gdosSetProcess
("SHAPE");
    return true;
```

```
}
```

第 5 步则是针对给定面状矢量样本文件的分析过程，代码如下：

```
bool CLandCoverClassify::findSamples(string strRefData, string strRoadFile, string
strRiverFile)
{
    int numRegions = m_regionList->GetNumRegions();
    m_pSamLabels = new unsigned int[numRegions];
    CAutoSamples as; //自动样本功能实现类
    if (m_sSamFieldName != "")
        as.SetSamFieldName(m_sSamFieldName);
    as.setPara(m_hInputDS, m_pVecFeatVals, m_regionList, m_strSamFile, m_strTempDir,
m_imageType, strRefData.c_str());//设置后续训练可能用到的各种参数
    as.setScale(m_nScale); //设置尺度
    as.autoSelSamples(m_pSamLabels); //选择样本
    return true;
}
```

上述代码中的函数 autoSelSamples()是其中最为重要的函数，其功能是实现遥感影像数据样本与相应类型转换表，其实现方式为对应样本矢量要素的栅格化并统计完成的。在此过程中，同样采用存储中间栅格文件的方式实现，待下次再次读取对应的矢量数据并作为样本文件时，可以直接读取对应的中间栅格文件即可，而不再需要读取对应的矢量数据并栅格化后统计的过程。在样本的统计过程中，可以增加一定的策略对样本进行处理，并进而对后续模型训练的效果产生影响，如统计特征值后样本优选、不同类别样本间个数差异对比、提高可信样本的权重等，最后对样本统计文件进行存储(sam 文件)。

前文代码中的最后一步，即第 6 步为样本的分类过程，这是算法中最主要的过程，也是前面经过对影像分割数据统计、样本类别统计、特征提取与计算之后真正开始影像的分类过程，对应的主体代码如下。

```
bool CLandCoverClassify::classify(ETYPE_CLASSIFIER clsType /*= Classifier_See5*/, bool
bClassify)
{
    int numRegions = m_regionList->GetNumRegions();//前期分割形成的个数
    if (NULL == m_pClsLabels)
    {
        m_pClsLabels = new unsigned int[numRegions]; //最终表示分类类别标签的变量
        memset(m_pClsLabels, 0, sizeof(unsigned int)*numRegions);
    }
    Classifier* cls; //分类器，作为分类的主体功能实现类
    switch (clsType)
    {
    case Classifier_See5: //如果用户选择了C5.0分类器，则初始化cls指针为对应的C5分类器
        cls = new CSee5Classifier;
        break;
    case Classifier_LibSVM: //如果用户选择了SVM分类器，则初始化cls指针为对应的SVM分类器
```

```
        cls = new CSVMClassifier;
        break;
    case Classifier_Liblinear: //其他分类器
        cls = new CLinearClassifier;
        break;
    case Classifier_OnlineRF: //其他分类器
        cls = new OnlineRF;
        break;
    }
    string strModel = m_strTempDir + "model.txt";
    cls->setModelFile(strModel); //设置模型文件名
    cls->initialSample(m_strSamFile, true); //初始化样本并训练
    if (bClassify) //如果需要分类，则调用分类功能
        cls->featureClassify(m_pVecFeatVals, m_pClsLabels, numRegions);
    outputClsRst();//输出分类结果
    return true;
}
```

可以说，模块 MHImgClsByC5AndSVM 通过层层封装，屏蔽了底层多种分类器的区别，直到此函数才真正逼近不同分类器，这也是我们为什么进行不同类别的分类器进行封装并统一至主体功能实现类 CLandCoverClassify 中进行接口功能调用的原因。

上述代码中的变量 cls 为类 Classifier 的对象，用以对不同分类器功能的调用。不同分类器功能调用是通过 2 个函数进行实现的，即通过函数 initialSample() 对不同分类器进行样本初始化与模型训练，再通过函数 featureClassify() 实现具体的分类过程。其中第 1 步为样本初始化与训练过程，对应的函数代码为：

```
bool Classifier::initialSample( const string strSamFile, bool bTrain )
{
    m_strSamFile = strSamFile;
    readSamples(m_strSamFile); //读取样本文件，前面已经存储
    if(bTrain) //如果指定需要训练，则调用训练函数
        train();
    return true;
}
```

上述函数中将初始化样本并训练的过程分为两步：第一步为对先期存储的样本文件进行读取(此时此样本文件一定存在，因为在前期第 5 步已经对样本文件进行处理过)；第二步则是进行具体的模型训练过程，不同分类器的训练过程不同，将其封装于函数 train() 中进行实现。

另外一个过程就是分类过程，对应的代码为：

```
bool Classifier::featureClassify(vector<float*>* pVecFeatVals, unsigned int* pLabels, int numRegions)
{
    double* xx = new double[m_nFeatures];
    int numFields = pVecFeatVals->size();
```

```
    for (int 1 = 0; i < numRegions ; i++)
    {
        for (int j = 0; j < m_nFeatures ; j++)
            xx[j] = pVecFeatVals->at(j)[i];
        pLabels[i] = getClass(xx); //通过此函数获取对应于该区域的模型推测结果，即分类
过程
    }
    return true;
}
```

　　具体的实现过程中，首先获取当前影像已经被分割为多少个区域，再根据各区域的
特征值代码模型进行推测类别，这一过程通过函数 getClass()进行实现。类似于本模块
中对 C5.0 及 SVM 的封装过程，还可以对本模块的功能进行扩展，加入其他一些分类器
并进行分类过程。

　　具体地，上述两个函数分别在 C5.0 与 SVM 中均有具体的函数实现，对应着模块训
练与分类预测功能。在 C5.0 决策器中函数 train()及 getClass()由类 CSee5Classifier 负责
实现，对应的主要代码为：

```
bool CSee5Classifier::train()
{
    //初始化训练参数及各种文件读取信息并读取样本文件，略
    readSample(true, false); //读取并读取样本文件及各种信息
    InitialiseTreeData();
    if (WINNOW)
        WinnowAtts();//通过一半数据构造的树并筛选属性，移除未用的和剩余的节点，并检查
新的错误
    if (XVAL)
        CrossVal();//交叉验证
    else
    {
        ConstructClassifiers();//构造分类器
        Evaluate(CMINFO | USAGEINFO); //验证
    }
    saveModel();//保存模型
    return true;
}
```

　　C5.0 的训练过程，实际上就是通过计算信息熵与信息增益，并建立决策树不同节点
并存储模型信息的过程，在训练完成并形成对应的模型之后，就可以通过该类的
getClass()进行特征值类别推测/分类过程，该函数对应的主体代码为：

```
int CSee5Classifier::getClass(double* xx)
{
    for (int k = 0; k < m_nFeatures; k++)
        CVal(m_Case, k + 1) = xx[k]; //计算特征值
    int rst;
```

```
    rst = Classify(m_Case); //根据特征值进行分类
    rst = m_pClassLabel[rst - 1];
    return rst;
}
```

上述代码中的 Classify()函数是具体的推测/分类过程，该函数非常简单，就是采用已经建立的决策树的分类过程，类似如下。

```
ClassNo Classify(DataRec Case)
{
    return ( TRIALS > 1 ? BoostClassify(Case, TRIALS-1) : //Boost分类
         RULES ?    RuleClassify(Case, RuleSet[0]) : //定义RULES则采用规则分类
              TreeClassify(Case, Pruned[0]) ); //否则直接采用决策树分类
}
```

类似地，SVM 的分类过程也主要是通过训练过程形成模型，再通过模块计算与推测实现具体的分类过程。类似于 C5.0 决策器中函数 train()及 getClass()由类 CSee5Classifier 负责实现，在 SVM 中这两个函数由类 CSVMClassifier 负责实现，而这两个类均为分类器类 Classifier 的子类。类 CSVMClassifier 对前文中的两个重要函数，训练函数 train()与推测函数 getClass()进行了实现，其实现原理即是通过调用 LibSVM 库中相应的功能函数，即 svm_train()与 svm_predict()实现的。对应的主要代码为：

```
bool CSVMClassifier::train()
{
    //初始化样本m_Prob及其节点m_nodeX，开辟内存并计算各种信息，略
    setParameters();//设置SVM训练的各种参数
    svm_check_parameter(&m_Prob,&m_Param) ; //检查参数
    crossValidation(); //交叉验证
    m_pModel = svm_train(&m_Prob, &m_Param); //调用SVM的训练函数进行训练
    saveModel();//保存模型
    return true;
}
```

可以看出，训练过程实际上就是在设置好 SVM 各种参数并验证的基础上，通过调用交叉验证(其底层是调用 LibSVM 的函数 svm_cross_validation())与训练函数(LibSVM 的函数 svm_train())进行模型训练的，并对训练模型进行存储，以便下次再次应用同样参数与样本时，不再需要训练过程而可以直接调用模型参数。对应的预测分类函数的代码为：

```
int CSVMClassifier::getClass( double* xx )
{
    for (int k = 0; k < m_nFeatures ; k++)//计算节点数值信息
    {
        m_nodeX[k].index = k+1;
        m_nodeX[k].value = xx[k]/1024.0;
    }
    m_nodeX[m_nFeatures].index = -1;
    int label = svm_predict(m_pModel,m_nodeX); //调用SVM的预测函数进行分类
```

```
    return label;
}
```

　　上述代码中通过计算节点的特征值并代入模型计算，通过函数 svm_predict( ) 对该值的类别进行预测与分类过程，至此就完成了基于 SVM 的模型训练与分类过程。

　　底层实现的其他代码则主要是 C5.0 或 SVM 底层对前文 16.1 及 16.2 中介绍原理的实现过程，读者感兴趣的话可以直接对随本书发布的代码进行追踪与调试。

16.5　小　　结

　　本章介绍了遥感影像分类过程中最为常用的两种经典算法——C5.0 决策器与 SVM 支撑向量机算法，并介绍了这两种算法在 MHMapGIS 算法工具箱中的集成过程。由于日常应用中采用面向对象的分类方法时远多于基于影像像素的分类方法，因此本章中仅介绍了这两种基于影像分割后形成影像图斑矢量并在此基础上进行影像分类的对象级分类接口及其算法实现；实际上，如果需要的话，可以同样构造出类似 16.3 节中的基于像素级分类的接口，并通过样本统计与训练过程进行这两种方法的训练形成对应的模型，再通过最后的预测完成分类过程。整体来说步骤非常类似，只是在预测过程中的对象不再是分割后形成的图斑对象，而是对所有像素进行分类的过程（此过程可以针对不同的数据类型构造查找表来加快算法速度）。

　　类似地，实际上随书发布代码中还有其他一些分类算法并进行了很好的封装，如果需要，也可以将这些算法采用适用的方式进行接口展现，再通过修改 MHMapTools.XML 进行算法注册，就可以直接在软件中对相应的算法进行调用了。

第 17 章

水体自动提取模块 MHImgWaterExt 的实现

　　水体是遥感影像反映的重要地表信息，可表现为湖泊、河流、湿地等形态，然而受困于各种背景因素（云、阴影等）的干扰及水体本身在光谱、形状上的复杂变化，水体提取技术仍无法完全实现业务化自动运行，但一定程度的自动化水体提取是可行的，也能够在日常应用中发挥较大作用。从光谱角度来说，由于水体和陆地对太阳辐射的反射、吸收和透射特性的不同，在遥感影像上的差异也比较明显，水陆界线相对比较清楚，因此对于水体遥感提取的研究开展较早，其应用水平也比较深入。从原理角度来说，影像上的水体较容易同其他地物区分，但实现在不同成像背景下的遥感影像的水体自动且高精度的提取则并不容易，不但要求算法能够尽可能地考虑到各种情况，还需要针对不同情况选择不同策略，以保证水体提取的精确性，同时还需考虑不同情况下阈值的选择策略（涉及到自动提取，几乎所有算法都需要在某些步骤上自动计算某些值的分割阈值，并进而影响后续的水体提取效果）。

　　基于水体与其他地物在遥感影像上光谱表现的不同，理论上可以在计算归一化水体指数（NDWI）的基础上选取一个合适的阈值，并进行 NDWI 的分割，从而获取遥感影像上对应的水体。但实际上在同一幅影像上，不同水体单元由于各自物化特征或因周边环境影响差异，会造成其成像特征不一致，因此此时如果采用一个统一的阈值来进行水体提取，则结果将势必与真实情况就会有一定差距。本章将依据课题组前期提出的遥感分层分类思想，针对水体提取开展"全局–局部"迭代转换的信息提取算法进行实现，从而形成面向多光谱遥感影像水体自动信息提取的算法模块。

17.1　水体提取的原理与方法

　　在遥感影像信息提取过程中，随着近些年来遥感影像空间分辨率的提高，面向区域对象的遥感影像处理、分析与信息提取的模式已经被越来越多的处理与分析人员所接受，从而使得影像分析结果更符合地表地物在空间上的分布状态，并避免了因少量相邻像素特征不一致而导致的椒盐效应问题，这一现象同样存在于水体提取过程中，因此我们采用对象化分析方法实现遥感影像中的水体自动提取，包括中、高空间分辨率的遥感影像水体提取过程。

在面向对象的遥感处理与分析过程中，其中一个主要步骤就是将影像中的像素转变为对象，并在后续处理中将均以此作为基本单元，这一过程一般由影像分割过程进行实现。在水体提取过程中，考虑到影像分割过程耗时较长，且影像分割后的对象还需要通过另一过程——分类进行同质化对象聚合，这更加剧了算法的耗时，因此采用另一种遥感影像像素对象化方法——归一化水体指数计算与阈值分割方法，进行实现。也就是说，在计算遥感影像 NDWI 的基础上，通过选取一个适当的阈值，能够从整体上区分出影像中的水体与非水体，但这种方法还存在水体提取不够精确等问题，特别是在水体与非水体的边界处，以及一些因物化特征或其他原因(如浑浊泥沙水体、冰湖等)而导致的水体提取不精确等。实际上，这些提取不精确主要源于选取的阈值不适用于影像中的所有水体，甚至有些时候无论算法怎么迭代也无法找出一个适用于一景影像所有水体的"较好"阈值，此时最好的办法就是在各个水体周边通过局部的分析找出一个此处的局部阈值，而这个局部阈值是在全局阈值确定的情况下进一步精确的结果，即本章中采用的"全局-局部"的水体提取思想。图 17-1 示意了本章采用的"全域-局部"迭代的水体信息自动提取算法流程图。

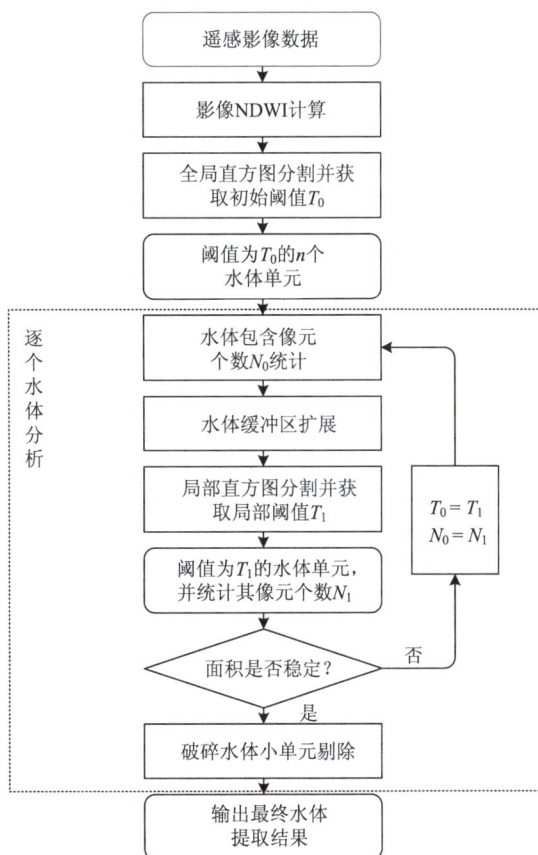

图 17-1　模块 MHImgWaterExt 进行"全局-局部"迭代的水体自动提取算法流程图

如图 17-1 所示，整个方法体系包含了水体指数计算、全局阈值分割、局部区域分析与精确提取等几个过程。首先，在原始遥感数据上计算归一化差异水体指数（NDWI），后续分析将以此 NDWI 进行全局的直方图分割并获取初始的全局阈值 T_0，再以此 T_0 对全景影像进行阈值分类，即 NDWI 大于 T_0 的像素认定为水体，小于 T_0 的则认为非水体。在此基础上，通过遍历所有已经提取出的水体并进行精确化，具体来说，通过对水体单元的搜索获得工作单元的局部空间位置，再通过对各个单元进行缓冲区分析，选择确定局部信息提取的各个区域，最后在各个局部区域内不断迭代重复局部的水体阈值计算过程，逐步实现对精细提取结果的逼近。

1. 水体指数计算

水体在光学遥感各个波长的波谱特性并不相同，一般从可见光到中红外波段反射逐渐变弱，在近红外和中红外波长范围内其吸收最强。根据这一特性，采用波段间 DN 值的比值运算建立并发展起来的归一化差异水体指数（NDWI），就成为众多提取方法中最为经典、应用最多的方法。

归一化水体指数的计算公式为

$$NDWI = \frac{\rho_{GREEN} - \rho_{NIR}}{\rho_{GREEN} + \rho_{NIR}}$$

式中，ρ_{GREEN} 为绿波段的反射率；ρ_{NIR} 为近红外的反射率，在 Landsat、HJ-1、ZY3 等影像中，分别对应了 2 波段和 4 波段。类似于 NDVI 的原理，NDWI 能够有效地抑制陆地植被等信息而突出了水体信息，统一对 NDWI 数值进行了拉伸，可使不同传感器、不同成像条件的影像也具有一定的可比较性。

水体指数计算之后，就形成了一个新的栅格数据类型的文件，其影像范围、空间分辨率、投影信息、仿射变换等信息与原影像数据相同，一般为一个 float 类型的波段（double 类型也可以，但一般没有必要），该波段上的数值为每个像素计算出来的 NDWI 数值，后续的水体分析与判别将在此波段上进行。

2. 全局水体范围提取

全局水体信息提取是在研究对象全范围分析基础上（如某景影像），通过分析水体在该范围上所对应直方图上表现出的特点，得出适合该范围整体进行水体提取的最佳阈值，并采用此阈值进行全范围水体提取的过程，该过程的结果同样是一个栅格数据类型的内存波段（或文件），其影像范围、空间分辨率、投影信息、仿射变换等信息与原影像数据相同，一般为一个 unsigned char 或 int/short 类型的波段，该波段上的数值为每个像素经过全局计算与分析之后的标签（即标记此像素为水体或非水体），后续的水体局部精确化分析与判别将在此波段上每个水体对象上进行。

全局分析中，采用直方图分割方法阈值分析，这种方法简单、高效，方法如下：首先选择相对较小的初始阈值 T_0 对 NDWI 图像进行初始分割，并得到初步的水体信息，这里需要说明的是，初始阈值 T_0 的选择很关键，如果选择过小，则会一次性识别出非常多或非常大的区域，导致很多非水体也被识别成水体，这将对后续局部水体范围精确确定带来一些麻烦，甚至根本迭代不出很好的效果；如果选择过大，则会识别出较少的或较小的水体区域，对于识别出较小的区域这种情况，还可以通过后续的局部迭代与精确化过程得到弥补，但对于识别出较少的区域这种现象来说，某个本应为水体的区域却在此次全局水体提取过程中未被提取出来，这导致后续的局部水体精确化过程无法从此水体中进行缓冲与迭代(实际上根本就没有考虑这个水体区域)，从而导致后续精确化过程也与此水体区域无关，此水体区域将会被漏提。因此，过小或过大的全局提取阈值将不可取，要选择一个"适当的"阈值。

图 17-2 示意了待进行水体提取的研究区域整体上的直方图示意图。

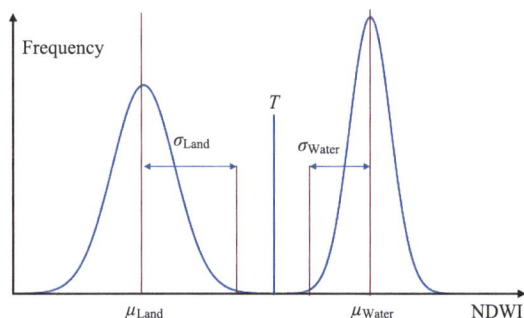

图 17-2　双峰分布直方图阈值的选择

根据前文的 NDWI 计算公式，水体的 NDWI 数值要高于非水体的数据，因此在图 17-2 中整个范围的 NDWI 数值统计时，理论上直方图会出现如图所示的"双峰"状态，其中左侧的峰为 NDWI 数值比较小的非水体形成的山峰，右侧则为 NDWI 数值较大的水体形成的山峰，而从图中可以很清楚地看出，区分水体与非水体的最佳阈值 T 的取值方式就是计算 2 个山峰之间的"谷底"。双峰分布的图像单元可以以下公式进行计算：

$$T = \frac{\mu_{\text{Water}} \times \sigma_{\text{Land}} + \mu_{\text{Land}} \times \sigma_{\text{Water}}}{\mu_{\text{Water}} + \mu_{\text{Land}}}$$

式中，μ_{Water}、μ_{Land} 分别为水体与陆地像元的均值；σ_{Water}、σ_{Land} 分别为其方差；T 为分割阈值。

上述计算最佳阈值的过程同样适用于 17.1.3 节的局部水体精确化迭代过程。

以上为理想上的影像中水体与非水体的直方图"双峰"分布图，实际情况下，很多时候并不呈现图 17-2 那样规律的双峰图。例如，当影像中的水体比例远小于非水体时，右侧的山峰可能要远小于左侧的山峰，而当水体比例远大于非水体时，则可能会出现右侧山峰远高于左侧山峰的情况。类似地，直方图出现三峰、四峰的情况也很多，因此在实际分析与算法实现中，一方面基于以上原理；另一方面还要基于常规的水体与非水体的阈值统计等综合考虑并实现。

3. 局部水体迭代与精确化

全局阈值分割只是确定 NDWI 图像中水体像元可能分布的范围，水体的边界不一定正确，而且由于初始全局阈值较小，也会有一些非水体像元被误判为水体。因此，有必要在全局水体信息提取基础上，通过逐步对全局提取过程中提取出的每一个水体进行局部分析，根据图 17-2 的原理，在局部范围内根据影像 NDWI 的特性进行分析并达到精确化水体提取的目的，对应的主要步骤为(参考图 17-1)如下。

(1)从全局分割结果中逐个选取每一个水体单元进行分析，对提取出的水体中所包含的像元个数 N_0(实际上就是当前水体的面积)进行统计。

(2)按照水体的边界进行缓冲区扩展，直至背景像元数与水体像元数大致相同。需要说明的是，当进入缓冲区并遇到其他水体时需要避开，以免加入导致结果的不确定性。

(3)对缓冲区区域内的像元进行直方图统计，若直方图为单峰分布，则根据其 NDWI 数值将其归为水体或非水体；如果符合水体分割的双峰分布准则或是多峰分布，根据直方图分布将其归为双峰分布并找出 2 个峰值，再按前文公式进行阈值分割并得到新的 NDWI 阈值 T_1，得到新的水体单元并统计其像元个数 N_1。

(4)如果$|N_1-N_0|<N_T$，则表示水体边界经过此次迭代后仍保持稳定，可以直接保存此水体的提取结果；否则设置 $T_0=T_1$，$N_0=N_1$，继续进行迭代过程。

局部阈值迭代的计算过程既能实现水体最佳分割阈值的自动选取，并进而确定每个湖泊的精确边界，同时也能够剔除全局分割中误判为水体的陆地像元。

17.2　模块 MHImgWaterExt 功能需求设计

根据前文定义，可以构造水体提取模块 MHImgWaterExt 的接口如下。

```
extern "C" __declspec(dllexport) char* _cdecl MHWaterExtraction(
    const char* pszInputImg, //输入待水体提取的多光谱影像
    const char* pszOutImg,    //水体提取结果(矢量或栅格文件)
    const char* nPoly,        //是否需要将结果矢量化
    const char* nGreen_NIR = "2;4", //绿、近红外波段在影像中的波段数，以英文分号间隔
    const char* dStartThresh = "-1", //初始分割阈值，默认-1，即自动查找阈值
    const char* pszMask = "", //掩膜文件，即标定出不参与计算的区域
    const char* dnBack_Land_Water = "0;1;255");//背景、非水、水的提取结果的DN值
```

其中水体提取模块对外暴露的接口为 MHWaterExtraction，并提供 7 个输入参数：参数 1 为待进行水体范围提取的多光谱遥感影像数据(推荐为 Tif 文件，也可以为其他 GDAL 支持的栅格数据文件类型)；参数 2 为进行水体提取后的结果文件，可以为矢量或栅格类型，如果指定为矢量数据格式(*.shp)，则忽略参数 3(相当于参数 3 指定为 1)，如果指定为栅格数据格式，则输出相应的结果数据；参数 3 为是否进行水体提取结果的矢量化，如果为 0 则不进行矢量化，否则进行栅格结果的矢量化，对应的结果为参数 2 中的扩展名改为.shp 文件；参数 4 指示了参数 1 中的绿波段与近红外波段分别位于其对应栅格数据文件中的哪 2 个波段，并以英文的分号进行间隔；参数 5 指示了初始化水体提取阈值，即对应了图 17-1 中的全局 NDWI 分割的初始阈值，如果采用默认阈值(−1)，则算法中会自动计算合适的初始阈值；参数 6 是掩膜文件，通过该文件能够指示哪些区域不参与水体提取的计算，默认为空；参数 7 指示了水体提取结果在存储为栅格数据文

件时，背景、非水体与水体分别采用哪几个 DN 值，默认为 0、1、255。

通过增加下面一段 XML 代码段到 MHMapTools.XML 文件中实现水体提取算法工具的注册，工具名称为"水体提取算法"，并将本章算法编译、链接后形成的动态链接库 MHImgWaterExt.DLL 复制到可执行文件下的 ZjutXLG 文件夹下，即可通过 MHMapGIS 中的算法工具箱对该算法进行调用。

```
<水体提取算法 foldername="ZjutXLG" dllfile="MHImgWaterExt"
interface="MHWaterExtraction">
</水体提取算法>
```

注册完毕之后，通过双击工具箱中的相应工具便可激活水体提取算法工具，相应的工具对话框界面如图 17-3 所示。

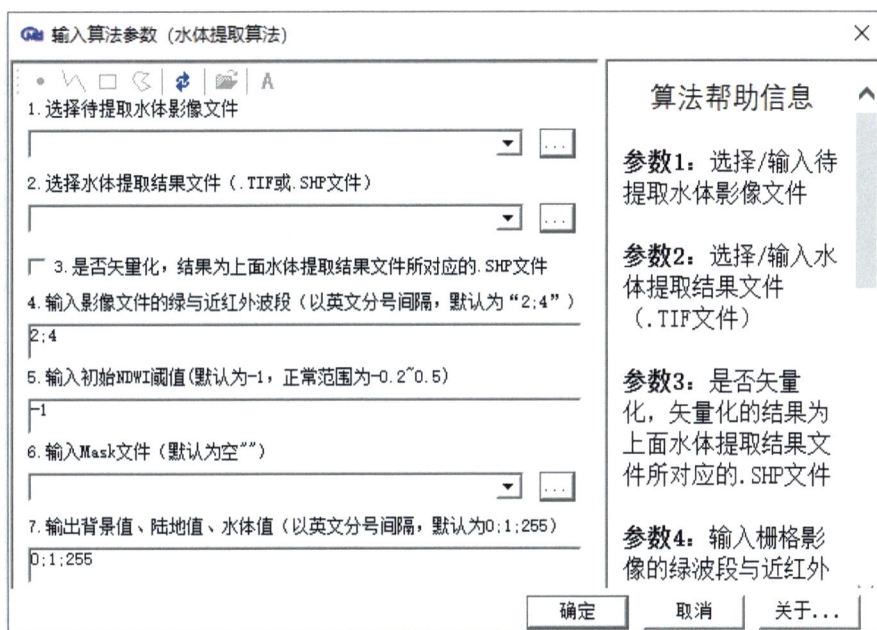

图 17-3　基于 NDWI 的水体自动提取算法对话框界面

17.3　MHImgWaterExt 功能实现

根据 17.1 节中介绍的水体提取算法原理，需要一系列算法步骤与过程对图 17-1 所示的算法流程进行实现，我们对水体提取算法的具体实现过程进行了总结，相应的函数调用堆栈图如图 17-4 所示。

算法的对外接口为 MHWaterExtraction()，该函数所对应的代码为：

```
char* MHWaterExtraction(const char* pszInputImg, const char* pszOutImg, const char* nPoly,
const char* nGreen_NIR, const char* dStartThresh, const char* pszMask, const char*
dnBack_Land_Water)
{
```

```
//GDAL初始化，输入参数正确性判断及类型转换，略
    plaWaterExt(pszInputImg, cOutImg, nW, nH, nPolygonize, dStartThreshLast, cMask,
dnWaterLast, dnLandLast, dnBackLast, (char*)nGreen_NIR); //水体提取具体实现函数
    return "true";
}
```

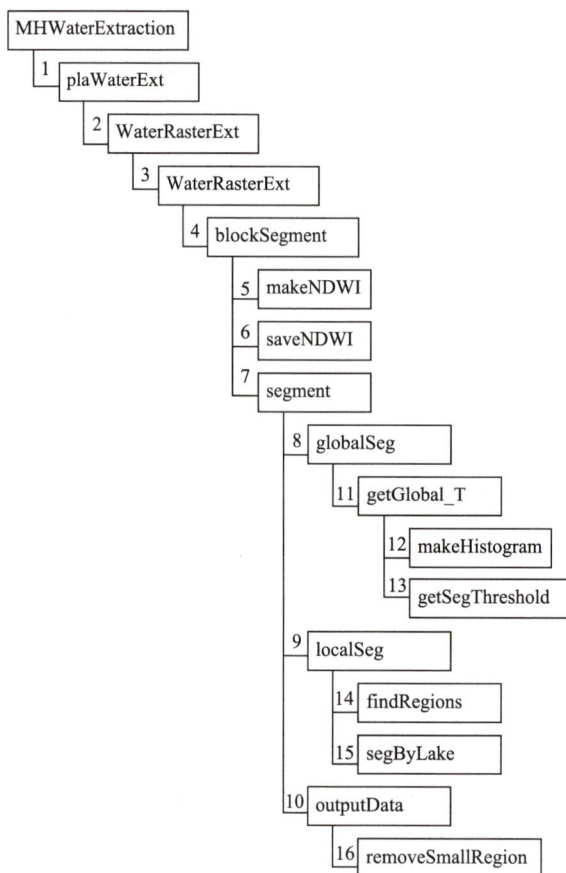

图 17-4　模块 MHImgWaterExt 水体自动提取的函数调用堆栈图

　　该函数的实现非常简单，仅是对 GDAL 初始化，并实现对所有输入参数的正确性检验，之后就将水体提取的具体功能转交给了函数 plaWaterExt()，该函数对应于图 17-4 中的第 1 步，对应的代码为：

```
int plaWaterExt( const char* pszInputImg, const char* pszOutImg, int& nWidth, int& nHeight,
int nPoly, double dStartThresh, const char* pszMask, int dnWater, int dnLand, int dnBack,
char* nGreen_NIR)
{
    CWaterExtract ext; //水体自动提取的主体功能实现类
    ext.init(pszInputImg, dnWater, dnLand, dnBack, dStartThresh, pszMask); //初始化相应参数
    string strRaster = CPLResetExtension(pszOutImg,"tif");
    int rst = ext.WaterRasterExt(strRaster.c_str(), nWidth, nHeight, nGreen_NIR); //具体的
```

水休提取函数
```
    if(nPoly != 0)
        RST_rasterToPolyShp(pszOutImg, strShp.c_str());//如果需要,将结果矢量化形成面状
矢量Shp文件
    return rst;
}
```

函数中采用了水体自动提取的主体功能实现类 CWaterExtract 进行功能实现,首先调用其 init() 函数实现该类内变量的初始化,再调用该类的主要功能实现函数 WaterRasterExt() 进行具体的水体提取过程,最后根据参数 nPoly 决定是否调用栅格数据的矢量化函数 RST_rasterToPolyShp()。其中函数 WaterRasterExt() 对应于图 17-4 中的第 2 步,对应的代码为:

```
int CWaterExtract::WaterRasterExt( string strOutputImg, int& pnWidth, int& pnHeight, char*
nGreen_NIR)
{
    //1.GDAL初始化,打开对应数据并读取对应信息(宽高、投影、仿射变换等),略
    int rst = WaterRasterExt(pWater, pnWidth, pnHeight, nGreen_NIR); //2.具体的水体提取
函数
    //3.采用GDAL新建栅格文件,复制投影、仿射变换等信息,将结果数据pWater写入到栅格文件
中,略
    return 0;
}
```

函数中,在完成 GDAL 初始化及所有参数信息读取之后,进一步调用多态函数 WaterRasterExt() 进行具体的水体提取过程,提取的结果为此函数的第一个参数 pWater,最后再调用 GDAL 生成新的栅格数据文件,并从原始栅格数据文件中复制投影、仿射变换等信息,再将完成水体提取结果的 unsigned char*类型的 pWater 通过 GDAL 的 RasterIO() 函数写入对应的水体波段,完成水体的提取过程。其中第 2 个函数 WaterRasterExt() 对应着图 17-4 中的第 3 步,其代码为:

```
int CWaterExtract::WaterRasterExt(unsigned char* &pWater, int& pnWidth, int& pnHeight,
char* nGreen_NIR)
{
    //1.打开对应数据集并读//取对应信息
    int nChunkInX = 1; //可以对数据进行分块处理,当文件特大或内存不大时,可以调整横竖的
分类数目
    int nChunkInY = 1;
    pWater = new unsigned char[nWidth*nHeight];
    for (int ii = 0; ii < nChunkInY ; ii++)
        for (int jj = 0; jj < nChunkInX ; jj++)
        {
            //计算当前处理的块的宽numX,高numY,开辟内存,略
            blockSegment(m_strInput, offsetX, offsetY, numX, numY, pBlockWater,
m_dThresh, m_nWater, m_nLand, m_nBack, m_strMask, &nRes, nGreen_NIR); //调用具体的分块
水体分割提取函数
```

```
                for (int i = 0; i < numY ; i++)//合并分块之后的各块提取结果至pWater中
                    for (int j = 0; j < numX ; j++)
                        pWater[(i+offsetY)*nWidth+j+offsetX] = pBlockWater[i*numX+j];
        }
    return 0;
}
```

具体的水体提取实现函数中，上述代码将影像横向分为 nChunkInX 份，纵向分为 nChunkInY 份，以避免由于影像过大而无法开辟内存的问题。由于现在的计算机性能一般较好，因此一般直接将此两项数值直接设定为 1，即整体进行水体分割，实际应用中当遇到非常大的影像时，可以根据实际情况进行这 2 个数值的调节，也可以将此 2 个数值作为一个参数暴露到算法接口中并设定其默认值为 1。完成影像分块后，具体的水体提取功能实现再转交给函数 blockSegment() 进行实现，该函数实现水体提取后将对应的结果存储在一维数组 pBlockWater 中，因此在最后再将些一维数组转变成为影像所对应的二维数组 pWater 并用以表示最终的水体提取结果。其中函数 blockSegment() 对应着图 17-4 中的第 4 步，其实现代码为：

```
void blockSegment(string strInputImg, int offsetX, int offsetY, int numX, int numY, unsigned
char* &output, double dStartThresh, int dnWater, int dnLand, int dnBack, string strMask,
int* nRes, char* nGreen_NIR)
{
    CBlockSegment bs; //具体功能实现类
    bs.init(hDS, nG, nNIR, offsetX, offsetY, numX, numY); //初始化参数
    bs.makeNDWI();//计算对应对影像的NDWI
    bs.saveNDWI(sFN); //保存影像的NDWI结果
    unsigned char* pMask = NULL;
    if(access(strMask.c_str(),0) == 0) //如果指定Mask文件，读取对应的数据
    {
        GDALDatasetH hMaskDS = GDALOpen(strInputImg.c_str(), GA_ReadOnly);
        GDALRasterIO(GDALGetRasterBand(hMaskDS,1), GF_Read, offsetX, offsetY, numX,
numY, pMask, numX, numY, GDT_Int16, 0, 0);
    }
    bs.segment(output, dnWater, dnLand, dnBack, pMask, dStartThresh); //具体的水体提取
过程
}
```

上述代码中采用具体功能实现类 CBlockSegment 对影像水体提取功能进行具体实现。首先通过函数 init() 实现此类的所有参数的初始化，再分别调用函数 makeNDWI() 进行数据 NDWI 的计算，以及函数 saveNDWI() 实现对计算出的 NDWI 数值的文件存储。如果指定的 Mask 文件不为空，则需要采用 GDAL 打开该 Mask 文件并读取相应的数据，最后调用 segment() 进行具体的水体指数阈值选取与分割过程。

其中函数 makeNDWI() 对应着图 17-4 中的第 5 步，就是采用 17.1 节中的公式进行水体指数计算并形成一个相同大小的 float 类型新波段的过程，该函数的代码比较简单，此处略。函数 saveNDWI() 对应着图 17-4 中的第 6 步，就是将计算出来的 NDWI 存储为

一个 Tif 文件的过程，具体实现过程包括建立相同大小的单波段 float 类型的 Tif 文件、数据写入、复制投影/仿射变换等过程，此处略。函数 segment()对应着图 17-4 中的第 7 步，是 NDWI 阈值分析与分割的具体实现过程，其代码为：

```
bool CBlockSegment::segment( unsigned char* &pWater, int nWater, int nLand, int dnBack,
unsigned char* pMask, double dStartThresh)
{
    CSegmentation seg; //直方图分割的具体功能实现类
    seg.init(m_pNDWI,m_nWidth,m_nHeight,pMask); //1.初始化对应的参数
    seg.globalSeg(pMask,GF1WFV_IMAGE,dStartThresh); //2.全局分割
    seg.localSeg();//3.局部分割
    seg.outputData(pWater, nWater, nLand); //4.采用用户指定的DN值输出对应结果
    return true;
}
```

函数 setment()中采用 4 步实现水体指数 NDWI 的分割过程，包括第 1 步通过 init() 函数进行参数初始化、第 2 步的全局直方图分割(函数 globalSeg()，对应着 17.1 节第 2 小节)、第 3 步的局部直方图分割(函数 localSeg()，对应着 17.1 节第 3 小节)，以及最后一步的输出结果过程。

其中，全局直方图分割函数 globalSeg()是通过用户输入的或对已经计算出的 NDWI 波段分析出的初始阈值实现该波段的全局分割过程，其对应着图 17-4 中的第 8 步，对应的代码为：

```
bool CSegmentation::globalSeg(unsigned char* pMask, EImageType imageType, double
dStartThresh)
{
    m_imageType = imageType;
    getGlobal_T(dStartThresh); //确定全局分割阈值
    long long nAll = m_nWidth*m_nHeight;
    m_pMask = pMask;
    m_pLakeLabel = new int[nAll]; //各像素的所属类别
    for (int i = 0; i < nAll ; i++)//遍历所有像素并具体标定类别
    {
        if(m_pIndexData[i] == m_dIndexNodata) //标记NoData数据
            m_pLakeLabel[i] = ByteNodata;
        else
        {
            m_numPixels++; //像素值累加并统计个数
            if(m_pMask) //如果指定Mask文件，综合考虑
            {
                if ((m_pIndexData[i] >= (m_dGlobal_T - m_threshMask) && m_pMask[i] ==
255) ||
                    (m_pIndexData[i] >= (m_dGlobal_T ) && m_pMask[i] == 127))
                    m_pLakeLabel[i] = ByteThemeInfo;
                else
```

```
                    m_pLakeLabel[i] = ByteNodata;
            }
            else
            {
                if(m_pIndexData[i] >= m_dGlobal_T) //如果NDWI值大于阈值, 标记为提取出
的类别(水体)
                    m_pLakeLabel[i] = ByteThemeInfo;
                else //否则, 标记为非类别(即非水体)
                    m_pLakeLabel[i] = ByteNodata;
            }
        }
    }
    return true;
}
```

在全局直方图分割函数实现过程中，首先通过函数 getGlobal_T() 获取全局最佳 NDWI 直方图分割阈值，然后再开辟新内存 m_pLakeLabel，用以指示各像素的所性类别（对于本算法来说，就是标定各像素是否为水体），然后再遍历所有像元值，除对 NoData 进行标记之外，对所有非 NoData 像元数进行统计，并根据全局阈值进行像素标记并反映到内存 m_pLakeLabel 上，其中上述代码中的 ByteNodata、ByteThemeInfo 分别是用于标定当前像素是否为用户提取要素的 DN 值。上述函数中的 getGlobal_T() 函数为获取最佳阈值，对应着图 17-4 中的第 11 步，其代码为：

```
bool CSegmentation::getGlobal_T(double dStartThresh)
{
    long long nAll = m_nHeight*m_nWidth;
    CHistogram hist(512, -0.5, 0.5); //直方图分析实现类
    hist.makeHistogram(m_pIndexData, nAll); //分析对应的直方图
    m_threshMask = 0.03; //以下均是针对不同情况下的初始分割阈值的确定过程
    if(dStartThresh > -0.2 && dStartThresh < 0.5)
    {
        m_dGlobal_T = dStartThresh;
        m_threshMask = 0.02;
    }
    else
    {

    switch(m_imageType)
    {
    case ZY3_IMAGE: //如果为资源三号影像数据, 采用如下初始化阈值进行查找
        m_dGlobal_T = hist.getSegThreshold(0.1);
        m_threshMask = m_dGlobal_T - 0.05;
        break;
    //其他数据类型, 分别指定不同的初始阈值, 略
    }
}
```

```
        m_dMiniThresh = m_dGlobal_T - 0.1; //这里注意，最小门限值取全局决阈值-0.1，确保水体
都被检测出来
    return true;
}
```

在进行全局直方图分析并计算阈值时，首先构造对应的直方图类，并通过该类的 makeHistogram()函数(对应着图 17-4 中的第 12 步)构造输入数据的直方图，然后判断当前的影像数据类型，根据前期大量经验，对不同传感器类型采用不同的策略计算对应的最佳阈值。直方图分析并获取阈值的函数由函数 getSegThreshold()实现，其对应着图 17-4 中的第 13 步，其代码为：

```
double CHistogram::getSegThreshold( double threshold_value )
{
    double dThresh = 0;
    int seg_num = (int)m_pHill.size();//直方图的峰值/高点
    if(seg_num <= 1)
        return 0.5;
    else if(seg_num == 2) //以下均是采用图17-2的策略查找最佳阈值的过程
    {
        int sub = (threshold_value-m_dStart)/m_dInterval;
        for (int i = 3; i < sub ; i++)//计算非水像素中值
        {
            sumLand += m_pHistogram[i];
            meanLand += m_pHistogram[i]*i;
        }
        meanLand /= sumLand+0.1;
        for (int i = 3; i < sub ; i++)//计算非水像素方差
            devLand += (i-meanLand)*(i-meanLand)*m_pHistogram[i];
        devLand = sqrt(devLand/(sumLand+1));
        //计算水体的均值meanWater与方差devWater，公式同计算非水的一样，略
        if(meanWater == 0 )
            dThresh = m_nRange-1;
        else//下面计算查找出来的水体NDWI阈值的计算公式
        {
            dThresh = (meanWater*devWater+meanLand*devLand)/(devLand+devWater); //见
17.1.2公式
            dThresh = dThresh*m_dInterval + m_dStart;
        }
    }
    else
        //多个峰值，遍历各峰值并更改sub的值，其他过程同上类似，略
    if(dThresh > -0.15 && dThresh < 1) //正常情况下获取的全局阈值均满足此条件
        return dThresh;
    else//极少数特殊情况下不满足上述条件时，返回初始阈值，不影响后续局部迭代结果(只是迭
代次数会多些)
```

```
            return threshold_value;
}
```

函数 getSegThreshold()是对图 17-2 所示直方图分割的具体代码实现过程。以上代码中，由于在前面图 17-4 中的第 12 步所对应的函数 makeHistogram()在生成对应的直方图过程中，就已经将数据加入了直方图容器中并进行了统计，因此在此函数中可以通过 m_pHill.size()得到各峰值(高点)，在统计了陆地、水体的均值、方差之后，可以根据 17.1 节第 2 小节中的公式，对阈值进行计算并得到最佳阈值，该阈值即为全局统计的最优分割阈值，基于此阈值在前文进行了分割并形成了全局分割结果。

在完成上述的全局直方图最佳阈值确定并进行分割之后，需要在全局分割并获得各独立水体单元的基础上通过局部分割实现各水体单元分割的"精确化"，这一过程是通过函数 localSeg()实现的，对应于图 17-4 中的第 9 步，其代码为：

```
bool CSegmentation::localSeg()
{
    findRegions();//遍历结构并更新用于指示当前有多少个水体的变量m_vecLakes
    int numLakes = (int)m_vecLakes.size();
    for (int i = 0; i < numLakes ; i++) //逐个水体进行处理分析
    {
        int nIter = 0; //迭代次数，算法中限制迭代上限为10次，一般情况下均达不到上限就
已满足中止迭代条件
        bool bRedo = true; //指示是否需要继续迭代的指示变量
        while(bRedo && nIter++ < 10)
        {
            Lake* pNewLake = new Lake; //新建一个水体数据结构的对象，用以承载下面函数
的分析结果
            segByLake(m_vecLakes[i], pNewLake); //按提取出的水体逐个进行重新迭代并获
取新水体

            int oldArea = m_vecLakes[i]->numPoints; //原水体面积
            int newArea = pNewLake->numPoints; //处理后新水体面积
            double change = abs(oldArea - newArea); //面积变化
            double change_T = abs(m_vecLakes[i]->ndwi_T - pNewLake->ndwi_T); //阈值变化
            bRedo = false; //是否需要重做
            if(oldArea < 100) //判断是否需要继续循环，对于面积小于100像素的，变化要求
更严厉些
            {
                if(change/(oldArea+0.001) > 0.1 && change > 3 || change_T > 0.02)
                    bRedo = true;
            }
            else
            {
                if(change/(oldArea+0.001) > 0.04 || change_T > 0.04)
                    bRedo = true;
            }
            m_vecLakes[i] = pNewLake; //更新
```

```
        }
    }
    return true;
}
```

局部水体精确化过程实际上是通过对前面全局分割提出的水体进行局部缓冲区成大致的水体与非水体等面积大小，此时应用图 17-2 所示直方图分割时，双峰状态能够呈现出最好的对称状态，从而能够较高精度地计算出局部的直方图分割最佳阈值。

上述函数代码中首先通过函数 findRegions() 遍历结构并更新用于指示当前有多少个水体的变量 m_vecLakes，然后遍历这些水体进行逐个分析。实际应用中，采用的策略除图 17-1 中所示的面积稳定之外，为确保程序顺利运行，还增加了迭代次数不超过 10 次的限制(实际应用中一般水体迭代次数都不超过 5 次)。上述代码中的 Lake 为描述水体的数据结构，通过函数 segByLake() 实现提取出的水体存入缓冲区，并重新进行阈值选取与分割，并进而重新迭代并获取新水体，根据其属性 numPoints 即可知道该水体所对应的像元个数(正比于面积)，通过像元数可以判断其面积是否稳定。

上述代码中的函数 findRegions() 对应于图 17-4 中的第 14 步，其代码为:

```
bool CSegmentation::findRegions( int rmvSR )
{
    //如果rmvSR大于0，则调用函数removeSmallRegion()去除所有面积小的区域，略
    //统计各像素的label并获取计算个数，同时统计每个水体的具体信息(点个数、buffer等)略
    for (int i = 0; i < lakeNum ; i++)//遍历所有水体
    {
        int ptCnt = lakePtCnt[i];
        Lake* pLake = new Lake; //新建水体类的对象，并将前面统计的各值赋值给此对象
        pLake->allocPoints = ptCnt;
        pLake->numPoints = ptCnt;
        pLake->pPoints = (unsigned int*)CPLMalloc(ptCnt*sizeof(unsigned int));
        pLake->nLabel = m_vecLakes.size()+1;
        pLake->ndwi_T = m_dGlobal_T;
        m_vecLakes.push_back(pLake); //最后将此对象加入到水体容器中，此容器的个数就是
提取出水体个数
    }
    return true;
}
```

函数 findRegions() 的主要功能是查找区域中提取出的水体，首先在去除不需要的小面积水体的基础上，通过统计各像素分割之后的 label 数值进行水体个数统计，并将其各项属性加入类 Lake 所对应数据结构中的各项属性中。前文代码中，将会应用本函数进行水体遍历并加入的容器 m_vecLakes。

前文中的另一个重要函数为 segByLake()，它是执行局部分割的具体实现函数，对应的代码为:

```
bool CSegmentation::segByLake(Lake* oldLake, Lake* pNewLake)
{
```

```
//初始化各种参数,采用4领域统计各水体区域像元个数并加入对应的容器,略
float* pData = new float[bufNum];
for (int i = 0; i < vecBufIdx->size() ; i++)
    pData[i] = m_pIndexData[vecBufIdx->at(i)];
CHistogram his(512,-1.0,1.0); //直方图分析实现类
his.makeHistogram(pData, bufNum);
pNewLake->ndwi_T = his.getSegThreshold(oldLake->ndwi_T); //计算此局部水体通过缓冲之
后新的阈值
    //基于新阈值分割并更新所有的label及其对应的索引,略
    return true;
}
```

在进行水体局部分割时,通过判断水体区域的四领域,向外进行扩张并形成缓冲区,同时累计对外扩张的像元个数,当达到水体与非水体像元个数相等时停止扩张。然后同样调用类 CHistogram 进行该区域的直方图分析,通过函数 makeHistogram() 构建相应的直方图,并通过函数 getSegThreshold() 获取此次局部直方图分割的最佳阈值,再基于此新的阈值,在此区域内重新直方图分割,并统计新的水体与原水体的面积像元之差,如果小于设定阈值则认为局部迭代已经达到稳定,继续进行下一个水体直到所有水体均稳定为止。

最后对局部分割并形成的最终水体提取结果进行输出,此步骤对应于图 17-4 中的第 10 步,其代码为:

```
bool CSegmentation::outputData( unsigned char* &pWater, int nWater, int nLand )
{
    long long numAll = m_nHeight*m_nWidth;
    pWater = new unsigned char[numAll];
    for (int i = 0; i < numAll ; i++)
        pWater[i] = m_pLakeLabel[i] > 0 ? nWater : nLand; //采用用户设定的
    removeSmallRegion(pWater,m_nWidth,m_nHeight,5); //移除面积较小的区域
    return true;
}
```

代码中通过判断数组 m_pLakeLabel[i] 的各像元值,此值是经过全局分割与局部分割之后形成的水体提取结果,其标签大于 0 时为水体,再采用用户在参数中定义的 nWater 代替其 DN 值,否则采用用户定义的 nLand 代替其 DN 值,最后只需要对 pWater 数组进行输出即可(RasterIO 至结果波段)。

上述代码中还调用了函数 removeSmallRegion(),其作用是通过流程编码的方式,去除水体提取结果中面积较小的区域,对应于图 17-4 中的第 16 步,对应的代码此处略。

17.4 小   结

本章对遥感影像水体的自动提取算法的实现过程进行了详细的分析与代码的展示,在归一化水体指数 NDWI 计算的基础上,通过对 NDWI 数据进行"全局-局部"的阈值

分割，实现水体提取的逐步精确化过程。在具体的水体最佳阈值确定过程中，通过分析得出水体与非水体面积相近时得到的直方图最优，并呈现"双峰"分布状态，因此在局部水体精确化过程中，通过对水体所在区域进行等面积的向外缓冲区以达到这种状态，从而能够减少算法的迭代次数，最快地实现局部水体的面积稳定并接近实际情况。

　　相对于其他分类方法来说，本章提供方法精度更高，除能够顺利提取出正常水体之外，在大量其他实验如有冰情况，水中含有大量泥沙、混浊等情况也能够达到较高精度。同时，算法的自动化也较高，一般水体提取均不需要指定初始阈值，且算法中仅需要计算 NDWI 与缓冲迭代，复杂度低、迭代速度快且不需较多的迭代次数，能够满足大部分遥感影像水体提取的需求。

第 18 章

不透水面提取模块
MHImgISAClassification 的实现

城市不透水面是一种常见且重要的地表覆盖类型。但因为不同类型不透水面之间存在较大的光谱差异，且普遍存在与高反射率地物（如裸土等）的光谱混淆，对于不透水面的提取具有难度。不透水面提取模块 MHImgISAClassification 的实现原理是将样本选取与影像分类分开为独立的功能模块，从而实现利用不同来源的数据对城市不透水面进行提取的自动化流程。同时在此基础上，实现了一系列与不透水面提取有关的数据预处理工具，以便将遥感影像和辅助数据等处理成为符合 MHImgISAClassification 模块需要的格式。通过对这些功能的组合调用，实现对于中分辨率的多光谱遥感影像（一般为 Landsat 系列）的不透水面提取流程。

从算法的实现角度，模块 MHImgISAClassification 里面包含了上述 3 个独立的提取流程功能与 4 个数据预处理功能，在提取功能之间通过中间文件进行关联，通过顺序调用相应功能将前面功能的输出作为后续功能输入来实现提取。并且也可以根据实际情况将已有数据作为输入来形成新的提取流程，比如利用预处理工具将已有开源不透水面数据集（如 GAIA、GHSL 等）生成初始参考样本来作为"不透水面迭代分类提取"的输入，从而可以更灵活地调用模块功能。从算法集成角度，与以前章节的模块类似，后续功能的添加只需要在实际算法实现体处更改为新的算法实现即可，再通过修改 MHMapTools.XML 文件实现此模块功能及对应接口的注册。

本章将分别对提取原理、提取操作流程及其中涉及到的预处理工具进行介绍。

18.1　中分辨率遥感不透水面提取的原理与方法

不透水面本身具有光谱复杂性，且易与其他地物的光谱混淆，难以直接通过光谱指数进行较大区域的提取，因此常见方法大多需要以人工方法获取一定数量的不透水面样本来训练模型进行提取。MHImgISAClassification 模块的主要目标在于，实现一个自动化的不透水面提取流程，其原理是，通过整合夜间灯光遥感影像（DMSP-OLS）与中分辨率多光谱遥感影像（Landsat TM/ETM+/OLS）中的空间和光谱信息来对不透水面样本进行自动采集与迭代优化，进而实现具有较好精度的自动化提取流程。具体提取方法由三个连续的步骤组成：①城市区域提取，通过夜间灯光强度的空间关系提取出一系列不透水面聚集的城市区域；②初始样本生成，在 Landsat 影像上分别对城市区域内部和外部的植被指数、不透水面指数进行统计分析，并通过一定的阈值进行分割，得到具有较高精度的不透水面、植被及非不透水面等三种类型的区域作为提取的初始样本；③不透水面迭代分类提取，在初始样本中随机选择一定数量的训练样本开始分类，并根据每次分类结果中蕴含的光谱与空间信息选择新的样本来扩充优化原有训练样本集（从算法原理上可分部分分类结果生成、局部空间关系计算及新样本选取等三个环节），最终通过迭代完成对不透水面的分类提取。图 18-1 示意了本章采用不透水面信息自动提取算法流程图。

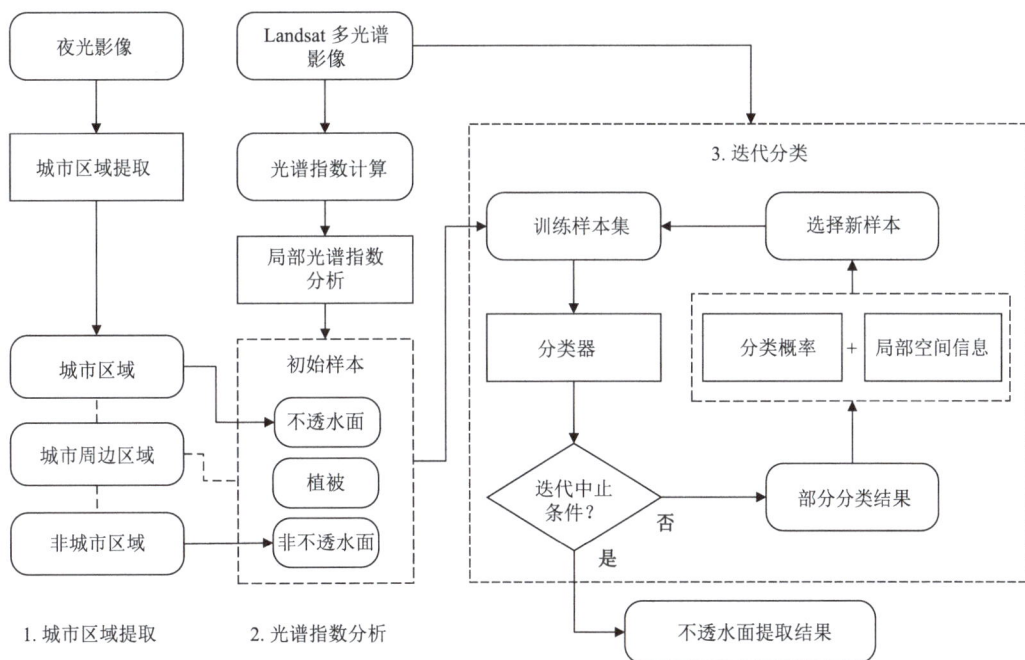

图 18-1　本文采用的不透水面信息自动提取算法流程图

1. 城市区域提取

一般而言，不透水面的分布扩张与人类活动密切相关，不透水面聚集的城市区域往往具有较强的夜间灯光强度。因此我们可以利用夜间灯光影像上的灯光强度与空间分布来粗略地估计城市区域并尽可能地排除非城市区域。不同规模的城市区域在夜光影像上（如 DMSP-OLS）的强度与范围不尽相同；加上灯光本身的发散性，不同城市区域间的灯光亮度也会相互干扰，就难以通过一个固定阈值进行提取。我们通过分析不同强度灯光区域间的空间关系来提取城市区域，首先在夜光影像亮度值大于 0 的灯光区域中，根据灯光亮度值将其转换为不同亮度的等值面对象；在此基础上将城市区域定义为空间相互独立的等值面对象，即要求其满足以下条件：①该等值面对象中不包含其他等值面对象；②该等值面对象若包含其他的等值面对象，则被包含的对象之间只存在包含或被包含的空间关系。

具体检测算法是，将所有灯光等值面对象按面积大小排序，然后从面积最大的灯光等值面开始计算，得到其包含的其他等值面对象；如果这些被包含的等值面对象之间不存在互不相交的空间关系，则把该等值面指定为城市区域；再重复以上流程，对所有的等值面进行检查，得到本幅影像上的城市区域。在灯光区域中除去所提取的城市区域，将这部分范围定义为城市周边区域，对应了城市的外围区域和城市对象之间过渡的区域。经过对夜光影像的处理，整幅影像被划分为城市区域、城市周边区域和非灯光区域三部分。

2. 局部光谱指数分析

典型的不透水面在光学遥感的光谱指数常常与波谱特征相似的地表覆盖（如裸土等）混淆，因此难以直接利用光谱指数进行区分。在 Landsat 系列的多光谱影像上，在上步所提取的城市区域内部大部分均为不透水面类型覆盖；在城市周边区域，则呈现了较为复杂混合的地表覆盖类型；在非城市区域，则以农业和其他自然覆盖为主。因此，我们可以利用这一区域差异性特征来对光谱指数进行分析，从而确定不同的土地利用类型。

已有研究表明，通过集成归一化建筑指数（NDBI）、归一化植被指数（NDVI）和归一化水体指数（NDWI）能够较好地反映不透水面信息，具体可计算为：

$$\mathrm{Idx}_i = 1 - \sqrt{\mathrm{NDBI}_i^2 + \mathrm{NDVI}_i^2 + \mathrm{NDWI}_i^2}$$

式中，NDBI_i，NDVI_i 和 NDWI_i 分别为多光谱影像像元 i 的 NDBI,NDVI 和 NDWI 值。

通过对上述集成的不透水面特征指数（也可用 NDBI 等常见不透水面指数替换）与 NDVI 在各区域中的值分别进行统计，再采用阈值分割的方法即可划分出若干典型的样本区域。为了减小不透水面与裸土之间光谱混淆引起的误分，我们采用一种简单有效的规则，通过像元位置与上述区域的关系来确定不透水面像元。对于一景影像而言，第 i 个像元可标记为以下 4 种类别：

$$像元\ i = \begin{cases} 不透水面, 当 \mathrm{Idx}_i > a_{\mathrm{Idx}}, i \in U \\ 非不透水面, 当 \mathrm{Idx}_i > b_{\mathrm{Idx}}, i \in R \\ 植被, 当 \mathrm{NDVI}_i > c_{\mathrm{NDVI}} \\ 不确定, 其他情况 \end{cases}$$

式中，U 和 R 分别为城市区域与非城市区域的像元集合；a_{Idx} 和 b_{Idx} 分别为城市区域和非城市区域的不透水面指数阈值；c_{NDVI} 为 NDVI 的阈值。实际操作中，可采用不同的阈值选取方法来确定具体的 a_{Idx}、b_{Idx} 和 c_{NDVI}。但因为此步骤目的并不需要实现精确划分，只是区分出一部分典型的不透水面/非不透水面，所以采用一些简单的阈值计算方法，例如平均值与标准差之和。根据上式，整幅影像可划分为不透水面、植被、非不透水面与不确定 4 类。

3. 不透水面迭代分类提取

基于上节的分割结果，可以从中选择出一定数量的样本，作为影像分类的初始训练样本集。需要注意的是，1.1 节第 2 小节仅采用了多光谱影像光谱指数提供的光谱特征，因此本算法设计了一种迭代分类的技术框架来整合额外的局部空间特征来帮助选取新的训练样本。在每次迭代中包括三个步骤：生成部分分类结果；计算局部空间特征；选择新的训练样本。

1) 生成部分分类结果

在每次迭代中，分类器除了输出分类结果以外还需要生成"部分分类结果"。因此需要分类器能够输出连续的分类概率，例如随机森林、SVM 等分类器均可。此时，分类器的输入为多光谱影像波段，输出为三个连续分类概率的节点(对应三种地物类型：不透水面、植被和非不透水面)，范围为 0~1。在此基础上，通过设置一个相对适合的阈值(例如 0.9)来确保所提取的像元具有相对高的分类可信度和相对充足的数量。因此，每次迭代生成部分分类结果包含：①已分类像元，分类概率高于阈值的像元，这些像元被指定为具有最高分类概率的类别；②未分类像元，表示这些像元在此时不能很确定地被分类。

2) 计算局部空间特征

基于部分分类结果，算法对其中的"未分类"像元进行统计，评价由周围一定范围内的已分类像元所提供的空间信息。在这一步包括距离特征、纹理特征均可应用。以距离特征为例，对于每个"未分类"像元，算法统计在一定区域内的同一类别的已分类像元与其空间距离之和来描述空间邻近关系的强度。为确保更临近的已分类像元具有很大的贡献，局部空间特征可计算为

$$\mathrm{Spa}(\omega_k)_i = \sum_j e^{\frac{(D_{i,j}-b)^2}{2c^2}}$$

其中，$D_{i,j}$ 为"未分类"像元 i 与类别 ω_k 的已分类像元 j 之间的欧式距离；b 和 c 为预定义的参数来调节不同距离的贡献。算法采用了一个自适应的窗口，从 0 开始扩展直到其中已分类像元的个数达到预设值。经过计算，每一个"未分类"像元均获得了 3 个局部空间距离的统计值(分别对应三种影像分类的类型)，然后将其归一化为 0~1 的范围，使之与分类概率统一。

3) 选择新的训练样本

算法采用线性权重的方式来整合上述计算的局部空间特征与分类概率来得到样本选择指标，计算为

$$\mathrm{Score}(\omega_k)_i = a_1 \times \mathrm{Prob}(\omega_k)_i + a_2 \times \mathrm{Spa}(\omega_k)_i$$

式中，Prob $(\omega_k)_i$ 为像元 i 对应第 k 类地物 ω_k 的分类概率；Spa $(\omega_k)_i$ 为步骤(2)计算的局部空间特征；a_1、a_2 为对应的权重。经计算之后，具有更高 Score $(\omega_k)_i$ 的像元将被选择为新的训练样本，也就是说，具有相对小的光谱相似性但具有相对高的空间临近性的像元将被优先选择。最后将这些新选择的样本加入到训练集进行下一次迭代。因此，随着迭代进行，训练集的数量与代表性均得到增强，分类的精度与稳定性也随之提升。

最后分类器输出为三种类型的土地覆盖图，将其中的植被与非不透水面合并得到最终的不透水面提取结果。

18.2 城市区域提取功能

1. 城市区域提取的功能需求设计

夜间灯光影像上的夜光强度直接指示了不透水面聚集区域的位置信息。本模块通过分析不同强度灯光区域间的空间关系来提取城市区域，首先按夜光影像亮度值是否大于 0 将影像范围分为灯光区域与非灯光区域。再在灯光区域中根据灯光亮度值，将其转换为不同亮度的等值面对象；在此基础上将城市区域定义为空间相互独立的等值面对象，即要求其满足以下条件：①该等值面对象中不包含其他等值面对象；②该等值面对象若包含其他的等值面对象，则被包含的对象之间只存在包含或被包含的空间关系。

在灯光区域中除去所提取的城市区域，将这部分范围定义为城市周边区域，对应了城市的外围区域和城市对象之间过渡的区域。因此经过本算法处理，整幅影像被划分为城市区域、城市周边区域和非城市区域(对应非灯光区域)三部分。对应于此算法的接口声明如下。

```
extern "C" __declspec(dllexport) char* _cdecl MHDetectUrbanByNTLs ( //提取城市区域
    const char* psz_input_ntl_img,    //输入夜间灯光影像文件
    const char* psz_output_dir        //提取结果的输出目录，结果文件的文件名为固定的文件名
    const char* psz_interval,         //提取精度，即夜光强度等值线的间隔值，默认为10
    const char* psz_min_val,          //最小夜光提取强度，默认为10
    const char* psz_min_area,         //最小提取面积，默认为10，单位为平方千米
    const char* psz_union_polygon,    //是否将提取结果合并为Multipolygon格式
    const char* psz_keep_tmp_files);  //是否保留提取的中间文件，即所生成的夜光等值线文件等
```

其中对外暴露的接口为 MHDetectUrbanByNTLs，并提供 7 个参数，其中参数 1 为待提取城市区域的夜间；参数 2 为提取结果的输出目录，输出文件为 3 个 shp 格式文件，分别以"urban.shp"、"peri-urban.shp"和"rural.shp"命名城市区域、城市周边区域和非城市区域的提取结果；参数 3 为提取精度参数，即生成夜光强度等值线的间隔值，默认为 10；参数 4 为最小夜光提取强度，默认为 10，如夜光强度小于此参数，将被划为非城市区域；参数 5 为最小提取面积，默认为 10，单位为平方千米，小于此面积的城市区域，将被划为非城市区域；参数 6 为是否将提取结果合并为 Multipolygon 格式，1 为是，0 为否，默认为 1；参数 7 为是否保留提取的中间文件，即所生成的夜光等值线文件等，1 为是，0 为否，默认为 1。

在 MHMapGIS 中的算法工具箱中，通过增加下面 XML 代码段到 MHMapTools.XML 文件中实现工具的增加，工具名称为"城市区域提取"，其实现体为当前文件夹下的

CdutCX 文件夹卜的 **MHImgISAClassification.dll** 文件中的接口 **MHDetectUrbanByNTLs**。

<城市区域提取 foldername="CdutCX" dllfile="MHImgISAClassification"
interface="MHDetectUrbanByNTLs">

</城市区域提取>

注册完毕之后，通过双击工具箱中的相应工具，便可激活对应的工具，相应的工具对话框界面如图 18-2 所示。

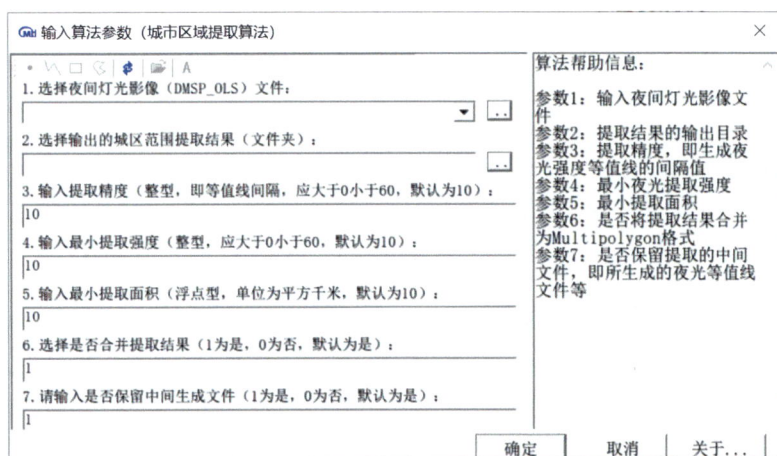

图 18-2　城市区域提取的对话框界面

2. 城市区域提取的功能实现

对应于图 18-2 所激活的算法，需要一系列算法步骤与过程对算法流程进行实现，我们对城市区域提取算法的具体实现过程进行了总结，相应的函数调用堆栈图如图 18-3 所示。

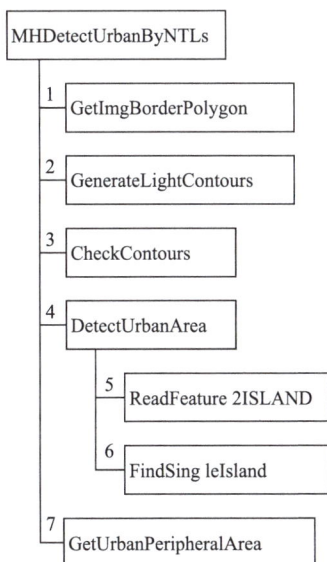

图 18-3　城市区域提取的函数调用堆栈图

算法的对外接口为 **NDVICompute**，其主要实现代码为：

```
char* MHDetectUrbanByNTLs( const char* psz_input_ ntl_img, const char* psz_output_dir,
const char* psz_interval, const char* psz_min_val, const char* psz_min_area, const char*
psz_union_polygon, const char* psz_keep_tmp_files)
{
    // GDAL初始化，输入参数正确性判断及类型转换，新建工作目录等，略
    // 0.获取light 影像边界
    if (!GetImgBorderPolygon(param_->nighttime_light_img.c_str(), frame_border_shp.
c_str()))
        return false;
    // 1.生成灯光等值区域
    if (!GenerateLightContours(param_->nighttime_light_img, contour_polygon_modified_
shp_))
        return false;
    //检查所生成等值面的正确性
    if (!CheckContours(param_->nighttime_light_img, contour_polygon_modified_shp_,
binary_light_polygon_shp_))
        return false;
    // 2.提取城市区域
    if (!DetectUrbanArea(contour_polygon_modified_shp_.c_str(), urban_shp_.c_str()))
        return false;
    // 3.提取城市周边区域
    if (!GetUrbanPeripheralArea(binary_light_polygon_shp_, urban_shp_, urban_peripheral_
shp_))
        return false;
    return true;
}
```

该函数的实现首先是对 GDAL 初始化，并实现对所有输入参数的正确性检验，并完成新建工作文件夹等初始化操作；之后就依次调用 GetImgBorderPolygon()函数生成夜光影像边界与非夜光区域边界，再调用 GenerateLightContours()函数根据夜光强度与提取精度参数生成夜光强度等值线，再将等值线转为等值面。这里需要注意，因为后续对于城市区域的提取需要利用到等值面之间相互包含的空间关系，所以此处的"等值面"应为以对应的等值线为外边界所构建的多边形面；在调用 CheckContours()函数完成了对所生成等值面的正确性检查与修正后，就将城市区域提取的具体工具交给了函数 DetectUrbanArea()，对应的代码为：

```
int NTLightProc::DetectUrbanArea(string contour_polygon_shp, string output_urban_shp)
{
    //1.GDAL初始化，打开对应数据并读取对应信息(宽高、投影、仿射变换等)
    //2.采用GDAL新建矢量文件，复制投影、仿射变换等信息，略
    int rst = DetectUrbanArea(player_contour_polygon, player_urban); //3.具体的城区提取
函数
    return 0;
}
```

函数中，在完成 GDAL 初始化及所有参数信息读取之后，进一步调用多态函数 DetectUrbanArea()进行具体的城区提取，并将提取结果写入参数二的过程，第一个参数为通过 GDAL 的 GDALOpenEx()函数读入上步生成的等值面多边形文件的 OGRLayer* 指针，第二个参数为城区提取结果的 OGRLayer*指针 player_urban，其中调用 GDAL 的 CreateFeature()函数将城区提取结果写入 player_urban 中，完成城区的提取过程。其代码为：

```cpp
bool NTLightProc::DetectUrbanArea(OGRLayer* player_contour_polygon, OGRLayer* player_urban)
{
    //1.遍历等值面中的多边形要素，并将其转化为自定义的ISLAND结构体形式，存入vector数组
    vector<ISLAND*> islands;
    if (!ReadFeature2ISLAND(player_contour_polygon, islands))
        return false;
    //2.从vector<ISLAND*> 中找出独立的岛，即城市区域多边形
    if (!FindIsland(islands, player_urban))
        return false;
    //3.释放vector<ISLAND*>,略
    return true;
}
```

具体的实现函数中，上述代码首先定义了一个 ISLAND 的结构体来描述等值面要素的属性与空间关系，具体定义为：

```cpp
struct ISLAND
{
    int              fid;      //岛的fid
    OGRPolygon*      polygon;  //岛所对应的多边形
    double           area;     //岛的面积
    double           elv;      //岛的灯光强度值
    OGREnvelope      env;      //岛的外接矩形
    OGRPolygon*          pParent; //岛的父多边形
    vector<OGRPolygon*>*  pChilds; //岛的子多边形
    bool operator < (ISLAND& right)
    {
        if(area < right.area)
            return true;
        return false;
    }
};
```

在此基础上,将通过 ReadFeature2ISLAND()函数将等值面图层中的多边形要素转化为 ISLAND 的形式,将其指针存入 vector 数组,对应于图 18-3 中的第 5 步。其中又主要包括两步:一是依次将等值面中的要素信息以 ISLAND*的形式存入数组;二是按面积从大到小依次检查 ISLAND*元素之间的空间包含关系并记录于其"父多边形"与"子多边形"中,具体代码如下:

```cpp
bool NTLightProc::ReadFeature2ISLAND(OGRLayer* player_contour_polygon, vector<ISLAND*>&
islands)
{
    int feature_num = player_contour_polygon->GetFeatureCount();
    player_contour_polygon->ResetReading();
    OGRFeature* pfeature = nullptr;
    while ((pfeature = player_contour_polygon->GetNextFeature()) != nullptr)
    {
        int fid = pfeature->GetFID();
        OGRGeometryH hgeometry = OGR_F_GetGeometryRef(pfeature);
        OGRwkbGeometryType type = wkbFlatten(OGR_G_GetGeometryType(hgeometry));
        _ASSERT(type == wkbPolygon);
        double elv = atof(pfeature->GetFieldAsString("value"));
        double area = OGR_G_GetArea(hgeometry);
        ISLAND *isl = new ISLAND;
        isl->polygon = (OGRPolygon*)hgeometry;
        isl->area = area;
        isl->elv = elv;
        isl->pParent = NULL;
        isl->pChilds = NULL;
        OGR_G_GetEnvelope(hgeometry, &isl->env);
        islands.push_back(isl);
    }
    //按面积从小到大排列
    sort(islands.begin(), islands.end(), [](ISLAND*a, ISLAND*b) {return (a->area <
b->area); });
    //建立所有islands数组要素之间的空间包含关系
    for (int i = 0; i < islands.size() - 1; i++)
    {
        ISLAND *isl = islands.at(i);
        OGRPolygon* pCur = (OGRPolygon*)isl->polygon;
        OGREnvelope envCur = isl->env;
        for (int j = i + 1; j < islands.size(); j++)
        {
            ISLAND* islOther = islands.at(j);
            OGRPolygon* pOther = (OGRPolygon*)islOther->polygon;
            OGREnvelope envOther = islOther->env;
            if (envOther.Contains(envCur) && OGR_G_Contains(pOther, pCur))
            {
                isl->pParent = pOther;    //将"包含于"的要素指针赋给"父多边形"
                if (!islOther->pChilds) {
                    islOther->pChilds = new vector<OGRPolygon*>;
                }
                islOther->pChilds->push_back(pCur); //将所有"包含"的要素指针数组赋
```

给子多边形

```
            }
        }
    }
    return true;
}
```

　　此时，提取城市区域的目标即为在 ISLAND 数组中找到符合城区要素条件(详见原理部分，在这里我们称之为"独立的岛")的要素，FindIsland()函数将具体实现此功能(对应图18-3第6步)，并将所有"独立的岛"要素写入提取结果图层；最后再调用GDAL释放 vector<ISLAND*>中所使用的内存空间(岛的子多边形数组)，完成城区提取过程。对应函数的代码分别为：

```
bool NTLightProc::FindIsland(vector<ISLAND*>& islands, OGRLayer* player_urban)
{
    //新建数组用于存放所有是"独立的岛"(即城区)的要素
    std::vector<OGRPolygon*> island_polygons;
    //由大到小遍历islands数组
    for (int i = islands.size() - 1; i > 0; i--)
    {
        bool bIsland(true);   //是否为"独立的岛"的标志
        ISLAND* isl = islands.at(i);
        if (isl->elv < light_threshold_)
            continue;
        OGRPolygon* pCur = (OGRPolygon*)isl->polygon;
        //判断要素Childs数组中的岛是否存在互不相交的对象，如没有，则为"独立的岛"
        if (isl->pChilds)
        {
            for (int j = 0; j < isl->pChilds->size(); j++)
            {
                OGRPolygon* islChild = isl->pChilds->at(j);
                for (int jj = 0; jj < isl->pChilds->size(); jj++)
                {
                    if (j == jj)
                        continue;
                    OGRPolygon* islChildOther = isl->pChilds->at(jj);
                    if (OGR_G_Disjoint(islChild, islChildOther))
                    {
                        bIsland = false;
                        break;
                    }
                }
                if (bIsland == false)
                    break;
            }
        }
```

```
    }
    //将"独立的岛"要素写入提取结果图层，并写入相应的属性等信息
    if (bIsland)
    {
        /* 是否被已有的对象包含 */
        if (none_of(island_polygons.begin(), island_polygons.end(), pCur))
        {
            OGRFeature new_feature(player_urban->GetLayerDefn());
            OGRErr er = new_feature.SetGeometry(pCur);
            new_feature.SetField(FIELD_VALUE, (int)isl->elv);
            ostringstream ss_area;
            ss_area << isl->area;
            new_feature.SetField(FIELD_AREA_D, ss_area.str().c_str());
            player_urban->CreateFeature(&new_feature);
            island_polygons.push_back(pCur);
        }
    }
}
```

最后，上述代码中还调用了函数 GetPeriUrbanArea()，其作用是通过 GDAL 所提供的空间关系方式在灯光区域去除城区提取结果，得到城市周边区域，对应于图 18-3 中的第 7 步，对应的代码此处略。

18.3 区域光谱分析功能(初始样本生成)

1. 区域光谱分析的功能需求设计

根据前文的定义，可以构造区域光谱指数分析模块的接口如下。

```
extern "C" __declspec(dllexport) char* _cdecl MHRegionalSpectralIndexAnalysis(
    const char* pszInput,
    const char* psz_index_file,    //输入的光谱指数影像(由多光谱影像构建)
    const char* psz_output_file,   //局部光谱分析结果影像
    const char* psz_index_type,    //输入的光谱指数影像类型，由1;2;3等标志不同指数影像波
段组合类型
    const char* psz_urban_shp,     //城市区域的shp文件
    const char* psz_rural_shp,     //非城市区域的shp文件
    const char* psz_watermask_file, //水体掩模影像文件
    const char* dn_water = "10");  //水体掩模的DN值
```

其中区域光谱分析功能对外暴露的接口为 MHRegionalSpectralIndexAnalysis，并提供 7 个输入参数：参数 1 为待进行分析的光谱指数影像(推荐为 Tif 文件，也可以为其他 GDAL 支持的栅格数据文件类型)，需要用户在外部由参数 1 的多光谱影像进行构建；参数 2 为进行分析后的结果文件，指定为 Tif 格式的栅格影像；参数 3 指示了参数 1 中的光谱指数影像波段的组合形式,通过 1;2;3 等数值来标志不同类型,目前仅支持类型 1,

即第 1 波段为 NDVI 等植被指数，第 2 波段为 NDBI 等不透水面指数；参数 5 和参数 6 分别为城市区域和非城市区域的 shp 文件，可由 18.3 节中的城市区域提取功能得到，或由用户自行提供；参数 7 是水体掩膜文件，通过该文件能够指示水体区域不参与光谱指数的计算；参数 8 指示了水体掩模所采用的 DN 值，默认为 10。

通过增加下面一段 XML 代码段到 MHMapTools.XML 文件中实现水体提取算法工具的注册，工具名称为"区域光谱指数分析算法"，并将本章算法编译、链接后形成的动态链接库 MHImgISAClassification.DLL 复制到可执行文件下的 CdutCX 文件夹下，即可通过 MHMapGIS 中的算法工具箱对该算法进行调用。

```
<区域光谱指数分析算法foldername = "CdutCX" dllfile = "MHImgISAClassification"
interface = " MHRegionalSpectralIndexAnalysis">
```
```
</区域光谱指数分析算法>
```

注册完毕之后，通过双击工具箱中的相应工具，便可激活水体提取算法工具，相应的工具对话框界面如图 18-4 所示。

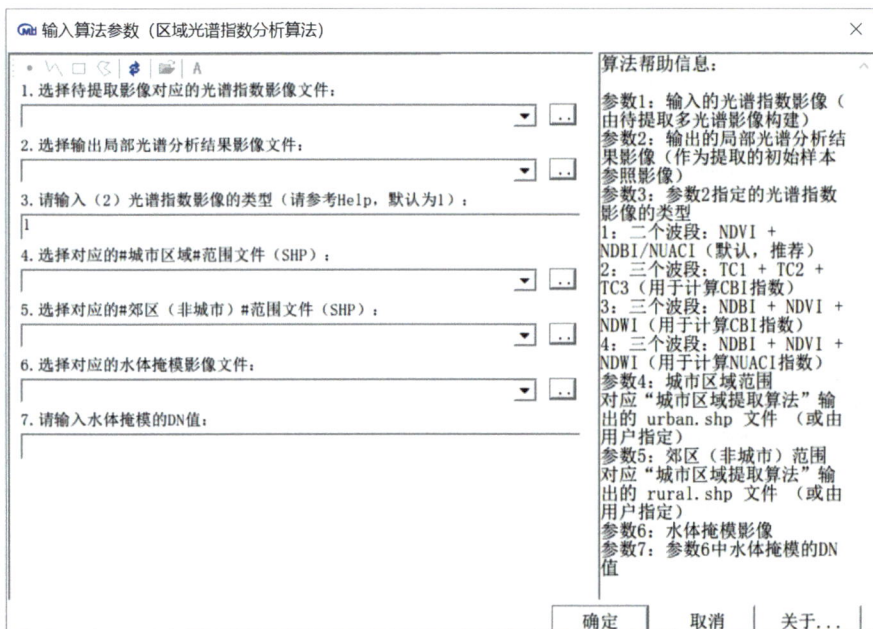

图 18-4　区域光谱指数分析算法对话框界面

2. 区域光谱指数分析的功能实现

算法的对外接口为 **MHRegionalSpectralIndexAnalysis()**，该函数所对应的代码为：

```
bool MHRegionalSpectralIndexAnalysis(const char * psz_input_img_file, const char *
psz_output_file, const char * psz_index_file, const char * psz_index_type, const char *
psz_urban_shp, const char * psz_rural_shp, const char * psz_watermask_file, const char *
dn_water)
{
```

```
    //初始化指数分析的参数 IndexProcConf
    IndexProcConf sp_info;
    //通过输入参数创建工作文件夹，指定输出文件名等
    //1.对城市区域(urban.shp)的光谱指数进行统计分析，并根据阈值分割指数影像得到不透水
面、植被
    sp_info.index_file = MaskImageByFeature(psz_index_file, psz_urban_shp); //得到
urban.shp范围对应的光谱指数影像
    sp_info.area_type = NAME_URBAN; //指定处理类型为 URBAN
    SpectralIndex sp_proc(sp_info);
    if (!sp_proc.Process(sp_info.index_type))
        return false;
    //2.对非城市区域(rural.shp)的光谱指数进行统计分析，并根据阈值分割指数影像得到非不透
水面、植被
    sp_info.index_file = MaskImageByFeature(psz_index_file, psz_rural_shp); //得到
urban.shp范围对应的光谱指数影像
    sp_info.area_type = NAME_RURAL; //指定处理类型为 RURAL
    SpectralIndex sp_proc(sp_info);
    if (!sp_proc.Process(sp_info.index_type))
        return false;
    return true;
}
```

函数的步骤比较简单，主要就是在初始化各种处理参数之后，依次调用MaskImageByFeature()函数获得城市区域和非城市区域范围所对应的光谱指数影像，即掩模掉区域以外的影像，此函数主要调用 GDAL 的相关矢量读取与空间分析功能实现，具体代码略。然后再通过具体功能实现类 SpectralIndex 对指数分析功能进行实现，首先通过将 area_type 分别设置为"URBAN"或"RUARL"指定需要分析的区域类型，再调用 Process()进行具体的光谱指数统计分析与阈值分割过程，其代码为：

```
bool SpectralIndex::Process(const string index_type)
{
    //初始化，创建工作目录，设定输出文件名与中间文件名等
    //根据输入指数类型判断是否需要计算不透水面指数(CBI/NAUCI)
    if (!ComputeIsaIndex(index_type, isa_index_file))
        return false;
    //根据预定义的指数类型，获得植被指数的波段序号与不透水面指数的波段序号
    int band_ndvi_no(1);
    int band_isa_no(1);
    if (!GetBandNo(index_type, band_ndvi_no, band_isa_no))
        return false;
    //1.计算各个指数的统计值，输出为txt格式的统计文本
    if (!Statistic(index_file, index_type, band, stats_file))
        return false;
    //2.分割植被指数影像，得到植被/非植被
    if (!SegmentVeg(index_file, band_ndvi_no, stats_file, seg_file))
```

```
        return false;
    //3.分割不透水面指数影像，得到不透水面/非不透水面
    if (area_type == NAME_URBAN)
    {// 输入区域类型为城市区域
        if (!SegmentIsa(index_file, band_isa_no, stats_file, seg_file))
            return false;
    }
    else if (area_type == NAME_RURAL)
    {
        //输入区域类型为非城市区域
        if (!SegmentNonIsa(index_file, band_isa_no, stats_file, seg_file))
            return false;
    }
    //4.合并水体掩模，略
    return true;
}
```

根据输入的指数类型，ComputeIsaIndex()判断是否需要计算不透水面指数。GetBandNo()函数根据预定义的指数类型，获得植被指数与不透水面指数在光谱指数影像中的波段序号。Statistic()函数通过调用 GDAL 的 ComputeStatistics()函数统计各波段的最小值、最大值、平均值与标准差，并写入一个 txt 文本保存。接下来 SegmentVeg()函数、SegmentIsa()函数和 SegmentNonIsa()函数通过用户输入的或对已经计算出的各指数波段的统计阈值实现该波段的分割过程，并将分割的结果合并在同一个 Tif 格式的seg_file(并与水体掩模影像进行合并后)作为输出。

18.4　不透水面迭代分类功能

1. 不透水面迭代分类的功能需求设计

根据前文的定义，可以构造区域光谱指数分析模块的接口如下。

```
char* MHISAClassification (
    const char* psz_input_file,    //待分类的多光谱影像
    const char* psz_output_file,   //输出的分类结果
    const char* psz_samples_file,  //参考样本的影像
    const char* psz_watermask_file, //水体掩模影像
    const char* psz_test_file,     //提取精度测试的参考影像
    const char* psz_urban_shp,     //城市区域范围shp文件
    const char* psz_periurban_shp, //城市周边区域范围shp文件
    const char* psz_rural_shp)     //非城市区域shp文件
```

其中区域光谱分析功能对外暴露的接口为 MHIterativeClassifyIsa，并提供 8 个输入参数：参数 1 为待进行提取的多光谱遥感影像数据(推荐为 Tif 文件,也可以为其他 GDAL支持的栅格数据文件类型)；参数 2 为提取结果文件,指定为 Tif 格式的栅格影像,共有不透水面、非不透水面、植被及水体(由水体掩模影像指定)；参数 3 输入的参考样本影

像，为进行提取时选择初始训练样本的参考集，可采用 18.3 节区域光谱分析功能的输出结果或由用户在外部自行构建的样本影像；参数 4 为水体掩模影像；参考 5 为提取精度测试的参考影像，用于输出精度测试文件；参数 6、参数 7 和参数 8 分别为城市区域、城市周边区域及非城市区域的 shp 文件。

在 MHMapGIS 的算法工具箱中，通过增加下面 XML 代码段到 MHMapTools.XML 文件中，实现工具的增加，工具名称为"不透水面迭代分类提取"，其实现体为当前文件夹下的 CdutCX 文件夹下的 MHImgISAClassification.dll 文件中的接口 MHIterative ClassifyIsa。

```
<不透水面迭代分类提取 foldername = "CdutCX" dllfile = "MHImgISAClassification" interface = "MHISAClassification">
</不透水面迭代分类提取>
```

注册完毕之后，通过双击工具箱中的相应工具，便可激活对应的工具，相应的工具对话框界面如图 18-5 所示。

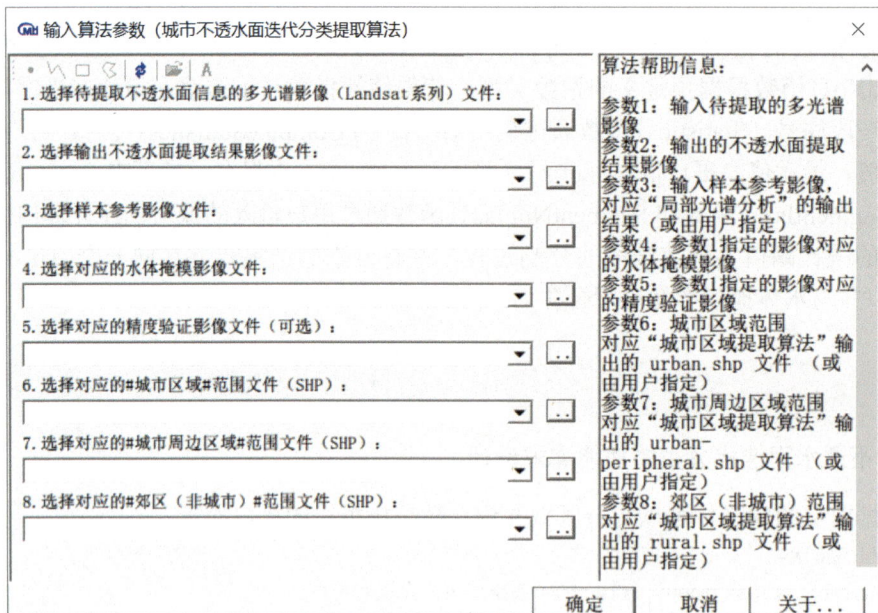

图 18-5　不透水面迭代分类提取算法对话框界面

2. 不透水面迭代分类的功能需求设计

对应于图 18-5 所激活的算法，需要一系列算法步骤与过程对算法流程进行实现，我们对城市区域提取算法的具体实现过程进行了总结，相应的函数调用堆栈如图 18-6 所示。

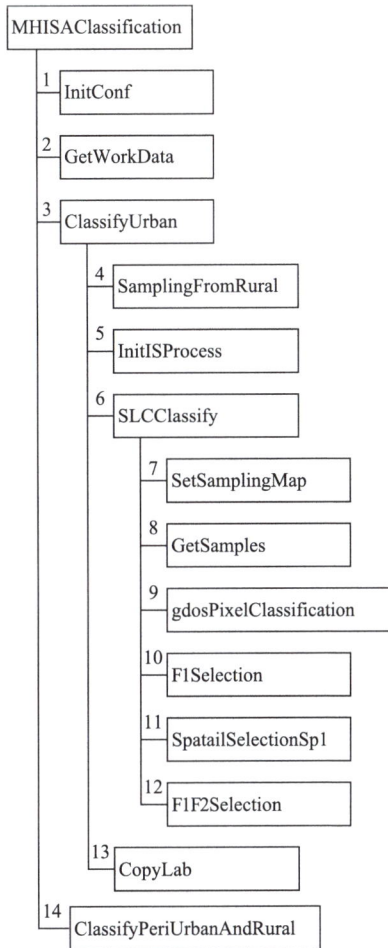

图 18-6　不透水面迭代分类提取功能的函数调用堆栈图

算法的对外接口为 **MHISAClassification**（），该函数所对应的代码为：

```
char* MHISAClassification(const char* psz_input_file, const char* psz_output_file, const
char* psz_samples_file, const char* psz_watermask_file, const char* psz_test_file, const
char* psz_urban_shp, const char* psz_periurban_shp, const char* psz_rural_shp)
{
    //1.初始化输入参数、提取配置、输出文件名等
    if (!InitConf())
        return false;
    //2.获取提取工作数据
    if (!GetWorkData())
        return false;
    //3.对城市区域进行分类提取
    if (!ClassifyUrban())
        return false;
    //4.对城市周边区域与非城市区域进行分类提取
```

```
    if (!ClassifyPeriUrbanAndRural())
        return false;
    return true;
}
```

　　该函数的实现比较简单,仅是对 GDAL 初始化,并实现对所有输入参数的正确性检验,读取提取参数配置文件,并指定主要输出文件的文件名等(InitConf()函数)。之后再分别裁剪出城市区域等区域的多光谱影像、样本影像、水体掩模影像以及精度测试影像等工作数据,并以预设的文件名存储,以便后续函数进行读取(GetWorkData()函数)。之后就将不透水面迭代分类提取的具体功能转交给了函数 ClassifyUrban() 和 ClassifyPeriUrbanAndRural()分别对城市区域和其他区域进行提取。以下以 ClassifyUrban()为例加以说明,具体代码为:

```
bool ClassifyUrban()
{
    //1.从非城市区域采样,主要获取非不透水面类型样本
    SamplingFromRural();
    //2.初始化分类流程,主要为建立工作目录、设定输入输出文件名、读取分类参数等
    if (!InitISProcess(urban_dir, &slc_cfg, ID_URBAN))
        return false;
    //迭代分类提取类,主要功能实现
    UrbanProc urban_proc(slc_cfg);
    if (!urban_proc.SLCClassify(&slc_cfg))
        return false;
    //获取城市区域提取的样本文件,用于对非城市区域进行提取
    Samplefile urban_sample = GetSample(urban_dir);
    if (!CopyLab(U_sample.lab, sample_1_.lab))
        return false;
    return true;
}
```

　　函数中首先调用 SamplingFromRural()函数从非城市区域获取非不透水面类型的初始样本,再保存为文本格式的样本文件,供后面具体的分类函数读取(与城市区域获取的不透水面、植被样本合并组成初始训练集)。然后调用 InitISProcess()完成对提取流程的初始化,主要为建立工作目录、设定输入输出文件名、读取分类参数(slc_cfg)等。再调用迭代分类提取的主体功能实现类UrbanProc进行功能实现,首先通过分类参数(slc_cfg)对该类内变量进行初始化,再调用该类的主要功能实现函数SLCClassify()进行具体的不透水面迭代提取过程,最后调用 GetSample()函数获取上述提取流程中的样本文件,再用于对非城市区域进行提取。其中函数 SLCClassify()对应于图 18-6 中的第 6 步,主要调用了 SelfLearningClassify 类的 Classify()函数,对应的代码为:

```
bool SelfLearningClassify::Classify()
{
    //读取迭代次数
    int iterate_times = slc_cfg->num_iterate_times;
```

```
    //开始迭代提取
    for (int ti = 0; ti < iterate_times; ti++)
    {
        //依据当前迭代次数指定本次分类中的文件名
        ClassifyFile current_file = GetClassifyFileName(ti); //本次分类中的文件名
        ClassifyFile previous_file = GetClassifyFileName(ti-1); //上一次迭代的文件
        //1.设定本次迭代的采样参数
        if (!SetSamplingMap(ti))
            return false;
        //2.根据采样参数获得本次分类所需的训练样本
        if (!GetSamples(ti, current_file, previous_file))
            return false;
        //3.运行分类器
        string result_file = current_file.result_file; //分类结果影像
        string prob_file = current_file.prob_file;  //分类概率影像(为输出概率乘以10000)
        if (!gdosPixelClassification(classify_img.c_str(), TM_IMAGE,
result_file.c_str(), current_file.sam.c_str(), Classifier_LibSVM, prob_file.c_str()))
            return false;
        //4.合并水体掩模
        if (bhas_water && !UnionWatermask(result_file, 1, watermask))
            return false;
        //5.测试本次分类精度
        if (bhas_test && !TestAccuracy(&current_file))
            return false;
        //6.选择分类概率高的结果,生成"部分分类结果"
        if (!F1Selection(prob_file, ti, result_file, select_file))
            return false;
        //7.在"部分分类结果"中计算局部空间关系
        if (!SpatailSelectionSp1(select_file, sp_file))
            return false;
        //8.依据6和7的结果选择新的样本,加入下一次分类的训练样本
        if (!F1F2Selection(prob_file, sp_file, select_file))
            return false;
        //9.更新上一次分类结果
        if (!UpdatePreviousResult(previous_file.select_file, result_file))
            return false;
    }
    return true;
}
```

在迭代分类提取函数的具体实现中，首先读取需要迭代的次数，然后根据当前已进行分类次数指定本次分类中的文件名(current_file)，和获取上一次分类结果的文件名(previous_file)，保存为 ClassifyFile 的结构体，定义如下。

```
struct ClassifyFile
{
```

```
    Samplefile      sample_file; //样本文件
    string          refer_file; //样本采样的参考影像
    string          result_file; //分类结果影像
    string          prob_file; //分类结果概率影像
    string          prob_bt_file; //部分分类结果影像
    string          sp1_file; //局部空间信息影像
    string          select_file; //新样本选取影像
};
```

ClassifyFile 结构体定义了在每一次迭代分类中所有的文件名，依据文件名可以在函数之间相互查找和使用这些中间文件。然后，通过 SetSamplingMap() 函数获取本次分类需要采集的训练样本信息，包括采样类别、采样数量及采样方式等。然后通过 GetSamples() 函数获取本次分类的训练样本，注意除第一次分类之外，样本采集的参考影像均为上一次分类对应的 ClassifyFile 的 select_file，所采集的训练样本以 sample_file 指定的文件名保存，供后续函数调用。接下来调用 gdosPixelClassification() 函数对影像进行分类，输出两个影像文件：一是分类结果影像；二是分类结果概率影像(波段数为 3，分别对应不透水面、植被与非不透水面的分类概率)。如果输入提供了水体掩模和精度测试影像，可调用 UnionWatermask() 与 TestAccuracy() 进行水体合并和精度检验(将精度检验结果写为 txt 文本的形式)，完成本次的影像分类提取过程。

在完成分类之后，需要在具有较高分类概率的"部分分类结果"上计算局部空间信息并通过整合分类概率(光谱信息)与局部空间信息来选择新的训练样本。这一过程首先调用 F1Selection() 函数生成"部分分类结果"，将分类概率低于阈值的像元标记为"不确定"类型。SpatailSelectionSp1() 函数将计算每一个"不确定"像元在一定局部空间范围内空间信息，并归一化到 0~1 的范围(与分类概率一致)。最后，F1F2Selection() 函数将根据分类概率与局部空间信息选择一定数量指标更高的像元，作为新的训练样本加入下一次迭代分类过程。UpdatePreviousResult() 函数根据本次提取结果更新上一次的提取结果，直到完成预设的迭代次数。其中在整个流程中，SpatailSelectionSp1()、F1F2Selection() 等函数均有多种计算方式，可根据实际情况进行合适的实现或提供选择的过程，在这里主要为了体现思路，具体代码略。此外对于迭代中止条件的判断，也可以基于新提取的不透水面与原不透水面的面积像元之差；如果小于设定阈值，则认为迭代已经达到稳定来完成提取。

在完成城市区域的不透水面提取以后，再调用 ClassifyPeriUrbanAndRural() 对其他区域进行提取，其原理与实现方式基本与 ClassifyUrban() 一致，仅需要将城区提取结果作为样本集加入到分类过程(能够为分类提供更多类型的不透水面样本)即可，最后再将两个提取结果合并完成对整幅影像的分类提取，具体代码略。

18.5　小　　结

本章对遥感影像不透水面的自动提取算法的实现过程进行了详细分析与代码解释，在基于夜光影像的城市区域提取基础上，通过区域光谱分析算法获取了较为准确的初始不透水面分布情况,再通过一个迭代分类提取算法在前序提取中选择新的样本加入训练,实现不透水面提取的逐步优化过程。在具体的样本优选过程,通过发掘利用已分类结果的局部空间特征,从而能够获取更多不同光谱特征类型的训练样本,实现对整幅影像不透水面分布范围的准确提取。

相对于其他分类方法来说,本章提供方法能够以自动化的方式顺利提取出不透水面信息,在大量其他实验如不同地理环境、影像获取季节等情况也能够达到较好的精度。同时,算法的自定义化也较高,通过修改提取算法的配置参数可进一步调整提取结果。并且在功能实现上也考虑了灵活性,使用者可采用自有数据替换城区提取及初始样本影像等输入数据,能够满足大部分遥感影像不透水面提取的需求。

第 19 章

深度学习样本生成模块 MHDPSampleGen 的实现

深度学习算法作为监督分类算法对样本有很高的要求。高质量的样本数据是完成深度学习任务的必要条件。当前深度学习领域有很多开源样本集，能为用户提供基础的训练数据，然而这些第三方样本库多为前人对各自开展深度学习任务时制作的基于样本数据未被标准化的开源。对于有特定训练需求的用户，在利用这些样本集时，需要针对性的对这些数据进行二次处理。此外，这些数据集多为计算机视觉领域的深度学习任务服务，虽然遥感深度学习处理对象也是数字图像，但与一般计算机视觉领域的样本数据往往有较大不同。遥感深度学习任务处理对象为遥感影像，具有独特的空间性质，生成样本数据时，必须保证样本既能同时满足遥感任务需求，又能保留遥感影像的特征，在这种情况下，构建一套标准的遥感样本生成流程显得极为重要。本章结合这一需求，介绍深度学习样本生成模块 MHDPSampleGen。

深度学习样本生成模块 MHDPSampleGen 提供了一站式的标准化遥感深度学习样本生成工作流，共包括 5 个顺序子模块。每个子模块接受前一个子模块的输入，并生成一个标准化输出，作为下一个子模块的输入，在最后一个子模块执行完毕后，获得可以直接用于模型训练的标准样本集。与之前模块不同，为了开发效率及模块的可扩展性，MHDPSampleGen 基于 Python 开发，并调用了 Pytorch、GDAL、PIL 等地理信息及图像处理第三方库。MHDPSampleGen 各个子模块已暴露输入输出及核心参数接口，用户可通过简单地修改参数满足基础需求，同时，用户也可以对任意子模块进行更大规模的功能扩展，以适应不同任务需求。

MHDPSampleGen 的 5 个子模块按顺序分别为待标注影像裁剪、矢量样本勾画、栅格样本生成、样本增强、训练列表生成，本章将依次介绍这 5 个子模块。本章为深度学习遥感工程应用的数据准备工作，第 20 章将介绍深度学习语义分割整体框架，第 21 章将以前两章内容为基础，结合传统遥感技术手段进行遥感信息提取工程实践。从本章开始，示例代码将以 Python 为主。

19.1　待标注影像裁剪

样本标注首先需要确定标注范围，防止漏标或者标记过多区域。经过大量工程实践，可以总结出来，采用影像裁剪的方式，将待标注的小块影像从原始影像中裁剪出来，这种方法最为方便。为了便于后续处理，待标注影像统一为等长宽的标准矩形。在实现上，由用户给定每个待标注影像的中心点，然后确定裁剪的范围，程序执行并将待标注的各个小块影像裁剪至用户指定的文件夹中。对应于该子模块的参数如下。

```
sr_image_path = r""  # 原始影像的文件夹路径
point_shp = r""  # 中心点文件路径
out_path = r""  # 输出目标文件夹
datasize = 512  # 输出的待标注影像大小(像素)
img_type = '*.dat'  # 原始影像类型
output_prefix = ''  # 待标注影像文件名的前缀
```

相应的工具对话框界面如图 19-1 所示。

图 19-1　待标注影像裁剪对话框界面

该子模块共包含 6 个参数，其中参数 1 为原始影像的文件夹路径，程序会自动遍历并处理文件夹下所有符合条件的影像；参数 2 为中心点文件路径，该文件为点矢量文件，里面存储待裁剪小块影像的中心点；参数 3 为输出目标文件夹，裁剪完成的小块影像将存储在该文件夹中；参数 4 为待标注影像的边长，单位为像素；参数 5 为原始影像类型，程序将自动过滤符合类型的影像；参数 6 为输出待裁剪影像的文件名前缀，后缀为按生成顺序的统一编号。

程序的核心裁剪函数实现代码为：

```python
def clip(out_tif_name, sr_img, point_shp, cut_cnt):
    '''读取原始影像'''
    im_dataset = gdal.Open(sr_img)
    if im_dataset == None:
        print('open sr_img false')
        sys.exit(1)
    im_geotrans = im_dataset.GetGeoTransform()
    im_proj = im_dataset.GetProjection()
    im_width = im_dataset.RasterXSize
    im_height = im_dataset.RasterYSize
    '''读取样本点矢量文件'''
    shp_dataset = ogr.Open(point_shp)
    if shp_dataset == None:
        print('open shapefile false')
        sys.exit(1)
    layer = shp_dataset.GetLayer()
    point_proj = layer.GetSpatialRef()
    '''遍历各个中心点'''
    feature = layer.GetNextFeature()
    while feature:
        geom = feature.GetGeometryRef()
        geoX = geom.GetX()
        geoY = geom.GetY()
        g0 = float(im_geotrans[0])
        g1 = float(im_geotrans[1])
        g2 = float(im_geotrans[2])
        g3 = float(im_geotrans[3])
        g4 = float(im_geotrans[4])
        g5 = float(im_geotrans[5])
        '''地理坐标转化为图像坐标'''
        x = (geoX*g5 - g0*g5 - geoX*g2 + g3*g2)/(g1*g5 - g4*g2)
        y = (geoY - g3 - geoX*g4)/ g5
        x, y = int(x), int(y)
        '''计算待裁剪影像的左上角和右下角点的坐标'''
        a1 = x - adatasize
        a2 = y - adatasize
        a3 = x + adatasize
        a4 = y + adatasize
        if a1 > 0 and a2 > 0 and a3 > 0 and a4 > 0 and a3 < im_width and a4 < im_height:
            cut_cnt = cut_cnt + 1
            geoX2 = g0 + g1 * a1 + g2 * a2
            geoY2 = g3 + g4 * a1 + g5 * a2
            im_data = im_dataset.ReadAsArray(a1, a2, datasize, datasize)
```

```
        im_geotrans_list = list(im_geotrans)
        im_geotrans_list[0] = geoX2
        im_geotrans_list[3] = geoY2
        strname = out_tif_name + '_' + str(cut_cnt) + '.tif'
        write_img(strname, im_proj, im_geotrans_list, im_data) # 输出影像
      feature.Destroy()
      feature = layer.GetNextFeature()
  del shp_dataset
  return cut_cnt
```

函数中，首先利用 GDAL 读取原始影像并储存原始影像的相关信息；之后遍历中心点文件，利用原始影像的仿射变换六参数，将中心点的地理坐标转换为图像坐标；再后计算待标注的小块影像左上角和右下角的坐标。需要注意的是，待标注的小块影像，可能会超出原始影像的范围，这里统一利用左上角和右下角的坐标进行判断，直接跳过超出范围的待标注影像。确定裁剪范围后，利用 GDAL 的 ReadAsArray() 函数从原始影像中将待标注影像裁剪出来，文件名组成为用户定义前缀+裁剪顺序编号，文件格式统一为*.tif。文件输出函数 write_img() 实现如下，该函数基于 GDAL 实现，且后续所有栅格影像输出均采用该函数。

```
def write_img(out_path, im_proj, im_geotrans, im_data):
  '''判断数据类型'''
  if 'int8' in im_data.dtype.name:
      datatype = gdal.GDT_Byte
  elif 'int16' in im_data.dtype.name:
      datatype = gdal.GDT_UInt16
  else:
      datatype = gdal.GDT_Float32

  '''计算波段数'''
  if len(im_data.shape) > 2: # 多波段
      im_bands, im_height, im_width = im_data.shape
  else: # 单波段
      im_bands, (im_height, im_width) = 1, im_data.shape

  '''创建新影像'''
  driver = gdal.GetDriverByName("GTiff")
  new_dataset = driver.Create(
      out_path, im_width, im_height, im_bands, datatype)
  new_dataset.SetGeoTransform(im_geotrans)
  new_dataset.SetProjection(im_proj)
  if im_bands == 1:
      new_dataset.GetRasterBand(1).WriteArray(im_data)
  else:
      for i in range(im_bands):
          new_dataset.GetRasterBand(i + 1).WriteArray(im_data[i])
```

```
del new_dataset
```

实际上，本节中的主要功能就是通过 GDAL 等进行影像的基本处理操作，采用 C++语言，同样可以比较容易地实现上述功能，方法也类似，读者可以根据实际的需要与各自的优势选择不同程序语言，同样适用于本章中的后续其他章节。

19.2 矢量样本勾画

样本标注采用矢量勾画形式，优点是标注速度快且易修改，缺点是矢量 Label 可能和栅格影像存在偏差，并且需要转换为栅格形式才能使用。由于模型精度一定低于标签精度，因此在样本标签勾画阶段，需要尽可能提高样本勾画精度。本程序面向遥感语义分割，因此样本标签的形式有线和多边形两种，在勾画的时候，需要根据实际情况区分。由于每一个待标注影像都需要独立的矢量标签文件，同时矢量样本应与原始影像的参考系保持一致，因此该子模块提供了一个自动根据待标注影像生成空白矢量标签文件的程序，核心代码如下。

```python
for img in image_list: # 遍历每一个待标注影像
    full_img_path = image_path + '/' + img
    full_outshp_name = save_path + '/' + img[:-4] + '_label.shp'

    dataset = gdal.Open(full_img_path)
    if dataset == None:
        print("open img false")
        sys.exit(1)

    driver = ogr.GetDriverByName('ESRI Shapefile')
    shp_dataset = driver.CreateDataSource(full_outshp_name)
    if shp_dataset == None:
        print('创建 shp 文件失败')

    spatial_ref = osr.SpatialReference(wkt=dataset.GetProjection())
    oLayer = shp_dataset.CreateLayer("polygon", spatial_ref, ogr.wkbPolygon)
    oFieldID = ogr.FieldDefn("label", ogr.OFSTInt16) # 自动生成 label 字段
    oLayer.CreateField(oFieldID, 1)
```

子模块的工具对话框界面如图 19-2 所示。

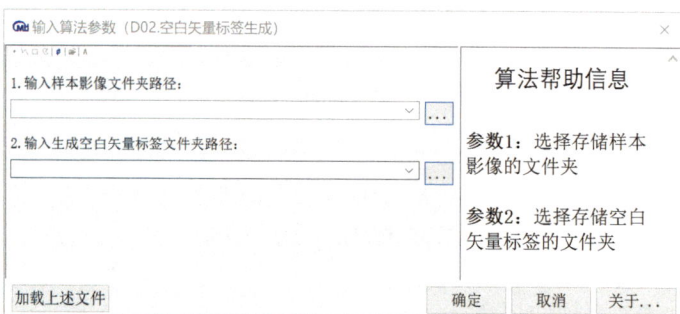

图 19-2 空白矢量标签生成对话框界面

上述程序可自动生成与待标注影像坐标系一致的空白矢量文件，并按照原文件名 _label.shp 的形式自动命名，同时也会自动生成 label 字段。

19.3　栅格样本生成

完成矢量样本勾画后，需要将其转为栅格形式，才能用于模型训练。该子模块支持多类标签的矢量转栅格功能，参数如下。

```
image_path = r'' # 存储样本影像的文件夹
line_path = r'' # 存储人工勾画矢量的文件夹
save_path = r'' # 输出的矢量转栅格样本文件夹
num_classes = 2 # 类别总数 不包含背景类别
```

相应的工具对话框界面如图 19-3 所示。

图 19-3　栅格样本生成对话框界面

该子模块共包含 4 个参数：参数 1 为存储待标注样本影像的文件夹；参数 2 为存储人工勾画矢量的文件夹；参数 3 为输出的矢量转栅格样本文件夹；参数 4 为类别总数，但不包括背景类别。

子模块的矢量转栅格功能由 GDAL 的 gdal.RasterizeLayer()实现，代码首先逐一栅格化不同类别的要素，然后结果叠置处理为统一的栅格文件。根据要素类别进行分别栅格化的代码实现如下。

```
for img_file in img_list: # 逐一处理待标注影像
    '''### 影像读取、驱动器注册 ###'''
    for i in range(num_classes): # 逐一处理各个类别
        focus_label_value = i+1 # 当前处理的标签值
        tmp_shp_path = 'tmp_' + str(focus_label_value) + '.shp' # 新建临时文件
        newds = driver.CreateDataSource(tmp_shp_path)
        newds.CopyLayer(layer, 'wHy') # 临时文件复制原标签文件图层
```

```python
newds.Destroy()
vector_copy = ogr.Open(tmp_shp_path, 1)  # 读写方式打开
layer_tmp = vector_copy.GetLayer()
defn_tmp = layer_tmp.GetLayerDefn()
fieldIndex = defn_tmp.GetFieldIndex('label')
if fieldIndex < 0:  # 若 label 字段不存在则报错
    print('label 字段不存在')
    sys.exit(1)


feature = layer_tmp.GetNextFeature()
fieldIndex = defn_tmp.GetFieldIndex('label')
oField = defn_tmp.GetFieldDefn(fieldIndex)
fieldName = oField.GetNameRef()
while feature is not None:  # 遍历并删除 label 不等于当前标签值的要素
    f_value = feature.GetField(fieldName)  # 获取要素 label 字段的值
    if (f_value != focus_label_value):
        f_ID = feature.GetFID()
        layer_tmp.DeleteFeature(int(f_ID))  # 删除指定要素
    feature = layer_tmp.GetNextFeature()
'''### 新建临时栅格文件 ###'''
gdal.RasterizeLayer(targetDataset, [1], layer_tmp)  # 栅格化
targetDataset = None
image_tmp = gdal.Open('temp.tif')
data_tmp = image_tmp.GetRasterBand(1).ReadAsArray().astype(np.uint8)
data_tmp[np.where(data_tmp > 0)] = focus_label_value
data.append(data_tmp)  # 当前栅格数据存储到临时列表中
'''### 指针释放 ###'''
```

该段代码的实现逻辑为，首先读取待标注影像和对应的矢量标签文件，之后逐一处理各个类别的要素。首先新建一个临时矢量文件，将矢量标签拷贝到临时矢量文件中。然后遍历临时矢量文件中的要素，删除 label 字段值不等于当前标签值的要素。完成删除后执行 gdal.RasterizeLayer() 进行栅格化，最后将栅格化后的结果存储在临时列表中。完成所有类别的栅格化后，执行以下代码整合临时列表中的数据：

```python
data_shape = np.shape(data_array)
for i in range(data_shape[1]):
    for j in range(data_shape[2]):
        data_out[i, j] = max(data_array[:, i, j])
```

该段代码的功能为保留临时列表第一维度上的最大值，整合完成后的 data_out 列表，可以直接作为栅格标签数据进行输出。

19.4 样 本 增 强

样本增强即采用预设的数据变换规则，在已有数据基础上进行数据扩增，可以生成

相似但不相同的训练样本。在深度学习模型的实际应用中，难免遇到样本数量不充足的情况，这就需要对样本做数据增强，从而解决在监督学习中样本分布不均、样本数量不充足和模型过拟合等问题。同时，由于样本增强的本质是为了增强模型的泛化能力，因此没有降低网络的容量，也不增加计算复杂度与调参工作量。目前，样本增强主要分为几何操作与颜色变换两种类型。其中，比较常见的几何变换类型的样本增强方式包括翻转、旋转、裁剪、变形、缩放等各类操作，它本质上没有改变图像本身的内容，而是选择了图像的一部分或者对像素进行了重分布，进而提升模型的鲁棒性和泛化能力。

子模块基于 Pytorch 的 transforms 实现基础样本增强功能，包括随机裁剪、随机旋转、随机色彩变换等。需要在程序开头导入该功能包，同时由于该功能包的图像处理底层由 PIL 实现，也需要同步导入 PIL 包进行图像读写和数据管理：

```
from PIL import Image
from torchvision import transform
```

子模块的参数列表如下。

```
images_path = r'' # 样本路径
label_path = r'' # 标签路径
save_img_path = r'' # 增强后样本保存路径
save_label_path = r'' # 增强后标签保存路径
expandNum = 6 # 每个样本的扩充数目
randomCorpSize = 64 # 随机裁剪后的样本大小
randomColorChangeRange = 0.02 # 随机色彩变换范围 0~1，值越大则变化幅度越大
```

工具对话框界面如图 19-4 所示。

图 19-4　样本增强对话框界面

该子模块共包含 7 个参数。参数 1 为样本的文件夹路径；参数 2 为样本对应标签的文件夹路径；参数 3 为增强后的样本文件保存路径；参数 4 为增强后样本对应标签的保存路径；参数 5 为每个样本的扩充数目，每个增强前的样本将扩充为该参数指定的数目；

参数 6 为随机裁剪后的样本大小，单位为像素；参数 7 为随机色彩变换范围，取值在 0～1 之间，值越大则随机色彩变换的幅度越大，当取值为 0 时，等价于不进行色彩变换。

transforms 以操作组的形式将不同样本增强方法组装在一起，子模块采用的组装方式如下。

```
im_aug = transforms.Compose([transforms.RandomCrop(randomCorpSize),  # 样本增强
              transforms.RandomHorizontalFlip(p1),
              transforms.RandomVerticalFlip(p2),
              transforms.RandomRotation(p3),
              transforms.ColorJitter(brightness=randomColorChangeRange,
              contrast=randomColorChangeRange, saturation=randomColorChangeRange,
              hue=randomColorChangeRange)])

label_aug = transforms.Compose([transforms.RandomCrop(randomCorpSize), # 标签处理
              transforms.RandomHorizontalFlip(p1),
              transforms.RandomVerticalFlip(p2),
              transforms.RandomRotation(p3)])
```

样本增强操作的组装顺序为随机裁剪、随机(翻转)旋转、随机色彩变换。其中随机色彩变换中的亮度、对比度、饱和度等指标采用相同的随机变换幅度，由用户在参数 7 中定义。需要注意的是，对应样本的标签处理采用与样本增强相同的随机数种子，但是由于标签不涉及色彩变换，因此组装的方法中没有色彩变换部分。

19.5　训练列表生成

为了模型训练的独立性，通过训练列表的形式将数据与模型分离开来。训练列表为一个文本文件，里面记录了样本和对应标签的绝对路径，模型训练可以通过读取训练列表直接访问参与训练的样本和其对应标签。用户只需要给定存储样本影像和标签的文件夹路径，以及输出训练列表的路径，相应的工具对话框界面如图 19-5 所示。

图 19-5　训练列表生成对话框界面

代码实现如下：

```
f = open(traintxt_path, 'wb') # 打开训练列表文件
for img_file in img_list:
    f.write((image_ouput_full_path).encode())
    f.write((label_output_full_path + '\n').encode())
f.close()
```

上述代码逻辑为，首先遍历文件夹下的对应影像和标签文件，然后将其绝对路径写入文本文件中。

19.6　小　　结

本章给出了一个标准化的五步法深度学习语义分割样本制作模块，并详细介绍了各个子模块的代码与对应分析。首先通过中心点裁剪的方式，从原始影像中将各个待标注小块影像裁剪出来，然后经过空白矢量标签生成、矢量样本勾画、矢量转栅格等步骤完成完整的原始样本制作过程，最后经过随机裁剪、随机旋转、随机色彩变换等影像增强措施，完成训练用样本集的全部生成过程。整个模块充分考虑了实际样本生成中的灵活性问题，5 个代码各自独立，并且可以兼容不同种类的影像，用户也可以通过简单修改参数满足实际样本生产需求，同时由于代码基于 Python 开发，用户也可以在原始代码基础上进行深度改进，满足高级样本生产的定制需求。

第 20 章

深度学习语义分割模块
MHDPSemanticSeg 的实现

语义分割任务是计算机视觉领域一个典型问题，其概念为用深度学习算法在图像上探索其中存在的内容及兴趣目标在图像中的位置。从本质上看，语义分割是像素级的任务，探寻计算机如何从像素级别上理解图像内容。语义分割任务是在像素上的分类，对于特定的任务需求，属于同一类别的像素被归为一类。比如，对于从遥感影像中识别水利设施的任务，语义分割模型将属于水利设施的像素划分为一类，而背景像素被划分为另一类，通过这一过程水利设施就被从图像上定位出来了。传统语义分割任务主要依靠机器学习算法实现，比如随机森林等分类器。近些年来，随着深度卷积神经网络在计算机视觉领域的崛起，深度学习算法在语义分割任务中取得了巨大的成功，相较于传统算法实现了更好的分割效果。

模块 MHDPSemanticSeg 为基于 Pytorch 实现的轻量化深度学习语义分割框架，专门面向遥感工程应用，对遥感影像相关的语义分割任务进行了专门适配。从工作流角度，整个语义分割任务可以分为模型训练和模型预测两个相对独立的部分，MHDPSemanticSeg 从其中划分出了多个重要的子模块，并以独立依赖的形式进行了二次组装，保证模型训练和预测不会产生依赖冲突。需要注意的是，由于语义分割任务非常依赖算力，尽管 Pytorch 提供了纯 CPU 计算模式，但本模块没有进行该项兼容适配，因此模块要求运行计算机配备 NVIDIA 等较优的独立显卡并支持 CUDA。本章节仅关注深度学习遥感语义分割的工程化实现，不涉及模型构建及改进思路，并且文中 Python、Pytorch 以及深度学习相关基础知识需要读者提前自行掌握。

本章将首先介绍模块 MHDPSemanticSeg 的整体架构，并依次介绍各个子模块。

20.1　模块架构及依赖

1. 模块整体架构

MHDPSemanticSeg 共由 6 个子模块组成，如图 20-1 所示。6 个子模块分别为：①模型库，集成了根据 Pytorch 规则构建的多个语义分割模型；②模型训练，实现模型训练基础功能；③模型预测，基于已训练完成的模型对影像进行语义分割；④训练框架，集成了优化器、误差反向传播、学习率更新等模型训练基础功能函数；⑤损失函数，以函数形式集成不同损失函数；⑥数据处理与装载，集成 Pytorch 的 DataLoader 数据装载器和数据信息计算函数。

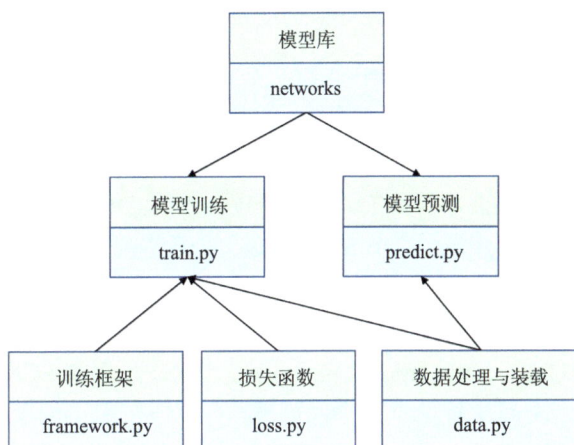

图 20-1　MHDPSemanticSeg 模块的构成及相互关系图

2. 第三方依赖库

框架整体采用了较多第三方依赖库，除了 Python 自带的库之外，核心第三方库主要有 Pytorch 和 GDAL，分别用做底层框架和影像数据处理。

（1）Pytorch

PyTorch 是一个开源的 Python 机器学习库，前身是 Torch，于 2017 年 1 月由 Facebook 人工智能研究院（FAIR）推出，是当前应用十分广泛的一个深度学习框架，很多深度学习网络都基于 PyTorch 框架进行部署。PyTorch 的官网为 https://pytorch.org，提供了 PyTorch 的安装接口，推荐基于 Anaconda 环境进行安装，这样可以兼容很多 Python 计算包。PyTorch 支持 Linux，Mac 和 Windows 系统，支持 Python，Java/C++环境，支持 CUDA 和 CPU 计算平台，具有很强的兼容性。PyTorch 入门简单，是一种相当简洁快速深度学习框架，其在设计时追求最少的封装，方便用户尽可能多地实现自己的想法。

（2）GDAL

GDAL（Geospatial Data Abstraction Library）是一个用于栅格和矢量地理空间数据格

式的转换器库，由开源地理空间基金会根据 MIT 风格的开源许可证发布。GDAL 的官网为 https://gdal.org，提供 GDAL 库的下载。作为一个开源库，GDAL 支持多种数据格式，比如：Arc/Info ASCII Grid(asc)，GeoTiff（tiff），Erdas Imagine Images(img)，ASCII DEM(dem)等。

GDAL 使用抽象数据模型来解析空间数据，包括数据集(dataset)、坐标系统、仿射地理坐标转换(Affine Geo Transform)、大地控制点(GCPs)、元数据(Metadata)、栅格波段(Raster Band)、颜色表(Color Table)、子数据集域(Subdatasets Domain)、图像结构域(Image_Structure Domain)、XML 域(XML:Domains)。GDAL 中设计了 OGR 分支，用来提供矢量数据处理接口，很多著名的 GIS 产品都调用了 GDAL/OGR 库。

20.2　模　型　库

模块中的模型全部基于 Pytorch 规则构建。实际上，Pytorch 中模型的结构和权重是分开的，因此模型库中仅存储模型的结构，表现为每一个模型都有对应的.py 文件，而在训练过程中生成的模型权重文件单独存储。目前模型库中共集成了 8 种经典语义分割模型，包括基于卷积神经网络的 U-Net、DABNet、DLinkNet、DUNet、FCN8S、DeepLab v3+；以及基于 Transformer 的 Segforer、DE-Segformer。由于各个模型遵循相同的模型构建逻辑，因此本节以 U-Net 为例，如图 20-2 所示，介绍本模块中模型的构建过程。

U-Net 网络首先在医学领域提出，在遥感信息提取中也有着广泛应用。U-Net 模型是改进后的全卷积网络(fully convolutional networks，FCN)，它在 FCN 基础上进行修改和扩充，缓解了部分像素空间位置信息丢失的问题，有效地考虑了像素与像素之间的关系，网络结构简明，性能稳定。在 2016 年 12 月至 2017 年 3 月期间，Kaggle 网站举办的一场对英国国防科学与技术实验室(DSTL)提供的卫星图像进行场景特征检测的图像分割比赛中，参赛者 Kyle Lee 使用改进的 U-Net 网络夺得了冠军。U-Net 网络是一个单输入模型，在训练中难以兼顾两张不同时相图像的对应关系信息，将不同时相的两张遥感图像的通道合并，送入网络进行训练。U-Net 的网络结构如图 20-2 所示，是一种典型的编码器-解码器网络结构，网络结构左侧为编码器部分，由卷积层和池化层构成了一系列降采样操作；右侧为解码器部分，结构与编码器对称，通过上采样最终得到像素级分类的效果。

在模型实现上，Pytorch 提供了 nn.Sequential()、nn.ModuleList() 以及 nn.ModuleDict() 用于集成多个 Module，完成模型搭建。对于大型复杂模型，可以先将模型分块，然后再进行模型搭建，仍以 U-Net 为例，U-Net 网络结构可以分为以下四个模块：

(1)每个子块内部的两次卷积(double convolution)；

(2)左侧模型块之间的下采样连接，即最大池化(max pooling)；

(3)右侧模型块之间的上采样连接(up sampling)；

(4)输出层的处理。

因此首先进行四个模块的构建。

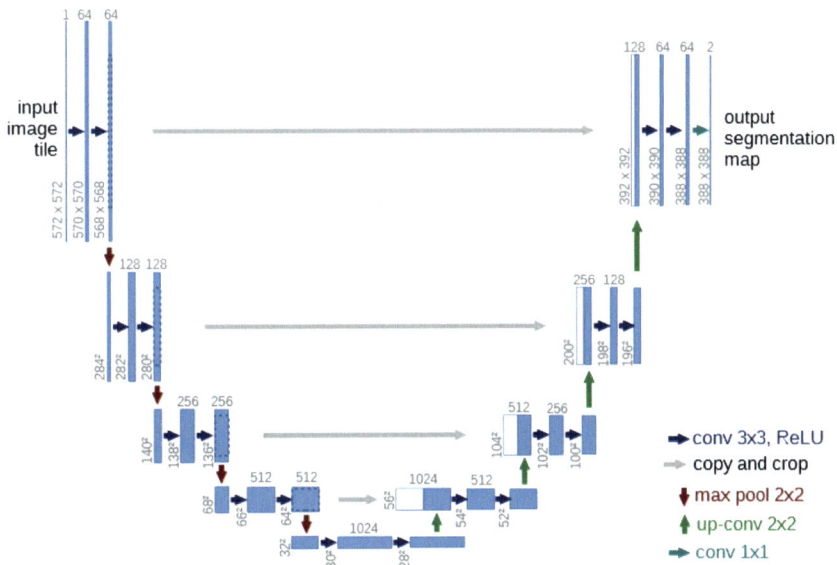

图 20-2　U-Net 网络结构图

```
'''模块定义'''
class DoubleConv(nn.Module):
    '''模块1:(convolution => [BN] => ReLU) * 2'''
    def __init__(self, in_channels, out_channels, mid_channels=None):
        super().__init__()
        if not mid_channels:
            mid_channels = out_channels
        self.double_conv = nn.Sequential(
            nn.Conv2d(in_channels, mid_channels, kernel_size=3, padding=1, bias=False),
            nn.BatchNorm2d(mid_channels),
            nn.ReLU(inplace=True),
            nn.Conv2d(mid_channels, out_channels, kernel_size=3, padding=1, bias=False),
            nn.BatchNorm2d(out_channels),
            nn.ReLU(inplace=True))

    def forward(self, x):
        return self.double_conv(x)


class Down(nn.Module):
    '''模块2:池化下采样后两次卷积'''
    def __init__(self, in_channels, out_channels):
        super().__init__()
        self.maxpool_conv = nn.Sequential(
            nn.MaxPool2d(2),
            DoubleConv(in_channels, out_channels))
```

```python
    def forward(self, x):
        return self.maxpool_conv(x)


class Up(nn.Module):
    '''模块3：上采样后两次卷积'''
    def __init__(self, in_channels, out_channels, bilinear=True):
        super().__init__()

        if bilinear:
            self.up = nn.Upsample(scale_factor=2, mode='bilinear',
                    align_corners=True)
            self.conv = DoubleConv(in_channels, out_channels, in_channels // 2)
        else:
            self.up = nn.ConvTranspose2d(in_channels, in_channels // 2,
                    kernel_size=2, stride=2)
            self.conv = DoubleConv(in_channels, out_channels)

    def forward(self, x1, x2):
        x1 = self.up(x1)

        diffY = x2.size()[2] - x1.size()[2]
        diffX = x2.size()[3] - x1.size()[3]

        x1 = F.pad(x1, [diffX // 2, diffX - diffX // 2,
                        diffY // 2, diffY - diffY // 2])
        x = torch.cat([x2, x1], dim=1)
        return self.conv(x)


class OutConv(nn.Module):
    '''模块4：输出'''
    def __init__(self, in_channels, out_channels):
        super(OutConv, self).__init__()
        self.conv = nn.Sequential(
            nn.Conv2d(in_channels, out_channels, kernel_size=1),
            nn.Sigmoid())

    def forward(self, x):
        return self.conv(x)
```

模块定义完成后即可根据模型结构搭建起完整模型。

```python
'''模型组装'''
class UNet(nn.Module):
    def __init__(self, n_channels, n_classes, bilinear=True):
        super(UNet, self).__init__()
        self.n_channels = n_channels
```

```python
        self.n_classes = n_classes
        self.bilinear = bilinear

        self.inc = DoubleConv(n_channels, 64)
        self.down1 = Down(64, 128)
        self.down2 = Down(128, 256)
        self.down3 = Down(256, 512)
        factor = 2 if bilinear else 1
        self.down4 = Down(512, 1024 // factor)
        self.up1 = Up(1024, 512 // factor, bilinear)
        self.up2 = Up(512, 256 // factor, bilinear)
        self.up3 = Up(256, 128 // factor, bilinear)
        self.up4 = Up(128, 64, bilinear)
        self.outc = OutConv(64, n_classes)

    def forward(self, x):
        x1 = self.inc(x)
        x2 = self.down1(x1)
        x3 = self.down2(x2)
        x4 = self.down3(x3)
        x5 = self.down4(x4)
        x = self.up1(x5, x4)
        x = self.up2(x, x3)
        x = self.up3(x, x2)
        x = self.up4(x, x1)
        logits = self.outc(x)
        return logits
```

搭建完成的模型以独立的 UNet.py 文件存储于模型库文件夹中。

20.3　训　练　框　架

训练框架集成了模型训练基础功能函数，包括模型保存、读取、优化器、学习率更新等。以下将逐一介绍各个函数的功能。

1. 框架初始化

在训练框架类的构造函数中，进行训练框架的初始化，包括启动模型 GPU 计算，启动支持多卡并行训练，初始化优化器，初始化损失函数，初始化学习率 5 个步骤，代码如下。

```python
def __init__(self, net, loss, lr=2e-4, evalmode = False):
    self.net = net.cuda() # 启动模型 GPU 计算
    self.net = torch.nn.DataParallel(self.net,
        device_ids=range(torch.cuda.device_count())) # 启动多卡并行训练
```

```
self.optimizer = torch.optim.Adam(params=self.net.parameters(), lr=lr) #优化器
self.loss = loss # 初始化损失函数
self.old_lr = lr # 初始化学习率
```

具体实现原理为，Pytorch 只要模型后加.cuda()即可将模型由 CPU 上的运算调到 GPU 上运算；torch.nn.DataParallel()函数可以直接在本机多卡上建立分布式模型；Adam 优化器通过 torch.optim.Adam()直接调用。

其中，优化器在起着举足轻重的作用。优化器是引导神经网络更新参数的工具，深度学习在计算出损失函数之后，需要利用优化器来进行反向传播，完成网络参数的更新。在这个过程中，便会使用到优化器，优化器可以利用计算机数值计算的方法来获取损失函数最小的网络参数。深度学习模型中往往涉及大量的参数，不同参数的更新频率往往有所区别。对于更新不频繁的参数，我们希望单次步长更大，多学习一些知识；对于更新频繁的参数，我们则希望步长较小，使得学习到的参数更稳定，不至于被单个样本影响太多，因此出现了自适应学习率的优化算法。Adam 优化算法是一种对随机梯度下降法的扩展，近年来在计算机视觉和自然语言处理中的深度学习领域得到了广泛应用。随机梯度下降保持一个单一的学习速率(称为 alpha)，用于所有的权重更新，并且在训练过程中学习速率不会改变。每一个网络权重(参数)都保持一个学习速率，并随着学习的展开而单独地进行调整。该方法从梯度的第一次和第二次矩的预算来计算不同参数的自适应学习速率，权重更新函数为

$$\theta_{t+1} = \theta_t - \frac{\widehat{m_t}}{\widehat{v_t} + \in} \cdot \mathrm{lr}$$

式中，lr 为初始学习率；t 为训练更新次数；$\widehat{m_t}$ 为累计梯度的偏差纠正；v_t 为累计梯度的平方的偏差纠正。

另外，随机梯度下降(Stochastic Gradient Descent，SGD)也是一种较为常用的优化器，可以通过 torch.optim.SGD()直接调用。它的基本思想是，将数据分成 n 个样本，通过计算各自梯度的平均值来更新梯度，即对网络参数的权重的更新过程中不需要全部遍历整个样本，而是只看一个训练样本(batch size)使用梯度下降进行更新，然后利用下一个样本进行下一次更新。SGD 简单且容易实现，解决了随机小批量样本的问题，由于只对一个训练样本进行梯度下降，可以提高网络参数的更新速度；但其训练时下降速度慢、准确率下降、容易陷入局部最优以及不容易实现并行处理等问题。其参数更新公式为

$$\theta_{t+1} = \theta_t - \alpha \cdot \nabla_\theta \cdot J_i(\theta, x^i, y^i)$$

2. 模型保存与读取

在模型训练过程中，需要根据训练进度适时保存模型，并且为了支持在已有模型基础上继续训练功能，还需要添加模型读取功能。模型保存与读取均可以通过 Pytorch 两个简单的方法实现，具体代码如下。

```
def save(self, path):
    torch.save(self.net.state_dict(), path) # 模型保存
def load(self, path):
```

```
self.net.load_state_dict(torch.load(path)) # 模型读取
```

　　其中，设置 torch.save () 第一个参数为 net.state_dict ()，实现只保存模型的权重参数，速度快，占内存少。对应在模型读取函数中，也是只加载模型的权重参数，模型结构则在初始化中定义。

3. 学习率更新

　　在机器学习和统计学中，学习率 (learning rate) 是优化算法的一个超参数，它能确定每次迭代时的步长，同时向获取更小的最小损失函数的方向移动。学习率控制着网络训练中每一调整权重参数的程度，以使网络逐渐得到更小的损失率，向更高精度的模型移动。学习率在深度学习模型训练过程中发挥着至关重要的作用。以梯度下降为例，学习率越大，模型沿着梯度方向的下降速度越快，越小则下降速度越慢。当学习率设置的过小时，每步变化太小，梯度下降速度很慢，需要花费很长时间才能找到最优值，而学习率过大时，每步变化太大，虽然能使模型收敛速度加快，但较大的步长大概率会使模型错过最优值，导致模型在最优参数附近反复跳跃而无法收敛。因此，选择一个合适的学习率对找到全局最优值，提高模型训练效率有很大的帮助。常见的学习率更新机制主要有以下几种：固定学习率，设置均匀步长等比下降，设置指定步长等比下降，设置函数更新学习率 (指数、多项式、幂指数)，按照 Cosine 方法更新学习率。以上列举的是常见的更新方法，但实际模型训练中更新机制不限于其中。事实上，可以根据自己的任务特性，人工设置相匹配的更新方法对学习率进行迭代更新，来让自己的模型在更短的时间内得到更优的收敛效果。

　　模块提供学习率等比下降更新策略，该策略简单有效，在实现上只需要对旧的学习率除以用户指定的系数即可，用户也可以通过学习率更新函数的形式集成其他学习率更新策略。学习率等比下降实现如下。

```
def update_lr_geometric_decline(self, rate, mylog, factor=False): # 等比下降更新
    if factor:
        new_lr = self.old_lr / rate
    for param_group in self.optimizer.param_groups: # 参数组中记录当前学习率
        param_group['lr'] = new_lr
    mylog.write('更新学习率: %f -> %f' % (self.old_lr, new_lr) + '\n') # 打印日志
    print('更新学习率: %f -> %f' % (self.old_lr, new_lr)) # 终端信息显示输出
    self.old_lr = new_lr
```

　　以上代码的逻辑为在每次更新学习率时，将当前学习率除以一个固定的值，作为新的学习率，同时在终端和训练日志中将学习率更新的信息打印出来。

4. 优化器调用

　　优化器调用包括前向计算和反向传播梯度等模型训练核心步骤，该部分以函数形式封装在训练框架中，在模型训练的时候可以直接调用。

```
def optimize(self, ifStep=True):
    self.img = Variable(self.img.cuda()) # Variable 容器装载 img
```

```
if self.mask is not None:
    self.mask = Variable(self.mask.long().cuda())  # # Variable 容器装载 label
pred = self.net.forward(self.img)  # 前向传递计算输出
label = self.mask.cpu().squeeze().cuda()  # label 维度规整
loss = self.loss(output = pred, target = label)  # 计算 loss
loss.backward()  # 反向传播梯度
if ifStep:
    self.optimizer.step()  # 更新所有参数
    self.optimizer.zero_grad()  # 清空梯度
return loss.item()  # 返回loss的值
```

在实现上，为了将数据迁移到显卡中进行计算，需要利用 Variable 容器装载影像和标签数据。之后经过前向传递计算、loss 计算、loss 反向传播梯度等 Pytorch 标准化模型训练操作，最后根据需要是否执行参数更新和梯度清空操作，如果在一次迭代中不执行参数更新和梯度清空，梯度就会累加，这样可以实现利用小 batchsize 叠加模拟大batchsize。最后函数返回 loss 的值，因为 loss 此时是一个张量，因此调用其 item()方法获得其数值。

20.4　损　失　函　数

损失函数(loss function)是将随机事件或其有关随机变量的取值映射为非负实数以表示该随机事件的"风险"或"损失"的函数。在机器学习中，损失函数是用来衡量模型的输出的预测与真实值之间的差距，从而给模型的优化指明方向。一般损失函数越小，就代表模型的鲁棒性越好。受应用场景、数据集和待求解问题等因素的制约，现有监督学习算法使用的损失函数的种类和数量较多，而且每个损失函数都有各自的特征，本质上可以分成两大类：基于距离度量的损失函数与基于概率分布度量的损失函数，分别适用于回归任务与分类任务。

基于距离度量的损失函数通常将输入数据映射到基于距离度量的特征空间上，将映射后的样本看作空间上的点，采用合适的损失函数度量特征空间上样本真实值和模型预测值之间的距离。特征空间上两个点的距离越小，模型的预测性能越好，常用于回归任务中。包括均方误差损失函数、L1 损失函数、L2 损失函数、0-1 损失函数与中心损失函数等，标准形式如表 20-1。

表 20-1　基于距离度量的损失函数

名称	标准形式
均方误差损失函数	$L(Y\|f(x)) = \dfrac{1}{n}\sum_{i=1}^{N}(Y_i - f(x_i))^2$
L1 损失函数	$L(Y\|f(x)) = \sum_{i=1}^{N}\|Y_i - f(x_i)\|$
L2 损失函数	$L(Y\|f(x)) = \sqrt{\dfrac{1}{n}\sum_{i=1}^{N}((Y_i - f(x_i))^2}$

续表

名称	标准形式
0-1 损失函数	$L(Y, f(x)) = \begin{cases} 1, Y \neq f(x) \\ 0, Y = f(x) \end{cases}$
中心损失函数	$L(Y\mid f(x)) = \dfrac{1}{2}\sum_{i=1}^{n} D(f(x^i), c_{y_i})$

基于概率分布度量的损失函数是将样本间的相似性转化为随机事件出现的可能性，即通过度量样本的真实分布与它估计的分布之间的距离，判断两者的相似度，一般用于涉及概率分布或预测类别出现的概率的应用问题中，在分类问题中尤为常用，包括 KL 散度函数(相对熵)、交叉熵损失函数与 softmax 损失函数等，标准形式如表 20-2 所示。

表 20-2　基于概率分布度量的损失函数

名称	标准形式
KL 散度函数	$L(Y\mid f(x)) = \sum_{i=1}^{N} Y_i \times \log \dfrac{Y_i}{f(x_i)}$
交叉熵损失函数	$L(Y\mid f(x)) = -\sum_{i=1}^{N} Y_i \times \log f(x_i)$
softmax 损失函数	$L(Y\mid f(x)) = -\dfrac{1}{n}\sum_{i=1}^{n} \log \dfrac{e^{f_{y_i}}}{\sum_{j=1}^{c} e^{f_j}}$

子模块提供了交叉熵损失函数和基于其改进的 FocalLoss 损失函数。

1) 交叉熵损失函数

交叉熵是信息论中的一个概念，最初用于估算平均编码长度，引入机器学习后，用于评估当前训练得到的概率分布与真实分布的差异情况。交叉熵损失函数刻画了实际输出概率与期望输出概率之间的相似度，也就是交叉熵的值越小，两个概率分布就越接近；特别是在正负样本不均衡的分类问题中，常用交叉熵作为损失函数。目前，交叉熵损失函数是卷积神经网络中最常使用的分类损失函数，它可以有效地避免梯度消散。为了使神经网络的每一层输出从线性组合转为非线性逼近，以提高模型的预测精度，在以交叉熵为损失函数的神经网络模型中一般选用 tanh、sigmoid、softmax 或 ReLU 作为激活函数。其定义如下：

$$L(Y\mid f(x)) = -\sum_{i=1}^{N} Y_i \times \log f(x_i)$$

式中，Y 代表真实值；$f(x)$ 代表预测值。

Pyroch 提供了标准交叉熵损失函数，可以通过 nn.CrossEntropyLoss() 直接调用。

2) FocalLoss 损失函数

FocalLoss 损失函数的引入，主要是为了解决目标检测中正负样本数量极不平衡问题。例如，在一张图像中能够匹配到目标的候选框(正样本)个数一般只有十几个或几十个，而没有匹配到的候选框(负样本)则有 10 000～100 000 个，甚至更多。这么多的负样本不仅对训练网络起不到什么作用，反而会淹没掉少量但有助于训练的样本。Focal loss 是一个动态缩放的交叉熵损失，通过一个调节因子，可以动态降低训练过程中易区分样本的权重，从而将重心快速聚焦在那些难区分的样本。其定义如下：

$$FL_{(p_t)} = -\alpha_t(1-p_t)^\gamma \log(p_t)$$

式中，α 权重处理了类别的不均衡；$(1-p_t)^\gamma$ 是调节因子；γ 是可调节的聚焦参数。

FocalLoss 损失函数在可以交叉熵损失函数基础上构建，实现如下。

```python
def FocalLoss(self, output, target):
    logpt = self. nn. CrossEntropyLoss(output, target) # 以交叉熵损失函数为基础
    pt = torch. exp(-logpt)
    loss = ((1-pt) ** self.gamma) * self.alpha * logpt
    if self. size_average:
        return loss. mean()
    else:
        return loss. sum()
```

20.5　数据处理与装载

数据处理与装载模块包含两个部分，分别是数据装载器和数据信息计算器。本节将对这两个部分分别进行介绍。

1. 数据装载器

遥感影像与一般计算机电子图像相比具有独特性，比如可能会有多个波段，因此需要特殊的数据读取方式。Pytorch 提供了专门的数据读取类 Dataset，通过集成该类可以实现用户自定义的数据装载器。通过阅读官方说明，可以得知继承该类必须实现 _getitem_() 及 _len_() 两个方法，加上构造函数，一共有三个函数需要实现。

```python
class MyDataLoader(data. Dataset):
    def __init__(self,data_dict, root='', normalized_Label = False, band_num = 3):
        '''### 实现代码，见后面 ###'''
    def __len__(self):
        '''### 实现代码，见后面 ###'''
    def __getitem__(self, index):
        '''### 实现代码，见后面 ###'''
```

下面将分别介绍三个函数的具体实现及逻辑，首先是构造函数__init__()。

```python
def __init__(self,data_dict, root='', normalized_Label = False, band_num = 3):
    self. root = root # 训练列表路径
    self. normalized_Label = normalized_Label # 是否执行数据归一化
    self. img_mean = data_dict['mean'] # 数据集均值
    self. std = data_dict['std'] # 数据集标准差
    self. band_num = band_num # 波段数
    with open(self.root, 'r') as f:
        self. filelist = f.readlines() # 返回一个列表，其中包含文件中的每一行作为列表项
```

　　构造函数中加载数据集的基本信息，包括数据集路径、统计信息、图像信息等，同时将训练列表中的影像和对应标签路径加载进列表中。

　　len()仅用来返回数据集的大小长度，目的是方便划分，实现非常简单，直接返回 filelist 的长度即可：

```
def __len__(self):
    return len(self.filelist)
```

　　__getitem__()支持以索引的方式获取类实例的属性值，数据装载器以该函数获取用于模型训练的图像和对应标签数据，实现如下。

```
def __getitem__(self, index):
    img_file, label_file = self.filelist[index].split() # 字符串切片

    img = skimage.io.imread(img_file)
    label = skimage.io.imread(label_file, as_gray=True) # 标签以灰度图形式读取

    img = np.array(img, np.float32) # 格式转换
    label = np.array(label, np.float32)

    label = np.expand_dims(label, axis=2) # 标签增加一个维度

    for i in range(self.band_num): # 图像标准化
        img[:, :, i] -= self.img_mean[i]
    img = img / self.std

    img = img.transpose(2, 0, 1) # (H W C)->(C H W)
    if (self.normalized_Label == True): # 标签归一化
        label = label.transpose(2, 0, 1)/255.0
    else:
        label = label.transpose(2, 0, 1)

    img = torch.Tensor(img) # 转换为张量
    label = torch.Tensor(label)

    return img, label
```

　　函数实现逻辑为：函数参数中的 index 是一个索引，首先根据该索引返回 filelist 中指定行数的字符串，并通过 split()方法进行切片，获得图像和对应标签的路径。然后，使用 skimage.io.imread()读取影像和标签，其中标签以灰度图形式读入，需要设置 as_gray=True。由于影像和标签的数据格式可能有多种，为了下一步归一化计算，统一将其转化为 float 格式。此时标签的数据为二维(*H,W*)形式，需要利用 np.expand_dims()扩展为(*H,W,C*)形式，为张量的转换做好准备。之后，根据数据集的均值和方差对影像数据进行标准化，该步骤可以实现数据中心化，数据中心化符合数据分布规律，能增加模型的泛化能力。标签则根据用户需要自定义是否进行归一化操作。最后，利用 transpose()将影像和标签统一转换为(*C,H,W*)形式，并利用 torch.Tensor()转换为张量并返回。

2. 数据信息计算器

数据信息计算器用来计算数据集的统计信息，如均值、方差、类分布等。基于数据集的统计信息，可以进行数据标准化，训练类别赋权重等操作。数据集信息计算通过以下函数实现。

```python
def readWholeTrainSet(self, trainlistPath, train_flag=True):
    '''读取完整数据集'''
    global_hist = np.zeros(self.classes, dtype=np.float32) # 初始化全局直方图

    no_files = 0

    with open(trainlistPath, 'r') as f:
        textFile = f.readlines()

        img_file, label_file = textFile[0].split() # 字符串切片获取图像和标签路径
        self.img_shape = np.shape(skimage.io.imread(img_file)) # 获取图像形状

        for line in tqdm(textFile): # 逐行处理
            img_file, label_file = line.split()
            img_data = skimage.io.imread(img_file)
            label_data = skimage.io.imread(label_file, as_gray=True)

            if self.label_norm == True: # 归一化
                label_data = label_data/255

            unique_values = np.unique(label_data)

            max_unique_value = max(unique_values)
            min_unique_value = min(unique_values)

            if train_flag == True: # 训练模式
                hist = np.histogram(label_data, self.classes, [0, self.classes -
                    1]) # 计算直方图
                global_hist += hist[0]

                for i in range(self.band_num):
                    self.mean[i] += np.mean(img_data[:, :, i])
                    self.std[i] += np.std(img_data[:, :, i])

            if max_unique_value > (self.classes - 1) or min_unique_value < 0:
                print('标签值异常')
                print('存在异常标签值文件: ' + label_file)
            no_files += 1
```

```
'''计算数据集均值和标准差'''
self.mean /= no_files
self.std /= no_files

'''计算数据集类别权重'''
self.compute_class_weights(global_hist)
return 0
```

执行该函数后，可获得数据集的均值、方差、类别统计直方图。之后，通过执行类的另一个方法 compute_class_weights()可获得类别权重，实现如下。

```
def compute_class_weights(self, histogram):
    '''计算类别权重'''
    normHist = histogram / np.sum(histogram)
    for i in range(self.classes):
        self.classWeights[i] = 1 / (np.log(self.normVal + normHist[i])) # 平滑权重
    self.classWeights = np.power(self.classWeights, self.label_weight_scale_factor) # 根
据标签权重系数缩放
```

compute_class_weights()通过类别直方图获得各类别的权重,对于像素数量较少的类别会赋予更高的权重。为了便于调节，还加入了权重系数辅助；当权重系数大于 1 时，会扩大类别权重间的差距；当权重系数大于 0 小于 1 时，会缩小类别权重间的差距。当权重系数取 0 时，各类别均赋值权重为 1，等价于无类别权重影响。

20.6　模 型 训 练

模型训练是通过自动寻找样本中的内在规律和本质属性，自组织、自适应地改变网络参数与结构，是深度学习中最重要的一环。本节按照程序运行顺序介绍模型训练代码的各个部分。首先需要导入程序依赖的模块，分为基础库、支持库、模型库三个部分，各个模块的功能可参见对应注释。

```
'''基础库'''
import torch # Pytoch
import os # Python 标准库
import time # 时间库，用于计算程序执行时间
import numpy as np # Python 标准库
from tqdm import tqdm # 终端显示模型训练进度
from torchsummary import summary # 模型结构分析
'''支持库'''
from framework import MyFrame # 训练框架
from loss import CrossEntropyLoss2d, FocalLoss2d # 损失函数
from data import MyDataLoader, DataTrainInform # 数据处理与装载
'''模型库'''
from networks.DLinknet import DLinkNet34, DLinkNet50, DLinkNet101
from networks.Unet import Unet
```

```
from networks.Dunet import Dunet
from networks.Deeplab_v3_plus import DeepLabv3_plus
from networks.FCN8S import FCN8S
from networks.DABNet import DABNet
from networks.Segformer import Segformer
from networks.RS_Segformer import RS_Segformer
from networks.DE_Segformer import DE_Segformer
```

模型训练提供了 16 个参数供用户设置，参数列表如下。

```
'''参数设置'''
trainListRoot = r'' # 1-训练样本列表
save_model_path = r'' # 2-训练模型保存路径
model = Unet # 3-选择的训练模型
save_model_name = '***.th' # 4-训练模型保存名
mylog = open('logs/'+save_model_name[:-3]+'.log', 'w') # 5-日志文件路径
loss = FocalLoss2d # 6-损失函数
classes_num = 3 # 7-样本类别数
batch_size = 8 # 8-计算批次大小
init_lr = 0.001 # 9-初始学习率
lr_mode = 0 # 10-学习率更新模式
total_epoch = 300 # 11-epoch
band_num = 8 # 12-影像的波段数
if_norm_label = False # 13-是否对标签进行归一化
simulate_batch_size = False # 14-是否模拟大 batchsize
simulate_batch_size_num = 4 # 15-模拟 batchsize 倍数
label_weight_scale_factor = 1 # 16-标签权重的指数缩放系数
```

其中，参数 1 为训练样本列表文件的路径；参数 2 为训练模型的保存文件夹的路径；参数 3 为训练模型，可以在导入的模型库中任意选择；参数 4 为训练模型的保存名，由用户进行定义，一般采用后缀为*.th；参数 5 为日志文件的路径，这里提供的是自动生成路径，也可以由用户自定义；参数 6 是调用的损失函数；参数 7 为样本中的类别数，包括背景类别，即二分类任务需要设置为 2；参数 8 为超参数 batch_size；参数 9 为超参数初始学习率；参数 10 为学习率的更新模式，目前只能设置为 0，对应等比下降模式；参数 11 为超参数总 epoch 数；参数 12 为影像的波段数；参数 13 为是否对标签进行归一化，如果标签是 0/255 二分类需要设置为 True；参数 14 和 15 为一组，控制是否开始模拟大 batch_size，该参数为显存不足的电脑提供；参数 16 为标签权重的缩放系数，具体可参见数据信息计算器一节。

相应的工具对话框界面如图 20-3 所示。

完成参数定义后，开始收集系统和数据集的相关信息，系统信息主要通过打印到终端供用户分析，而计算的数据集相关信息则存储到字典 data_dict 中供后续调用。

```
'''收集系统环境信息'''
tic = time.time()
format_time = time.asctime(time.localtime(tic)) # 系统当前时间
print('Is cuda availabel: ', torch.cuda.is_available()) # 是否支持 cuda
```

```python
print('Cuda device count: ', torch.cuda.device_count()) # 显卡数
print('Current device: ', torch.cuda.current_device()) # 当前计算的显卡 id

'''收集数据集信息'''
dataCollect = DataTrainInform(classes_num=classes_num,
        trainlistPath=trainListRoot, band_num=band_num,
        label_norm=if_norm_label, label_weight_scale_factor=label_weight_scale_factor) #
计算数据集信息
data_dict = dataCollect.collectDataAndSave() # 数据集信息存储于字典中
```

图 20-3　模型训练对话框界面

　　初始化数据装载器，并利用 torch.utils.data.DataLoader() 对数据进行 batch 划分。此函数可以把训练数据分成多个小组，在训练过程中每次抛出一组数据，直至把所有的数据都抛出。

```python
'''初始化 dataloader'''
dataset = MyDataLoader() # 读取训练数据集
data_loader = torch.utils.data.DataLoader() # 定义训练数据装载器
```

　　随后正式进入模型训练，代码实现如下。

```python
'''模型训练'''
train_epoch_best_loss = 100 # 初始化最小 loss
no_optim = 0 # 初始化 loss 未降低轮数
for epoch in tqdm(range(1, total_epoch + 1)):
    data_loader_iter = iter(data_loader) # 初始化迭代器
    train_epoch_loss = 0
    cnt = 0
    for img, mask in tqdm(data_loader_iter):
        cnt = cnt + 1 # 计数累加
```

```
        solver.set_input(img, mask) # 设置 batch 的影像和标签输入
        if simulate_batch_size:
            if (cnt % simulate_batch_size_num == 0): # 模拟大 batchsize
                train_loss = solver.optimize(ifStep=True)
            else:
                train_loss = solver.optimize(ifStep=False)
        else:
            train_loss = solver.optimize(ifStep=True) # 参数更新
        train_epoch_loss += train_loss
    train_epoch_loss /= len(data_loader_iter) # 计算该 epoch 的平均 loss
    '''模型保存及学习率更新'''
    if train_epoch_loss >= train_epoch_best_loss: # 若当前 loss 大于等于之前最小 loss
        no_optim += 1
    else: # 若 loss 小于之前最小的 loss
        no_optim = 0 # loss 未降低的轮数归 0
        train_epoch_best_loss = train_epoch_loss # 保留当前 epoch 的 loss
        solver.save(save_model_full_path) # 保留当前 epoch 的模型
    if no_optim > 9: # 若过多 epoch 后 loss 仍不下降则终止训练
        print(mylog, 'early stop at %d epoch' % epoch) # 打印信息至日志
        print('early stop at %d epoch' % epoch)
        break
    if no_optim > 1: # 多轮 epoch 后 loss 不下降则更新学习率
        if solver.old_lr < 1e-6: # 当前学习率过低终止训练
            break
        solver.load(save_model_full_path) # 读取保存的 loss 最低的模型
        solver.update_lr_geometric_decline(3.0, factor = True, mylog = mylog)
        no_optim = 0 # loss未降低轮数归0
```

模型会以 epoch 展开循环，在每一个 epoch 中，首先利用 dataloader 完成影像和标签数据的读入，然后调用训练框架中的优化器 solver.optimize()完成模型参数更新，具体可参见训练框架中的优化器调用部分。通过累加每次迭代返回的 loss 值，可以获得该 epoch 的平均 loss。一般情况下，loss 较低意味着模型在该数据集上的拟合程度更好，因此根据序列 loss 的分布情况，可以进行对应的学习率更新操作。模块集成的是学习率等比下降模式，当多轮 epoch 执行后 loss 仍不下降，则对学习率进行一次等比例的衰减。同时也给定了最大 loss 不下降轮数和学习率下限，能够保证模型有效拟合。其中，通过调用训练框架中的 solver.load()和 solver.save()实现模型的读取与保存，具体可参见训练框架对应章节。

20.7　模 型 预 测

模型预测即通过已有模型中输入影像而获得像素级类别标签的输出过程，是遥感深度学习工程化应用中的关键一环。Pytorch 提供的基础方法，可以很容易获得一个小块图像的模型预测结果，但是实际上遥感影像往往幅面很大，因此需要对原始影像进行分块，以滑窗的形式逐一预测，并且需要将各个滑窗的预测结果重新拼接至与原始影像对应。

因此该章节重点关注如何将 GDAL 的遥感影像处理与 Pytroch 相结合，实现适用于大幅面遥感影像的模型预测。

模型预测代码相较于模型训练，需要额外导入 GDAL 库，用来支持遥感影像的读写和相关处理。参数方面，共包含 11 个参数，具体如下。

```
'''参数设置'''
predictImgPath = r'' # 1-待预测影像的文件夹路径
Img_type = '*.dat' # 2-待预测影像的类型
trainListRoot = r'' # 3-与模型训练相同的训练列表路径
numclass = 3 # 4-样本类别数
model = Unet # 5-模型
model_path = r'' # 6-模型文件完整路径
output_path = r'' # 7-输出的预测结果路径
band_num = 8 # 8-影像的波段数  与训练一致
label_norm = False # 9-是否对标签进行归一化  与训练一致
target_size = 256 # 10-预测滑窗大小  与训练集一致
unify_read_img = True # 11-是否集中读取影像并预测
```

其中，参数 1 为储存待预测影像的文件夹路径；参数 2 为待预测影像的类型，即文件名后缀，程序将检索文件夹下所有符合该后缀的影像逐一进行预测；参数 3 为与模型训练相同的训练列表路径，主要用来计算数据集相关信息；参数 4 为样本类别数，包含背景类别；参数 5 为调用的模型，程序将读取该模型的架构文件；参数 6 为模型参数文件的完整路径；参数 7 为预测结果的输出路径；参数 8 为预测影像的波段数，该参数设置的原因是防止波段数不匹配的影像参与预测；参数 9 为是否开启标签归一化；参数 10 为预测滑窗的大小，单位为像素，应与训练时样本的大小一致；参数 11 为是否将影像全部读入内存中进行预测，在内存充足的情况下应尽量开启，可以极大幅度提高预测速度，该参数设置为 False 的情况下会大量读写硬盘，此时强烈建议用户将待预测影像储存于固态硬盘中。

相应的工具对话框界面如图 20-4 所示。

图 20-4　模型预测对话框界面

程序初始化阶段与模型训练相同，包括收集数据集信息和初始化模型。

```
'''收集数据集信息'''
'''### 实现 ###'''
'''初始化模型'''
'''### 实现 ###'''
```

随后根据参数设置读取待预测影像，并将影像路径存储于列表中。

```
listpic = fnmatch.filter(os.listdir(predictImgPath), Img_type)
for i in range(len(listpic)):
    listpic[i] = os.path.join(predictImgPath + '/' + listpic[i])
```

程序为模型预测定义了一个类 Predict()，该类为模型预测的主体，其构造函数为：

```
def __init__(self, net, class_number, band_num):
    self.class_number = class_number # 类别数
    self.img_mean = data_dict['mean'] # 数据集均值
    self.std = data_dict['std'] # 数据集方差
    self.net = net # 模型
    self.band_num = band_num # 影像波段数
```

类的 Predict_wHy() 方法实现了对独立滑窗的预测，其代码实现如下。

```
def Predict_wHy(self, img_block, dst_ds, xoff, yoff):
    img_block = img_block.transpose(1, 2, 0) # (c, h, w) -> (h, w, c)
    img_block = img_block.astype(np.float32) # 数据类型转换

    self.net.eval() # 启动预测模式

    for i in range(self.band_num): # 数据标准化
        img_block[:, :, i] -= self.img_mean[i]
    img_block = img_block / self.std

    img_block = np.expand_dims(img_block, 0) # 扩展数据维度 (h, w, c) -> (b, h, w, c)
    img_block = img_block.transpose(0, 3, 1, 2) # (b, h, w, c) -> (b, c, h, w)
    img_block = Variable(torch.Tensor(img_block).cuda()) # Variable 容器装载
    predict_out = self.net.forward(img_block).squeeze().cpu().data.numpy() # 模型预测;
转换为 numpy

    predict_out = predict_out.transpose(1, 2, 0) # (c, h, w) -> (h, w, c)
    predict_result = np.argmax(predict_out, axis=2) # 返回第三维度最大值的下标
    dst_ds.GetRasterBand(1).WriteArray(predict_result, xoff, yoff) # 预测结果写入
gdal_dataset
```

方法共需要传入 4 个参数。其中，img_block 对应待预测滑窗的数据；dst_ds 为待写入预测结果影像的 gdal_dataset；xoff 和 yoff 用来定位滑窗在原始影像中的位置，即以影像左上角为原点，在 x 轴和 y 轴上的偏移值。

实现上需要注意，由于影像采用 GDAL 读入，因此其初始数据格式为(通道数 c，高度 h，宽度 w)，并且需要特别关注数据格式在代码执行过程中的变化，程序通过

transpose()进行变动，具体叮见注释。另外在预测前需要为数据扩展一个维度模拟 batch，并在预测结束后利用 squeeze()删除该维度。预测结果表现为每个像素在每个类别(第三维度)的概率，因此需要调用 numpy.argmax()，其功能是返回指定维度的最大值下标。

实现对滑窗预测的核心函数后，下面需要完成对影像滑窗的规划。首先利用 GDAL完成对待预测影像的读取及预测结果写入影像的准备。

```python
dataset = gdal.Open(one_path)  # GDAL 打开待预测影像
if dataset == None:
    print("failed to open img")
    sys.exit(1)
img_width = dataset.RasterXSize  # 读取影像宽度
img_height = dataset.RasterYSize  # 读取影像高度

'''新建输出 tif'''
d, n = os.path.split(one_path)

projinfo = dataset.GetProjection()  # 获取原始影像投影
geotransform = dataset.GetGeoTransform()  # 获取原始影像地理坐标

format = "GTiff"
driver = gdal.GetDriverByName(format)  # 数据格式
name = n[:-4] + '_result' + '.tif'  # 输出文件名

dst_ds = driver.Create(os.path.join(outpath, name), dataset.RasterXSize,
dataset.RasterYSize, 1, gdal.GDT_Byte)  # 创建预测结果写入文件
dst_ds.SetGeoTransform(geotransform)  # 写入地理坐标
dst_ds.SetProjection(projinfo)  # 写入投影
```

由于影像长宽并不一定是预测滑窗大小的整数倍，因此采取图 20-5 的预测策略，图中每一个方块代表 X 像素长宽的滑窗，预测全过程共分为四个阶段。首先，从左上角开始对模型全局进行预测，保留右侧和下侧不足 X 像素的部分。然后，分别对右侧宽度为 X 像素和下侧高度为 X 像素的区域执行预测，并将预测结果覆盖在全局预测结果上。最后，对右下角 $X*X$ 像素大小的部分进行单独预测。

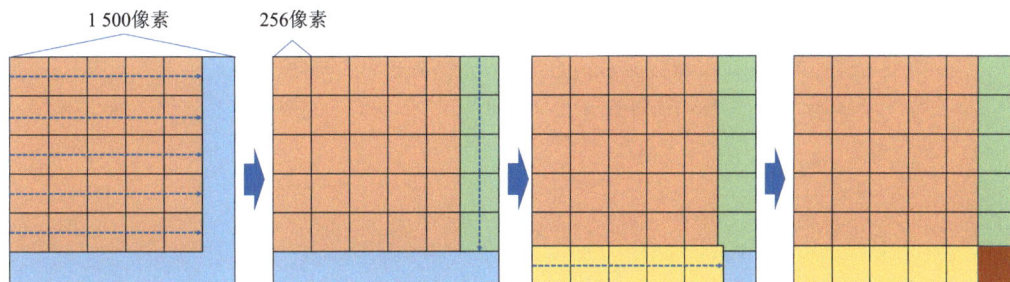

图 20-5　预测策略示意图

该预测策略的具体实现代码如下。

```
'''集中读取影像并预测'''
img_block = dataset.ReadAsArray()  # 影像一次性读入内存
'''全局整体'''
for i in tqdm(range(0, img_width-target_size, target_size)):
    for j in range(0, img_height-target_size, target_size):
        self.Predict_wHy(img_block[:, j:j+target_size, i:i+target_size].copy(), dst_ds,
xoff=i, yoff=j)

'''下侧边缘'''
row_begin = img_height - target_size
for i in tqdm(range(0, img_width - target_size, target_size)):
    self.Predict_wHy(img_block[:, row_begin:row_begin+target_size, i:i+target_size].
copy(), dst_ds, xoff=i, yoff=row_begin)

'''右侧边缘'''
col_begin = img_width - target_size
for j in tqdm(range(0, img_height - target_size, target_size)):
    self.Predict_wHy(img_block[:, j:j+target_size, col_begin:col_begin+target_size].
copy(), dst_ds, xoff=col_begin, yoff=j)

'''右下角'''
self.Predict_wHy(img_block[:, row_begin:row_begin+target_size, col_begin:col_
begin+target_size].copy(), dst_ds, img_width-target_size, img_height-target_size)

dst_ds.FlushCache()  # 全部预测完毕后统一写入磁盘
```

以上代码对应集中预测模式，即将影像一次性读入内存，并在全部预测完毕后再写入硬盘，该模式适用于内存配置较高的电脑，可以有效提高预测速度。程序同样提供了分块预测的模式，具体代码如下。

```
'''分块读取影像并预测'''
'''全局整体'''
for i in tqdm(range(0, math.floor(img_width/target_size-1)*target_size, target_size)):
    for j in range(0, math.floor(img_height/target_size-1)*target_size, target_size):
        img_block = dataset.ReadAsArray(i, j, target_size, target_size)  # 读入内存
        self.Predict_wHy(img_block.copy(), dst_ds, xoff=i, yoff=j)
    dst_ds.FlushCache()  # 预测完每列后写入磁盘

'''下侧边缘'''
row_begin = img_height - target_size
for i in tqdm(range(0, img_width - target_size, target_size)):
    img_block = dataset.ReadAsArray(i, row_begin, target_size, target_size)
    self.Predict_wHy(img_block.copy(), dst_ds, xoff=i, yoff=row_begin)
dst_ds.FlushCache()  # 即时写入磁盘
```

```python
'''右侧边缘'''
col_begin = img_width - target_size
for j in tqdm(range(0, img_height - target_size, target_size)):
    img_block = dataset.ReadAsArray(col_begin, j, target_size, target_size)
    self.Predict_wHy(img_block.copy(), dst_ds, xoff=col_begin, yoff=j)
dst_ds.FlushCache()  # 即时写入磁盘

'''右下角'''
img_block = dataset.ReadAsArray(img_width-target_size, img_height-target_size, target_size, target_size)
self.Predict_wHy(img_block.copy(), dst_ds, img_width-target_size, img_height-target_size)
dst_ds.FlushCache()  # 即时写入磁盘
```

　　分块预测模式在代码实现上与集中预测差别不大，仅是 GDAL 影像读写函数的位置有所变动，实现在预测完每列后即时写入磁盘并释放内存。

20.8　小　　结

　　本章完整介绍了深度学习语义分割模块 MHDPSemanticSeg 的实现过程。针对遥感信息提取工程的特点，模块改进了单纯面向计算机视觉的 Pytorch 语义分割架构，对大幅面、多波段、带有地理坐标的遥感影像支持良好，且在相当数量的工程实践中成功应用。本章基于程序目录树，介绍了相对重要、作为模型训练和预测依赖的 4 个子模块。其中，模块库以 UNet 为例，介绍了基于 Pytorch 的深度学习模型一般构建方法；在训练框架中对初始化、模型读写、学习率更新以及优化器调用分别以函数的形式进行了组织介绍；损失函数介绍了经典的交叉熵损失函数和基于此改进的 FocalLoss 损失函数；数据处理与装载环节介绍了如何基于 Pytorch 实现海量样本数据的读入。本章最后详细介绍了模型训练和模型预测实现，并在代码中添加了大量注释，方便读者理解每一行、每一段代码的功能。MHDPSemanticSeg 以较小的体量实现了深度学习遥感语义分割的工程化应用，读者可以在此基础上任意添加模型，修改损失函数、学习率更新机制等实现对不同任务的适配。

第 21 章

深度学习信息提取工程实践与应用

作为一种卓越的信息提取工具，深度学习模型在遥感工程中存在独特的应用模式。遥感信息提取任务通常具备很强的综合性，单一深度学习模型难以取得很好的效果。为了将深度学习模型更好地融入到工程实践中，需要将深度学习、机器学习以及传统的计算机图形学方法相结合，并在工作流的设计上充分扬长避短。另外，工程实践需要兼顾效率与精度，算法选择上要充分考虑到时空复杂度，并根据部署硬件环境做针对性优化。

本章以山东栖霞庙后镇地块级作物种植结构制图、新疆奎屯不规则时序遥感作物分类、云南楚雄无人机影像烟田清塘点株三个工程实践为例，展示如何将深度学习正确融入遥感信息提取实践中。

21.1　山东栖霞庙后镇地块级作物种植结构制图

1. 研究背景

农作物种植结构制图，是农业遥感领域的重要研究内容，也是相关部门开展作物种植结构调整优化、农作物估产、水资源保护等工作的重要数据源。作物种植结构分布数据早期主要由人工开展实地调查获得，该方法耗时耗力，且数据更新困难，无法为农业活动提供高时效性的指导意见。遥感技术以其大范围、重访周期短、数据获取简单等优点已经成为农作物种植结构制图工作中的重要方法。当前基于遥感技术的农作物种植结构方法，主要是在时间序列光学数据的基础上（Landsat 系列卫星、MODIS、Sentinel-2 等），采用监督分类方法获得，该方法实现简单，应用范围广泛，但只能获得像素级分类结果，且分类结果中往往存在椒盐效应，无法获得实际生产种植中的农田地块属性。事实上，在农业管理中，地块级的作物制图结果相对于像素级分类结果更具备参考价值，能提供更丰富的地表语义信息。

本示例选取山东省栖霞市庙后镇进行地块级种植结构制图，该区域是一个典型的园林作物种植区。庙后镇位于 37°05′05″~37°29′46″N，120°32′45″~121°15′58″E，占地面积 84.89 km², 是典型的温带季风性气候，年平均气温 12℃，年降水量 754 mm。以丘陵为主，南部海拔高于北部。土地覆盖类型主要是农田、森林、林地、建筑物和水，形成了复杂多样的农业景观。当地经济作物主要是果园作物，包括大樱桃和苹果，这两种作物都属蔷薇科落叶乔木，全年都具有相似的物候特征，因此给遥感影像的识别与区分带来了较大困难。此外，该地区还种植了少量小麦、玉米和花生，而且还存在一个很典型的农业问题，即混合种植。因此，本研究将研究区的农田分为四类：苹果园、樱桃园、大棚和混合果园。

2. 研究方法

在进行系统的任务分解之后，将地块级作物制图工作分为三个主要步骤(图 21-1)，本示例中将分别阐述每个步骤的具体工作。

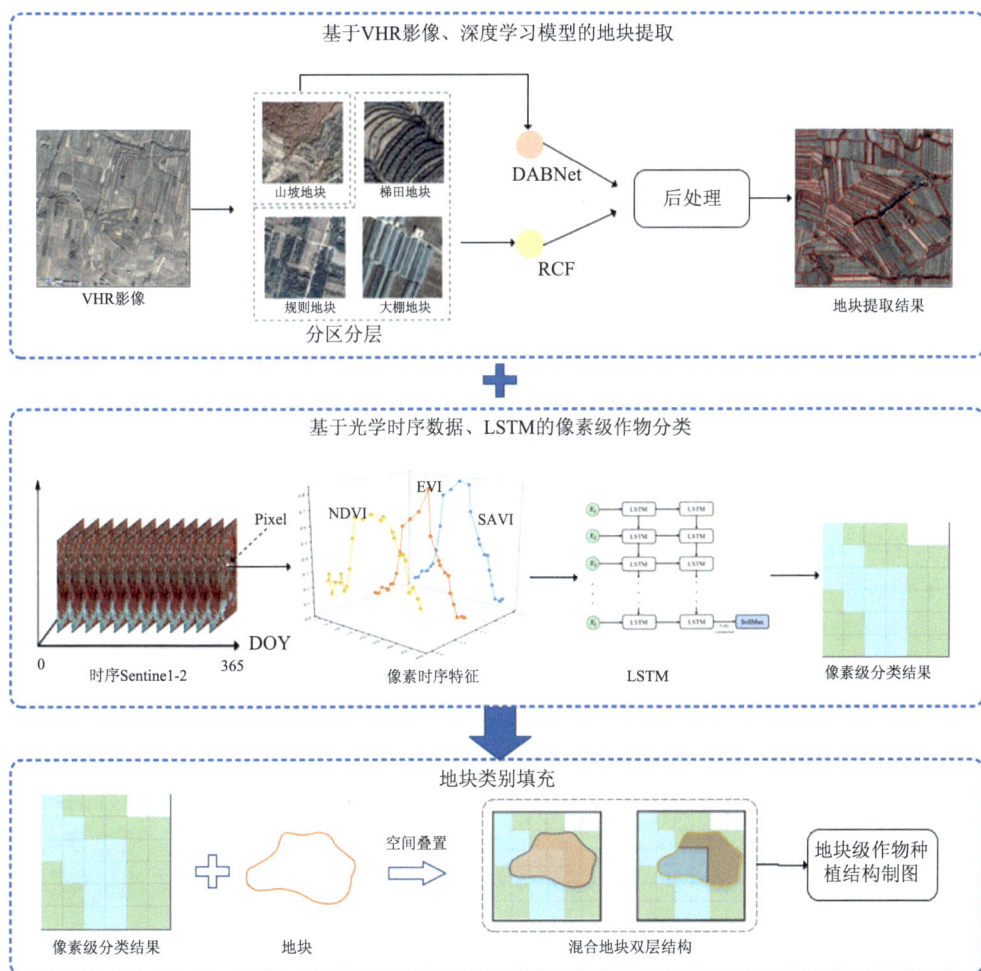

图 21-1　地块级作物种植结构制图总体流程图

根据图 21-1，针对复杂山区的地块级园林作物种植结构制图流程可分为以下几个步骤：

（1）基于 VHR 影像、深度学习模型的地块提取。在超高空间分辨率影像上，基于纹理和边界信息，采用两种深度学习模型提取出研究区内的农田地块。

（2）基于光学时序数据、LSTM 的像素级作物分类。利用作物之间物候差异的可分性，构建时间序列特征，采用经典的时间序列数据分类网络 LSTM 进行作物分类。

（3）地块类别填充。基于上面两个结果，确定地块类别填充策略，要求既能满足制图精度要求，又兼顾考虑到研究区特有的混合种植情况。

在这项研究中，选择谷歌卫星影像作为地块提取的 VHR（very high resolution）影像，选用 Sentinel-2 号影像，作为构建作物时序特征的影像数据。VHR 影像的空间分辨率为 0.55 m，提供了红、绿和蓝三个波段，包含丰富的地面空间特征和表面纹理特征。在视觉效果方面，可以清楚地看到农业地块的空间分布。将 Sentinel-2 影像作为参考影像，对 VHR 影像进行几何校正，确保采样点与影像具有正确的对应关系。这可以避免数据映射错误影响后续分类精度。

Sentinel-2 影像在可见光和近红外波段的空间分辨率为 10m，重访期小于 5 天。因此，它非常适合构建作物生长曲线。本示例中用到的 Sentinel-2 影像是从欧洲航天局哥白尼开放中心免费获取的（https://scihub.copernicus.eu/without/dhus/#/home），下载下来的产品是 L1C 级别的，该产品是大气表观反射率产品，但未进行大气校正。因此，通过对 L1C 产物进行大气校正以消除大气影响，获得 L2A 产品。下载数据时，图像的云量设置为低于 10%。在 2019 年浏览了研究区域的图像，最终获得了 24 张图像。除了 6 月和 7 月，每个月有两张或更多 Sentinel-2 图像，以更好地模拟作物生长的时间特征。

3. 基于高分影像的地块提取

本示例采用分区分层的地块提取框架提取复杂山区地块。在传统的视觉解译过程中，分区和分层的概念模拟了人类视觉对图像的认知处理过程，并考虑了适合于大规模地理实体感知的附加空间信息。分区和分层策略的思想在之前的许多研究中显示出了良好的结果，实验表明，利用分区和分层的概念进行分类可以显著提高作物面积估计的准确性，并降低田间采样成本。由于复杂地形的影响，山区耕地对象的空间结构特征差异很大。这种复杂性降低了分类算法的提取精度。因此，仅使用一种提取算法，无论是基于边缘的模型还是基于纹理的模型，来提取整个复杂区域中的地块都是不合理的、不全面的，其结果都不是最精准的。为了解决这个问题，考虑到研究区域的地形条件，本示例中设计了分区和分层提取方案。通常，在实施分区策略时，区域主要由一些象征性的线性元素划分，如河流、道路和地形线。然而，由于研究区域的城市部分很小，地块分布受地形影响很大，因此在区域分区时使用了地形因素、DEM 数据和坡度数据。地块提取过程如图 21-2 所示。

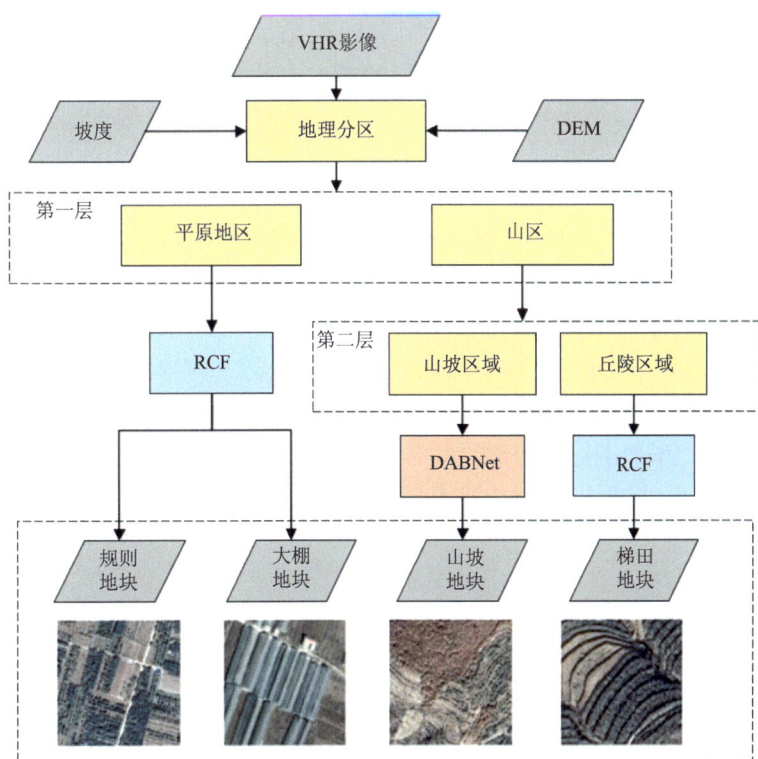

图 21-2　地块提取流程图

通过使用分区和分层提取框架，可以将复杂区域划分为几个相对统一的地理区域。然后，在这些区域进行进一步划分得到地块类别，继而针对性地采用深度学习算法提取农田地块。分区分层地块提取框架如表 21-1 所示，首先将研究区划分为山区和平原地区。在相同的地理条件下，每个地区的农田地块具有相似的特征。之后，平原地区地块分为规则地块和大棚地块。第二层主要针对山区，将其分为山坡区域和丘陵区域。这两个区域的定义主要取决于地形是否经过了人工改造。将山坡区域的地块定义为山坡地块，山坡地块的作物直接种植在山坡上，而不需要人工改变地形。该区域地块的形状不规则，没有明显的边缘，但人工栽培作物和自然生长植物之间的纹理特征明显，前者的纹理更规则。将丘陵区域的地块定义为梯田地块，梯田地块是沿着丘陵或山坡上的等高线人工建造的带状地块，在遥感影像中具有明显的边缘。综上所述，将研究区的地块划分为四种类型：规则地块、大棚地块、山坡地块和丘陵地块。

表 21-1　地块类别表

地理分区	地块类型	特征
平原地区	大棚地块	形状规则，边界清晰，分布在平原地区，其视觉特征与地表北京差异很大
	规则地块	平原地块，形状规则，边界清晰，内部纹理均匀，面积相对均衡
山区	梯田地块	多呈狭长带状，有相对固定的宽度。边界清晰，内部纹理均匀，排列规则
	山坡地块	边界模糊，内部纹理均匀，形状不规则，不规则分布在山坡上，面积差异大，多为混合地块

地块提取中共用到两种深度学习模型，分别是 RCF 和 DABNet。RCF 模型是一种基于边缘特征的深度学习模型，其在卷积网络的基础上进行了修改，让模型在避免参数量过多的情况下学习到影像中丰富的边缘细节信息，在高分遥感影像上达到很好的边缘提取效果。该模型主要用于提取研究区的规则地块、大棚地块以及梯田地块(这些地块边缘信息很明显)。DABNet 是一种基于纹理信息的深度学习模型，可以学习高分遥感影像中丰富的地表纹理信息。用该模型提取山坡区域的山坡地块还有一个好处，研究区域内的园林作物和天然林属于同一科，在时间序列中表现出非常相似的物候特征。仅用彼此之间的物候特征作为二者的分类依据会导致彼此之间可分性低，严重影响最终分类精度。而目视解译发现，人工园林作物和天然林的纹理在遥感图像中有很大不同，人工园林作物的纹理十分规则，自然林的纹理更杂乱。因此，当 DABNet 用于山坡地块提取时，可以基于纹理特征在 VHR 图像上分离天然林和果园，有利于提高时序模型的分类精度(排除了天然林的干扰)。以下将分别介绍这两种模型和实现。

1) RCF 模型

卷积神经网络(convolutional neural network, CNN)是一种具有强大学习能力的多层感知器。与传统的识别算法相比，它可以将图像作为输入，避免了复杂的特征提取和数据重建过程。这对于图像处理具有很大优势。近年来，它已广泛应用于边缘检测任务中。然而，许多现有的基于 CNN 的模型在检测对象边缘时只考虑最后一个卷积层的特征，这会导致大量信息的丢失。为了解决特征信息丢失的问题，RCF 网络被提出。RCF(richer convolutional features)结合了 VGG16(visual geometry group)网络和 HED(holistically-nested edge detection)的结构优势，其大部分网络结构来自 VGG16。RCF 的卷积层分为通过池层连接的五个阶段，网络主体包括骨干网络、深度监管和特征融合三部分。每个阶段执行深度监督学习，以使网络尽快收敛。然后，融合五个阶段的边缘图，并将结果作为输出。

本示例中用到的边缘提取模型是修改后的 RCF，具体为将原 RCF 模型的左侧五个 stage 修改为 ResNet101 模型中的五个卷积模块，其余与原 RCF 结构保持一致。

模型输出层的分类器是 sigmoid 函数，输出值是像素是地块边缘的概率，范围从 0 到 1。值越大，像素成为地块边缘的概率越大。最后，通过设置适当的阈值来提取地块边缘。以下展示了模型代码与相关解释。模型是基于 ResNet101 网络构建的，ResNet 网络亮点在于网络中提出了残差结构加速模型收敛：基础 ResNet 结构和 Bottleneck 瓶颈结构，其中基础 ResNet 结构适用于 RenNet 中的浅层网络(resnet18 和 resnet34)，bottlenect 结构适用于深层网络(resnet 50、101 和 152)这两种结构如图 21-3 所示。

用到的残差结构为 bottleneck。该结构将输入数据划分为两个分支分别运算，最后相加。在主分支上采用三个卷积层：第一个卷积层采用 64 个 1*1 的卷积核，主要是为了压缩数据通道，减少参数；第二个卷积层用来进行特征提取；第三个卷积层采用 256 个 1*1 的卷积核，用来给特征矩阵增加通道。经过三个卷积层之后，将卷积之后的结果和原始输入相加，再通过激活函数增加非线性因素得到输出。

代码中通过构建 Bottleneck 类搭建深层残差网络的残差结构，在进行网络搭建的时候，通过调用该类可以调用残差结构。该类中包含 2 个函数需要实现。

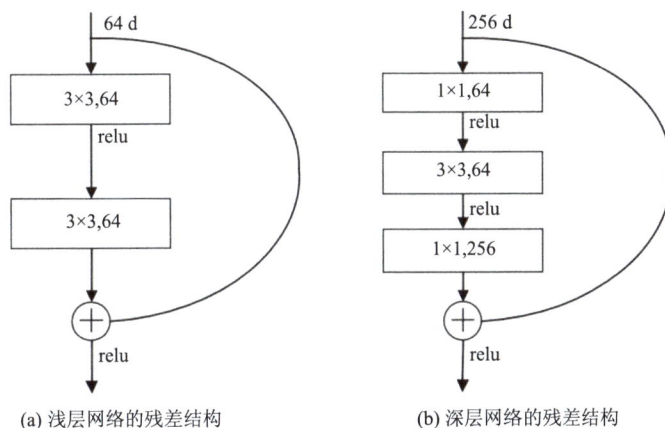

(a) 浅层网络的残差结构　　　(b) 深层网络的残差结构

图 21-3　ResNet 的残差结构

```
'''ResNet 的残差结构 Bottleneck 构建'''
class Bottleneck(nn.Module):
    '''残差结构中，相加的部分维度不同，不能直接相加，expansion = 4'''
    expansion = 4
    def __init__(self, inplanes, planes, stride=1, downsample=None):
        '''### 实现代码，见后面 ###'''
    def forward(self, x):
        '''定义前向传播函数，搭建残差结构中的具体数据传递方式'''
        '''### 实现代码，见后面 ###'''
```

下面将分别介绍 Bottleneck 类中两个函数的具体实现及逻辑，首先是构造函数__
init__()。

```
def __init__(self, inplanes, planes, stride=1, downsample=None):
    super(Bottleneck, self).__init__()
    '''按照相应的模块结构搭建网络'''
    '''1x1 的卷积是为了降维，减少通道数'''
    self.conv1 = conv1x1(inplanes, planes)  # 构建 1*1 卷积
    self.bn1 = nn.BatchNorm2d(planes)  # BN 操作，加快网络训练速度，一般放在卷积和激活函
数之间
    '''3x3 的卷积是为了改变图片大小，不改变通道数'''
    self.conv2 = conv3x3(planes, planes, stride)  # 构建 3*3 卷积
    self.bn2 = nn.BatchNorm2d(planes)  # 批量标准化操作，可以加快网络训练速度
    '''1x1 的卷积是为了升维，增加通道数，增加到 planes * 4
    该步骤主要是因为在 resnet 的神网络结构的 conv2-5 中第三层卷积层通道数变成了四倍'''
    self.conv3 = conv1x1(planes, planes * self.expansion)  # 构建 1*1 卷积
    self.bn3 = nn.BatchNorm2d(
        planes * self.expansion)  # 批量标准化操作，可以加快网络训练速度
    self.relu = nn.ReLU(inplace=True)
```

```
        self.downsample = downsample
        self.stride = stride
```

构造函数中加载残差模块中的基本信息，包括模型的输入尺寸、输出维度（卷积核个数）、卷积层的步长，默认为1，函数中将残差结构的双层结构都搭建出来。

代码中通过构建 forward 前向传播函数，完成对 ResNet 残差结构的网络构建。

```
def forward(self, x):
    identity = x  # 将输入复制一份到残差结构的侧边分支
    '''按照残差结构依次将输入数据经过各个卷积层'''
    out = self.conv1(x)   # 原始数据作为第一层输入
    out = self.bn1(out)
    out = self.relu(out)
    out = self.conv2(out)    # 第一层数据作为第二层输入
    out = self.bn2(out)
    out = self.relu(out)
    out = self.conv3(out)    # 第二层数据作为第三层输入
    out = self.bn3(out)
    '''判断下采样不是 None，则对矩阵进行下采样'''
    if self.downsample is not None:
        identity = self.downsample(x)
    out += identity
    out = self.relu(out)
    return out
```

接下来介绍 ResNet 类的构建，ResNet 类继承自 nn.Module，其中包含三个函数需要实现，分别是构造函数 __init__()、_make_layer() 以及前向传播函数 forward()。在 ResNet 类中实现了整体网络结构的搭建。

```
class ResNet(nn.Module):
    '''通过__init__函数设置对应的 ResNet 网络
    参数:
        block 代表着网络结构
        layers 代表着选择不同的层，resnet101 对应着[3, 4, 23, 3]
        num_classes 分类类别，默认为 1000
    '''
    def __init__(self, block, layers, num_classes=1000,
            zero_init_residual=False):
        '''### 实现代码，见后面 ###'''


def _make_layer(self, block, planes, blocks, stride=1):
        '''通过_make_layer 实现对神经网络内部的逐层构建
        参数: block 残差结构，resnet101 中为 bottleneck，planes 为卷积核个数，blocks 残差
结构个数'''
        '''### 实现代码，见后面 ###'''


def forward(self, x, size):
```

```
'''前向传播，按照网络结构推进'''
'''### 实现代码，见后面 ###'''
```

下面将分别介绍三个函数的具体实现及逻辑，首先是构造函数 __init__()。

```python
def __init__(self, block, layers, num_classes=1000,
             zero_init_residual=False):
    super(ResNet, self).__init__()
    self.inplanes = 64
    '''构建conv1'''
    self.conv1 = nn.Conv2d(3, 64, kernel_size=7, stride=2, padding=3,
             bias=False)
    self.bn1 = nn.BatchNorm2d(64)
    self.relu = nn.ReLU(inplace=True)
    '''构建conv2，resnet101中包含3个残差模块'''
    self.maxpool = nn.MaxPool2d(kernel_size=3, stride=2, padding=1)
    self.layer1 = self._make_layer(block, 64, layers[0])
    '''构建conv3，resnet101中包含4个残差模块'''
    self.layer2 = self._make_layer(block, 128, layers[1], stride=2)
    '''构建conv4，resnet101中包含23个残差模块'''
    self.layer3 = self._make_layer(block, 256, layers[2], stride=2)
    '''构建conv5，resnet101中包含3个残差模块'''
    self.layer4 = self._make_layer(block, 512, layers[3], stride=2)
    self.avgpool = nn.AdaptiveAvgPool2d((1, 1))
    self.fc = nn.Linear(512 * block.expansion, num_classes)
    '''用1*1的卷积核，对每个通道的stage统一通道数为21'''
    self.C1_down_channel = nn.Conv2d(64, 21, 1)
    self.C2_down_channel = nn.Conv2d(256, 21, 1)
    self.C3_down_channel = nn.Conv2d(512, 21, 1)
    self.C4_down_channel = nn.Conv2d(1024, 21, 1)
    self.C5_down_channel = nn.Conv2d(2048, 21, 1)
    '''统一维度，5个stage的通道数都变为1'''
    self.score_dsn1 = nn.Conv2d(21, 1, 1)
    self.score_dsn2 = nn.Conv2d(21, 1, 1)
    self.score_dsn3 = nn.Conv2d(21, 1, 1)
    self.score_dsn4 = nn.Conv2d(21, 1, 1)
    self.score_dsn5 = nn.Conv2d(21, 1, 1)
    '''将concat后的特征矩阵通道数下采样为1'''
    self.score_final = nn.Conv2d(5, 1, 1)
    '''self.modules会返回模型每一层的参数，在此处调用for循环用于初始化卷积层'''
    for m in self.modules():
        if isinstance(m, nn.Conv2d):
            nn.init.kaiming_normal_(
                m.weight, mode='fan_out', nonlinearity='relu')
        elif isinstance(m, nn.BatchNorm2d):
```

```
                nn.init.constant_(m.weight, 1)
                nn.init.constant_(m.bias, 0)
    '''zero_init_residual 初始化每个剩余分支的最后一个 BN, 以使其从零开始'''
    '''可以优化网络'''
    if zero_init_residual:
        for m in self.modules():
            if isinstance(m, Bottleneck):
                nn.init.constant_(m.bn3.weight, 0)
            elif isinstance(m, BasicBlock):
                nn.init.constant_(m.bn2.weight, 0)
```

网络通过 __init__() 函数设置对应的 ResNet 网络, 其中包含的参数 block 代表着网络调用的残差结构(浅层残差结构还是深层残差结构), layers 代表着选择不同的层, 在 resnet101 网络中分别对应着[3, 4, 23, 3], num_classes 为分类类别, 默认为 1 000。

通过 _make_layer() 函数实现对神经网络内部的逐层构建, block 代表残差结构, planes 为卷积核的个数, 也是输出的特征矩阵的维度, blocks 为残差结构的个数。

```
def _make_layer(self, block, planes, blocks, stride=1):
    downsample = None    # 该参数在 Bottleneck 中会用到
    '''首先判断 stride 是否为 1, 输入输出通道是否相等。'''
    '''resnet101 中, conv2-conv5 需经过该步骤实现对侧边分支的采样, 改变尺寸和通道数和主分支一样, 以
    进行后续叠加, 通过传入 stride=2 实现'''
    if stride != 1 or self.inplanes != planes * block.expansion:
            downsample = nn.Sequential(
                '''不相等则用 1*1 的卷积改变大小和通道作为 downsample'''
                conv1x1(self.inplanes, planes * block.expansion, stride),
                nn.BatchNorm2d(planes * block.expansion))
    layers = []  # 设置一个空的 layer 列表, 存储网络结构
    '''添加第一个 basic block, 把 downsample 传给 BasicBlock 作为下采样的层'''
    layers.append(block(self.inplanes, planes, stride, downsample))
    '''修改输出的通道数'''
    self.inplanes = planes * block.expansion
    '''继续添加这个 layer 里接下来的 BasicBlock'''
    for _ in range(1, blocks):
        layers.append(block(self.inplanes, planes))
    ''' layer 前有*, 此处传入的是非关键字, nn.Sequential 能自动解析列表按照顺序生成网络结构'''
    return nn.Sequential(*layers)
```

网络前向传播函数 forward() 定义了网络中数据的传播结构。与很多卷积神经网络不同, 在网络结构最后调用 sigmoid() 函数, 而不是全连接层, 输出的结果为概率值, 在本示例中代表像素为边缘像素的概率。具体实现如下。

```
'''前向传播, 按照网络结构推进'''
def forward(self, x, size):
    # x 1
```

```
x = self.conv1(x)   # 1/2
x = self.bn1(x)    # BN 操作，加速模型训练
x = self.relu(x)
C1 = self.maxpool(x)   # 1/4
C2 = self.layer1(C1)   # 1/4
C3 = self.layer2(C2)   # 1/8
C4 = self.layer3(C3)   # 1/16
C5 = self.layer4(C4)   # 1/32
'''对每一层卷积之后的结果都要调用激活函数增强非线性关系'''
'''RCF 有 5 个 stage，对每个 stage 都线采用 1*1 的卷积核降低通道数为 21'''
R1 = self.relu(self.C1_down_channel(C1))
R2 = self.relu(self.C2_down_channel(C2))
R3 = self.relu(self.C3_down_channel(C3))
R4 = self.relu(self.C4_down_channel(C4))
R5 = self.relu(self.C5_down_channel(C5))
'''下采样，统一通道数为 1'''
so1_out = self.score_dsn1(R1)
so2_out = self.score_dsn2(R2)
so3_out = self.score_dsn3(R3)
so4_out = self.score_dsn4(R4)
so5_out = self.score_dsn4(R5)
'''UpsamplingBilinear2d 对由多个通道组成的输入，应用 2D 双线性上采样'''
upsample = nn.UpsamplingBilinear2d(size)
out1 = upsample(so1_out)
out2 = upsample(so2_out)
out3 = upsample(so3_out)
out4 = upsample(so4_out)
out5 = upsample(so5_out)
'''将多个 tensor 类型矩阵连接起来，dim 为选择的扩张维度，扩张之后通道数为 5'''
fuse = torch.cat([out1, out2, out3, out4, out5], dim=1)
'''用 1*1 的卷积核。将通道数降为 1'''
final_out = self.score_final(fuse)
results = [out1, out2, out3, out4, out5, final_out]
'''通过 sigmoid 层，输出结果为预测结果，不需要全连接层'''
results = [torch.sigmoid(r) for r in results]
return results
```

代码中提供了 ResNet101 网络的调用接口，函数中包含两个参数。布尔型变量 pretrained 代表着是否在已有模型上开展训练(迁移学习)，以及网络不同卷积模块的残差结构的个数**kwargs，具体实现如下。

```
def resnet101(pretrained=False, **kwargs):
    '''构建一个 resnet101 网络
    参数:
        pretrained (bool): 如果为 True，则返回在 ImageNet 上预先训练的模型
        resnet101 网络中第 2-5 卷积层中分别设置了 3，4，23，3 个残差模块
```

```
'''
model = ResNet(Bottleneck, [3, 4, 23, 3], **kwargs)
if pretrained:
    model.load_state_dict(model_zoo.load_url(
        model_urls['resnet101']), strict=False)
return model
```

在进行模型训练时，只需调用模型文件，调用定义的模型接口即可，如下所示。

```
model = models.resnet101(pretrained=True).cuda()  # 读取预训练模型
```

如需在已有模型基础上进行强化训练，则将预训练参数设置为 True，网络即会在已有模型基础上进行训练，反之，则将其设为 False，网络会重新在给定的数据集中进行模型训练。

2）DABNet 模型

语义分割是一项像素级预测任务。为了提高预测效果，许多研究人员扩展卷积模型深度，以增加网络的接受域，并捕获更复杂的特征。然而，使用更多的层也需要更多的运行时间和内存。因此，网络在预测精度和速度之间需要进行权衡，以确保模型的最佳总体性能。本示例中选择 DABNet 模型提取山区具有模糊边缘但纹理清晰的地块，DABNet 的网络结构如图 21-4 所示。

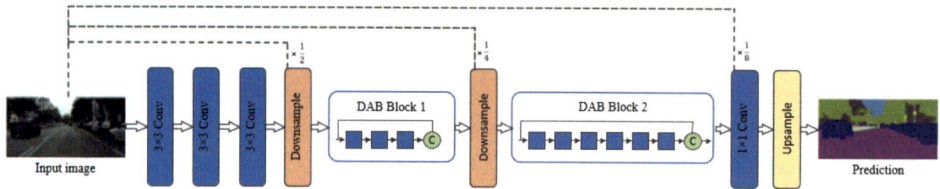

图 21-4　DABNet 网络结构

DABNet 是一个轻量级的语义分割模型。它可以通过显著减少的参数充分利用上下文信息。它结合了 RESNet 中设计的瓶颈和 ERFNet 中因子分解卷积的优点。提出了一种深度不对称瓶颈 DAB（Depth-wise Asymmetric Bottleneck module）模块（图 21-5），以在算法的速度和精度之间实现了平衡。

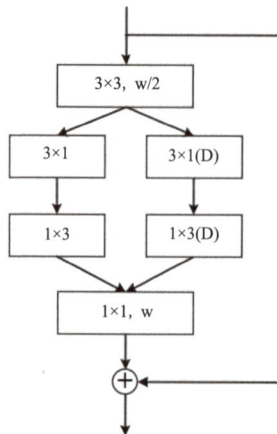

图 21-5　DAB 模块

如上图所示，DAB 模块中使用了 3×3 卷积，以减少通道数量，并避免建立更深的模型。在 DAB 模块中，构建了两个分支，信息分支和上下文分支两个分支用于提取特征。在第一分支中，3×3 深度方向卷积被 3×1 深度方向卷积取代，随后是 1×3 深度位置卷积。在第二分支中，仅将扩展卷积应用于深度方向非对称卷积以降低计算成本。然后，将两个分支的信息叠加在一起，并通过 1×1 卷积恢复通道数。最后，将输入特征叠加为输出。

以下示意了 DABNet 模型的核心代码。代码中共包含 6 个类，分别是 Conv()、BNPReLU()、DABModule()、DownSamplingBlock()、InputInjection() 和 DABNet()。这些类都继承自 nn.Module()，都包含构造函数 __init__() 和前向传播函数 forward()，如下所示。

```python
class Conv(nn.Module):
    def __init__(self, nIn, nOut, kSize, stride, padding, dilation=(1, 1), groups=1,
bn_acti=False, bias=False):
        super().__init__()
        '''### 实现代码，见后面 ###'''
    def forward(self, input):
        '''### 实现代码，见后面 ###'''
class BNPReLU(nn.Module):
    def __init__(self, nIn):
        super().__init__()
        '''### 实现代码，见后面 ###'''
    def forward(self, input):
        '''### 实现代码，见后面 ###'''
class DABModule(nn.Module):
    def __init__(self, nIn, d=1, kSize=3, dkSize=3):
        super().__init__()
        '''### 实现代码，见后面 ###'''
    def forward(self, input):
        '''### 实现代码，见后面 ###'''
class DownSamplingBlock(nn.Module):
    def __init__(self, nIn, nOut):
        super().__init__()
        '''### 实现代码，见后面 ###'''
    def forward(self, input):
        '''### 实现代码，见后面 ###'''
class InputInjection(nn.Module):
    def __init__(self, ratio):
        super().__init__()
        '''### 实现代码，见后面 ###'''
    def forward(self, input):
        '''### 实现代码，见后面 ###'''
class DABNet(nn.Module):
    def __init__(self, classes=19, block_1=3, block_2=6):
        super().__init__()
```

```
        '''### 实现代码，见后面 ###'''
    def forward(self, input):
        '''### 实现代码，见后面 ###'''
```

以下将分别介绍这些类的实现方式，首先介绍 Conv(nn.Module)，该类主要是提供卷积层和 BN 功能。通过布尔型变量 bn_acti 决定是否调用 BN 功能，以下为实现代码。

```
'''自定义 conv 类'''
class Conv(nn.Module):
    def __init__(self, nIn, nOut, kSize, stride, padding, dilation=(1, 1), groups=1,
bn_acti=False, bias=False):
        super().__init__()
        self.bn_acti = bn_acti
        '''构建二维卷积层'''
        '''kernel_size 卷积核大小，stride 滑动窗口步长，padding 补 0 像素'''
        self.conv = nn.Conv2d(nIn, nOut, kernel_size=kSize, stride=stride,
                padding=padding, dilation=dilation, groups=groups, bias=bias)
        if self.bn_acti:
            self.bn_prelu = BNPReLU(nOut)
    '''前向传播'''
    def forward(self, input):
        output = self.conv(input)
        if self.bn_acti:
            output = self.bn_prelu(output)
        return output
```

BNPReLU()类中定义了网络中所用的激活函数，BNPReLU 由 BN 和 PReLU 激活函数组成，PReLU 函数的效果要优于传统的 ReLU 函数。BN 指批量归一化，首先对特征矩阵调用 BN 函数 BatchNorm2d 将特征矩阵归一化，可以加速模型收敛。之后再调用激活函数，代码实现如下。

```
class BNPReLU(nn.Module):
    def __init__(self, nIn):
        super().__init__()
        '''数据归一化，对模型提升有很大帮助，避免梯度在不同方向上速率不同'''
        self.bn = nn.BatchNorm2d(nIn, eps=1e-3)
        self.acti = nn.PReLU(nIn)

    '''前向传播函数'''
    def forward(self, input):
        output = self.bn(input)
        output = self.acti(output)
        return output
```

在 DABModule()类中实现对 DAB 模块的定义。具体逻辑为，首先对特征矩阵调用激活函数，再调用一个 3*3 的卷积层，卷积核的个数为输入矩阵维度的一半，经过该卷积层得到的特征矩阵维度表内输入的一半。之后采用两个分支进行卷积，将两个分支卷

积结果相加再调用激活函数，最终经过一个 1*1 的卷积层将特征矩阵的维度转换成输入
矩阵的维度，代码实现如下。

```python
class DABModule(nn.Module):
    def __init__(self, nIn, d=1, kSize=3, dkSize=3):
        super().__init__()
        self.bn_relu_1 = BNPReLU(nIn)
        '''3*3 卷积核'''
        self.conv3x3 = Conv(nIn, nIn // 2, kSize, 1, padding=1, bn_acti=True)
        '''左分支，由 3*1 和 1*3 的可分离卷积构成'''
        self.dconv3x1 = Conv(nIn // 2, nIn // 2, (dkSize, 1), 1,
                padding=(1, 0), groups=nIn // 2, bn_acti=True)
        self.dconv1x3 = Conv(nIn // 2, nIn // 2, (1, dkSize), 1,
                padding=(0, 1), groups=nIn // 2, bn_acti=True)
        '''右分支，增加膨胀因子，由 3*1 和 1*3 的可分离卷积构成'''
        self.ddconv3x1 = Conv(nIn // 2, nIn // 2, (dkSize, 1), 1,
                padding=(1 * d, 0), dilation=(d, 1), groups=nIn // 2,
                bn_acti=True)
        self.ddconv1x3 = Conv(nIn // 2, nIn // 2, (1, dkSize), 1,
                padding=(0, 1 * d), dilation=(1, d), groups=nIn // 2,
                bn_acti=True)
        '''调用激活函数，增加非线性因素'''
        self.bn_relu_2 = BNPReLU(nIn // 2)
        self.conv1x1 = Conv(nIn // 2, nIn, 1, 1, padding=0, bn_acti=False)

    '''前向传播函数'''
    def forward(self, input):
        output = self.bn_relu_1(input)
        output = self.conv3x3(output) # DAB 模块先将输入数据经过一个 3*3 的卷积降低通道数
        '''左边分支'''
        br1 = self.dconv3x1(output)
        br1 = self.dconv1x3(br1)
        '''右边分支'''
        br2 = self.ddconv3x1(output)
        br2 = self.ddconv1x3(br2)
        output = br1 + br2 # 将两个分支的结果相加
        output = self.bn_relu_2(output)
        output = self.conv1x1(output) # 通过一个 1*1 的卷积层
        return output + input
```

DownSamplingBlock()类中实现了网络中的下采样模块。该模块中主要通过调用一
个 3*3 的卷积改变输入特征矩阵的尺寸，在卷积核尺寸为 3*3、步长为 2、padding 为 1
的情况下，输出数据的尺寸被转换为输入数据尺寸的一半，代码实现如下。

```python
'''下采样模块'''
class DownSamplingBlock(nn.Module):
```

```python
    def __init__(self, nIn, nOut):
        super().__init__()
        self.nIn = nIn
        self.nOut = nOut
        if self.nIn < self.nOut: # 输入尺寸小于输出尺寸
            nConv = nOut - nIn
        else:
            nConv = nOut # 输出尺寸小于输入尺寸，将卷积核个数设置为输出尺寸
        self.conv3x3 = Conv(nIn, nConv, kSize=3, stride=2, padding=1)
        self.max_pool = nn.MaxPool2d(2, stride=2) # 最大值池化
        self.bn_prelu = BNPReLU(nOut) # 卷积层之后接入激活函数

    def forward(self, input):
        output = self.conv3x3(input)
        if self.nIn < self.nOut:
            max_pool = self.max_pool(input)
            output = torch.cat([output, max_pool], 1) # 最大值池化与卷积结果拼接保证通
道数不变
        output = self.bn_prelu(output)
        return output
```

InputInjection() 类中实现了连续池化功能。调用 nn.ModuleList() 函数构建网络结构，该网络结构中包含 ratio 个平均池化层。池化层中池化核尺寸为3*3，步长为2，padding为1，经过池化层之后特征矩阵的尺寸缩小一半。代码实现如下。

```python
class InputInjection(nn.Module):
    def __init__(self, ratio):
        super().__init__()
        self.pool = nn.ModuleList()
        for i in range(0, ratio):
            '''平均二维池化，池化核的大小为3*3'''
            self.pool.append(nn.AvgPool2d(3, stride=2, padding=1))

    def forward(self, input):
        for pool in self.pool:
            input = pool(input)
        return input
```

接下来介绍 DABNet 网络结构的实现类 DABNet(nn.Module)。DABNet 网络中包含两个 DAB Block。在第一个 DAB Block 中包含 3 个膨胀率为 2 的 DAB 模块（block_1=3），在第二个 DAB Block 中包含 6 个 DAB 模块（block_2=6），膨胀率分别为 4，4，8，8，16，16，以增大感受野，代码实现如下。

```python
class DABNet(nn.Module):
    def __init__(self, classes=19, block_1=3, block_2=6):
        super().__init__()
        '''前三个卷积块，用以进行特征提取'''
```

```python
        self.init_conv = nn.Sequential(
            Conv(3, 32, 3, 2, padding=1, bn_acti=True),
            Conv(32, 32, 3, 1, padding=1, bn_acti=True),
            Conv(32, 32, 3, 1, padding=1, bn_acti=True),
        )
        self.down_1 = InputInjection(1)  # 向下采样图像一次
        self.down_2 = InputInjection(2)  # 向下采样图像两次
        self.down_3 = InputInjection(3)  # 向下采样图像三次
        '''BN + PRelu，效果优于 Relu'''
        self.bn_prelu_1 = BNPReLU(32 + 3)
        '''DAB 模块 1，包含 3 个 DAB 结构'''
        self.downsample_1 = DownSamplingBlock(32 + 3, 64)
        self.DAB_Block_1 = nn.Sequential()  # 连续使用 3 个 DAB 结构
        for i in range(0, block_1):
            self.DAB_Block_1.add_module(
                "DAB_Module_1_" + str(i), DABModule(64, d=2))
        self.bn_prelu_2 = BNPReLU(128 + 3)
        '''DAB 模块 2，包含 6 个 DAB 结构'''
        dilation_block_2 = [4, 4, 8, 8, 16, 16]  # 右边分支的膨胀率
        self.downsample_2 = DownSamplingBlock(128 + 3, 128)
        self.DAB_Block_2 = nn.Sequential()  # 连续使用 6 个 DAB 结构
        for i in range(0, block_2):
            self.DAB_Block_2.add_module("DAB_Module_2_" + str(i),
                DABModule(128, d=dilation_block_2[i]))
        self.bn_prelu_3 = BNPReLU(256 + 3)
        self.classifier = nn.Sequential(Conv(259, classes, 1, 1, padding=0))


    '''前向传播函数，依次构建网络结构'''
    def forward(self, input):
        output0 = self.init_conv(input)  # 首先经过 3 个 3*3 的卷积层
        down_1 = self.down_1(input)  # 进行三次下采样，降低特征图尺寸，增加感受野
        down_2 = self.down_2(input)
        down_3 = self.down_3(input)
        output0_cat = self.bn_prelu_1(torch.cat([output0, down_1], 1))
        '''调用 DAB 模块 1，第一个下采样结果在 DAB 模块 1 之前'''
        output1_0 = self.downsample_1(output0_cat)
        output1 = self.DAB_Block_1(output1_0)
        output1_cat = self.bn_prelu_2(
                torch.cat([output1, output1_0, down_2], 1))
        '''调用 DAB 模块 2，第二个下采样结果在 DAB 模块 2 之前'''
        output2_0 = self.downsample_2(output1_cat)
        output2 = self.DAB_Block_2(output2_0)
        output2_cat = self.bn_prelu_3(
                torch.cat([output2, output2_0, down_3], 1))
```

```
out = self.classifier(output2_cat)
out = F.interpolate(
        out, input.size()[2:], mode='bilinear', align_corners=False)
return out
```

以上为 DABNet 网络的实现代码，DABNet 在图像的语义分割工作中展现出了很好的分割效果。

4. 基于 LSTM 的作物分类

循环神经网络(RNN)是一种非常强大的、用于处理和预测序列数据的神经网络模型。RNN 克服了传统机器学习对输入数据的诸多限制，在深度学习领域中应用十分广泛。然而，RNN 在实际应用中依然存在着问题，在多次循环之后，会出现梯度消失或者梯度爆炸现象。在这种情况下，LSTM 被提出，该模型克服了传统 RNN 网络中的误差回溯的问题。已有很多学者实验证明，在处理时间序列数据中，相较于 KNN 等 RNN 网络，LSTM 能获得更高的分类精度。

研究中选择使用 LSTM 模型对规则时间序列进行分类，如图 21-6 所示。

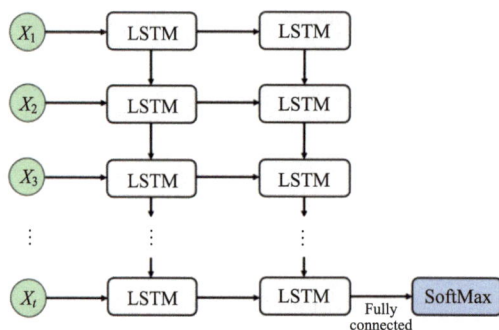

图 21-6　LSTM 网络结构

LSTM 网络结构中设计了一个特殊的网络结构，可以控制误差流通过该特殊结构的内部状态，在训练过程中解决梯度爆炸或者消失的问题。该单元结构如图 21-7 所示，由两个状态单元和三个不同的门控组成，两个状态分别是存储状态 C_t 和隐藏状态 h_t。三个门控分别是输入门、遗忘门和输出门，门控可以看作是一层全连接层，主要是用来控制信息流，实现对信息的存储和更新。

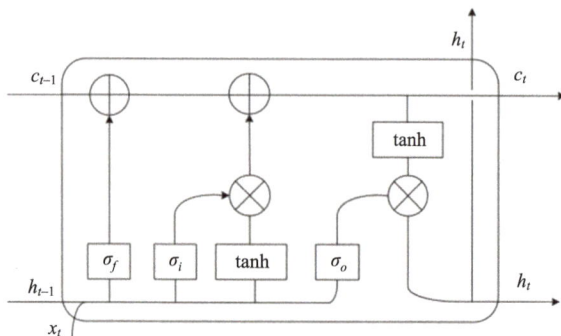

图 21-7　LSTM 单元结构图

门控由 sigmoid 函数和点乘运算实现，一般形式为

$$g(\boldsymbol{x}) = \sigma(\boldsymbol{Wx} + \boldsymbol{b}) \tag{21-1}$$

式中，$\sigma(x)=1/[1+\exp(-x)]$，为 sigmoid 函数，是机器学习中常用到的非线性激活函数。该函数的输出值用来描述信息通过的多少，范围为 0~1。当门的输出值为 0，表示没有信息通过；为 1 时，表示所有信息都可以通过。

LSTM 的前向计算过程可以表示为式(21-2)～式(21-6)。在时间步 t 时，LSTM 的隐藏层的输入和输出向量分别为 $\boldsymbol{x}_t$ 和 $\boldsymbol{h}_t$，记忆单元为 $\boldsymbol{c}_t$，输入门用于控制网络中当前输入数据 $\boldsymbol{x}_t$ 流入记忆单元的多少，即有多少可以保存到 $\boldsymbol{c}_t$，为

$$\boldsymbol{i}_t = \sigma(\boldsymbol{W}_{xi}\boldsymbol{x}_t + \boldsymbol{W}_{hi}\boldsymbol{h}_{t-1} + \boldsymbol{b}_i) \tag{21-2}$$

遗忘门是 LSTM 单元的关键组成部分，可以控制哪些信息要保留哪些要遗忘，即控制上一时刻记忆单元 $\boldsymbol{c}_{t-1}$ 中的信息对当前记忆单元 $\boldsymbol{c}_t$ 的影响。

$$\boldsymbol{f}_t = \sigma(\boldsymbol{W}_{xf}\boldsymbol{x}_t + \boldsymbol{W}_{hf}\boldsymbol{h}_{t-1} + \boldsymbol{b}_f) \tag{21-3}$$

$$\boldsymbol{c}_t = \boldsymbol{f}_t \odot \boldsymbol{c}_{t-1} + \boldsymbol{i}_t \odot \tanh(\boldsymbol{W}_{xc}\boldsymbol{x}_t + \boldsymbol{W}_{hc}\boldsymbol{h}_{t-1} + \boldsymbol{b}_c) \tag{21-4}$$

输出门控制记忆单元 $\boldsymbol{c}_t$ 对当前输出值 $\boldsymbol{h}_t$ 的影响，即记忆单元中的哪一部分会在时间步 t 输出。输出门的值如式(21-6)所示，LSTM 单元的在 t 时刻的输出 $\boldsymbol{h}_t$ 可以通过式(21-7)到

$$\boldsymbol{o}_t = \sigma(\boldsymbol{W}_{xo}\boldsymbol{x}_t + \boldsymbol{W}_{ho}\boldsymbol{h}_{t-1} + \boldsymbol{b}_o) \tag{21-5}$$

$$\boldsymbol{h}_t = \boldsymbol{o}_t \odot \tanh(\boldsymbol{c}_t) \tag{21-6}$$

其中，$\boldsymbol{W}$ 表示权矩阵；$\boldsymbol{b}_o$ 是模型的偏差系数。

Pytorch 中提供了简便的 LSTM 网络构建方式，代码如下所示。

```python
class RNN(nn.Module):
    def __init__(self):
        super(RNN, self).__init__()
        '''模型构建与参数声明
        参数:
            input_size: 样本中的预期特征数量
            hidden_size: 隐藏层中的神经元数量
            num_layers: 网络层数
        '''
        self.lstm = nn.LSTM(
            input_size=D_num,
            hidden_size=N_num,
            num_layers=layer_num,
            batch_first=False,
            dropout=dropout)
        self.fc1 = nn.Sequential(
            nn.Linear(N_num, N_num),
            '''激活函数，inplace 为 True 时，覆盖之前的值'''
            nn.ReLU(inplace=True),
```

```
            nn.BatchNorm1d(N_num))
        self.fc2 = nn.Sequential(
            '''本示例类别预设从1开始，因此设为class_num+1'''
            nn.Linear(N_num, class_num+1))   # 构建网络的全连接层


    '''前向传播函数'''
    def forward(self, x):
        h0 = Variable(torch.zeros(layer_num, x.size(1),
            N_num).cuda())
        c0 = Variable(torch.zeros(layer_num, x.size(1),
            N_num).cuda())
        lstm_out, (h, c) = self.lstm(x, (h0, c0))
        y1 = self.fc1(lstm_out[-1, :, :])
        y2 = self.fc2(y1)
        return y2
rnn = RNN().to(device)   # 将模型加载到指定设备上
optimizer = torch.optim.Adam(
    rnn.parameters(), lr=LR, weight_decay=0.00001)   # 构建优化器
'''学习率自调整'''
scheduler = torch.optim.lr_scheduler.CosineAnnealingLR(
    optimizer, T_max=20, eta_min=0.000001)
loss_func = nn.CrossEntropyLoss()   # 交叉熵损失函数
```

LSTM 网络在学习速率、输入门偏置和输出门偏置等参数的设置上具有泛用性，网络在广泛的参数下都能很好地工作。隐藏层和神经元的数量是 LSTM 网络的重要参数。在网络构建好的基础上，开展模型训练工作，代码如下所示：经过广泛的实验，我们最终将神经元数量设置为 32，即 N_num = 32，将隐藏层的数量设置为 2，即 layer_num = 2。

```
'''EPOCH 为训练轮次'''
for epoch in range(EPOCH):
    rnn.train()
    for step, (x, z_y) in enumerate(train_loader):
        x = x.to(device)
        x = x.permute(2, 0, 1)   # 张量维度转换
        b_y = z_y[:, 0]
        b_y = b_y.to(device)
        b_x = x.view(ts, -1, D_num)   # 重新定义矩阵形状
        '''将数据转化成 tensor 并 copy 到设备中'''
        b_x = torch.as_tensor(b_x, dtype=torch.float32).to(device)
        output = rnn(b_x)
        loss = loss_func(output, b_y.long())
        optimizer.zero_grad()
        loss.backward()
        nn.utils.clip_grad_norm_(
```

```
                rnn.parameters(), max_norm=15, norm_type=2)
        optimizer.step()
scheduler.step()
rnn.eval()
'''测试当前精度，实现模型更新'''
x1 = test_x.to(device)
x1 = x1.permute(2, 0, 1)
x1 = x1.view(ts, -1, D_num)
x1 = x1.float().cuda()
y1 = test_y[:, 0]
y1 = y1.to(device)
y_out = rnn(x1)
pred = torch.max(y_out, 1)[1].data.cpu().numpy().squeeze()
'''精度计算'''
accuracy1 = sum(pred == y1.cpu().numpy()) / float(y1.shape[0])
'''测试集损失计算'''
test_loss = loss_func(y_out, y1.long())
'''更新精度'''
if accuracy1 >= best_accuracy:
    '''如果精度更高，则更新最佳精度，并在控制台输出状态'''
    epoch_b = epoch
    state = {
        'epoch': epoch,
        'rnn': rnn.state_dict(),
        'optimizer': optimizer.state_dict()}
    torch.save(state, model_file)  # 模型保存
    best_accuracy = accuracy1  # 精度更新
```

经过广泛的实验，我们最终将神经元数量设置为 32，即 N_num = 32；将隐藏层的数量设置为 2，即 layer_num = 2。

5. 地块类别确定

地块类别确定是地块及作物种植结构制图的重要内容。庙后镇内种植大樱桃和苹果两种果园作物，经实地调查发现，在该区域内存在明显的园林作物混合种植情况，即一个地块内会同时存在大樱桃树和苹果树。针对该问题，拟将地块作为像素级分类结果的空间约束，将地块分为纯净地块和混合地块，对于混合地块设计一个双层存储结构以更好地表示混合地块，如图 21-8 所示，图中 A 和 B 代表双层结构，A 表示在第一层仅标识地块属性，即地块是混合地块还是纯净地块，以及混合地块内部作物的比例；B 表示第二层，用来展示地块内部不同类被作物的空间分布。

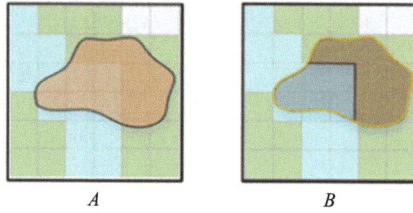

图 21-8　混合地块的双层制图结构

用 python 实现地块类型的填充。通过 python 代码实现对地块内部特征像素属性信息的统计，为地块文件赋予新的属性列来描述地块的信息，之后即可实现地块级作物种植结构的制图。在代码中，循环遍历地块矢量文件中的要素，将其转换成栅格数据（栅格数据叠置分析速度快），然后与像素级的分类结果进行叠置分析，获得覆盖地块的特征像素。之后构建一个信息统计函数，在函数中实现将特征像素的类别信息、面积信息赋予地块矢量文件。此部分代码较为简单，主要是统计分析类，代码略，相应的伪代码如下。

```python
def ShpToRaster(feature):
    '''### 输入格式为矢量要素，将矢量要素转换成栅格 ###'''
    return raster
def getFeaturePixel(classification_result, parcel_raster):
    '''### 进行空间叠置，按照地块类别填充方案，获得覆盖地块的特征像素 ###'''
    '''### 将特征像素的信息存储在 list 中，包括不同类别个数以及相交面积###'''
    return list
def statistic(list, parcel):
    '''### 将 list 中相关信息解析到地块中 ###'''
    '''### 确定地块的类别 ###'''


if _name_ == '_main_':
    '''### 读入像素级分类结果和地块结果 ###'''
    '''### 新建 parcel.shp 以对地块结果进行备份 ###'''
    While !feature:
        '''### 循环遍历 parcel_shp 中的 features，调用 ShpToRaster ###'''
        '''### getFeaturePixel ###'''
        '''### statistic ###'''
        feature = feature.next
```

基于以上代码进行地块中作物信息的统计，之后进行制图，最终得到庙后镇地块级园林作物种植结构制图结果，如图 21-9 所示。

在混合地块中，种植了樱桃和苹果树，对于混合地块，示例根据地块中苹果树的比例，使用不同的颜色来表示它们（如图 21-9 所示），颜色越深表示苹果树的比例越高。子图展示了具有多个混合地块的三个分区，以显示混合地块的两层结构，这说明了填充策略的有效性。根据最终结果，示例开展了作物种植情况的信息统计。作物种植面积来自两个方面：纯果园地块的面积和混合地块中的果园面积，这可以通过混合地块的面积乘以其中果园的比例来获得。最终可以根据以上制图中的类型统计结果，对研究区域的苹果园及樱桃园的面积进行统计。

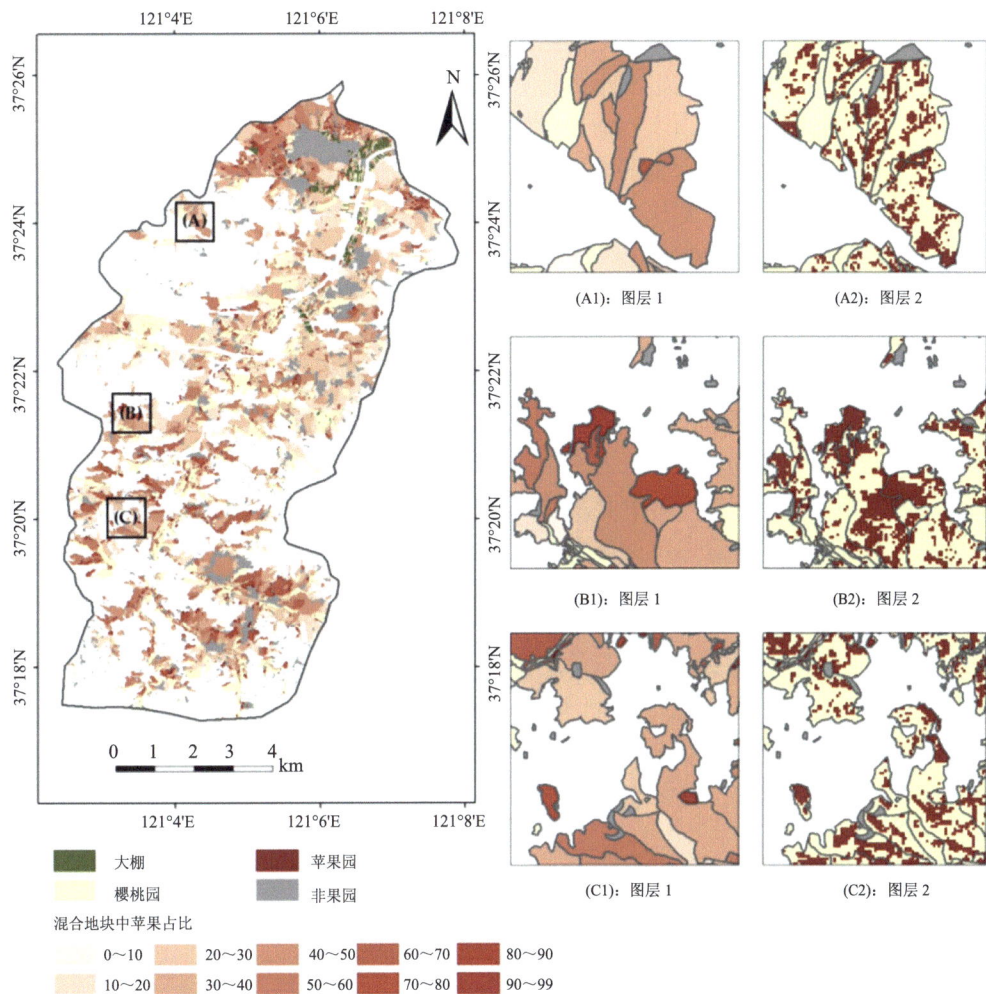

图 21-9　栖霞市作物地块级制图结果

21.2　新疆奎屯不规则时序遥感作物分类

1. 研究背景

新疆地域广阔，地形地貌复杂，高山及沙漠腹地难以到达，监测空白区多，目前已有的资源与生态环境数据依然存在时序不连续、覆盖不全面的问题。实现大区域、空间连续、时间连续的监测手段具有很强的必要性，从局地到大区域监测、从定点到空间连续监测、从依赖间断性观测到时间连续监测，将不断提高对新疆自然资源与生态环境的动态监测能力。

在上一示例中开展了针对复杂山区的地块级园林作物种植结构制图工作。研究采用

LSTM 算法，作为时间序列特征的分类器。LSTM 网络是时序分类工作中一个十分成熟且广泛应用的模型。该模型虽然能学习时序数据之间的变化规律，但其要求模型的输入是规则的，即不同位置不同像素之间的时间序列长度必须一致。在遥感分类工作中，对于地理条件优渥、受云雨天气影响小的地方，很容易获得多期连续且高质量的时间序列光学数据，可以满足对农作物生长期内物候特征的描述。然而，以上只是理想条件，在很多区域，光学影像质量经常受到天气条件影响，无法获得覆盖研究区的完整的高质量光学影像。在这种情况下，生长期遥感数据的缺失会导致无法精细描述作物生长期间生物量的变化。而很多含云的影像中，云覆盖率未达到百分之百，仍有很多区域未受云覆盖，这些区域多呈碎片化分布，如果在分类过程中能将这些碎片化的光学影像也拿来描述作物生长物候将获得更精准的物候曲线，最终获得更好的分类精度。如何充分利用碎片化光学影像提升作物分类精度是本示例的研究重点。

本示例为了获取新疆时空连续的种植结构信息，以新疆奎屯市为例，基于遥感信息反演算法，设计面向新疆农业资源的不规则时序动态遥感监测技术，并结合野外实证调查，开展信息精度验证，生产时空连续的主要作物分类结果，提高大区域资源环境信息的观测能力和观测水平。奎屯市的地理坐标为 $84°47'\sim85°18'E$，$44°19'\sim44°49'N$，行政区域面积 1 171.2 km^2，地形类型以平原为主，海拔在 $450\sim530$ m，境内无山峦及高峰。由于奎屯市地处欧亚大陆腹地，水汽输送距离长，具有降水量少且蒸发量大、温差大且空气干燥、夏热冬寒与气温日(年)较差大的气候特点，属于典型的北温带大陆性气候，年均日照时数可达 2 598.1 小时，光照资源丰富，无霜期可达 175 天，十分适合农业生产与发展，是新疆主要农牧区和粮油棉基地。奎屯市主要种植作物类型为棉花、西红柿、玉米和冬小麦。

2. 研究方法

本示例以不规则时间序列遥感数据构建作物分类特征，同时与时间维度重采样构建的规则时间序列遥感数据进行对比。通过 2DCNN 深度学习模型提取遥感影像的不规则时间序列表征的作物生长模式，高效利用碎片化信息完成作物分类。技术路线如图 21-10 所示，分为数据预处理、分类模型构建与精度评价。

随着高时间分辨率遥感数据的快速发展，利用时序特征对作物进行区分已成为作物分类研究中最常用的方式。在农作物分类工作中，作物之间存在不同程度的可分性，时间序列影像能模拟作物生长过程中生物量的变化，不同作物依靠生长期之间的物候差距进行区分。基于时间序列的分类思想在平原地区的作物分类工作中，具有很好的分类精度。当前大多数分类算法普遍要求输入的卫星影像时间序列(satellite image time series, SITS)是恒定长度的规则卫星影像时间序列(rSITS, regular SITS)，并对卫星影像的有效观测时序数目的要求较高。然而，遥感影像极易受到云的遮挡，很难保证有效观测时序数目丰富的同时，保持研究区不同空间位置上 SITS 长度一致。为尽可能充分利用遥感影像的每一个有效观测信息，示例利用不规则卫星影像时间序列(irregular SITS, irSITS)进行作物分类。不规则时间序列是指直接使用有效观测值组成不一致的卫星影像，充分保留了遥感影像原始信息，如图 21-11 所示，其中对于任意一个像素，"1"表示在 t 时刻有一个可用的影像，"0"表示在 t 时刻没有可用的影像。深度学习可以自动从较低层的原始时序特征中学习较高层的生长模式抽象特征，基于 2DCNN 网络处理遥感时间序列数据，可以很好地利用以 irSITS 数据表征的作物生长模式进行作物的分类与识别。

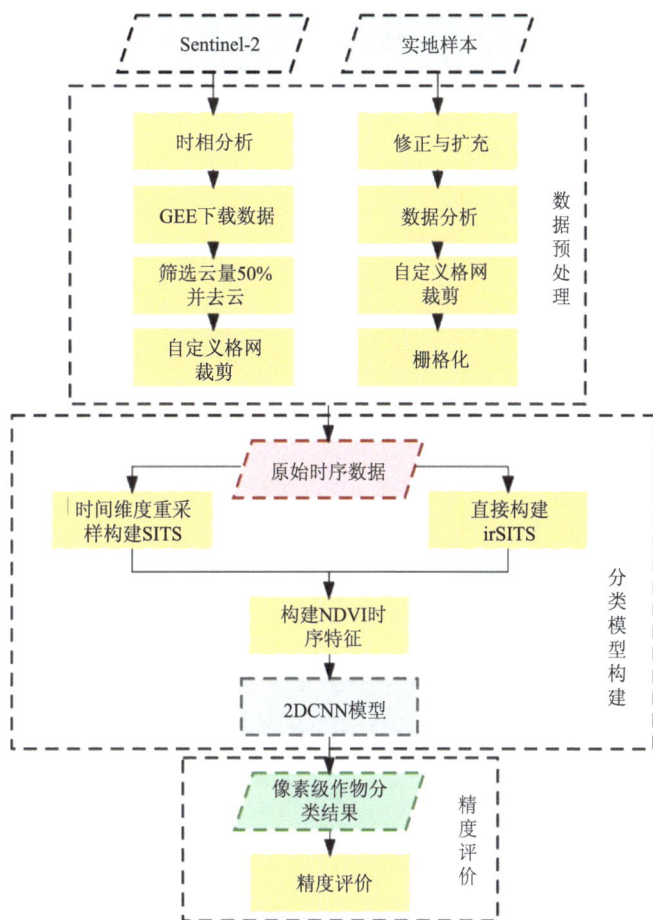

图 21-10　新疆奎屯不规则时序遥感作物分类技术路线图

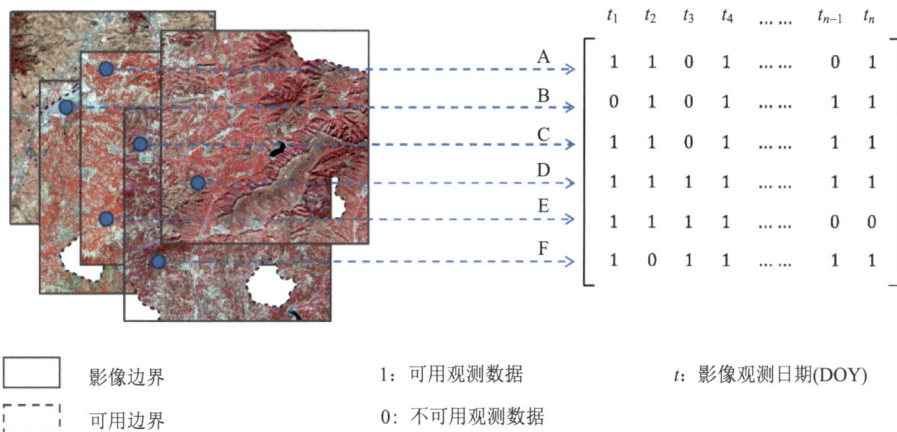

图 21-11　不规则卫星影像时间序列定义的示意图

3. 研究流程

1) 遥感数据预处理

遥感影像预处理：为充分利用时序遥感影像的每一个有效观测信息构建 irSITS 数据，本示例通过自定义格网对遥感数据进行剖分，并筛选各个格网云量在 50% 以下的影像后进行去云、大气纠正、融合、裁剪与下载。本示例使用谷歌公司的地球引擎（Google Earth Engine, GEE）云平台完成上述处理内容，GEE 是一个专门处理遥感卫星图像的免费云平台，不仅包含了海量的地理空间数据，还可以快速地在线批量下载、处理影像数据。GEE 平台支持 JavaScript 语言进行可视化数据处理与下载，代码如下（JavaScript）。

```javascript
//加载 shpfile
var shpfile1 = ee.FeatureCollection('projects/ee-wenqikou/assets/qixia_0_09').Filter
(ee.Filter.eq
    ('grid_label','6')).geometry()
//聚焦 shp 范围
Map.centerObject(shpfile1)
//显示 shp
Map.addLayer(shpfile1)
//引入大气纠正方法
var siac = require('users/marcyinfeng/utils:SIAC');
//去云函数
function rmCloudByQA(image) {
    var qa = image.select('QA60');
    var cloudBitMask = 1 << 10;
    var cirrusBitMask = 1 << 11;
    var mask =
qa.bitwiseAnd(cloudBitMask).eq(0).and(qa.bitwiseAnd(cirrusBitMask).eq(0));
    return image.updateMask(mask);}
//数据函数，参数(开始日期，截止日期，云量筛选，融合形式，图像显示选择波段(这里仅支持真
彩色))
// 其中，融合方式 compositiontype: 0 min 1 mean 2 median 3 max
var compsition = function(startdate,enddate,cloudiness,compositiontype,bands){
    var image =
ee.ImageCollection('COPERNICUS/S2').filterDate(startdate,enddate).filterBounds(shpfile1).
        filter(ee.Filter.lt('CLOUDY_PIXEL_PERCENTAGE', cloudiness))
    //去云
    image = image.map(rmCloudByQA)
    //批量大气校正
    image = image.map(siac.get_sur)
    //融合(这样可以免本地拼接等
    if(compositiontype === 0){image = image.min().multiply(10000)}
    else if(compositiontype == 1){image = image.mean().multiply(10000)}
    else if(compositiontype == 2){image = image.median().multiply(10000)}
```

```
    else image = image.max().multiply(10000)
    //裁剪
    image = image.clip(shpfile1);
    //数据显示
    if(bands == 432) {Map.addLayer(image,{min:0, max:3000, bands:["B4", "B3", "B2"]},
'real'+startdate);}
    //数据下载
    Export.image.toDrive({
        image: image,
        description: startdate,
        folder: 'qixia/grid/image/06',
        crs:"EPSG:4326",
        fileNamePrefix: startdate,
        region: shpfile1,
        scale: 10,
        maxPixels: 1e13
    });
    return image
}
```

2) 实地样本预处理

多边形实地样本预处理：首先，人工对实地样本进行修正与扩充，将样本采集时间范围的 Sentinel-2 影像、超高空间分辨率的 Google Earth 影像作为参考底图，按照样本地块内部在 Sentinel-2 影像中保持均质，且样本边界位于 Google Earth 影像地块边界内的参考标准，完成样本修正与扩充。然后，自定义格网对样本进行剖分，最后栅格化实地样本矢量数据令其空间分辨率与遥感数据一致(10 m)，代码如下。

```
'''  样本矢量转栅格 '''
import sys
import os
import geopandas as gpd
import gdal
import rasterio
from rasterio import features
from rasterio.crs import CRS
from rasterio.transform import Affine
class Polygon2Raster:
    def polygon_to_raster(self, shp, raster, pixel, field, field1, code=4326):
        shapefile = gpd.read_file(shp)
        if not field in shapefile.columns:
            raise Exception('输出字段不存在')    # 判断字段是否存在
        '''  判断数据类型 '''
        f_type = shapefile.dtypes.get(field)
        if 'int' in str(f_type):
```

```python
        shapefile[field] = shapefile[field].astype('int16')
        dtype = 'int16'
    elif 'float' in str(f_type):
        shapefile[field] = shapefile[field].astype('float32')
        dtype = 'float32'
    else:
        raise Exception('输入字段数据类型为{}，无法进行栅格化操作'.format(f_type))
    bound = shapefile.bounds
    width = int((bound.get('maxx').max()-bound.get('minx').min())/pixel)
    height = int((bound.get('maxy').max()-bound.get('miny').min())/pixel)
    transform = Affine(pixel, 0.0, bound.get('minx').min(),
                       0.0, -pixel, bound.get('maxy').max())    # 获取转换系数
    InputImage = r'xxx.tif'    # 输入参考影像
    Raster = gdal.Open(InputImage, gdal.GA_ReadOnly)
    Projection = Raster.GetProjectionRef()
    meta = {'driver': 'GTiff',
            'dtype': dtype,
            'nodata': 0,
            'width': width,
            'height': height,
            'count': 2,
            'crs': Raster.GetProjectionRef(),
            'transform': transform}    # 输入元信息
    with rasterio.open(raster, 'w+', **meta) as out:    # 写入栅格文件
        out_arr = out.read(1)    # 波段1写入样本编码字段内容
        shapes = ((geom, value) for geom, value in zip(
                shapefile.get('geometry'), shapefile.get(field)))
        burned = features.rasterize(
                shapes=shapes, fill=0, out=out_arr, transform=out.transform)
        out.write_band(1, burned)
        out_arr2 = out.read(2)    # 波段2写入样本多边形编号内容
        shapes1 = ((geom, value) for geom, value in zip(
                shapefile.get('geometry'), shapefile.get(field1)))
        burned2 = features.rasterize(
                shapes=shapes1, fill=0, out=out_arr2, transform=out.transform)
        out.write_band(2, burned2)
```

实现逻辑为：将样本矢量文件中作物样本编码字段与所属地块字段转为波段数为 2 的栅格文件，并基于参考影像确定坐标系统。函数中 shp 为矢量样本文件，raster 为输出的栅格文件，pixel 为栅格文件的像元大小，需要与影像大小一致(10 m)，field 为作物样本编码字段，field1 为多边形编号。

构建不规则时序 NDVI 样本集用于作物分类。NDVI 的时间序列数据可以直观地反映作物从生长发育到成熟衰老的动态变化趋势，且不同作物的生长周期存在差异，因此时序 NDVI 在农作物提取与监测中得到了广泛的应用，计算公式如下：

$$NDVI = \frac{\rho_{NIR} - \rho_{red}}{\rho_{NIR} + \rho_{red}} \tag{21-7}$$

式中，ρ_{NIR} 代表近红外波段反射率；ρ_{red} 代表红波段反射率。代码如下。

首先是文件名读取与文件整理函数，读取文件名 6-14 位为遥感影像的"年—月—日"信息。

```python
''' 样本集制作 '''
import gdal
import os
from matplotlib import pyplot as plt
import rasterio as ras
import numpy as np
from osgeo import gdal
import pathlib
import rasterio
from rasterio.plot import show
import pandas as pd
import multiprocessing as mp
from itertools import repeat
''' 读取文件名的 6-14 位日期信息 '''
def ExtractDate(elem):
    return elem[6:14]
ii = 490333  # 定义工作格网
sWorkDir = r"xxx"+str(ii)
DataRoot = pathlib.Path(sWorkDir)
lImgfile = list(DataRoot.glob('./*.tif'))   # 查询所有的 tif 文件
print(f'Total image files: {len(lImgfile)}')
lImgfileName = [img.name for img in lImgfile]  # 整理 tif 文件
lImgfileName.sort(key=ExtractDate)
print(lImgfileName[2])
''' 确定文件是否需要扩展 '''
def CheckAndExtend(sImgFileName):
    sSourceImgFile = DataRoot.joinpath(sImgFileName)
    return sSourceImgFile
lImgExtended = list(map(CheckAndExtend, lImgfileName))
lImgEtdName = [img.name for img in lImgExtended]
print(lImgExtended)
```

其次，基于并行计算的思想，一次性读入所有影像前 8 个波段至列表"data_all"，提取每个像素的观测日期与波段值，提高提取速率。

```python
''' 同时打开所有卫星图像，并将前 8 个波段读入"data_all" '''
for i in range(0, len(lImgExtended)):
    img = gdal.Open(str(lImgExtended[i]))
    print(str(lImgExtended[i]))
    if img is None:
```

```
            print("打开失败！")
        img_data_bands = img.ReadAsArray(
                0, 0, iX_size, iY_size).astype('uint16')[1:8, ::]
        data_all.append(img_data_bands)
        img.FlushCache()
        del img
print('总共打开，并读取到内存的影像数目：{0}'.format(len(data_all)))
''' 存储所有图像的数据，包括样本和卫星影像波段数据 '''
data_all = []
img_sample = gdal.Open(r'E:\bs_sx\8-ybkc\2019\'+str(ii)+'.tif')
if img_sample is None:
    print("打开失败！")
iX_size = img_sample.RasterXSize    # 获取影像行数
iY_size = img_sample.RasterYSize    # 获取影像列数
data_all.append(img_sample.ReadAsArray(
        0, 0, iX_size, iY_size).astype('uint16'))    # 转化为数组并格式化
print('行数：{0} 列数：{1}'.format(iY_size, iX_size))    # 输出影像行列数
```

在此基础上，从 data_all 列表中获取格网每个像素位置的样本与时序信息，最终保存至格网数据与样本数据 txt 文件。

```
''' 遍历像素位置，从读取到内存中的影像波段数据中提取时间序列信息 '''
deploy_feature = []    # 存储所有像元的时间序列特征
sample_feature = []    # 存储样本像元的时间序列特征
for col in range(iX_size):    # 判断处理进度
    if col % 50 == 0:
        print(f'processing line: {col}')
    ''' 记录该像素的行列号、作物类型编码、隶属地块编号 '''
    for row in range(iY_size):
        sPixelMarkInfor = ','.join(
                [str(32645)+str(ii)+"_"+f'{str(row)}_{str(col)}',
                str(data_all[0][0, row, col]),
                str(data_all[0][1, row, col])])
        lPixelTimeSeries = [','.join([str(lImgEtdName[item[0]-1][6:14]),
                str(data_all[item[0]][0, item[1], item[2]]),
                str(data_all[item[0]][1, item[1], item[2]]),
                str(data_all[item[0]][2, item[1], item[2]]),
                str(data_all[item[0]][6, item[1], item[2]])])
                for item in zip(range(1, len(lImgEtdName)), repeat(row),
                        repeat(col))]    # 遍历时序影像，提取像素位置观测日期和 4 个波段值
        ''' 组合每个 pixel 的标记信息和时间序列波段信息 '''
        sPixelTimeSeries = ','.join(lPixelTimeSeries)
        sPixelInfor = ','.join(
                [sPixelMarkInfor, sPixelTimeSeries])    # 保存该像素的时间序列信息
        deploy_feature.append(sPixelInfor)
        if data_all[0][0, row, col] != 0:    # 判断当前 pixel 是否为样本
```

```
                sample_feature.append(sPixelInfor)
''' 将结果写入并保存到名为 Deploy_feature 和 sample_feature 的 csv 文件中 '''
with open(DataRoot.joinpath('pixel_deploy.txt'), "w", encoding='utf-8')as f:
    f.write('\n'.join(deploy_feature))
with open(DataRoot.joinpath('pixel_sample.txt'), "w", encoding='utf-8')as f:
    f.write('\n'.join(sample_feature))
print(f'Done!---### please check the path:{str(DataRoot)}') # 终端打印信息
```

函数实现逻辑为：通过遍历格网的每个像素位置，从读取到内存中的影像波段数据与样本栅格数据中提取每一个像素的"行列号、作物类型编码、隶属地块编号、观测日期、4 个波段值(红、绿、蓝、近红外)"的时序信息，并写入格网数据 txt 文件，最后判断该像素位置是否为样本从中筛选出样本 txt 文件，保存并打印结果。

3)不规则时序制作主要函数代码

为尽可能充分地利用遥感影像的每一个有效观测信息，本示例利用不规则卫星影像时间序列(irSITS, irregular SITS)进行作物分类，即对有效观测时序组成不一致的卫星影像时间序列，核心代码如下。

首先从名为 0-train 的 txt 文件中读取参数。

```
''' 不规则时序制作 '''
import argparse
import os
import pathlib
import matplotlib.pyplot as plt
import math
import pandas as pd
import numpy as np
from functools import reduce
import operator
from sklearn.utils import shuffle
import multiprocessing as mp
from multiprocessing import Pool
from itertools import repeat
import p0_basicFunctions as p0
import importlib
importlib.reload(p0)
''' 从 txt 文件读取参数 '''
def getArgs():
    parser = argparse.ArgumentParser(description='''This function''',
            epilog='''post bug reports to the github repository''')  # 设置解析器
    parser.add_argument('-prmt','--parameter_fileName',
            help='a file including a lot of parameters related to pre-processing,
            training, validation and test',default='train.txt') # 读取工作目录参数
    parser.add_argument('-s','--solutionForirSITS',
```

```
            help='a file including a lot of parameters related to pre-processing,
            training, validation and test',default='M5')   # 读取时序构建方式参数
    parser.add_argument('-cpu','--number_cpu',
            help='This param. is to set the number of cpu cores used in this
            running time',default=20)   # 读取使用的 cpu 核数参数
    return parser.parse_args()
```

函数 extract_SITS 与 readSITS 从原始 txt 文件中读取信息并存入 l_rc_SITS 列表中。

```
''' 提取时序 '''
def extract_SITS(rowcol_SITS):
    rowcol = rowcol_SITS.split(',')[0]
    cropcode = rowcol_SITS.split(',')[1]
    obj_id = rowcol_SITS.split(',')[2]
    SITS = rowcol_SITS.split(',')[3:]
    return [rowcol, cropcode, obj_id, SITS]
''' 读取 txt 文件内容 '''
def readSITS(filepath):
    lrowCol_SITS = filepath.open(encoding='utf-8').readlines()
    l_rc_SITS = list(map(extract_SITS, lrowCol_SITS))
    return l_rc_SITS
```

根据观测原始波段值计算不规则时序 NDVI，并利用 saveDoyNDVI() 函数进行保存。

```
''' 根据原始观测资料计算 NDVI 值，原始数据为[date1,blue,green,red,nir,date2 …] '''
def unit_cal_ndvi(rowCol_SITS, growthStart):
    rowCol = rowCol_SITS[0]
    SITS = rowCol_SITS[3]
    date = np.array(SITS[0::5])   # 计算每个日期与 growth_begin 日期之间的间隔
    dt_tg = pd.to_datetime(date, format='%Y%m%d')
    dt_bs = pd.to_datetime([growthStart]*len(date), format='%Y%m%d')
    DOY = np.array((dt_tg - dt_bs).days)
    red = np.array(SITS[3::5]).astype('float')
    nir = np.array(SITS[4::5]).astype('float')
    invalid_index = np.where(red != 0.0)   # 排除无效的原始影像值
    red = red[invalid_index]   # 读取红波段
    nir = nir[invalid_index]   # 读取近红外波段
    DOY = DOY[invalid_index]
    NDVI = np.around((nir - red)/(nir + red), decimals=4)   # 计算 ndvi
# 设置字符串格式为[rowcol,cropcode,obj_id,doy,ndvi]
    pixel_temp = [rowCol, rowCol_SITS[1], rowCol_SITS[2]]
    def connect(doy, ndvi):
        return [str(doy), str(ndvi)]
    l_doy_ndvi = list(map(connect, DOY, NDVI))
    np_doy_ndvi = np.array(l_doy_ndvi)
    np_doy_ndvi = np_doy_ndvi.flatten()
    pixel_temp.extend(np_doy_ndvi)
    pixel_temp = ','.join(pixel_temp)   # 将列表转换为字符串，用','连接列表的每个元素
```

```
        return pixel_temp
''' 保存文件 '''
def saveDoyNDVI(l_pixel_doyNdvi, fSavePath):
        l_pixel_doyNdvi = shuffle(l_pixel_doyNdvi)
        s_rowCol_ndvi = '\n'.join(l_pixel_doyNdvi)  # 在 list 使用'\n'分割
        with open(fSavePath, "w", encoding='utf-8') as output:
                output.writelines(f'row_col, cropcode, objId, doy_ndiv\n')
                output.writelines(s_rowCol_ndvi)
```

函数实现逻辑为：将存有样本与原始波段信息的 txt 文件重组得到原始时序列表，计算各个像素位置的 NDVI 时序，形成每一行为[行号_列号，作物类型，地块编号，日期，NDVI 值]的 txt 文件，支持分类模型的训练与预测。

4）分类模型构建主要代码

为高效利用复杂地形下碎片化的遥感信息，本示例利用适应 irSITS 数据的 2D-CNN 方法提取作物生长模式在时间维度的变化特征并进行分类。2D-CNN 方法的核心模型为经典残差网络系列的 ResNet-18，将 irSITS 输入模型进行作物分类。具体步骤如图 21-12 所示，主要包括两个步骤。

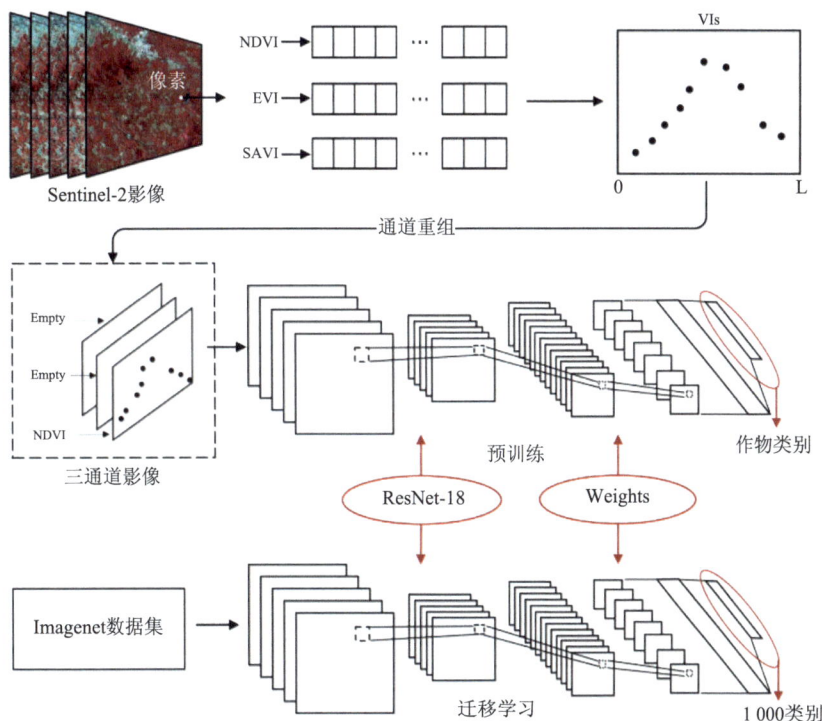

图 21-12　2D-CNN 网络示意图

（1）对于每个像素，从原始光学图像中提取不规则的 NDVI 时间序列，并将其转换为"时间-特征"矩阵来表征作物生长模式。在"时间特征"矩阵中，横轴表示时间，纵轴表示 NDVI 值。

（2）将第一步得到的"时间特征"矩阵输入到 ResNet-18 的一个通道中，在其他通道中输入两个空值矩阵，得到适合 ResNet-18 的三维矩阵。

其中，将 NDVI 时间序列拉伸为"时间—特征"矩阵的公式如下：

$$\mathrm{NDVI}_r = \mathrm{length} \times \frac{\mathrm{NDVI}_{\mathrm{ori}} - \mathrm{NDVI}_{\min}}{\mathrm{NDVI}_{\max} - \mathrm{NDVI}_{\min}} \tag{21-8}$$

$\mathrm{NDVI}_{\mathrm{ori}}$ 为 NDVI 的原始值；NDVI_r 为拉伸后的 NDVI 值；length 时间序列的长度。在本示例中，时间序列时段为 3 月 1 日至 10 月 30 日，因此 length 为 245。

分类模型构建主要代码思路，首先从名为 0-train 的 txt 文件中读取参数，包括解译器、工作目录、GPU 编号、时序构建方式与所使用的深度学习模型名称。

```python
''' 数据加载 '''
from __future__ import print_function, division
import importlib  # used to reload model
import p0_basicFunctions as p0
import argparse
import torch
import torch.nn as nn
import torch.optim as optim
from torch.optim import lr_scheduler
from torch.utils.data import Dataset, DataLoader
from torchvision import models, transforms
from PIL import Image
import time
import os
import copy
import pathlib
import math
import numpy as np
import pandas as pd
os.chdir(os.getcwd())
importlib.reload(p0)
''' 从 txt 文件读取参数 '''
def getArgs():
    parser = argparse.ArgumentParser(
            description='''This function''',
            epilog='''post bug reports to the github repository''')  # 设置解析器
    parser.add_argument('-prmt', '--parameter_fileName',
            help='a file including a lot of parameters related to pre-processing,
            training, validation and test',
            default='0_parameter.txt')  # 读取工作目录参数
    parser.add_argument('-gpu', '--gpu_id',
            help='select a gpu device',
```

```
                default='cuda:0')   # 读取使用的 GPU 编号
    parser.add_argument('-s', '--solutionForirSITS',
            help='choose a solution for processing irSITS',
            default='M5')   # 读取时序构建方式参数
    parser.add_argument('-m', '--model',
            help='choose the predict file output from this model',
            default='resnet-18')   # 读取使用的深度学习模型参数
    return parser.parse_args()
```

利用 Numpy 读取数据并重组数据为(H,W,C)形式，转换为张量形式，用于 2D-CNN 模型训练。

```
    ''' 加载样本数据 '''
    iLengthGrowth = p0.Cal_Intervals(growthEnd, growthStart)
    lTrainImg = list(map(p0.createNumpyAy_DOY_NDVI, l_train[1:], [
            iLengthGrowth] * (len(l_train)-1)))
    lTrainLabel = [dict_code_name_label[str(row[1])][1] for row in l_train[1:]]
    lValImg = list(map(p0.createNumpyAy_DOY_NDVI, l_val[1:], [
            iLengthGrowth] * (len(l_val)-1)))
    lValLabel = [dict_code_name_label[str(row[1])][1] for row in l_val[1:]]
print('\n=====The number of samples in
        dataset=====\n    train:{0}  val:{1}'.format(
            len(lTrainLabel), len(lValLabel)))   # 转换格式为 NumPy array
    ''' 加载 numpy array 数据到张量数据 '''
    class MyDataset(Dataset):
        def __init__(self, data, targets, transform=None): # 初始化
            self.data = data
            self.targets = torch.LongTensor(targets)
            self.transform = transform
        def __getitem__(self, index):
            x = self.data[index]
            y = self.targets[index]
            if self.transform:
                x = Image.fromarray(self.data[index])   # Numpy 结构为[H, W, C]时
                x = self.transform(x)
            return x, y
        def __len__(self):
            return len(self.data)
```

2D-CNN 网络能够自主学习时序遥感数据中作物全生育周期生长模式变化趋势，由于输入的分类特征并不复杂，因此本示例所使用的 2D-CNN 网络为轻量高效化的经典残差网络系列的 ResNet-18 模型，第二步模型训练核心代码如下。

加载 ResNet-18 模型，设置损失函数为交叉熵损失函数，优化器为随机梯度下降法，进行模型训练，并保留最佳模型。

```
    ''' 定义训练过程 '''
```

```
model_rsn18 = models.resnet18(pretrained=True)   # 加载 2DCNN 模型
for param in model_rsn18.parameters():
    param.requires_grad = False
num_ftrs = model_rsn18.fc.in_features
model_rsn18.fc = nn.Linear(num_ftrs, num_classes)
model_cur = model_rsn18.to(device)
unfrezzed_param = model_cur.fc.parameters()
print("\n=====Infor. of the pretrained model {}=====\n".format(model))
criterion = nn.CrossEntropyLoss()   # 定义损失函数
print('\n=====The next is **feature_extractor** training=====\n')
sSaveModelFilePathName = rst_root.joinpath(
        experimentOrder, solution_irSITS, f'{model}_{num_test}_best.pth')
optimizer_cur = optim.SGD(
        unfrezzed_param, lr=extract_lr, momentum=0.9)   # 定义优化器
exp_lr_scheduler = lr_scheduler.StepLR(
        optimizer_cur, step_size=extract_lr_stepsize, gamma=0.1)
model_cur, model_best_wts = p0.train_model(model_cur, criterion, optimizer_cur,
        exp_lr_scheduler,
        dataloaders, dict_loss_acc,
        sSaveModelFilePathName,
        num_epochs=first_epochs, device=device)
since = time.time()
fig_val_fea_extr = rst_root.joinpath(
        experimentOrder, solution_irSITS,
        f'fig2_{num_test}_val_feaExtr_{model}.png')
model_best = copy.deepcopy(model_cur)   # 保留最佳模型
model_best.load_state_dict(model_best_wts)
```

在此基础上，对模型进行微调，从而进一步提高模型精度，最终得到所需的不规则模型。

```
''' 模型微调过程 '''
for param in model_cur.parameters():
    param.requires_grad = True
model_cur = model_cur.to(device)
criterion = nn.CrossEntropyLoss()
print('\n=====The next is **fine-tuning** training=====\n')
optimizer_cur = optim.SGD(model_cur.parameters(), lr=finetune_lr, momentum=0.9,
        weight_decay=0.1)   # 优化参数
exp_lr_scheduler = lr_scheduler.StepLR(
        optimizer_cur, step_size=finetune_lr_stepsize, gamma=0.1)
model_cur, model_best_wts = p0.train_model(model_cur, criterion, optimizer_cur,
        exp_lr_scheduler,
        dataloaders, dict_loss_acc,
        sSaveModelFilePathName,
```

```
        num_epochs=second_epochs, device=device)
since = time.time()
fig_val_finetune = rst_root.joinpath(
        experimentOrder, solution_irSITS,
        f'fig3_{num_test}_val_fineTune_{model}.png')   # 训练绘图
model_best = copy.deepcopy(model_cur)
model_best.load_state_dict(model_best_wts)   # 保留最佳模型
```

　　模型训练的逻辑为：首先，从原始时间序列影像中提取的一维不规则时序转为表征作物生长模式的二维"时间-特征"矩阵；然后，重组特征矩阵，并输入 2DCNN 模型。

4. 研究结果

　　采用以上代码，基于时间维度重采样得到的规则时间序列(S1)与不规则时间序列(S2)特征，对新疆维吾尔自治区奎屯市的主要作物进行分类，2018 年、2019 年四种作物分类的 F1-score(F1)与总体精度均值如表 21-2 所示，冬小麦的 F_1 普遍偏高，在2018 年与 2019 年冬小麦 F_1 均达到 0.96 以上。这是由于冬小麦具有较易区分的物候特征，其 NDVI 峰值集中于 5 月，6 月后出现明显降低趋势，而其他三类作物 NDVI 峰值均出现于 6 月后。2019 年玉米的 F_1 较低，这是由于 NDVI 时序特征下西红柿与玉米的作物生长模式较为相似，导致西红柿和玉米出现混分。按不同分类特征来看，不规则时序特征进行分类明显优于时间维度重采样得到的规则时序特征，基于 S_1 得到的 2018 年、2019年四种作物分类总体精度分别为 0.925 与 0.840，基于 S_2 得到的总体精度分别则达到0.943、0.890。

表 21-2　2018 年、2019 年各作物 F1-score

年份	作物类型	时序构建方式	
		S_1	S_2
2018	棉花	0.91	0.93
	玉米	0.89	0.91
	西红柿	0.92	0.94
	冬小麦	0.98	0.99
2019	棉花	0.96	0.96
	玉米	0.65	0.74
	西红柿	0.79	0.88
	冬小麦	0.96	0.98
OA 均值		S_1	S_2
2018		0.925	0.943
2019		0.840	0.890

　　最终得到基于不规则时间序列特征的奎屯市作物分类结果，如图 21-13、图 21-14所示。利用 2018 年与 2019 年不规则时间序列影像应用 2DCNN 模型完成分类制图，右侧突出展示了对应主图中的标号为(1~3)的 3 块黑色矩形子区域内 7 月中旬的 Sentinel-2

影像与分类结果情况。

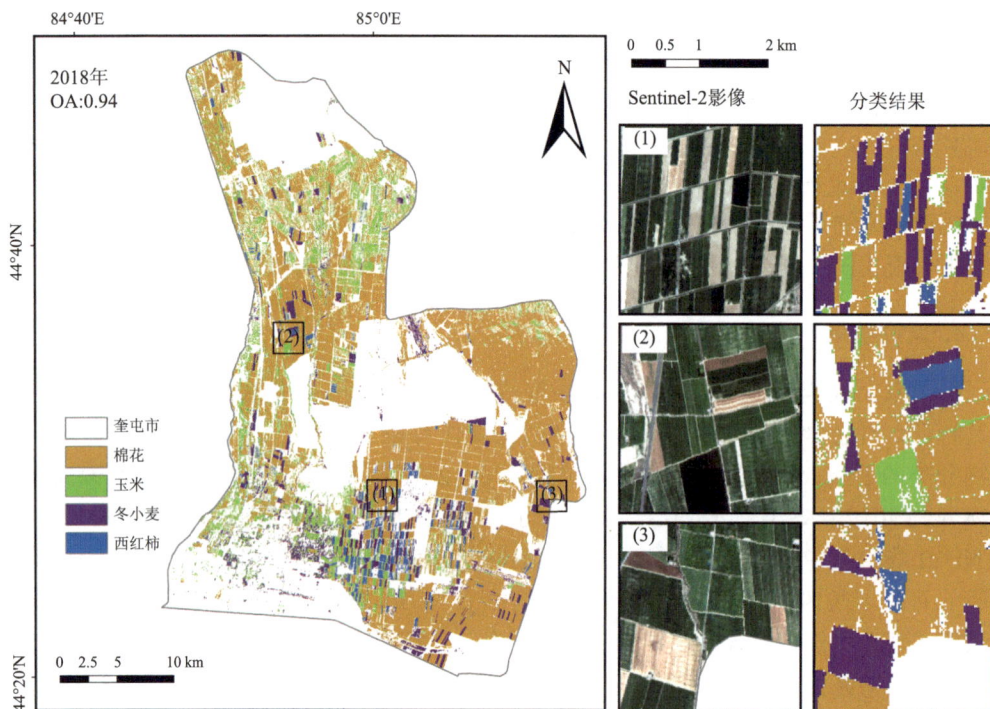

图 21-13   2018 年奎屯市主要作物种植结构图

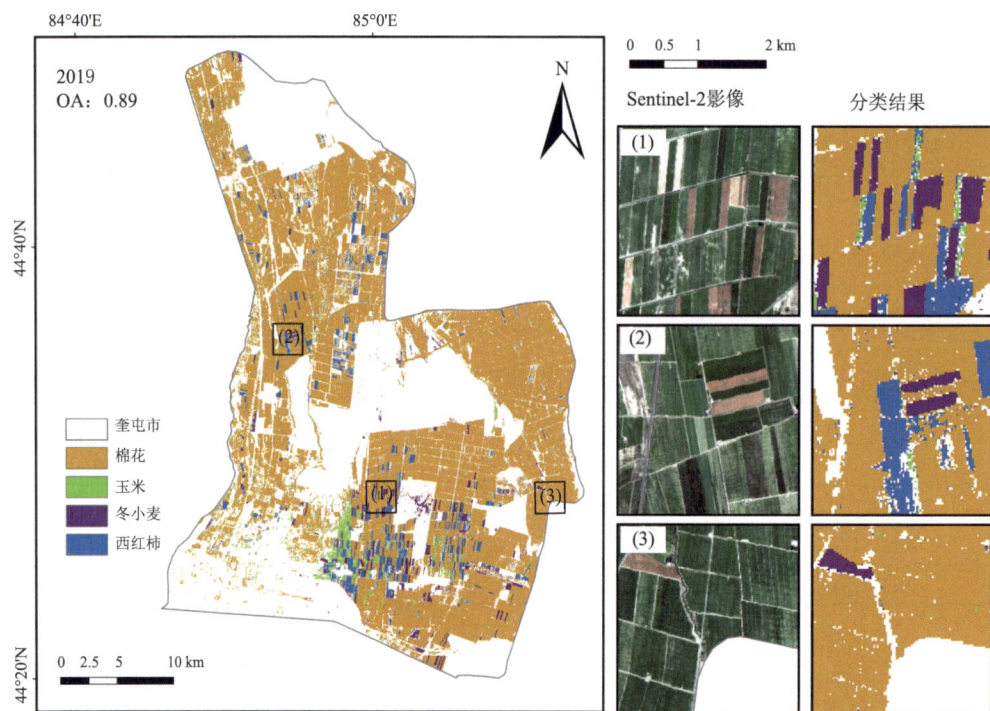

图 21-14   2019 年奎屯市主要作物种植结构图

由本例可以看出，在基于时序特征进行作物分类时，充分利用不规则的影像原始时序特征，可以达到较高作物识别精度。本例所提及的影像格网剖分、不规则时序特征构建、特征矩阵重组以及 2DCNN 模型处理时序特征，能够更好地利用多时相破碎化影像数据信息，提高利用时序信息进行作物分类的分类精度。

21.3　云南楚雄无人机影像烟田清塘点株

1. 研究介绍

烟草是我国的主要经济作物。中国是世界第一烟叶生产大国，烟草行业在国民经济中具有独特地位。而其中，云南省又是我国烟草主要种植区，主要分布在昆明、玉溪、曲靖、红河、楚雄、大理等地。随着计算机科学的发展与其在农业领域的应用，精准农业等技术逐渐普及，烟草行业也逐步迈入信息化的时代。深度学习技术在烟草行业中的应用将能够大力推动烟草行业的数字化转型，并进一步提高生产效益。

深度学习在烟草行业中的应用包括但不限于对烟株长势监测、病虫害监测、产量和品质预估等。本示例将以于云南省楚雄市拍摄的无人机影像为例，基于深度学习语义分割技术与计算机图形学后处理手段，精准检测烟田内的烟苗分布，从而准确定位单株烟苗并统计其数量。研究流程如图 21-15 所示，共有数据预处理、样本制作、图像分割、计算机图形学后处理四个阶段。

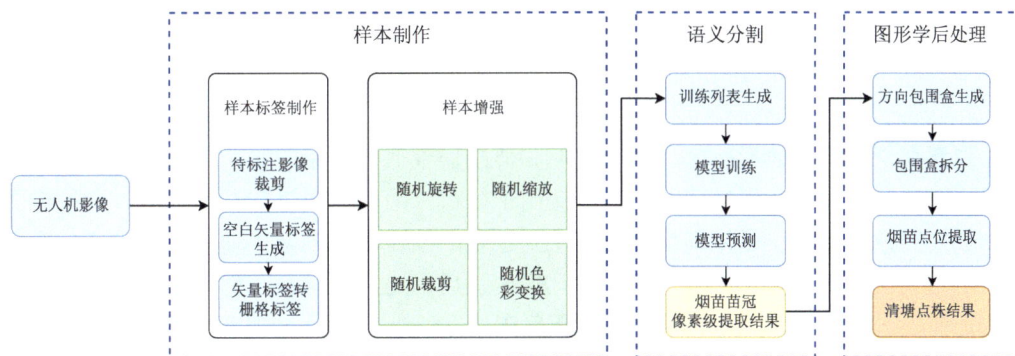

图 21-15　无人机影像烟田清塘点株算法流程图

2. 研究流程

本例采用在云南省楚雄市使用无人机拍摄的影像进行烟苗提取。影像拍摄于可见光 RGB 波段，影像范围为 101.49°~101.54°E，25.32°~25.37°N，空间分辨率约为 7.5 cm，烟苗生长部分区域如图 21-16 所示。

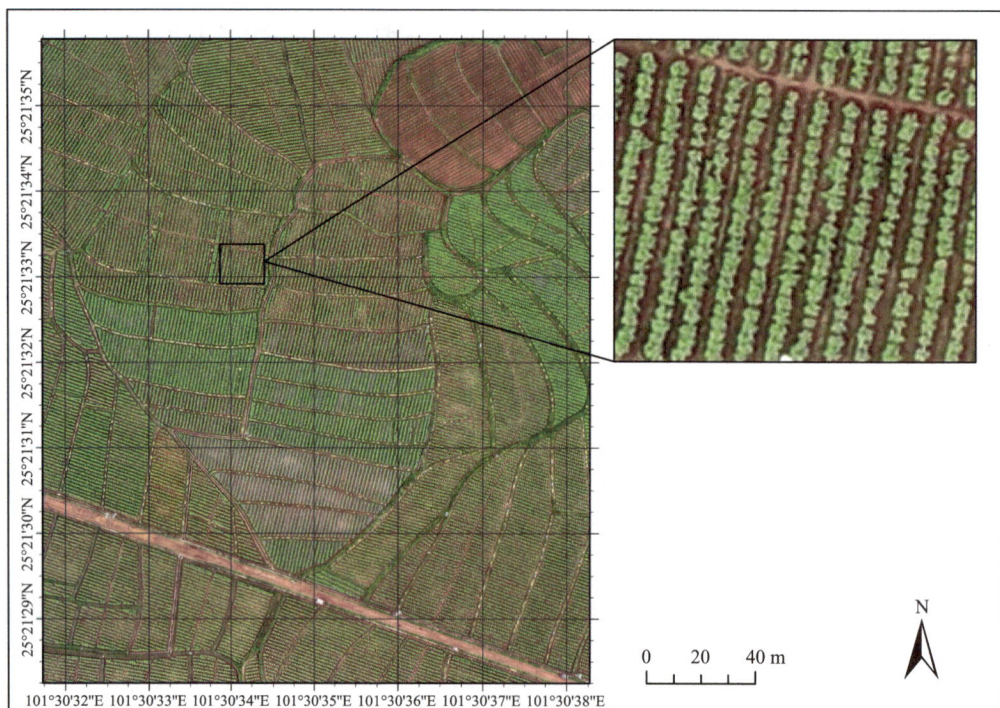

图 21-16　研究区域无人机影像图

3. 影像预处理

1）影像几何校正和正射校正

受到大气传输、地形起伏、地球曲率、传感器参数等因素的影响，无人机直接拍摄的原始影像往往存在几何畸变，无法直接用于分析，因此需要进行几何校正。通过地面控制点建立数学模型，可将畸变图像校正至正确的位置，以消除几何畸变。由于影像可能是由相机在倾斜姿态下拍摄，在完成几何校正后，还需要进行正射校正，对其进行倾斜改正和投影差改正，将影像重采样成正射影像。

2）影像镶嵌

完成校正后，需要对影像进行拼接，将其合并为单幅影像，以方便后续运算和分析。在拼接时可以对影像进行直方图匹配，以消除因拍摄时间、角度差异引起的亮度差异。

4. 样本构建与语义分割

由于语义分割模型是像素级图像分割，普遍对标签的精准度要求较高，制作者往往需要手动以像素级精度标注样本，过程通常较为繁琐，如图 21-17 所示。在实践中，由于成本限制，有时难以完成大量样本的标注，实现小样本学习（FSL，few-shot learning）有助于降低成本、提高效率，具有重大意义。在样本数量较少情况下，可以通过数据增强手段提高训练样本的数量，并增强数据多样性。本例即为小样本下的学习，勾画的样本通过随机旋转、随机缩放、随机裁剪和随机色彩变换实现数据增强，样本勾画效果如图 21-17 所示，其中，图 21-17(a) 为手动勾画的样本矢量图，图 21-17(b) 是将这些矢量样本转为栅格的结果，相应的转换方法可参见 5.3。

(a) 手动勾画的矢量样本　　　　　(b) 勾画样本生成的的栅格数据

图 21-17　手动勾画的样本及其栅格形态

本实验选用 Segformer 模型。Segformer 是一种基于 Transformer 的语义分割模型，遵循编码器-解码器架构，图 21-18 为其模型结构图。编码器部分，Segformer 的 Mix Transformer(MiT)编码器由 4 个 Transformer Blocks(TB)串结构，在经过每一个 TB 后，特征图的空间分辨率会下降 1/2，以此实现多尺度隐式特征的深度挖掘。TB 包含重叠切片融合(overlapped patch merging, OPM)、高效多头自注意力(efficient multihead

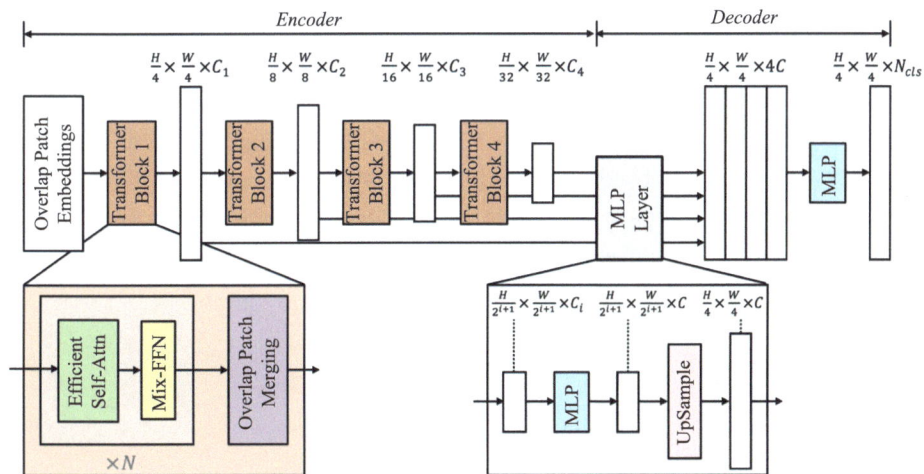

图 21-18　Segformer 模型框架示意图

self-Attention, EMSA）层、混合前馈（mix feed forward，MixFFN）层三部分。首先，为了保持切片周围的局部连续性，采用带有重叠区的切片结构（overlap patch embeddings，OPE）对输入的图片进行特征提取和下采样。之后，将得到的特征输入到 EMSA 层捕捉特征内部的相关性，并通过引入序列削减机制大幅降低计算复杂度。最后，MixFFN 层使用有零填充的 3×3 卷积融入空间位置信息。Segformer 的解码器是一个仅由几个多层感知机（multilayer perceptron, MLP）组成的轻量级解码器，来自编码器的四个不同分辨率的特征图分别经过线性变换和上采样后，在通道方向融合在一起，再经过几次线性变换后得到最终预测结果。

5. 计算机图形学后处理

使用训练后的模型对拍摄的影像进行预测，得到的部分结果如图 21-19 所示。其中图 21-19（a）为待识别的原始影像，图 21-19（b）为识别出的烟草植株结果。

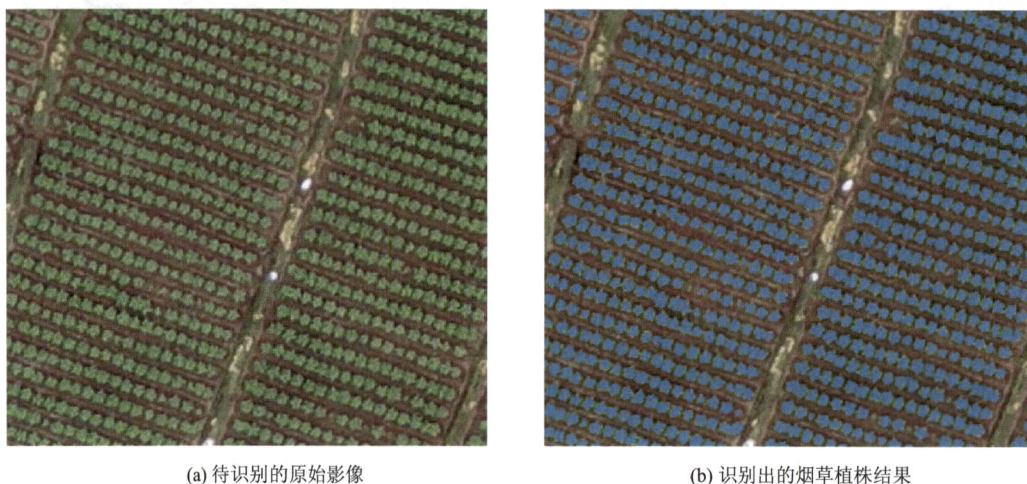

(a) 待识别的原始影像   (b) 识别出的烟草植株结果

图 21-19   语义分割对烟苗苗冠的提取结果

根据图 21-19 可以看到，模型较好地从像素级上在影像中提取出了烟苗苗冠。然而，图中的识别结果有的植株较大，有的较小，且相邻的烟苗苗冠间仍然大量存在粘连的现象，如直接进行统计，必然会导致误差。由于烟田内烟苗的分布基本等距，这里使用一种较为简单的方法对其进行分割，即先获取每个识别部分的方向包围盒（oriented bounding box，OBB），再根据其大小，将其按照距离进行划分。代码如下。

```python
'''方向包围盒切割法'''
import pandas as pd
import geopandas as gpd
from math import sin, cos, radians, asin, sqrt
from shapely.geometry import Point, LineString, Polygon

def HAV(p1, p2):
```

```
    '''
    半正矢公式，用于计算一对以经纬度坐标表示的点之间的距离
    p[0]为经度，p[1]为纬度，均以度数表示
    '''
    lam1, lam2 = radians(p1[0]), radians(p2[0])
    phi1, phi2 = radians(p1[1]), radians(p2[1])
    arg1 = sin((phi1 - phi2) / 2)
    arg2 = sin((lam1 - lam2) / 2)
    arg3 = cos(phi1) * cos(phi2)

    return 2 * 6371000 * asin(sqrt(arg1 * arg1 + arg3 * arg2 * arg2))


def cut_obb(obb, num1, num2):
    '''
    将方向包围盒切分为 num1*num2 的格网，具体情况如下图所示
    方向包围盒由 geom.minimum_rotated_rectangle.exterior.coords 方法生成
                num1
    p4 +----------------+ p3
       |                |
       |                | num2
       |                |
    p1 +----------------+ P2
    '''
    p1, p2, p3, p4 = Point(obb[0]), Point(obb[1]), Point(obb[2]), Point(obb[3])
    line1, line2 = LineString([p1, p2]), LineString([p4, p3])

    points = []
    '''生成格网中间的点'''
    for i in range(num1 + 1):
        '''以线性插值的方式获取，normalized=True 意味着总长度被视为 1'''
        pointA = line1.interpolate(i / num1, normalized=True)
        pointB = line2.interpolate(i / num1, normalized=True)
        curr_line = LineString([pointA, pointB])

        curr_row = []
        for i in range(num2 + 1):
            curr_row.append(curr_line.interpolate(i / num2, normalized=True))
            point = curr_line.interpolate(i / num2, normalized=True)
            curr_row.append(point)

        points.append(curr_row)

    polygons = []
    '''将格网点连接成格网，即为每个烟苗植株所在的格网'''
```

```
    for i in range(num1):
        row1, row2 = points[i], points[i + 1]
        for j in range(num2):
            polygons.append(Polygon([row1[j], row2[j], row2[j + 1], row1[j + 1]]))

    return polygons

'''输入的识别文件，注意此文件应当预先由栅格格式转为面矢量格式'''
input_path = './input/P061308_result.shp'
'''用于参考的划分的距离间隔，在本示例中为0.7m左右'''
interval = 0.7
half_interval = interval * 0.5
input_file = gpd.GeoSeries.from_file(input_path)

lst = []
for geom in input_file:
    '''获取方向包围盒'''
    obb = geom.minimum_rotated_rectangle.exterior
    p1, p2, p3, p4, _ = list(obb.coords)

    edge1, edge2 = HAV(p1, p2), HAV(p2, p3)
    '''判断要划分的格网数量'''
    cut_num_1 = round(edge1 / interval) + int(edge1 < half_interval)
    cut_num_2 = round(edge2 / interval) + int(edge2 < half_interval)

    lst.append(gpd.GeoSeries(cut_obb(obb.coords, cut_num_1, cut_num_2)))
'''收集生成的所有格网'''
recs = pd.concat(lst)
recs.to_file(f'./output/cut_rec_{interval}m.shp')
'''生成格网的中心点作为烟苗植株的位置'''
recs.centroid.to_file(f'./output/cut_rec_{interval}m_centroid.shp')
```

根据包围盒进行植株划分的结果如图 21-20 所示。其中图 21-20(a)为识别结果的二值形式，图 21-20(b)为原始影像叠加识别的结果的效果图，其中的每个红点都代表一株烟苗。可见经过进一步划分，原本连接的烟苗苗冠像素被划分并标记为单独的点。除了少量噪声引起的冗余标记，绝大多数烟苗植株均被成功划分并提取出来，至此完成清塘点株全部过程。

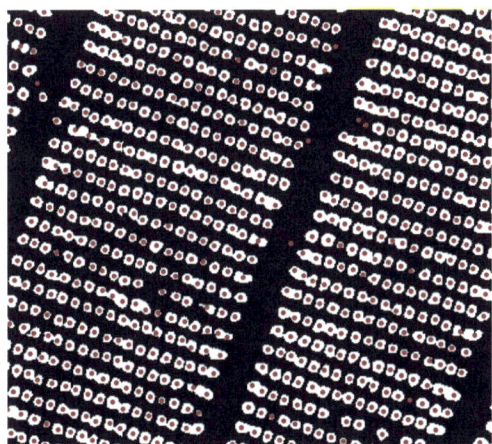

<table>
<tr><td>(a) 植株识别结果的二值形式表达</td><td>(b) 原始影像叠加植株识别的效果</td></tr>
</table>

图 21-20　包围盒划分后的烟苗点株结果

21.4　小　　结

　　本章介绍了三个融入深度学习的遥感信息提取工程实践。其中，山东栖霞庙后镇地块级作物种植结构制图综合利用语义分割和时序模型，在多源影像中提取地块的空间信息和时序信息，并提出了作物混合地块的识别策略，完成了特征混淆的苹果园和樱桃园精确制图；新疆奎屯不规则时序遥感作物分类为大尺度遥感制图实践，通过引入 2DCNN 模型提取 irSITS 表征的作物生长模式，高效利用了复杂地形下的碎片化信息；云南楚雄无人机影像烟田清塘点株有效结合了深度学习与传统计算机图形学，首先利用深度学习模型分割高精度烟苗苗冠，然后基于 OBB 包围盒拆分实现烟苗精确点株。由于代码量较大，本章在保证流程清晰的基础上选择性展示部分核心代码。读者可参考本章工作流设计思路，在传统遥感信息提取框架中正确引入深度学习技术。

关于代码

写代码的过程是痛苦的。作者自 2012 年 8 月回国以来，主要从事本书相关的系统设计、代码开发与维护过程，由于整个系统均是由本人负责设计、实现、测试及完善，感觉 coding 的过程真的是一个很累的过程。南京大学李满春教授曾说过："每周加班一天，一年就相当于比其他人多工作一个月"。为此，对于写代码的人来说，就需要多付出更多的"星期六"来完成代码的调试工作，因为系统、算法模块的功能越多，就意味着需要实现/完善的底层代码越多，而且在 Debug 或模块升级过程中出错的可能性就越大，这就需要调试代码的过程要比别人付出更多的时间与精力，往往遇到一个小问题要花上几个小时甚至几天的时间去 Debug。

写代码的过程是幸福的。当你抛开一些"杂念"而一心一意地钻到代码世界中，另一扇大门也同时为你打开，里面没有项目申报、汇报、总结，没有"捷径"可走，唯一的标准就是"编译器"。特别是当完成了一个很久无法实现的功能，或是发现并解决一个很久难以完成的任务或 Bug 时，那种兴奋与成功感不是他人能够感觉或理解的。

关于共享

伴随本书的出版，一同发布了本书撰写过程中依赖的 C++/Python 代码，为保证本书发布后能够及时更新代码中可能存在的 Bug，或者进行其他的功能性升级，我们采用"博客+网盘"的形式辅助进行源码发布及后期更新，以此克服传统光盘发布无法及时进行后期更新的问题。

发布的源码以 Visual Studio .NET C++ 2017 及以上版本的解决方案及 C++/Python 项目的管理方式，读者可以下载后几乎不需要其他配置就能够直接编译成功，从而使用户最大程度地关注"源码"本身。在配合源码发布的同时，书中重点介绍了不同 C++/Python 项目（模块）间的关系及调用规则，因此建议读者在阅读本书的同时进行源码的调试，从而更好地理解本书中不同算法所对应的"模块"的实现过程。

另外由于代码的规范性问题，以及本书中所涉及的源码量巨大，因此 MHMapGIS

所发布的源码将"有计划、逐步骤"地进行。也就是说，本人将在本书出版后逐步进行各模块源码的公开，相应的信息均发布在本人博客（blog.sciencenet.cn/u/radiszf）上；同时，即使前期发布源码中有未公开的源码，也同样会发布对应模块的头文件及编译好的 LIB 库与 DLL 文件，不影响读者的编译与使用。

本书中发布的编译好的 LIB 库及 DLL 采用 Visual Studio .NET C++ 2017 版本。如果需要其他版本，也将在本人博客中进行发布。

关于本书

想写这本书的想法真的好久了，但是没办法，为了项目、论文、专利等任务，不得不将本书的出版计划一推再推；同时为了本书功能的全面性，在撰写过程中时常又回到代码的海洋中，为了某项功能而重新回到代码调试、测试与改进过程中。而且，在本书的撰写过程中，也同时感觉到团队的重要性，如果能够有个较大的团队相互配合，或许这本书就能够更早地完成，相应的代码的功能性或许也更强大。当然，为了本书的快速完成，作者在近一年多的时间内也推掉了手头其他大量的事务性工作（如出差），同时也因此耽误了多篇文章的构思。

好了，经过前前后后一年多时间的撰写，我的任务终于完成并告一段落了。现在把任务转给你们，你们负责读书，反馈提交改进意见给我：shenzf@radi.ac.cn 或 blog.sciencenet.cn/u/radiszf。

作　者

2023 年 3 月 16 日